中国通信学会普及与教育工作委员会推荐教材

21世纪高职高专电子信息类规划教材
21 Shiji Gaozhi Gaozhuan Dianzi Xinxilei Guihua Jiaocai

移动通信技术与网络优化（第2版）

刘建成 主编

黄巧洁 唐慧萍 徐献灵 赖绮雯 副主编

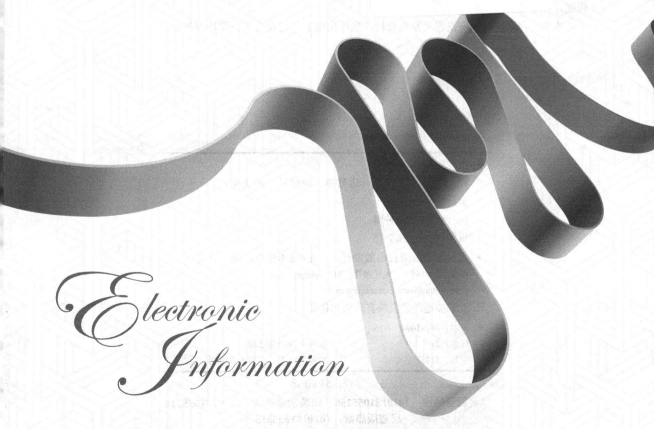

Electronic Information

人民邮电出版社

北京

图书在版编目（CIP）数据

移动通信技术与网络优化 / 刘建成主编. -- 2版
. -- 北京 : 人民邮电出版社, 2016.9（2022.1重印）
21世纪高职高专电子信息类规划教材
ISBN 978-7-115-42674-1

Ⅰ. ①移… Ⅱ. ①刘… Ⅲ. ①移动通信－通信技术－高等职业教育－教材②移动网－高等职业教育－教材
Ⅳ. ①TN929.5

中国版本图书馆CIP数据核字(2016)第142366号

内 容 提 要

高职院校期望培养出直接在生产、管理、服务第一线从事经营管理、技术应用的人才，本书即按照此要求编写。根据高职通信技术专业就业岗位群，针对企业的职位要求和工作职责，编者与企业共同编写了这本教材。本书主要介绍了移动通信基础知识，电波与天线工作原理及抗衰落技术，语音编码、信道编码和交织编码技术，GSM 系统技术，GPRS 和 EDGE 基本技术，CDMA 技术，第三代移动通信技术，第四代移动通信技术，直放站及其优化，路测的基本概念和要求，各种无线网络的优化问题，移动通信电源。

本书适合作为高职院校相关专业教材，也可供电信部门及有关公司培训使用。

◆ 主　　编　刘建成
副 主 编　黄巧洁　唐慧萍　徐献灵　赖绮雯
责任编辑　刘盛平
执行编辑　左仲海
责任印制　焦志炜

◆ 人民邮电出版社出版发行　　北京市丰台区成寿寺路 11 号
邮编　100164　　电子邮件　315@ptpress.com.cn
网址　http://www.ptpress.com.cn
北京盛通印刷股份有限公司印刷

◆ 开本：787×1092　1/16
印张：21　　2016 年 9 月第 2 版
字数：523 千字　　2022 年 1 月北京第 5 次印刷

定价：54.00 元

读者服务热线：(010)81055256　印装质量热线：(010)81055316
反盗版热线：(010)81055315

第 2 版前言

移动通信网络优化（以下简称网优）对工程师的综合素质要求较高，不但要求网优工程师有丰富的网优经验，而且要求有很高的工作效率，因为在实际的网优工作中，工程师面对的是海量的网络数据，数据的处理效率对每个网优人员来说至关重要。

本教材面向的学习对象是在校高职生和在职培训人员。教材的内容主要根据目前实际工作中的客户要求，从日常网优工作中收集大量的数据、案例等经验资料，力求使学习内容与实际工作相结合，并通过课堂的理论讲解及实际操作，深入浅出地介绍移动通信原理及网优基础知识。本教材旨在让受训人员能在较短的时间内全面掌握移动通信的原理并迅速提高网优路测技能，能很快在实际的项目中参与一定的网优工作，因此本书具有很强的针对性及适用性。

网优工作是一项很复杂的工作，很难将各项技能孤立地看待。因此虽然各章节相对独立，但要掌握的技术却是全面的。

由于移动通信技术不断发展，为适应实际工作的需要，本书根据高职教育的特点做了一些补充修订，在第 1 版的基础上做了些调整和增加，安排如下。

第 1 章介绍了移动通信的基础知识和概念。

第 2 章介绍了移动通信中电磁波的传播方式和具体应用。

第 3 章介绍了移动通信中语音编码、信道编码和交织编码技术。

第 4 章介绍了第二代 GSM 系统的整体概念和主要应用技术。

第 5 章介绍了第二代改进的 GPRS 和 EDGE 的基本概念及技术。

第 6 章介绍了第二代 CDMA 的概念、标准和现状、特点和基本特征。着重介绍了 CDMA 系统的频段、信道数、调制方式、扩频、语音编码、RANK 接收、软切换和功率控制技术的基本特征。

第 7 章介绍了第三代移动通信系统标准中最受关注的基于 GSM 系统的 WCDMA、基于 IS-95 CDMA 的 CDMA2000 和 TD-SCDMA。

第 8 章介绍了第四代移动通信的基本概念，具体描述了 TD-LTE 网络架构、系统结构和主要接口、LTE-TDD 和 LTE-FDD 帧结构；解释了逻辑、传输、物理信道及信号的特点，以及 TD-LTE 的几个关键技术含义；最后将 TD-LTE 与 LTE FDD 技术做一对比。

第 9 章介绍了电波传播损耗预测模型，包括 Okumura 模型（OM 模型）、Egli 模型和 Bullingron 模型（BM）等，直放站的安装，直放站对网络的影响、产生的问题，信号检测与故障定位，在网络优化中的作用。

第 10 章介绍了路测在无线网络优化中的重要作用及其具体应用技术。

第 11 章对 GSM、CDMA、WCDMA、TD-SCDMA 网络优化的一些研究成果和经验进行总结，并对典型的案例进行了分析。

第 12 章介绍了通信设备电源应用。

本书稿由刘建成负责整体统筹，参加本书修订编写的有黄巧洁、唐慧萍、徐献灵、赖绮雯。由于作者水平有限，疏漏之处在所难免，请广大读者批评指正。

编　者

2016 年 3 月

目 录

第 7 章　第三代移动通信系统 ……162

第 8 章　第四代移动通信系统 ……185

第 9 章　直放站及优化 ……208

第1章 移动通信基础知识

1.1 移动通信概述

什么是移动通信？移动通信是指通信双方至少有一方在移动中进行信息交换的通信方式。也就是说，至少有一方能移动。移动通信在区域内可随时随地进行；可以是双向的，也可以是单向的。移动通信的特点就是有线、无线相结合。移动通信必须利用无线电波进行信息传输；移动通信是在电波传播条件恶劣，存在严重的多径衰落环境中运行的。在进行移动通信系统的设计时，必须具有一定的抗衰落能力。

移动通信系统包括无绳电话、无线寻呼、陆地蜂窝移动通信、卫星移动通信等。移动用户之间通信联系的传输手段只能依靠无线通信，因此无线通信是移动通信的基础，而无线通信技术的发展将推动移动通信的发展。移动通信系统是移动用户之间移动用户和固定用户之间能够建立许多信息传输通道的通信系统。

移动通信包括信息的收集、处理、传输和存储等，使用的主要设备有无线收发信机、移动交换控制设备和移动终端设备。

1.1.1 移动通信的分类

移动通信可以按以下方式进行分类：按使用对象分，可分为军用、民用；按用途和区域分，可分为陆上、海上、空中；按经营方式分，可分为专用、公用；按信号性质分，可分为模拟、数字；按工作方式分，可分为单工、半双工、双工制；按网络形式分，可分为单区制、多区制、蜂窝制；按多址方式分，可分为频分多址（FDMA）、时分多址（TDMA）、码分多址（CDMA）。

1.1.2 移动通信的工作频段

频段是指一定的频率范围。频率是一种特殊资源，它并不是取之不尽的，与别的资源相比，频率有一些特殊的性质。频率的分配和使用需在全球范围内制定统一的规则。国际上，由国际电信联盟（ITU）召开世界无线电管理大会，制定无线电规则，包括各种无线电系统的定义、国际频率分配表和使用频率的原则、频率的分配和登记、抗干扰的措施、移动业务的工作条件以及无线电业务的分类等。早期的移动通信主要使用 VHF 和 UHF 频段。第二代大容量移动通信系统均使用 800MHz 频段（CDMA）、900MHz 频段（AMPS、TACS、

GSM）和 1 800MHz 频段（GSM1800/DCS1800），这些频段用于微蜂窝（Microcell）系统。第三代移动通信使用 2.1GHz 频段，第四代移动通信使用 2.6GHz 频段。目前，正在积极考虑 3.5 GHz 用于 TDD 后续发展，并研究探讨使用 50GHz 以上的频段用于满足未来宽带移动通信发展需求。

基站对移动台（下行链路）为发射频率高，接收频率低；反之，移动台对基站（上行链路）为发射频率低，接收频率高。

1.2 蜂窝移动通信系统

1.2.1 第一代模拟蜂窝通信系统

第一代移动电话系统采用了蜂窝组网技术，蜂窝概念由贝尔实验室提出，20 世纪 70 年代在世界许多地方得到研究。当第一个试运行网络在芝加哥开通时，美国第一个蜂窝系统——AMPS（高级移动电话业务）在 1979 年成为现实。现存于世界各地比较实用的、容量较大的系统主要有：北美的 AMPS、北欧的 NMT-450/900、英国的 TACS。其工作频带都在 450MHz 和 900MHz 附近，载频间隔在 30kHz 以下。

鉴于移动通信用户的特点——一个移动通信系统不仅要满足区内、越区及越局自动转接信道的功能，还应具有处理漫游用户呼叫（包括主被叫）的功能，因此移动通信系统不仅希望有一个与公众网之间开放的标准接口，还需要一个开放的开发接口。由于移动通信是基于固定电话网的，各个模拟通信移动网的构成方式有很大差异，所以总的容量受到很大的限制。通常所说的第一代移动通信系统是指模拟蜂窝移动通信系统，它是频分多址（FDMA）接入的移动通信系统。鉴于模拟移动通信的局限性，尽管模拟蜂窝移动通信系统还会以一定的增长率在近几年内继续发展，但是它有着下列致命的弱点。

（1）各系统间没有公共接口。

（2）无法与固定网迅速向数字化推进相适应，数字承载业务很难开展。

（3）频率利用率低，无法适应大容量的要求。

（4）安全利用率低，易于被窃听，易做“假机”。

（5）制式太多，互不兼容，无法漫游，限制了用户覆盖面。

（6）提供业务的种类受限制，不能传送数据信息。

（7）不能与 ISDN 兼容。

这些致命的弱点妨碍其进一步发展，因此模拟蜂窝移动通信将逐步被数字蜂窝移动通信所替代。然而，在模拟系统中的组网技术仍将在数字系统中应用。

1.2.2 第二代数字移动通信系统

第二代移动通信（2G）系统为数字蜂窝移动通信系统，最有代表性的是全球移动通信系统（Global System for Mobile，GSM）和 CDMA 系统。数字移动通信系统采用了两种无线接入方式，GSM 采用的是 TDMA，即时分多址接入方式，CDMA 采用的是码分多址接入方式。

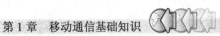

为了使现有庞大的第二代数字移动通信网络能平滑地过渡到第三代移动通信网络，美国的 IS-95 和欧洲的 GSM 系统都采用了渐进过渡的方法。以 IS-95 为基础发展，逐渐从 IS-95A 至 IS-95B 过渡到第三代移动通信系统的单载波，最终至多载波，支持达 2Mbit/s 的数据速率。GSM 系统则通过应用新技术，提供更高速率的数据业务。其分为高速电路交换数据业务（HSCSD）、通用无线分组业务（GPRS）、增强数据速率（EDGE）3 个阶段，最终演进至宽带码分多址（WCDMA），提供高达 2Mbit/s 以上的峰值速率。

1.2.3　蜂窝移动通信网的组成

移动通信网的基本结构包括移动台（Mobile Station，MS）、基站（Base Station，BS）、构成网络节点的移动交换中心（Mobile Service Switching Center，MSC）及与市话网（PSTN）相连接的中继线等，如图 1-1 所示。

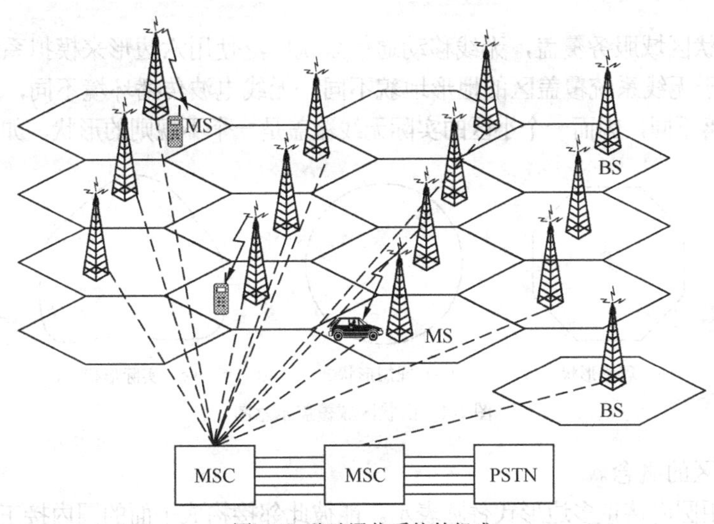

图 1-1　移动通信系统的组成

移动通信网与固定通信网的不同在于无线用户的移动性和固定用户的固定性。它主要涉及如何进行区域覆盖。移动通信网的区域覆盖方式分为两类：一类是小容量的大区制，另一类是大容量的小区制。

1．大区制

大区制是指一个基站覆盖整个服务区，如图 1-2 所示。为了增大通信用户量，大区制通信网只有增多基站的信道数（装备量也随之加大），但这总是有限的。因此，大区制只能适用于小容量的通信网，如用户数在 1 000 以下。这种制式的控制方式简单，设备成本低，适用于中小城市、工矿区以及专业部门，是发展专用移动通信网可选用的制式。

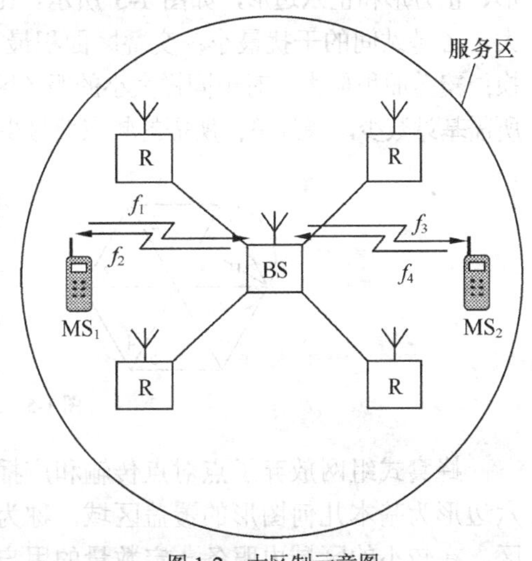

图 1-2　大区制示意图

2．小区制

小区制是将整个服务区划分为若干个小无线区，每个小无线区分别设置一个基站负责本区的移动通信的联络和控制。同时又可在 MSC 的统一控制下，实现小区间移动通信的转接及与公众电话网的联系。小区制移动通信系统的覆盖区域的形状一般有两种。

一种是带状服务覆盖区，用于覆盖公路、铁路、海岸等。基站天线若用全向辐射，覆盖区形状是圆形的。带状网宜采用定向天线，使每个小区呈扁圆形，如图 1-3 所示。

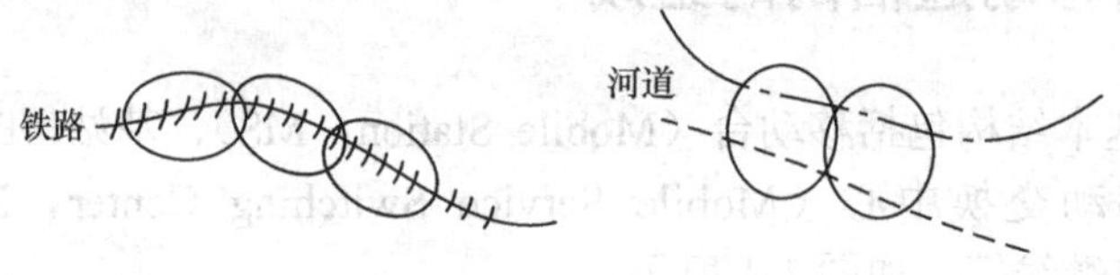

图 1-3　带状小区示意图

另一种是面状区域服务覆盖，无线移动通信系统广泛使用六边形来模拟系统覆盖和业务需求。实际上，由于无线系统覆盖区的地形地貌不同，无线电波传播环境不同，产生的电波的长期衰落和短期衰落不同，因而一个小区的实际无线覆盖是一个不规则的形状，如图 1-4 所示。

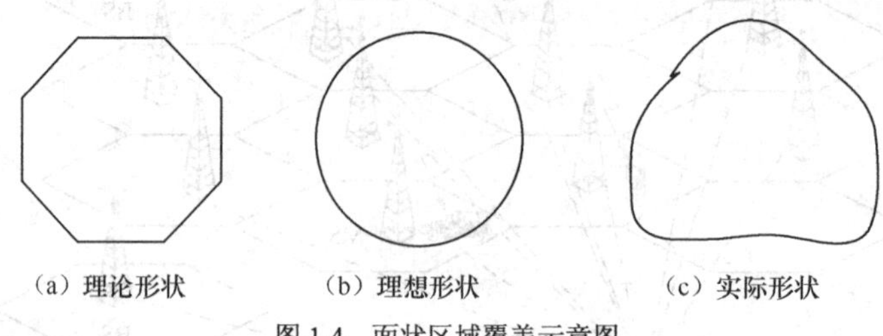

图 1-4　面状区域覆盖示意图

（1）蜂窝小区的概念。

小区形状常用圆内接正多边形代替圆表示。能彼此邻接构成平面的圆内接正多边形有正三角形、正方形和正六边形，如图 1-5 所示。比较 3 种圆内接正多边形：正六边形小区的中心间隔最大，各基站间的干扰最小；交叠区面积最小，同频干扰最小；交叠距离最小，便于实现跟踪交换；覆盖面积最大，对于同样大小的服务区域，采用正六边形构成小区制所需的小区数最少，即所需基站数少，最经济；所需的频点数最少，频率利用率高。因此一般采用正六边形小区形状。

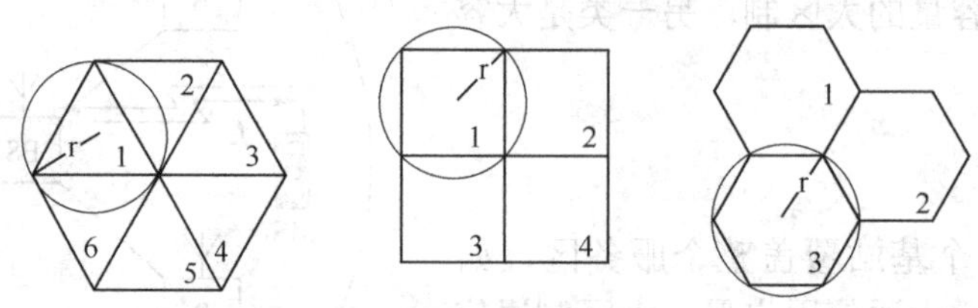

图 1-5　3 种面状区域覆盖组成

蜂窝式组网放弃了点对点传输和广播覆盖模式，将一个移动通信服务区划分成许多以正六边形为基本几何图形的覆盖区域，称为蜂窝小区。许多较低功率的发射机服务一个蜂窝小区，在较小的区域内服务一定数量的用户。根据系统的不同制式和不同用户密度选择不同类型的小区。基本的小区类型如下。

超小区：小区半径 $r>20\text{km}$，适于人口稀少的农村地区。

宏小区：小区半径 r 为 1～20km，适于高速公路和人口稠密的地区。

微小区：小区半径 r 为 0.1～1km，适于城市繁华区段。

微微小区：小区半径 $r<0.1\text{km}$，适于办公室、家庭等移动应用环境。

当蜂窝小区用户数增大到一定程度而可用频道数不够用时，采用小区分裂将原蜂窝小区分裂为更小的蜂窝小区，此时低功率发射和大容量覆盖的优势十分明显。

蜂窝是一个系统级的概念，其思想是用许多小功率的发射机来代替单个的大功率发射机，每一个小的覆盖区只提供服务范围内的一小部分覆盖。

无线区域的划分和组成，应根据地形地物情况、容量密度、通信容量、频谱利用率等因素综合考虑。例如，容量密度不等时的区域划分如图 1-6 所示。

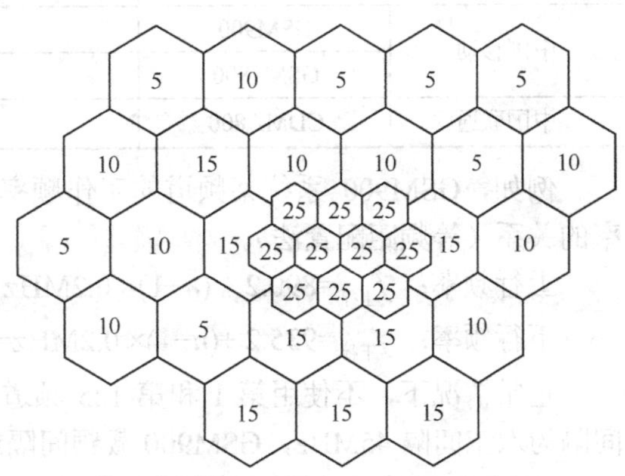

图 1-6　容量密度区域划分

实际的无线区划分和组成的实例图如图 1-7 所示。

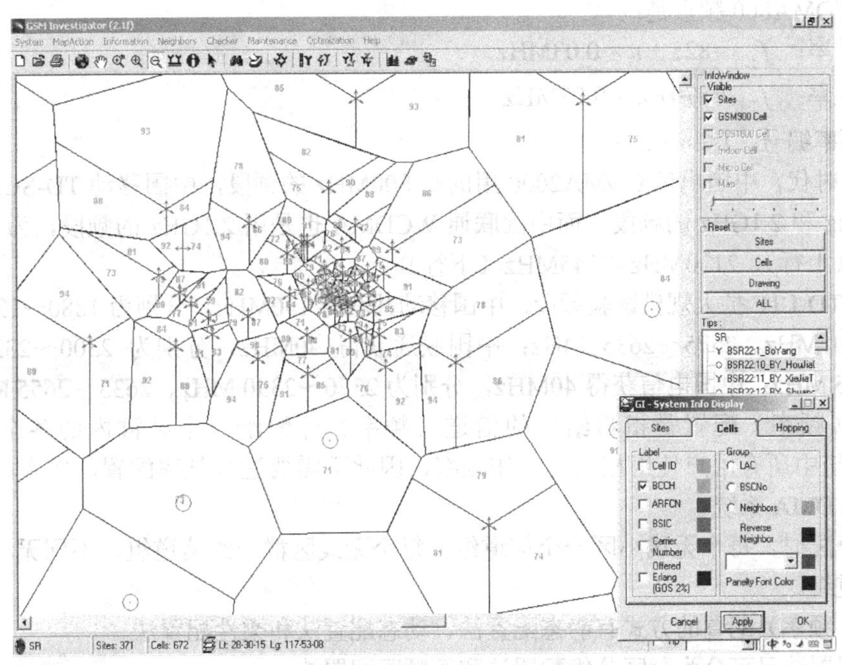

图 1-7　实际的无线区划分和组成

（2）信道（频率）配置。

通信网络中一条双向的信息传输通道称为信道。信道类型有语音信道、控制信道等。

不同系统中信道的含义：模拟系统中，信道 = 频道；GSM 系统中，信道 = 某载频上的一个时隙；CDMA 系统中，信道 = 一个正交的地址码。

移动台与基站间的一条双向传输通道，使用两个分隔开的无线频率。上行信道指由移动台发射，基站接收；下行信道指由基站发射，移动台接收。上下行信道间的载频间隔为双工间隔。

我国2G陆地蜂窝移动电话业务的频率分配如表1-1所示。

表1-1 频率分配

使用频段		上行频段（MHz）（MS→BS）	下行频段（MHz）（BS→MS）
中国移动	GSM900	885～915	930～960
	GSM1800	1710～1785	1805～1880
中国联通	CDMA800	825～835	870～880

例如，GSM900系统某频道的工作频率计算频道序号（$n=1\sim125$）与频道标称中心频率的关系（等频距配置法）。

上行频率：$f_{上行}=890.2+(n-1)\times 0.2\text{MHz}$

下行频率：$f_{下行}=935.2+(n-1)\times 0.2\text{MHz}=f_{上行}+45\text{MHz}$

正常情况下，不使用第1和第125频道，可用最大频道数为123，GSM900上下行信道间隔为双工间隔45MHz，GSM900载频间隔或频带宽度200kHz。

GSM1800上下行信道间隔为双工间隔95MHz。GSM1800载频间隔或频带宽度200kHz。GSM1800工作带宽为75 MHz。

再如CDMA800频点是：

上行频率：$f_{上行}=825+n\times 0.03\text{MHz}$

下行频率：$f_{下行}=870+n\times 0.03\text{MHz}$

n为频率编号，$1\leqslant n\leqslant 333$

在3G时代，中国电信CDMA2000用的是800MHz的频段，中国移动TD-SCDMA用的是1800MHz和2.1GHz的频段，而中国联通WCDMA也是用2.1GHz的频段，为1940MHz-1955MHz（上行）、2130MHz -2145MHz（下行）。

4G的TD-LTE扩大规模试验频段，中国移动共获得130MHz，分别为1880～1900 MHz、2320～2370 MHz、2575～2635 MHz；中国联通获得40MHz，分别为2300～2320 MHz、2555～2575 MHz；中国电信获得40MHz，分别为2370～2390 MHz、2635～2655 MHz。

信道（频率）配置是指将给定的信道（频率）分配给一个区群内的各个小区。在CDMA系统中所有用户使用相同的工作频率，因此不需要进行频率配置。频率配置只针对FDMA和TDMA系统。

频率分配时，每个无线小区一个信道组；每个无线区群一组信道组，不同无线区群可采用相同信道组。

信道（频率）配置的方式有静态配置法、动态配置法和柔性配置法。

静态配置法又可分为分区分组配置法和等频距配置法。

分区分组配置法：即尽量减小占用的总频段，以提高频段利用率；同一区群内不能使用相同的信道，以避免同频道干扰，小区内采用无三阶互调的相容信道组，以避免互调干扰。

等频距配置法：按等频率间隔来配置信道。

动态配置法是根据业务量的变化配置全部信道。

柔性配置法是准备若干个信道，需要时提供给某个小区使用。

例如，等频距配置法进行配置时，根据区群内的小区数 N 来确定同一信道组内各信道之间的频率间隔，如第一组用（1，$1+N$，$1+2N$，$1+3N$，…），第二组用（2，$2+N$，$2+2N$，$2+3N$，…）等。

第一组　　　1，8，15，22，29，…
第二组　　　2，9，16，23，30，…
第三组　　　3，10，17，24，31，…
第四组　　　4，11，18，25，32，…
第五组　　　5，12，19，26，33，…
第六组　　　6，13，20，27，34，…
第七组　　　7，14，21，28，35，…

再如，若每个区群有 7 个小区，每个小区需要 6 个信道，按分区分组配置。

第一组　　　1，5，14，20，34，36
第二组　　　2，9，13，18，21，31
第三组　　　3，8，19，25，33，40
第四组　　　4，12，16，22，37，39
第五组　　　6，10，27，30，32，41
第六组　　　7，11，24，26，29，35
第七组　　　15，17，23，28，38，42

如果是顶点放置，每个基站应配置 3 组信道，向 3 个方向辐射，如 $N=7$，每个区群就需要有 21 个信道组，如图 1-8 所示。

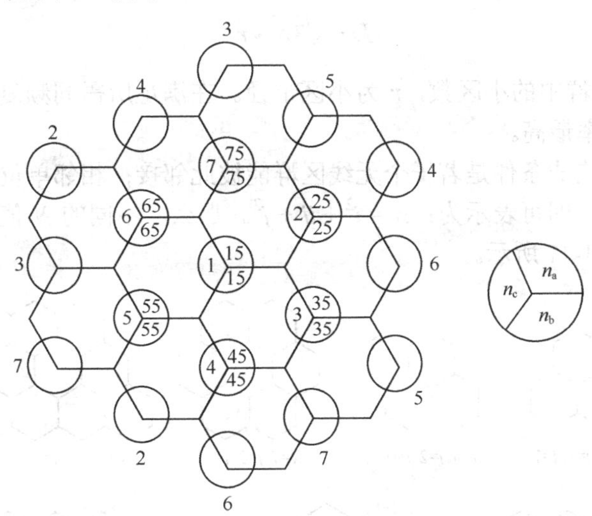

图 1-8　3 个方向辐射，$N=7$ 的信道组成示意图

其中 $n_a=[n, n+21, \cdots]$，$n_b=[n+7, n+14, \cdots]$，$n_c=[n+14, n+21, \cdots]$。

（3）频率复用。

在蜂窝系统中，由于传播损耗可以提供足够的隔离度，在相隔一定距离的另一个基站可以重复使用同一组工作频率，这被称为频率复用。采用频率复用可以缓解频率资源紧缺的矛盾，提高了频率利用率，增加了系统容量。频率复用所带来的问题是同频干扰。同频干扰的影响并不与蜂窝之间的绝对距离有关，而是和蜂窝间距离与小区半径比值有关。

① 区群的概念与构成。

一组彼此邻接，共同使用全部可用频率的 N 个区块称为一个区群，如一个3频制（$N=3$）无线区群，如图1-9所示。这样具有若干个不同频率的区群可以在蜂窝系统中形成频率复用。

根据通信质量（不能产生严重的同频干扰）和频率利用率（即同频复用距离）选择同频相邻小区。同频相邻小区选择方式是：自某一小区A出发，沿小区垂直移动 j 个小区；再向左（或右）转60°移动 i 个小区，就到达同信道小区A。如图1-10所示，$j=3$，$i=2$。

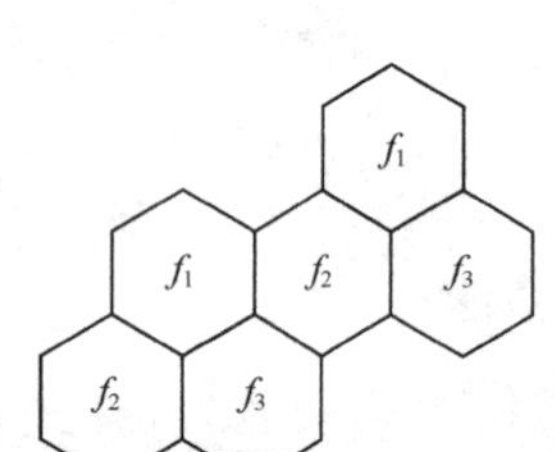

图1-9　3频制（N=3）无线区群

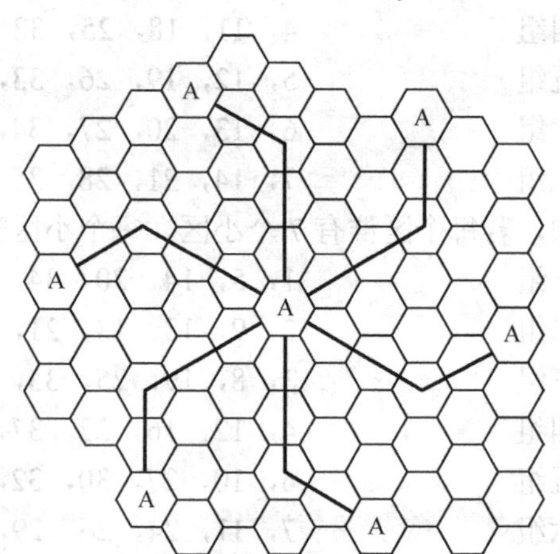

图1-10　蜂窝系统中同频相邻小区的定位

同频小区中心之间的距离为

$$D=\sqrt{3N}\cdot r \tag{1-1}$$

其中 N 为无线区群中的小区数，r 为小区半径。在满足所需同频复用距离前提下，N 取最小值，使频率利用率最高。

单位无线区群的构成条件是若干个无线区群能彼此邻接；相邻单位无线区群中的同频小区中心间隔距离相等，即可表示为：$N=i^2+ij+j^2$。那么，不同的 N 值就会得到各不相同的无线区群形状，如图1-11所示。

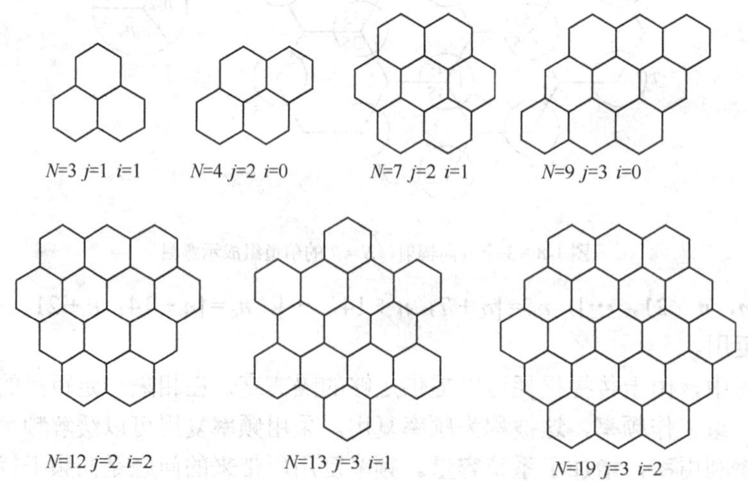

图1-11　不同的 N 值区群组成示意图

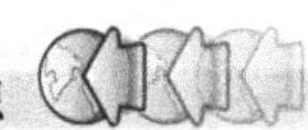

② 区群基站激励方式。

中心激励：基站设在小区的中央，用全向天线或多个定向天线形成圆形覆盖区，如图 1-12 所示。

顶点激励：基站设在每个小区六边形的 3 个顶点上，每个基站采用 3 副 120°扇形辐射的定向天线，分别覆盖 3 个相邻小区的各三分之一区域，如图 1-13 所示。

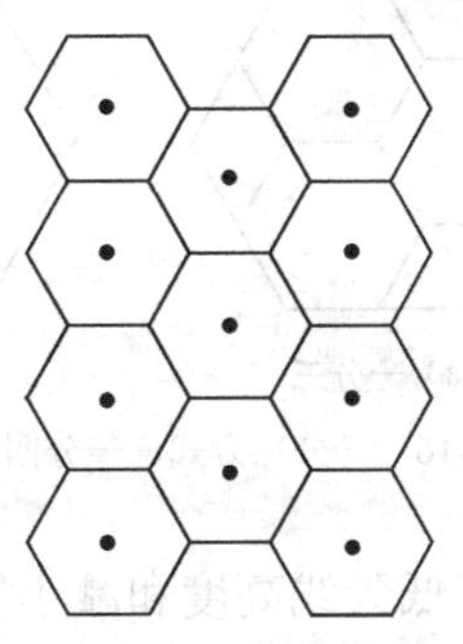

图 1-12 中心激励示意图

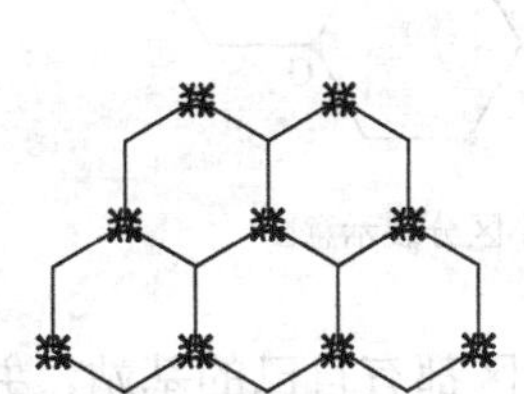

图 1-13 顶点激励示意图

③ 服务小区“扇区化”。

扇区化是将一个基站分成多个小区，每个小区都有自己的发射和接收天线，相当于一个独立的小区。扇区化的小区使用定向天线，使该小区定向天线辐射某一特定的扇区。这样做有很多优点。首先，小区发射的无线电波能量集中到了一个更小的区域如 60°，120°或 180°，而不是以 360°全向发射，这样可以获得更强的信号，有利于“加强覆盖”等。扇区化小区有 3 扇区/小区，6 扇区/小区等，如图 1-14 所示。

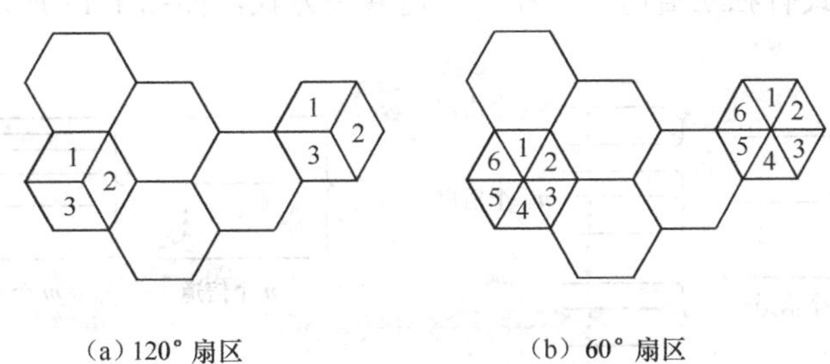

(a) 120° 扇区　　(b) 60° 扇区

图 1-14 扇区划分示意图

另外，可以通过使用定向天线代替全向天线来减小蜂窝系统中的同频干扰，由于使用了定向天线，小区将只接收同频小区中一部分小区的干扰。这种使用定向天线来减小同频干扰，更好地防止了同信道干扰和邻信道干扰，同频复用距离缩短，在同一地理区域可以有更多的小区，可以支持更多的移动用户，从而提高系统容量的技术叫做裂向（即扇区化）。

④ 小区分裂。

服务区内用户密度均匀，采用的无线小区大小相同，每个小区分配的信道数相同。实际通信网络中，用户密度分布不均。高用户密度区域，无线小区应小些或分配的信道数多些；低用户密度区域，无线小区可大些或分配的信道数少些。当原小区用户密度增至一定程度，可使用小区分裂，以增大系统容量，降低用户密度，适应用户增长，提高蜂窝小区容量。

小区分裂就是一种将拥塞的小区分成更小的小区的方法，小区分裂方法如图 1-15 所示。分裂方法有一分三方式、一分四方式，如图 1-16 所示。

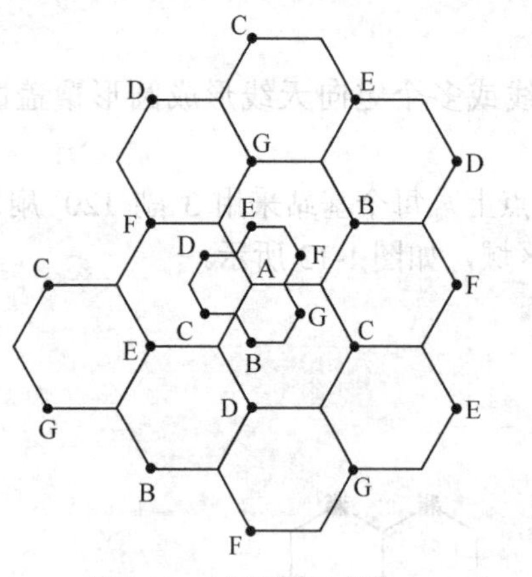

图 1-15　小区分裂示意图

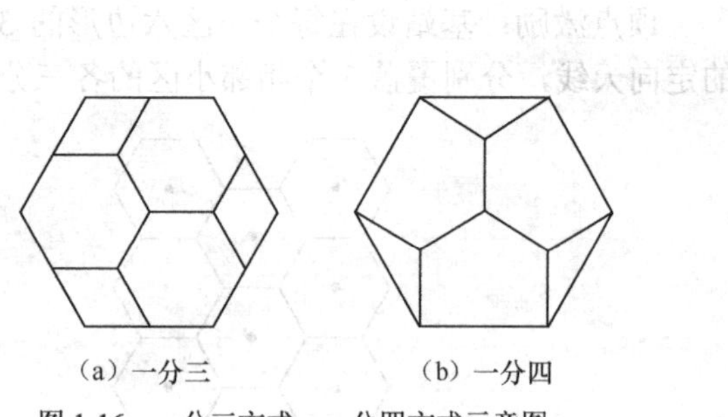

图 1-16　一分三方式、一分四方式示意图

分裂后的每个小区都有自己的基站，并相应地降低天线高度和减小发射机功率。由于小区并分裂能够提高频率的复用次数，因而能提高系统容量，即通过设定比原小区半径更小的新小区并在原有小区间安置这些小区（叫做微小区），使得单位面积内的信道数目增加，从而增加系统容量。

3．多信道共用技术

提高频率利用率的方法除上述间隔一定距离的两个无线小区使用相同频道组即同频复用外，还有多信道共用技术即网内大量用户共享若干个无线信道。

用户占用信道方式有独立信道方式和多信道共用方式，如图 1-17 所示。

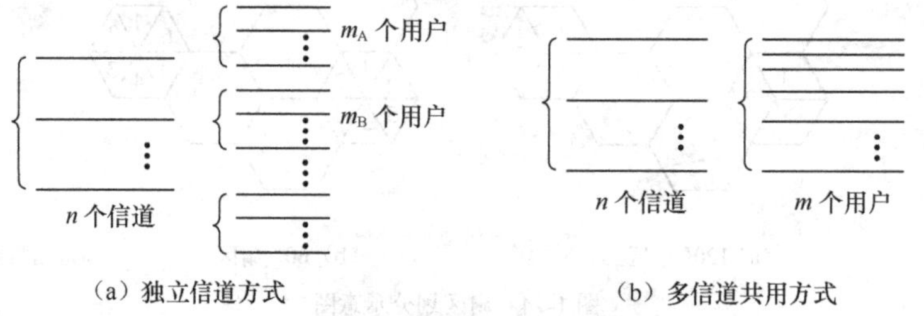

图 1-17　信道占用方式

共用呼叫信道方式是在系统中专门设立一个共用呼叫信道，它不作通话使用，仅处理呼叫和传送转频指令。系统内所有不通话的用户都停留在该信道上，处于守候状态。当用户需要通话而摘机时，通过该信道向基站发出呼叫请求，如系统有空闲信道，基站就通过该共用信道发出转频指令，使用户转入指定的空闲信道。当信道全部被占用时，则向用户示忙。当移动用户被叫时，基站也从共用呼叫信道发出选呼号码。被叫用户应答后，基站发出转频指令，使用户按指令转入指定的通话信道。

4．干扰

在蜂窝系统中，存在两种主要的干扰，即同频干扰和邻频干扰，另外还有其他干扰，如互调干扰等。

（1）同频干扰。

频率复用意味着在一个给定的覆盖区域内，存在着许多使用同一组频率的小区，这些小区叫做同频小区。这些同频小区之间的信号干扰叫做同频干扰（也叫同道干扰）。为了减小同频干扰，同频小区必须在物理上隔开一个最小的距离，为信号传播提供充分的隔离。

如果每个小区的大小都差不多，基站也都发射相同的功率，则同频干扰大小与发射功率无关，而是小区半径（R）和相距最近的同频小区中心间距离（D）的函数。增加 D/R 的值，相对于小区的覆盖距离，同频小区间的空间距离就会增加，从而来自同频小区的射频能量减小而使干扰减小。参数 Q 叫做同频复用比例（也叫同频干扰抑制因子），与区群的大小有关。对于六边形系统来说，Q 可表示为

$$Q = \frac{D}{R} = \sqrt{3N} \tag{1-2}$$

Q 的值越小则系统容量越大；而 Q 值大可以提高信号传播质量，因为同频干扰小。在实际的蜂窝系统中，需要对这两个目标进行协调和折衷。

（2）邻频干扰。

来自所使用信号频率的相邻频率的信号干扰叫做邻频干扰（也叫邻道干扰）。邻频干扰是因接收滤波器不理想，使得相邻频率的信号泄露到传输带宽内而引起的。离基站近的移动台的强信号会干扰离基站远的邻道上的移动台的弱信号，这就要求移动台采用自动功率控制电路。

（3）互调干扰。

互调干扰是指系统内由非线性器件引起，产生的各种组合频率成分落入本频道接收机通带内造成的对有用信号的干扰。在 FDMA 中尤其明显，因此要求设备必须具有良好的选择性。

1.2.4　蜂窝移动通信系统的常见指标

1．工作频段与频道间隔

工作频段主要有 150MHz、450MHz、900MHz、1800MHz、2.4GHz 等。例如，900MHz 频段指 890～915MHz（移动台发射，基站接收），935～969MHz（移动台接收，基站发射）；1 800MHz 工作频段指 1 710～1 785MHz（移动台发射，基站接收），1 805～1 880MHz（移动台接收，基站发射）。

频道间隔指相邻频道间隔，如模拟相邻信道为 25kHz，GSM 的 900MHz 频段和 1 800MHz 频段的相邻频段间隔均为 200kHz 等。一般频道安排都是采用等间隔频道配置。

2．通信概率

通信概率是指保证服务质量的通话时间和区域的概率值。

3．语音质量

语音质量是评估移动通信系统语音品质（可懂度和自然度）优劣的重要指标。评分标准如表 1-2 所示。

表1-2　评分标准

级　别	评 定 类 别	人的印象标准
5	优	无噪声、清晰
4	中	轻微噪声
3	中	令人烦恼的噪声
2	差	噪声严重
1	劣	语音不可懂

4．呼叫话务量与忙时话务量

呼叫话务量是电话负荷大小的一种度量，又称话务负荷，一般指电话用户在某段时间内所进行的电话交换量。其定义为

$$Y = MC'T \tag{1-3}$$

Y 为呼叫总话务量，单位为 Erl。M 为用户数，C'为每小时每用户占用信道平均呼叫次数，T 为每小时每用户占用信道平均时间，其中 $MC' = C$ 看做每小时所有用户占用信道平均呼叫总次数，即

$$Y = CT \tag{1-4}$$

如果在一个小时之内连续地占用一个信道，则其呼叫话务量为 1Erl。这是一个信道所能完成的最大话务量。

例如，有 100 对信道（线路），平均每小时有 2100 次呼叫，平均每次呼叫时间为 2min，则在这些信道上的呼叫（总）话务量为

$$Y = \frac{2100}{60} \times 2 = 70(\text{Erl}) \tag{1-5}$$

每用户忙时话务量是指最繁忙的一小时每个用户的平均话务量。定义为

$$Y_B = \frac{C''Kt_0}{3600} \tag{1-6}$$

式中，Y_B 为每个用户忙时的平均话务量，C'' 为每个用户每天平均呼叫次数，t_0 为每次呼叫占用信道的平均时间（s），K 为集中率，其定义为

$$K = \frac{\text{忙时话务量}}{\text{全天话务量}} \tag{1-7}$$

K 反映了一个通信系统“忙时”的集中程度，即忙时话务量在全天话务量中所占的比例。

5．容量

在多信道共用时，容量有两种表示法。

（1）每个信道所能容纳的用户数（m）为

$$m = \frac{Y}{nY_B} \tag{1-8}$$

Y 为总话务量，Y_B 为每个用户忙时话务量，n 为共用信道数。

（2）系统所能容纳的用户数（M）为

$$M = m \cdot n \tag{1-9}$$

n 为共用信道数，m 为每个信道所能容纳的用户数，它们相乘即得到系统容量。

6．呼损率

在一个通信系统中，呼叫失败的概率称为呼叫损失概率，简称呼损率，记为 Z。它是指系统全部信道被占用后再发生呼叫就出现呼损，因此呼损率即电话接不通的比率。

$$Z=\frac{Y_0}{Y}=\frac{C_0}{C} \tag{1-10}$$

Y_0 为呼叫不成功的话务量，Y 为总话务量，C_0 为呼叫失败次数，C 为呼叫总次数。

呼损率的物理意义是损失话务量与呼叫话务量之比的百分数。呼损率在数值上等于呼叫失败次数与总呼叫次数之比的百分数。

7．信道利用率

多信道共用时，信道利用率（η）是指每个信道平均完成的话务量。因此

$$\eta=\frac{Y_1}{n}=\frac{Y(1-Z)}{n} \tag{1-11}$$

Y_1 为呼叫成功而接通电话的话务量，n 为共用信道数。Y 为话务量，单位为 Erl。Z 是呼损率。

一般可以由厄兰呼损表（表 1-3）计算 Y、Z 和 n。

表 1-3　　　　　　　　　　　　厄兰呼损表

Z	1%	2%	3%	5%	7%	10%	20%
n	*Y*	*Y*	*Y*	*Y*	*Y*	*Y*	*Y*
1	0.010	0.020	0.031	0.053	0.075	0.111	0.250
2	0.153	0.223	0.282	0.381	0.470	0.595	1.000
3	0.455	0.602	0.715	0.899	1.057	1.271	1.930
4	0.869	1.092	1.259	1.525	1.748	2.045	2.945
5	1.361	1.657	1.875	2.218	2.504	2.881	4.010
6	1.909	2.276	2.543	2.960	3.305	3.758	5.109
7	2.501	2.935	3.250	2.738	4.139	4.666	6.230
8	3.128	3.627	3.987	4.543	4.999	5.597	7.369
9	3.783	4.345	4.748	5.370	5.879	6.546	8.522
10	4.461	5.084	5.529	6.216	6.776	7.511	9.685
11	5.160	5.842	6.328	7.076	7.687	8.437	10.857
12	5.876	6.615	7.141	7.950	8.610	9.474	12.036
13	6.607	7.402	7.967	8.835	9.543	10.470	13.222
14	7.352	8.200	8.803	9.730	10.485	11.473	14.413
15	8.148	9.010	9.650	10.633	11.434	12.484	15.608
16	8.875	9.828	10.505	11.544	12.390	13.500	16.807
17	9.652	10.656	11.368	12.461	13.353	14.522	18.010
18	10.437	11.491	12.238	13.335	14.321	15.548	19.216
19	11.230	12.333	13.115	14.315	15.294	16.579	20.424
20	12.031	13.112	13.997	15.249	16.271	17.613	21.635
21	12.838	14.016	14.884	16.189	17.253	18.651	22.848

续表

Z	1%	2%	3%	5%	7%	10%	20%
n	Y	Y	Y	Y	Y	Y	Y
22	13.661	14.846	15.778	17.132	18.238	19.692	24.064
23	14.470	15.761	16.675	18.080	19.227	20.737	25.281
24	15.295	16.631	17.577	19.030	20.219	21.784	26.499
25	16.125	17.505	18.483	19.985	21.215	22.838	27.720
26	16.959	18.383	19.392	20.943	22.212	23.885	28.941
27	17.797	19.265	20.305	21.904	23.213	24.939	30.164
28	18.640	20.150	21.221	22.867	24.216	25.995	31.388
29	19.487	21.039	22.140	23.833	25.221	27.053	32.614
30	20.377	21.932	23.062	24.802	26.228	28.113	33.840

注：Y—总呼叫话务量；n—信道数；Z—呼损率。

例 1-1 某移动通信系统，每天每个用户平均呼叫 10 次，每次占用信道时间平均为 80s，忙时集中率 $K=0.125$，问系统呼损率要求在 10%的条件下，给定 8 个信道的系统能容纳多少用户？

解 先求出 Y_B

$$Y_B=\frac{C''Kt_0}{3600}=\frac{10\times 80\times 0.125}{3600}(\text{Erl})$$
$$\approx 0.027\text{Erl}$$

根据信道数 n，呼损率 Z，查呼损表得 $Y=5.597$

再求用户数 m

$$m=\frac{Y/n}{Y_B}=\frac{5.597/8}{0.027}$$
$$\approx 25.7\text{用户/信道}$$

最后求出系统容量

$$m\cdot n=25.7\times 8=205.8(\text{个})$$

1.3 移动通信中的多址技术

1.3.1 多址通信概述

1. 多路复用技术

多路复用就是在发送端用复用器将多路信号合在一起，在接收端用分路器将各路信号分开的多用户共用信道方式，有频分多路复用（FDM）、时分多路复用（TDM）、码分多路复用（CDM）和波分多路复用（WDM）等。

2. 多址接入技术

发端各路信息不需要集中，而是各自调制送入无线信道传输。接收端各自从无线信道上

取下已调信号，解调后得到所需信息。许多用户同时通话，以不同的信道分隔，各用户信号通过在射频波道上的复用，从而建立各自的信道，以实现双边通信的连接，称为多址接入。解决多址接入问题的方法叫做多址接入技术。

移动通信的一大特点就是一个基站与多个移动台进行通信。多址接入技术可以使基站能从众多的移动台发出的信号中区分出是哪个移动台的信号，移动台也能识别基站发出的信号中哪一个是发给自己的。可以利用信号的某些特征实现多址接入，如工作频率、出现时间、编码序列等。

当以传输信号的载波频率的不同来区分信道建立多址接入时，称为频分多址（FDMA）方式；当以传输信号存在的时间的不同来区分信道建立多址接入时，称为时分多址（TDMA）方式；当以传输信号的码型的不同来区分信道建立多址接入时，称为码分多址（CDMA）方式。图 1-18 分别给出了 *N* 个信道的 FDMA、TDMA 和 CDMA 的示意图。

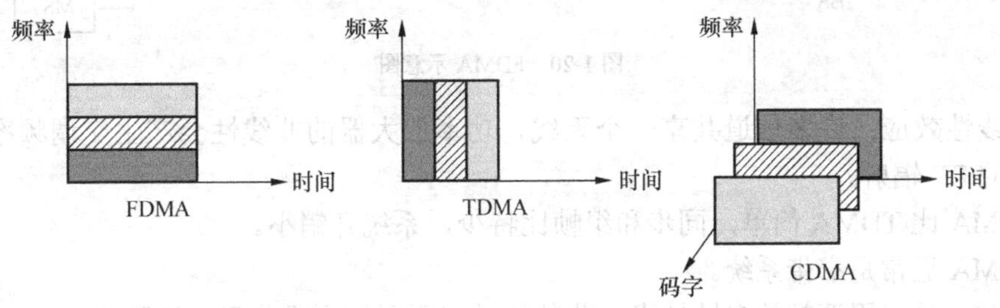

图 1-18　FDMA、TDMA 和 CDMA 的示意图

1.3.2　多址通信方式

在蜂窝系统中是以信道来区分通信对象的，一个信道只容纳一个用户进行通话，许多同时通话的用户，互相以信道来区分，这就是多址。移动通信系统是一个多信道同时工作的系统，具有广播和大面积覆盖的特点。在移动通信系统的覆盖区内，建立用户之间的无线信道连接，属于多址接入技术。

1．频分多址（FDMA）方式

（1）频分多路复用（FDM）技术。

频分多路复用（Frequency Division Multiplexed, FDM）技术将各路信号的频谱搬至互不重叠的频带上，同时在一个信道中传输，接收端通过不同中心频率的带通滤波器把各路信息信号分离出来，如图 1-19 所示。

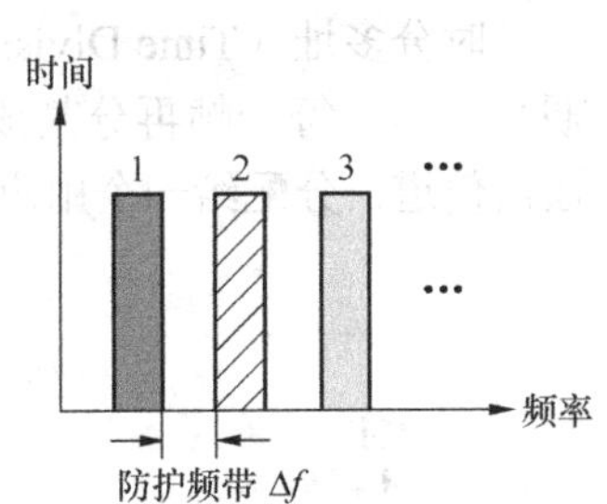

图 1-19　FDM 的工作示意图

（2）频分多址（FDMA）原理。

在频分多址（(Frequency Division Multiple Access, FDMA）系统中，把可以使用的总频段划分为若干占用较小带宽的频道，如频道为间隔 25kHz，保证频道之间不重叠。每个频道就是一个通信信道，分配给一个用户，如图 1-20 所示。

（3）FDMA 的特点。

①FDMA 信道每次只能传送一路电话。

②每信道占用一个载频；相邻载频之间的间隔应满足传输信号带宽的要求；符号时间与

平均延迟扩展相比较是很大的；移动台较简单，和模拟的较接近；基站复杂庞大，重复设置收发信设备；FDMA 系统每载波单个信道的设计，使得在接收设备中必须使用带通滤波器，允许指定信道里的信号通过，滤除其他频率的信号，从而限制邻近信道间的相互干扰；FDMA 需要精确的 RF 滤波器，需要双工器（单天线）。

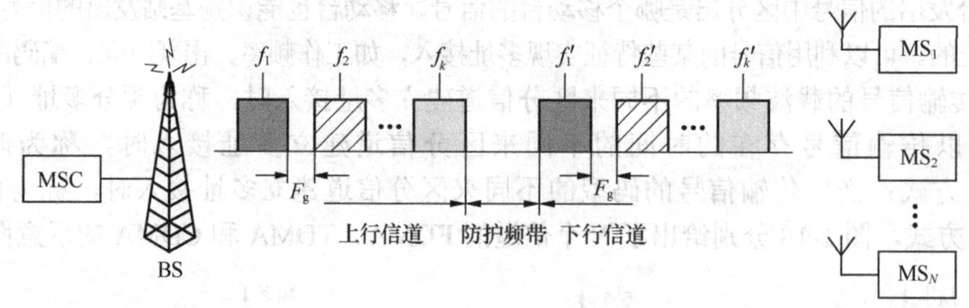

图 1-20　FDMA 示意图

③非线性效应：许多信道共享一个天线，功率放大器的非线性会产生交调频率（IM），产生额外的 RF 辐射。

④FDMA 比 TDMA 简单，同步和组帧比特少，系统开销小。

⑤FDMA 通常是窄带系统。

⑥FDMA 是采用调频的多址技术，业务信道在不同的频段分配给不同的用户。

⑦FDMA 适合大量连续非突发性数据的接入，单纯采用 FDMA 作为多址接入方式已经很少见。目前中国联通、中国移动所使用的 GSM 移动电话网就是采用 FDMA 和 TDMA 两种方式的结合。

2．时分多址（TDMA）方式

（1）时分多路复用（Time Division Multiplexed, TDM）技术。

TDM 技术以时间作为分割信号的参量，使各路信号在时间上互不重叠，利用不同时隙来传送各路不同信号，如图 1-21 所示。

TDM 是建立在抽样定理这一模拟信号数字化理论基础上的。

（2）时分多址（TDMA）原理。

时分多址（Time Division Multiple Access, TDMA）是在一个无线载波上，把时间分成周期性的帧，每一帧再分割成若干时隙（无论帧或时隙都是互不重叠的），每个时隙就是一个通信信道，分配给一个用户使用，如图 1-22 所示。

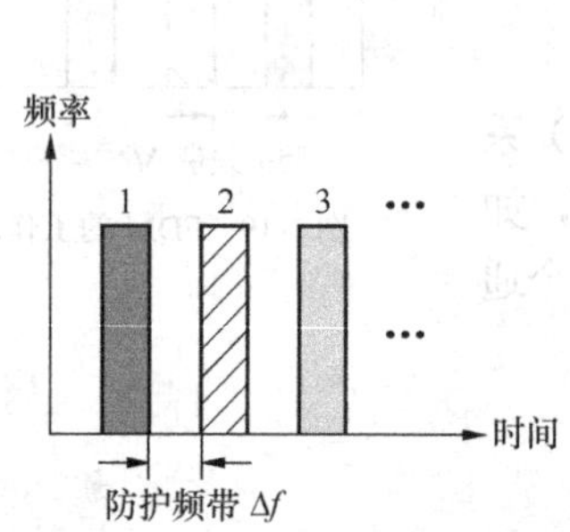

图 1-21　TDM 系统的工作示意图

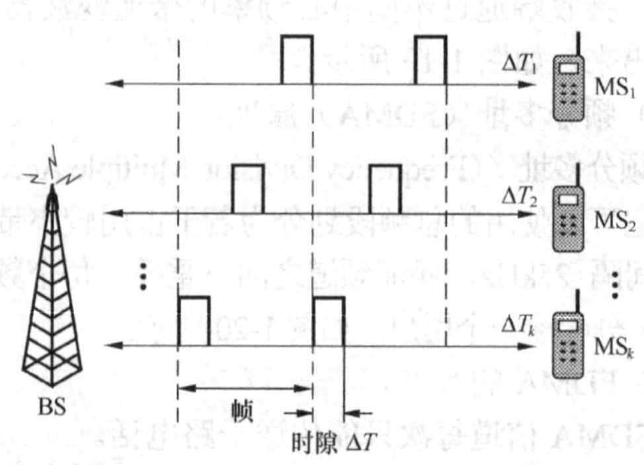

图 1-22　TDMA 系统的工作示意图

（3）TDMA 的帧结构。

TDMA 帧是 TDMA 系统的基本单元，它由时隙组成，在时隙内传送的信号叫做突发（Burst），各个用户的发射相互连成 1 个 TDMA 帧，帧结构示意图如图 1-23 所示。

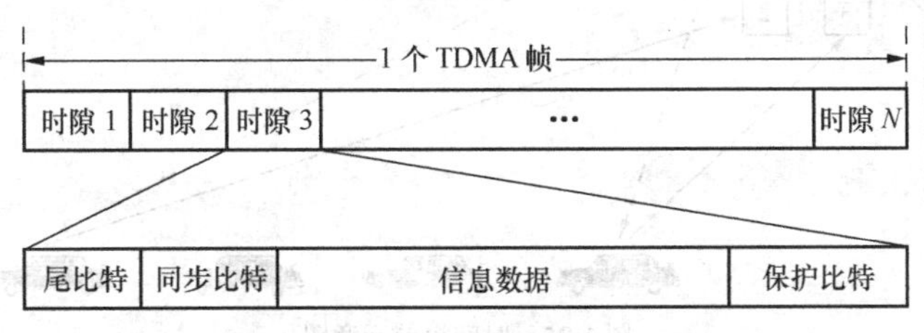

图 1-23　TDMA 帧结构

TDMA 主要传输 TDM 的数字信号，每个 MS 占有的时隙（TS_0，TS_1，TS_2，…，TS_k）称为分帧或子帧。帧周期一般取语音 PCM 信号采样周期——125μs 或整数倍。

例如，GSM 采用 FDMA 和 TDMA 相结合的多址方式，总频带按 200kHz 间隔分成 124 对频道，每频道分成 8 个时隙（TS_0，TS_1，TS_2，…，TS_8），一个频道上的一个时隙分配给一个移动用户，如图 1-24 所示。

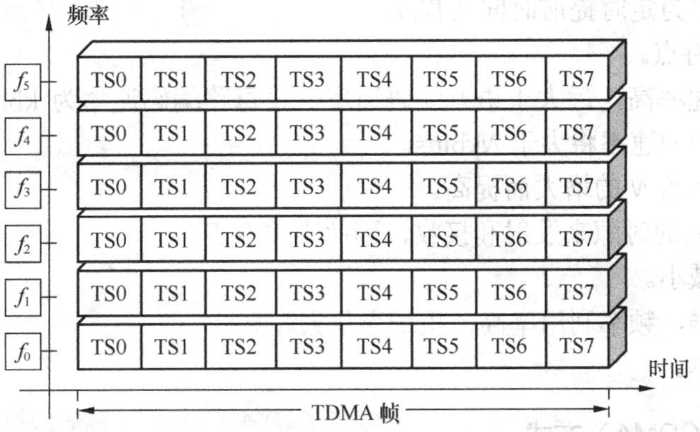

图 1-24　GSM 的 FDMA/TDMA 结构

TDMA 是采用了时分的多址技术，将业务信道在不同的时间段分配给不同的用户。TDMA 的优点是频谱利用率高，适合支持多个突发性、低速率数据用户的接入。TDMA 系统的数据传递是不连续的，是分组发射，可以关闭。不连续发送，可以利用空闲时隙监听其他基站，实现切换处理。分组发射需要额外的系统开销，如保护数据同步。TDMA 的效率是指发射的数据中信息所占的百分比。

除中国联通、中国移动所使用的 GSM 网采用 FDMA 和 TDMA 两种方式的结合外，广电 HFC 网中的 CM 与 CMTS 间通信中也采用了时分多址的接入方式（基于 DOCSIS1.0 或 1.1 和 Eruo DOCSIS1.0 或 1.1）。

（4）时间提前。

由于采用了 TDMA 技术，因此要求移动台必须在指配给它的时隙内发送，而在其余时间则必须保持沉默。否则它将对使用同一载频上不同时隙的另一些移动台的呼叫造成干扰，如图 1-25 所示。

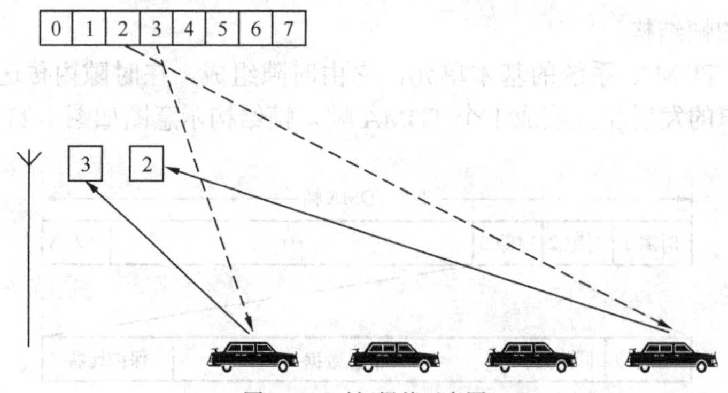

图 1-25　时间提前示意图

某一移动台非常靠近基站，指配给它的是时隙 2（TS_2），它只能利用该时隙进行呼叫，在该移动台呼叫期间，它向远离基站的方向移动。因此，从基站发出的信息，将会越来越迟地到达移动台，与此同时，移动台的应答信息也将越来越迟地到达基站。如果不采取任何措施，则该时延将会长到使该移动台在 TS_2 发送的信息与基站在 TS_3 接收到的信息相重叠起来，引起相邻时隙的相互干扰。所以，在呼叫期间，要监视呼叫到达基站的时间，并向移动台发出指令，使移动台能够随着它离开基站距离的增加，逐渐提前发送信号，这个移动台提前发送信号的时间称为定时提前时间（TA）。

（5）TDMA 的特点。

①突发传输的速率高，远大于语音编码速率。设每路编码速率为 kbit/s，共 N 个时隙，则在这个载波上传输的速率将大于 Nkbit/s。

②发射信号速率随 N 的增大而提高。

③TDMA 用不同的时隙来发射和接收，因此不需双工器。

④基站复杂性减小。

⑤抗干扰能力强，频率利用率高，系统容量大。

⑥越区切换简单。

3．码分多址（CDMA）方式

（1）码分复用（CDM）技术。

码分复用（Code Division Multiplexed，CDM）是靠不同的编码来区分各路原始信号的一种复用方式。

（2）码分多址（CDMA）原理。

在码分多址（Code Division Multiple Access, CDMA）通信系统中，是用各自不同的编码序列来区分，或者说，靠信号的不同波形来区分。如果从频域或时域来观察，多个 CDMA 信号是互相重叠的。接收机的相关器可以在多个 CDMA 信号选出使用的预定码型的信号。

例 1-2　共有 4 个站进行码分复用通信，4 个站的码片序列为

A：（−1−1−1 +1 +1−1 +1 +1）

B：（−1−1 +1−1 +1 +1 +1−1）

C：（−1 +1−1 +1 +1 +1−1−1）

D：（−1 +1−1−1−1−1 +1−1）

现接收到码片序列 S 为（−1 +1−1 +1−1−1 +1 +1），可以判断为哪个站发的，发送的信

号是什么。

其他使用不同码型的信号因为和接收机本地产生的码型不同而不能被解调。它们的存在类似于在信道中引入了噪声或干扰，通常称之为多址干扰。

在 CDMA 蜂窝通信系统中，用户之间的信息传输也是由基站进行转发和控制的。为了实现双工通信，正向传输和反向传输各使用一个频率，即通常所谓的频分双工（FDD）。

（3）CDMA 实现。

CDMA 的技术原理是基于扩频技术，即将需传送的具有一定信号带宽的信息数据用一个带宽远大于信号带宽的高速伪随机码（PN）进行调制，使原数据信号的带宽被扩展，再经载波调制并发送出去；接收端使用完全相同的伪随机码，与接收的带宽信号做相关处理，把宽带信号换成原信息数据的窄带信号即解扩，以实现信息通信。

①扩频技术的概念。

通常将已调信号带宽与调制信号的带宽之比在 100 以上的信息传输方式称为扩频通信，否则只能是宽带或窄带通信。

扩频技术是一种信息传输方式，其系统占用的频带宽度远大于要传输的原始信号的带宽（或信息比特率），且与原始信号带宽无关。在发送端，频带的展宽是通过扩频来实现的。在接收端用与发送端完全相同的扩频码进行相关解扩来恢复信息。

扩频技术有直接序列（DS）扩频、跳频（FH）扩频、线性调频（chirp）、跳时扩频等技术。扩频技术广泛应用于卫星通信、微波通信、移动通信等通信系统中，其中多使用 DS、FH 技术。

②直接序列（DS）扩频原理。

图 1-26 是直接序列扩频码分多址（CDMA/DS）的单工链路原理框图。

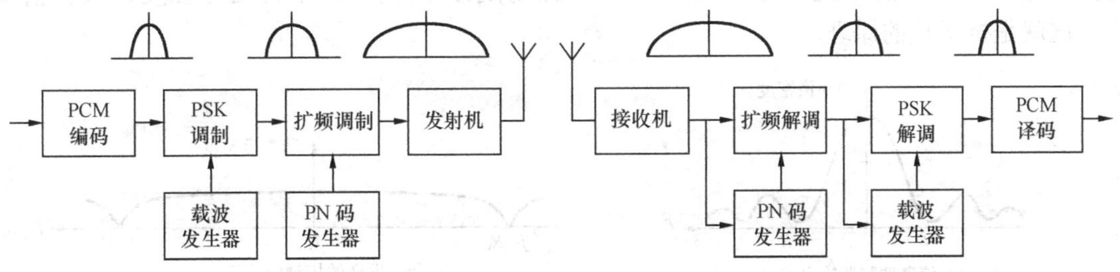

图 1-26　CDMA/DS 单工链路组成框图

可见，它是经过二次调制的，其中 PSK 调制是窄带调制，而另一调制是一扩展频谱的调制。因为 PN 码是一高速窄脉冲的随机序列，PN 码速率远高于 PCM 信息码速率，故已调的 PSK 信号频谱被展宽，所以调制后的信号带宽将远大于 PSK 调制后的信号带宽，因此称此过程为扩频。

由于 PN 码的码元宽度远小于 PCM 信号码元宽度，这使得通过伪随机码进行扩频的信号频谱远大于原基带信号的频谱。

CDMA 的基本原理就是用一个带宽比信息带宽宽得多的伪随机码（PN 码）对信息数据进行扩频；解扩时是将接收到的扩展频谱信号与一个和发端 PN 完全相同的本地码进行相关检测，若收到的信号与本地 PN 相匹配，信号就恢复到其扩展前的原始带宽。

③伪随机序列或伪噪声序列。

通常将 m 序列称为伪随机序列或伪噪声序列（PN 码）。

什么是 m 序列？m 序列是最长线性反馈移位寄存器序列的简称。它是由带线性反馈的移位寄存器产生周期最长的一种序列。图 1-27 给出了一个 4 级线性反馈移位寄存器（m 序列）的例子。

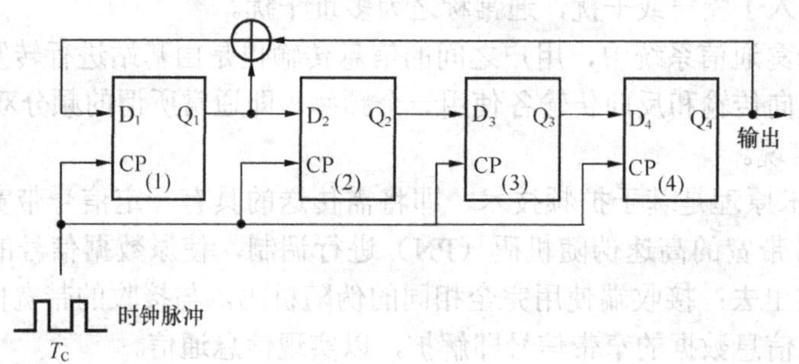

图 1-27　m 序列产生电路

因为 4 级移位寄存器共有 $2^4=16$ 种可能的不同状态，除全部“0”态外，只剩 15 种状态可用。即由任何 4 级线性反馈移位寄存器产生的序列周期最长为 15。输出端 Q_4 由 0 经 15 状态再回到 0，故周期最长。由此例可见，一般来说，一个 n 级线性反馈移位寄存器可能产生的最长周期等于 2^n-1，我们将这种最长线性反馈移位寄存器序列简称为 m 序列。

④ 扩频技术的优势。

扩频技术的优势是提高通信的抗干扰能力，即使系统在强干扰条件下也能安全可靠地通信，其原理如图 1-28 所示。

在接收机的输入信号中混入干扰信号，其功率谱如图 1-28（c）所示。经扩频解调后的有用信号变成窄带信号，而干扰信号变成宽带信号，如图 1-28（d）所示，再经窄带滤波器滤掉有用信号带外的干扰信号，如图 1-28（e）所示，从而降低干扰信号强度，改善信噪比，这就是抗干扰的原理。

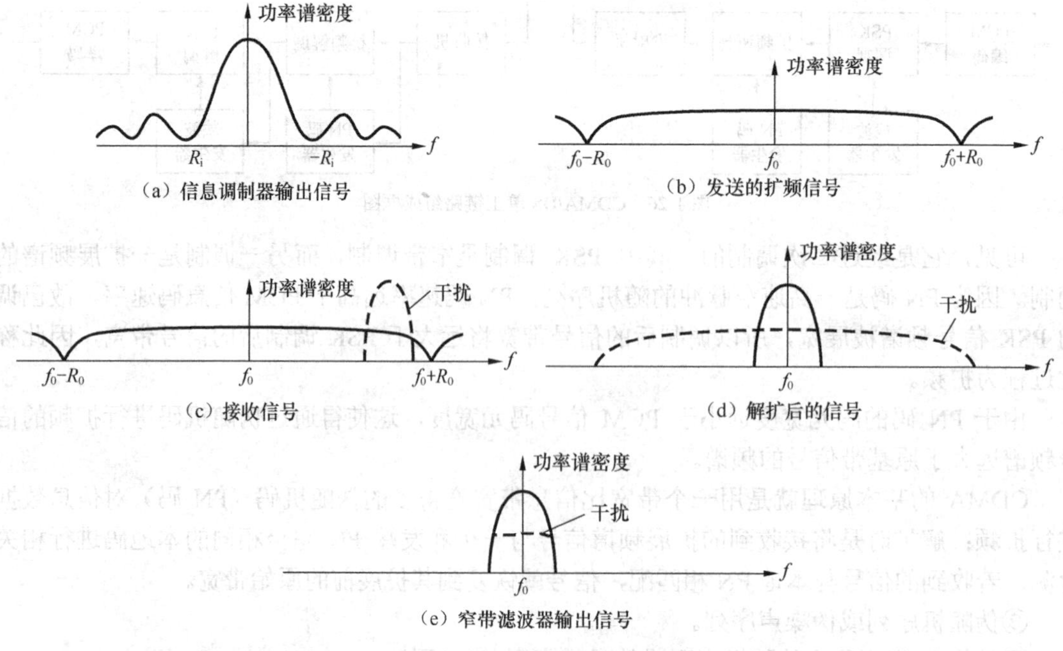

图 1-28　扩频技术抗干扰示意图

⑤CDMA 多址技术与扩频技术关系。

CDMA 的基本思想是靠不同地址码来区分用户，每个用户分配不同的地址码。接收时，只有确知其地址码的接收机，才能解调出相应的基带信号，而其他接收机因地址码不同无法解调出信号。

基站地址的划分是根据各站的码型结构不同来实现和识别的，一般选伪随机序列码（PN 码）作为地址码。由于 PN 码的码元宽度远小于 PCM 信号码元宽度（通常为整数倍），这就使得加了 PN 码的信号频谱远大于原基带信号的频谱，因此码分多址也称为扩频多址。

图 1-29 为一个 CDMA/DS 通信系统的框图，该系统共可传送 n 个载波：$c_1(t)$，$c_2(t)$，…，$c_i(t)$，…，$c_n(t)$，相应地共需 n 个地址码：$w_1(t)$，$w_2(t)$，…，$w_i(t)$，…，$w_n(t)$。图 1-29 中只画出第 i 个载波 $c_i(t)$的发送端与接收端的基本组成，已在图 1-26 中，即以 $c_i(t)$的一条单工链路为例说明了系统组成和工作过程。

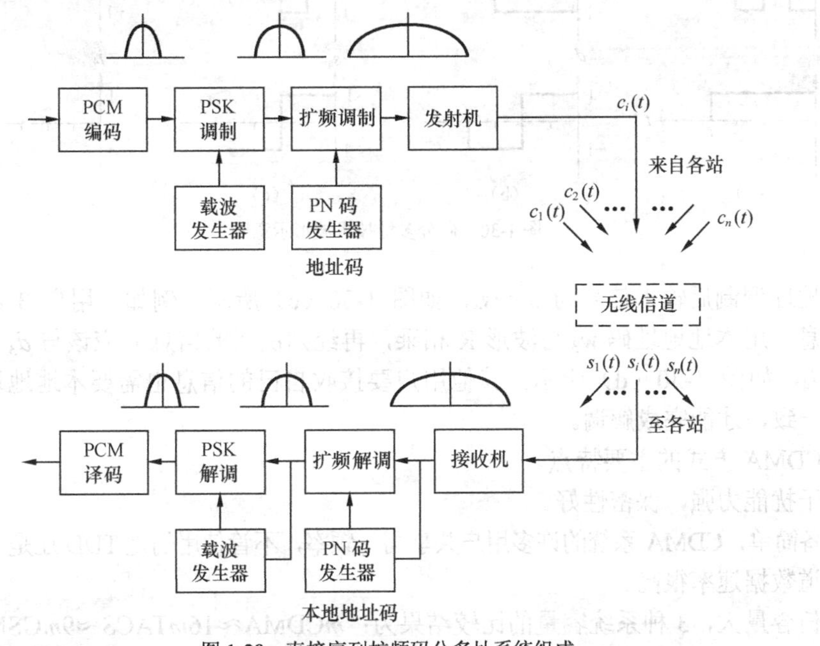

图 1-29　直接序列扩频码分多址系统组成

发端，各发送端用各不相同的、相互正交或准正交的地址码调制其所发送的信号，利用自相关性很强而互相关值为 0 或很小的周期性码序列作为地址码，与用户信息数据相乘实现扩频调制后输出。

收端，以本地产生的已知地址码为参考，根据相关性的差异对收到的信号进行相关检测，提取与本地地址码一致的信号。即在接收端利用码型的正交性，通过地址识别（相关检测）从混合信号中选出相应的信号。

CDMA 系统为每个用户分配特定的地址码，CDMA 系统的地址码相互具有准正交性，而在频率、时间和空间上都可能重叠。

为每一个用户分配唯一的序列码（地址码），用户使用此码片序列进行扩频。

例 1-3　共有 4 个用户进行码分多址通信，4 个用户的码片序列为：$w_1=\{-1-1-1+1\}$；$w_2=\{-1-1+1-1\}$；$w_3=\{-1+1-1+1\}$；$w_4=\{+1+1+1+1\}$，如图 1-30（a）所示。

用户信息数据分别为：$d_1=\{1，1，1，1\}$；$d_2=\{-1，-1，-1，-1\}$；$d_3=\{-1，1，1，$

1}；d_4={1，1，−1，−1}，如图 1-30（b）所示。

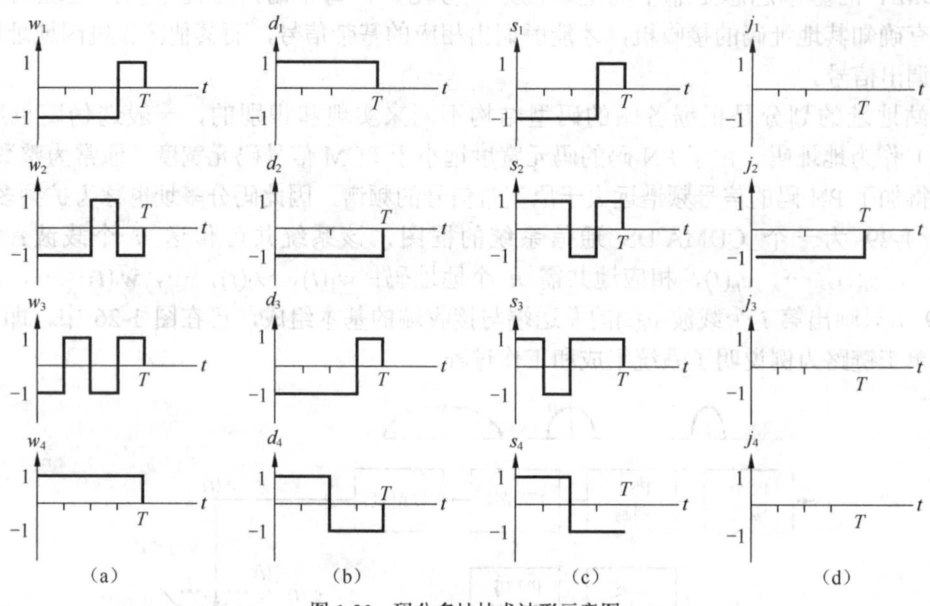

图 1-30　码分多址技术波形示意图

经过地址调制后输出信号为 s_1～s_4，如图 1-30（c）所示。例如，用户 3 在接收端接收自己的信息，用本地地址码 w_3 与波形 R 相乘，再经判决后的信息 j_3 应该与 d_3 一致，解调信号为 j_1～j_4，如图 1-30（d）所示。其他用户要接收自己的信息也需要本地地址码与对应发端地址码一致，才能完成解调。

（4）CDMA 方式的主要特点。

①抗干扰能力强，保密性好。

②设备简单，CDMA 系统的许多用户共享同一频率，不管使用的是 TDD 还是 FDD 技术。

③信道数据速率很高。

④通信容量大，3 种系统容量的比较结果为：mCDMA≈16mTACS≈9mGSM。

⑤实现多址连接灵活方便。

但还存在实际问题，如怎样选择地址码及分配。

CDMA 是采用数字技术的分支——扩频通信技术发展起来的一种崭新而成熟的无线通信技术，它是在 FDMA 和 TDMA 的基础上发展起来的。FDMA 的特点是独占信道，而时间资源共享，每一子信道使用的频带互不重叠；TDMA 的特点是独占时隙，而信道资源共享，每一个子信道使用的时隙不重叠；CDMA 的特点是所有子信道在同一时间可以使用整个频带进行数据传输，它在信道与时间资源上均为共享，因此，信道的利用率高，系统的容量大。CDMA 技术基于扩频技术，即将需传送的具有一定信号带宽的信息数据用一个带宽远大于信号带宽的高速伪随机码（PN）进行扩频，使原数据信号的带宽被扩展，再经载波调制并发送出去；接收端使用完全相同的伪随机码，与接收的宽带信号做相关处理，把宽带信号换成原信息数据的窄带信号（即解扩），以实现信息通信。

CDMA 技术完全适合于现代移动通信网所要求的大容量、高质量、综合业务、软切换等，正受到越来越多的运营商和用户的青睐。

4. 同步码分多址技术

同步码分多址（Synchronous Code Division Multiplexing Access，SCDMA）是指伪随机码之间是同步正交的，应用较广泛。广电 HFC 网中的 CM 与 CMTS 的通信中就用到该项技术，例如，美国泰立洋公司（Terayon）和北京凯视通电缆电视宽带接入，结合 ATDM（高级时分多址）和 SCDMA 上行信道通信（基于 DOCSIS2.0 或 Eruo DOCSIS2.0）。

中国提出的第三代移动通信系统（TD-SCDMA）也采用同步码分多址技术，这意味着代表所有用户的伪随机码在到达基站时是同步的，由于伪随机码之间的同步正交性，可以有效地消除码间干扰，系统容量将得到极大的改善，它的系统容量是其他第三代移动通信标准的 4～5 倍。

1.4 蜂窝移动通信的交换技术

1.4.1 移动交换系统

移动交换系统完成无线用户之间、无线用户与市话用户之间建立通话时的接续和交换，移动交换设备与程控电话交换机相比有一些特殊功能。因为移动用户可在一定区域内任意移动，完成移动用户间或移动用户与固定用户间的一个接续，须经固定网和无线信道的链接，而且移动台位置的变动使得整个服务区内话务分布状态随时发生剧烈的变化。移动交换系统的特殊功能是：用户数据的存储；用户位置的登记；寻呼用户的信令系统识别及处理；越区信道转换的处理；过荷控制；远距离档案存取；路由的控制。

蜂窝移动通信网也是一种交换式通信网。蜂窝移动通信的交换技术要比公用电话系统交换技术复杂。移动通信的 MSC（移动交换中心）除具备公网交换设备功能外还要增加用户移动性管理功能，如用户位置登记（不是一次性位置登记，而是每次开机后根据网络管理的要求进行多次登记），越区切换和网络移动性管理，如网内位置区划分、用户位置更新、用户定位、越区切换和漫游切换等。

1.4.2 蜂窝移动通信呼叫建立过程

1. 移动台主呼

移动台搜索控制信道，当发现该信道空闲时，即通过该信道发出呼叫信号。在网中不设置专门的呼叫信道，所有的信道都可供通话，选择呼叫与通话可在同一信道上进行。基站在某一空闲信道发出空闲信号，所有未通话的移动台都自动地对所有信道进行搜索。

2. 移动台被呼

移动控制交换中心收到呼叫信号后，经识别并确认用户。指移动台被叫时，要求入网。为此在上行链路的控制信道上传送入网信息，如将自己的用户识别号告知基站，并在下行链路的控制信道上等候指配语音信道。接入过程如下：移动台开机后，在内存程序控制下，进行自动搜索控制信道。若为空闲，就发送入网信息，基站收到移动台发送的接入信息后，告

知移动交换局（MTSO），移动交换局（MTSO）经核实为有效用户时，就为基站和移动台指配一对语音信道，移动台就根据指配指令自动调谐到语音信道，这样就完成了接入过程。

3．位置登记

步骤是在移动台的实时位置信息已知的情况下，更新位置数据库和认证移动台。

由于移动台的移动性和呼叫达到情况是千差万别的，位置更新和寻呼机制应能够基于每一个用户的情况进行调整。

4．通话过程中的越区（信道）切换

越区切换（也称过区切换，Hand-over 或 Hand-off）是指将当前正在进行的移动台与基站之间的通信链路从当前基站转移到另一个基站的过程。该过程也称为自动链路转移（Auto-matic Link Transfer，ALT）。越区切换是为了保证通信的连续性，正在通话的移动台从一个小区进入相邻的另一小区时，工作信道从一个无线信道上转换到另一个无线信道上，而通话不中断，如图 1-31 所示。

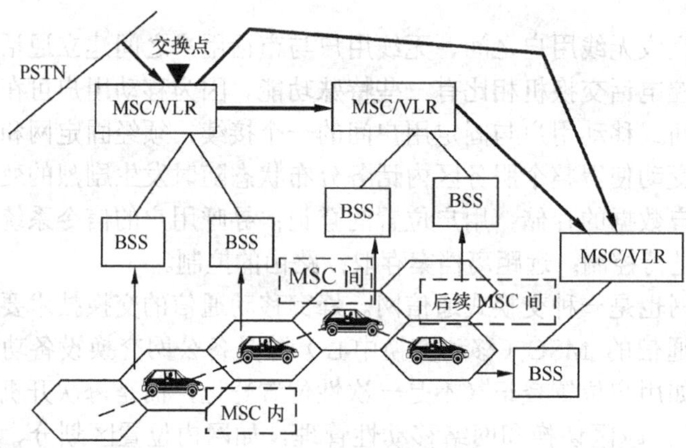

图 1-31　越区切换示意图

越区切换分为两大类：一类是硬切换，另一类是软切换，如图 1-32 所示。

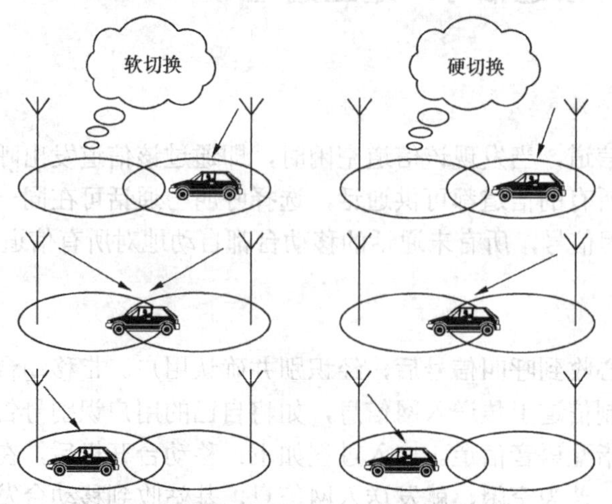

图 1-32　切换方式比较

硬切换是指移动台在进行切换时，在新的连接建立以前，移动台要先中断与原通信基站的联系，再建立与目标基站间的通信。

而软切换是指在维持旧的连接同时建立新的连接，并利用新、旧链路的分集合并来改善通信质量，当与新基站建立可靠连接之后再中断旧链路。即移动台在切换时，先不中断与原通信基站的联系，而与目标基站先建立通信，两个基站可同时为一个用户提供服务，当与目标基站实现可靠通信后，再切断与原基站间的通信。

GSM 中支持硬切换，CDMA 中支持软切换，也支持硬切换。

按切换小区的控制区域分类如图 1-33 所示：在同一基站控制器（BSC）下的小区间的越区切换；在同一 MSC，不同的 BSC 下的小区间进行的越区切换，如图 1-34 所示；在不同 MSC 下的小区间的越区切换（也称为越局切换）。

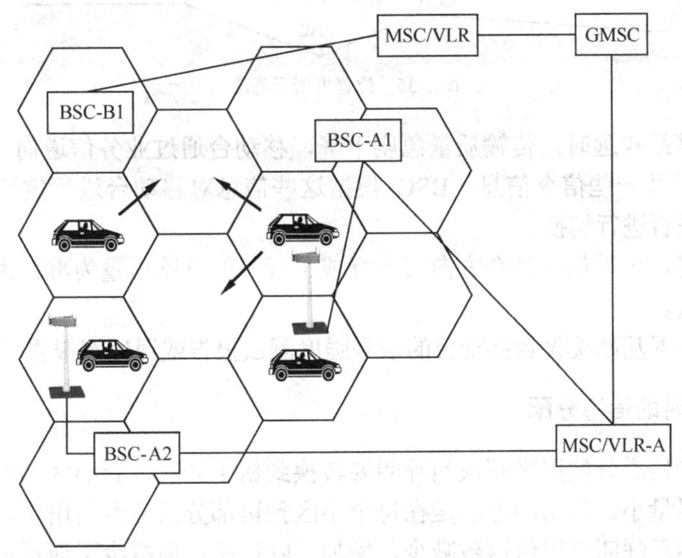

图 1-33　越区切换模式

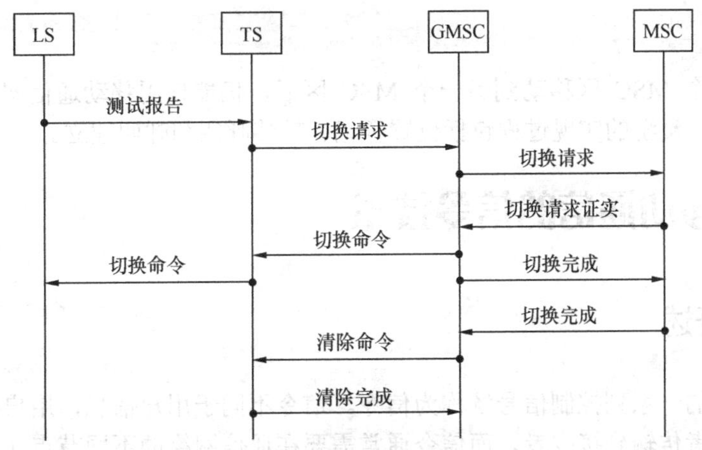

图 1-34　同一 MSC 的 BSC 间的切换流程图

位置更新是指移动台在同一个基站控制下的不同小区间切换，如图 1-35 所示。移动台在两个基站之间进行移动；移动台在两个交换局之间进行移动。

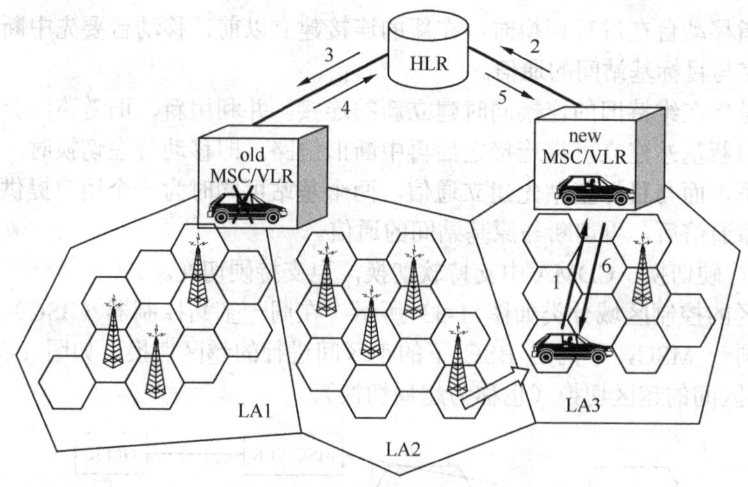

图 1-35　位置更新示意图

当移动台离基站较远时，传输质量急剧下降，移动台通过业务信道向 BSC 发送自己的信号强度信息，以及一些信令信息，BSC 根据这些信息对移动台进行定位，并比较相邻基站的信号，决定是否进行切换。

在越区切换时，可以仅以某个方向（上行或下行）的链路质量为准，也可以同时考虑双向链路的通信质量。

切换时刻是根据基站接收到移动台的信号强度测试报告或误码率报告确定的。

5．越区切换时的信道分配

越区切换时的信道分配用来解决当呼叫要转换到新小区时，新小区如何分配信道，使得越区失败的概率尽量小。常用的方法是在每个小区预留部分信道专门用于越区切换。这种方法的特点是，虽然新呼叫可用信道数减少，增加了呼损率，但减少了通话被中断的概率，符合用户的使用习惯。

6．漫游

移动台从一个 MSC 区移动到另一个 MSC 区后，仍能使用移动通信网提供的通信服务功能，称为漫游。漫游的实现过程包括位置登记、转移呼叫和呼叫建立。

1.5　蜂窝移动通信的信令技术

1.5.1　概述

和通信有关的一系列控制信号统称为信令。信令不同于用户信息，用户信息是直接通过通信网络由发送者传输到接收者，而信令通常需要在通信网络的不同节点（如基站、移动台和移动控制交换中心等）之间传输，各节点进行分析处理并通过交互作用而形成一系列的操作和控制，其作用是保证用户信息的传输有效且可靠。信令可看作是整个通信网络的神经中枢，其性能在很大程度上决定了一个通信网络为用户提供服务的能力和质量。信令分为两

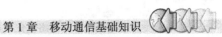

种：一种是用户到网络节点间的信令，称为接入信令；另一种是网络节点之间的信令，称为网络信令。在蜂窝移动通信中，接入信令是指移动台到基站之间的信令，网络信令称为 7 号信令系统（SS7）。

信令网由 3 部分组成，即信令点（SP）、信令转接点（STP）和信令链（SL）。

（1）SP（SIGNALLING POINT）：信令点，是消息的起源点和目的地点。

（2）STP（SIGNALLING TRANSMIT POINT）：信令转接点，具有转接信令的功能，它可以将一条信令链的信令消息转接到另一信令点。STP 可分两种：一种是只具有消息传递部分（MTP）功能的专用信令转接点，称为独立的信令转接点；另一种是既有 MTP 功能，又包括用户部分的具有信令点功能的信令转接点，称为综合的信令转接点。

（3）SL（SIGNALLING LINE）：信令链，是两个节点间 PCM 链路的一个或多个信道，两个节点间的信令链数量的多少决定于两个节点间话务量的大小。SL 是信令网中连接信令点的最基本部件。

我国的信令网结构分三层，也就是高级信令转接点（HSTP），初级信令转接点（LSTP）和信令点（SP）。为了提高网络的安全性，一般采用“四倍备份”的冗余结构，也就是每个 SP 至少和两个 LSTP 相连，一个 LSTP 至少和两个 HSTP 相连。

信令路由规划的基本原则是按照“最短路径”准则确定至各个目的地点的路由等级。所谓最短路径也就是 STP 的转接次数最少，首选直连，次选迂回。路由选择的基本规则是“负荷分担”，也就是同一等级路由中的各个信令链路全部工作，平均分担话务。

如广东的信令网结构如图 1-36 所示。

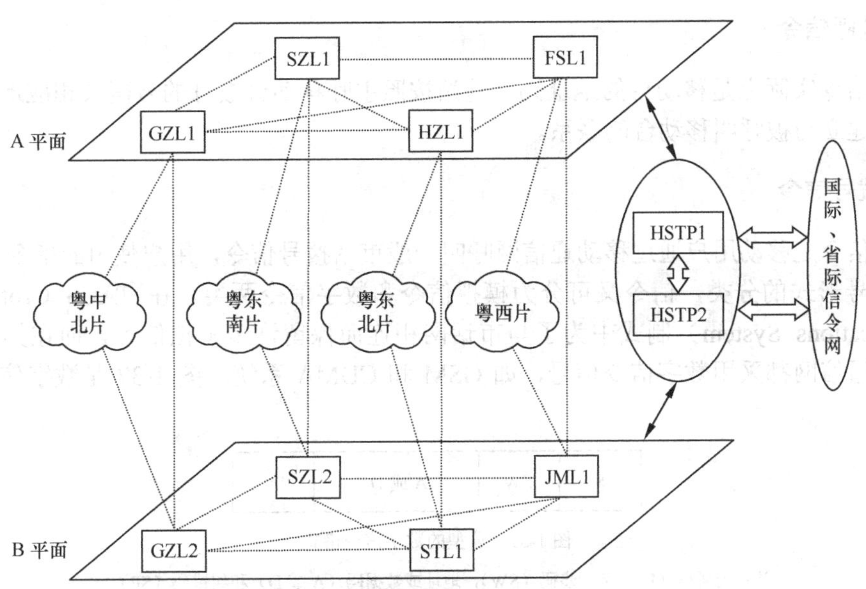

图 1-36　广东信令网的分层结构

GMCC 的信令网可以分为 TUP（ISUP）和 SCCP 两部分，TUP（ISUP）信令首选随话务网疏通，次选走独立信令网；SCCP 消息则几乎全部由独立信令网疏通（国际来话除外）。由于 TUP 信令已经不能满足业务的增长要求，凡是话务的网元之间全部将 TUP 信令升为 ISUP 信令。

为了实现话务的高质量不间断的接续和各种业务的准确计费，移动通信网络必须保证全

网的同步，一般第一同步为本地的大楼时钟，第二同步为自己的上一级网元（如对 MSC 来说应是 TR 或 LSTP)。

1.5.2 接入信令

在空中接口 Um 协议中，第三层包括 3 个模块：呼叫管理、移动管理和无线资源管理。它们产生的信令，经过链路层和物理层进行传输。根据空中接口标准的不同，物理信道中传输信令的方式有多种，有的设有专用控制信道，有的不设专用控制信道。

移动通信的信令按功能分类，可分为以下三类。

1. 控制信令

（1）基站到移动台方向。

① 通话信道指配信令，由基站为移动台指配信道；

② 空闲信令，表示专用的呼叫信道未被占用；

③ 拆线信令，表示通话结束，线路复原。

（2）移动台到基站方向。

① 回铃信令，表示移动台接收到了信号；

② 发信信令，表示移动台发送了信号；

③ 拆线信令，表示通话结束，线路复原。

2. 选呼信令

选呼信令实际上是移动台的地址码，基站按照主呼移动台拨打的号码（相应地址码）选呼，即可建立与被呼叫移动台的联系。

3. 拨号信令

拨号信令是移动用户通过移动通信网呼叫一般市话拨号信令，用户使用的指令。

按信号形式的分类，信令又可分为模拟信令和数字信令两类。在 TACS（Total Access Communications System）制式中为了与市话网相连而保留许多模拟信令，而在第二代和第三代移动通信网都采用数字信令信号，如 GSM 和 CDMA 系统，图 1-37 是数字信令典型的格式。

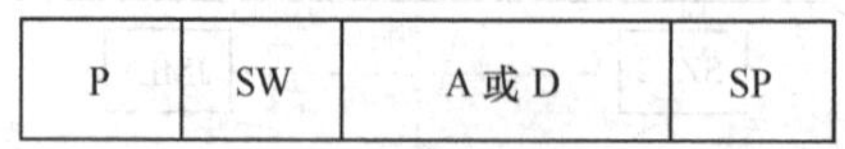

P	SW	A 或 D	SP

图 1-37 典型的数字信令格式

注：前置码（P），字同步码（SW），地址或数据码（A 或 D）和纠错码（SP）。

1.5.3 网络信令

常用的网络信令就是 7 号信令，它主要用于交换机之间、交换机与数据库（如 HLR、VLR 和 AUC）之间交换信息。7 号信令系统的协议结构如图 1-38 所示。它包括 MTP、SCCP、TCAP、MAP、OMAP 和 ISDN-UP 等部分。

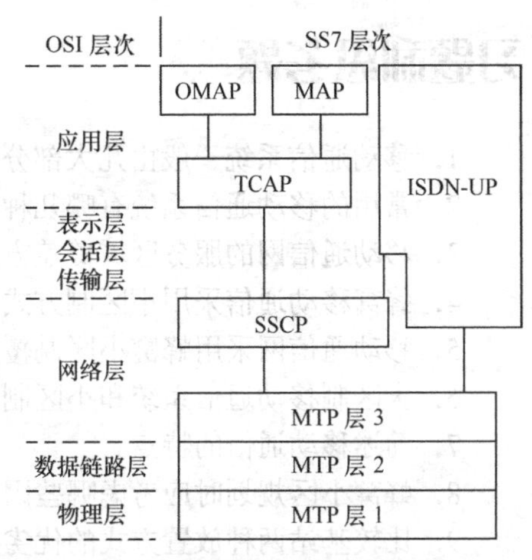

图 1-38 7 号信令系统的协议结构

消息传递部分（MTP）提供一个无连接的消息传输系统。MTP 中的功能允许在网络中发生的系统故障不对信令信息传输产生不利影响。MTP 分为 3 层：第一层为信令数据层，它定义了信号链路的物理和电气特性；第二层是信令链路层，它提供数据链路的控制，负责提供信令数据链路上的可靠数据传送；第三层是信令网络层，它提供公共的消息传送功能。信令连接控制部分（SCCP）提供用于无连接和面向连接业务所需的对 MTP 的附加功能。ISDN 用户部分（ISDN-UP 或 ISUP）支持的业务包括基本的承载业务和许多 ISDN 补充业务。事务处理能力应用部分（TCAP）提供使用与电路无关的信令应用之间交换信息的能力，TCAP 提供操作、维护和管理部分（OMAP）和移动应用部分（MAP）应用等。作为 TCAP 的应用，在 MAP 中实现的信令协议有 IS-41、GSM 应用等。

7 号信令网络是叠加在通信网络上的一个独立网络。它由 3 个部分组成：信令点（SP）、信令链路和信令转移点（STP）。

本章小结

本章首先介绍了移动通信的分类，移动通信的工作频段。移动通信包括无线传输、有线传输，信息的收集、处理和存储等，使用的主要设备有无线收发信机、移动交换控制设备和移动终端设备。

移动通信网的基本结构包括移动台（Mobile Station，MS）、基站（Base Station，BS）、构成网络节点的移动交换中心（Mobile Switching Center，MSC）及与市话网（PSTN）相连接的中继线等。小区制移动通信系统的覆盖方式有两种：一种是带状服务覆盖区，用于覆盖公路、铁路、海岸等；另一种是面状服务覆盖区，无线移动通信系统广泛使用六边形研究系统覆盖和业务需求。

本章重点是蜂窝小区的概念，包括频率覆盖、区群的概念与构成、区群基站激励方式、小区分裂、信道（频率）配置、多信道共用技术及移动通信网络系统的常见指标。

本章另一重点是移动通信中的多址技术，先介绍多路复用技术和多址接入技术概念。多址通信方式包括 FDMA 方式、TDMA 方式、CDMA 方式。

然后说明了蜂窝移动通信的交换技术，交换系统完成无线用户之间、无线用户与市话用户之间建立通话时的接续和交换，移动交换设备与程控电话交换机相比有一些特殊功能。蜂窝移动通信呼叫建立过程包括移动台主呼；移动台被呼；位置登记；通话过程中的越区（信道）切换。越区切换分为两大类—— 一类是硬切换，另一类是软切换。

接着介绍了蜂窝移动通信的信令技术，和通信有关的一系列控制信号统称为信令。信令不同于用户信息，用户信息是直接通过通信网络由发送者传输到接收者，其作用是保证用户信息有效且可靠的传输。

习题和思考题

1．移动通信系统一般由几大部分组成？

2．常用的移动通信系统有哪几种？

3．移动通信网的服务区域覆盖方式可分为几种？

4．蜂窝移动通信采用小区制方式有何优缺点？

5．移动通信网采用蜂窝小区制覆盖的目的是什么？

6．大区制移动通信系统和小区制移动通信系统的根本区别是什么？

7．简述移动通信的特点。

8．蜂窝小区规划时应考虑哪些因素？

9．比较基站两种放置方式的优劣。

10．GSM900 和 GSM1800 上下行信道的频点是如何配置的。

11．何为信道共用技术？

12．移动通信系统的常见指标是什么？

13．设某基站有 10 个无线信道，移动用户的忙时话务量为 0.01Erl，要求呼损率 $Z=0.01$（查表得 10 个无线信道的话务量 $A=4.461$；单信道时话务量 $Y=0.01$），采用单信道共用和多信道共用方式，那么容纳的用户数和信道利用率分别为多少？

14．什么是多址接入？

15．什么是频分多址（FDMA）技术？

16．什么是时分多址（TDMA）技术？

17．直接序列扩频技术有什么特点？

18．简述码分多址（CDMA）系统的原理。

第 2 章
电波、天线及抗衰落技术

2.1 电波传播特性

当前陆地移动通信主要使用的频段为 VHF 和 UHF，即 150MHz、450MHz、900MHz/800MHz、2.4GHz。移动通信中的电波传播方式主要有直射波、反射波、地表面波等传播方式，由于地表面波的传播损耗随着频率的增高而增大，传播距离有限。电波传播方式如图 2-1 所示。

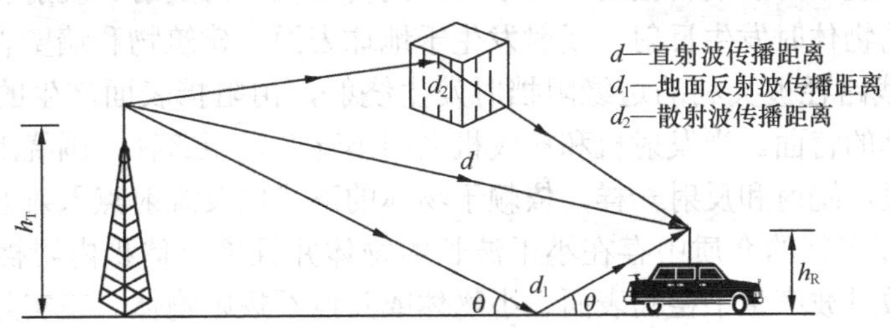

图 2-1　典型的移动信道电波传播方式

2.1.1　自由空间电波传播方式

自由空间电波传播是指天线周围为无限大真空时的电波传播，它是理想的传播环境。电波在自由空间传播时，可以认为是直射波传播，其能量既不会被障碍物所吸收，也不会产生反射或散射。虽然电波在自由空间里传播不受阻挡，不产生反射、折射、绕射、散射和吸收，但是，当电波经过一段路径传播之后，能量仍会受到衰减，这是由于辐射能量的扩散而引起的。

自由空间中电波传播损耗（亦称衰减）只与工作频率 f 和传播距离 d 有关，当 f 或 d 增大一倍时，损耗增加 6dB。

传播路径上没有障碍物阻挡，到达接收天线的地面反射信号场强也可以忽略不计，在这种情况下，电波可视作在自由空间传播。

2.1.2　反射波

电波在传输过程中，遇到两种不同介质的光滑界面时，会发生反射现象。图 2-2 所示为从发射天线到接收天线的电波由反射波和直射波组成的情况。

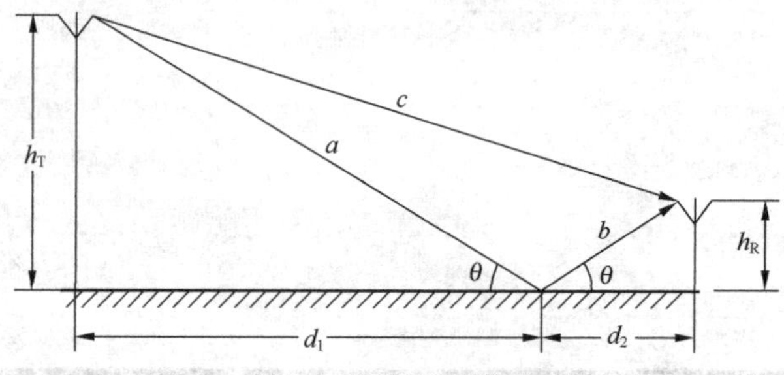

图 2-2　反射波和直射波

由于直射波和反射波的起始相位是一致的，因此两路信号到达接收天线的时间差换算成相位差$\Delta\phi_0$为

$$\Delta\phi_0 = \frac{\Delta t}{T} \times 2\pi = \frac{2\pi}{\lambda}\Delta d \tag{2-1}$$

再加上地面反射时大都要发生一次反相，实际的两路电波相位差$\Delta\phi$为

$$\Delta\phi = \Delta\phi_0 + \pi = \frac{2\pi}{\lambda}\Delta d + \pi \tag{2-2}$$

在移动通信系统中，影响传播的三种最基本的传播机制为反射、绕射和散射。当电波遇到比波长大得多的物体时发生反射，反射发生于地球表面、建筑物和墙壁表面。当接收机和发射机之间的无线路径被尖利的边缘阻挡时发生绕射，由阻挡表面产生的二次波散布于空间，甚至于阻挡体的背面。当发射机和接收机之间不存在视距路径，围绕阻挡体也产生波的弯曲。在高频波段，绕射和反射一样，依赖于物体的形状以及绕射点入射波的振幅、相位和极化情况。当电波穿行的介质中存在小于波长的物体并且单位体积内阻挡体的个数非常多时，发生散射。散射波产生于粗糙表面、小物体或其他不规则物体。在实际的通信系统中，树叶、街道标志和灯柱等都会发生散射。

2.1.3　阴影效应

当电波在传播路径上遇到起伏地形、建筑物、植被（高大的树林）等障碍物的阻挡时，会产生电磁场的阴影，如图 2-3 所示。移动台在运动中通过不同障碍物的阴影时，存在阴影区（盲区）。因此盲区的含义是在某些特定区域中，电波被吸收或被反射而使移动台接收不到信息。它要求在网络规划、设置基站时必须予以充分的考虑。

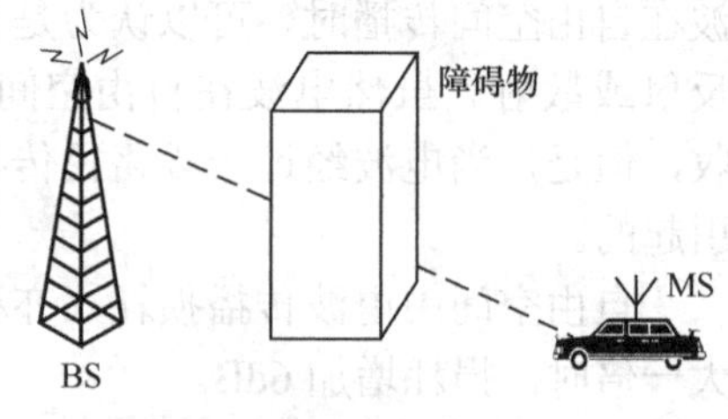

图 2-3　阴影效应示意图

阴影效应使接收天线处场强中值发生变化，从而引起衰落，由于这种衰落的变化速率较慢，又称为慢衰落。慢衰落速率主要取决于传播环境，即移动台周围地形，包括山丘起伏，建筑物的分布与高度，街道走向，基站天线的位置与高度，移动台行进速度等，而与频率无关。

慢衰落的深度，即接收信号局部中值电平变化的幅度取决于信号频率与障碍物状况。频率较高的信号比频率较低的信号更容易穿透建筑物，而频率较低的信号比频率较高的信号具有更强的绕射能力。慢衰落的特性与环境特征密切相关，可用电场实测的方法找出其统计规

律，如图 2-4 所示。

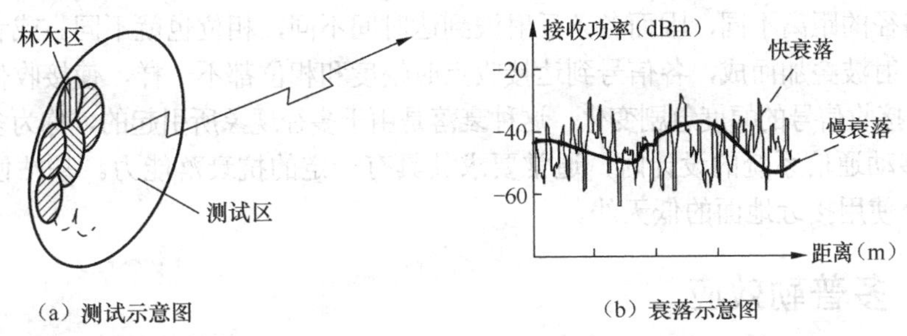

（a）测试示意图　　（b）衰落示意图

图 2-4　衰落测试

对实测数据的统计分析表明，接收信号的局部均值 r_{lm} 近似服从对数正态分布，其概率密度函数为

$$P(r_m) = \frac{1}{\sqrt{2\pi\sigma}} e^{-\frac{r_{lm}-\bar{r}_{lm}}{2\sigma^2}} \tag{2-3}$$

式中，$\bar{r}_{lm}$ 为整个测试区的平均值，即 r_{lm} 的期望值，取决于发射机功率、发射和接收天线高度以及移动台与基站的距离。σ 为标准偏差，取决于测试区的地形地物、工作频率等因素，σ 的数值如表 2-1 所示。

表 2-1　标准偏差 σ（dB）

频率（MHz）	准平坦地形			不规则地形，Δh（m）	
	市区	郊区	50	150	300
50			8	9	10
50	3.5～5.5	4～7	9	11	13
450	6	7.5	11	15	18
900	6.5	8	14	18	24

2.1.4　移动信道的多径传播特性

陆地移动信道的主要特征是多径传播。传播过程中会遇到各种建筑物、树木、植被以及起伏的地形，会引起电波的反射，如图 2-5 所示。

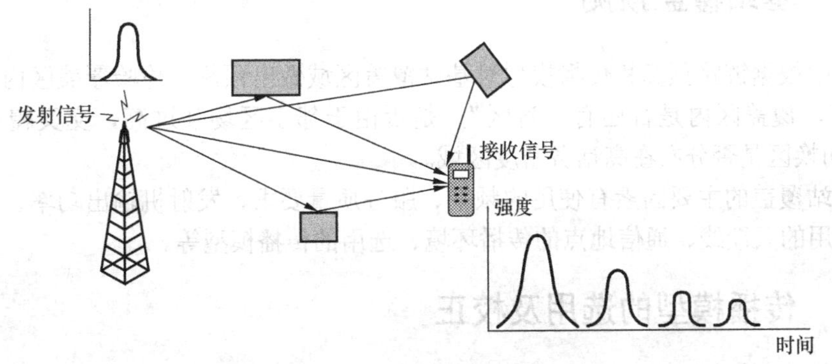

图 2-5　电磁波传播路径示意图

到达移动台天线的信号不是单一路径来的，而是许多路径来的众多反射波的合成。由于电波通过各个路径的距离不同，因而各条反射波到达时间不同，相位也就不同。或者说接收信号由直射波和反射波叠加而成，各信号到达接收点时幅度和相位都不一样，使接收信号电平起伏不定。衰落使接收信号的幅度急剧变化，这种衰落是由于多径现象所引起的，称为多径衰落。

在进行移动通信系统的设计时，通常要求其具有一定的抗衰落能力。基站使用固定的高天线，移动台使用接近地面的低天线。

2.1.5 多普勒效应

多普勒效应是指当移动台在运动中通信时，相对速度引起的频移。频移与移动速度和入射波方向有关。

可用下式表示：

$$f_D = \frac{v}{\lambda}\cos\alpha = f_m \cos\alpha \qquad (2\text{-}4)$$

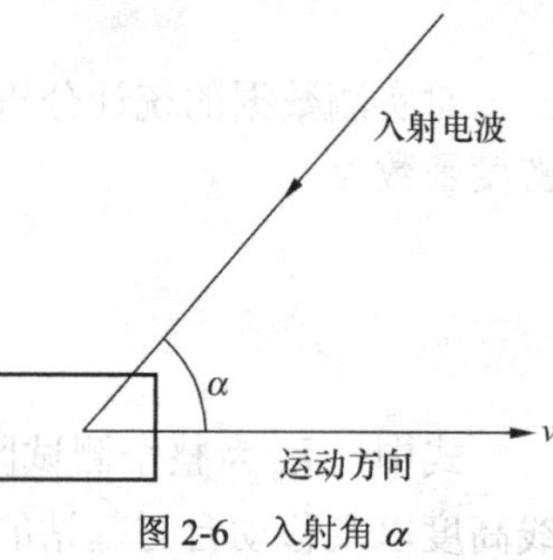

图 2-6 入射角 α

式中，α 是入射电波与移动台运动方向的夹角（见图 2-6），v 是运动速度，λ 是波长。式中，$f_m = \frac{\lambda}{v}$ 与入射角度无关，是 f_D 的最大值，称为最大多普勒频移。

2.2 传播模型及其优化

2.2.1 电波传播损耗预测模型与中值路径损耗预测

设计无线通信系统时，首要的问题是在给定条件下如何算出接收信号的场强，或接收信号中值。这些给定条件包括发射机天线高度、位置、工作频率、接收天线高度、收发信机之间距离等。在传播模型的选用及校正中，OM 模型是以日本东京市场强中值实测结果拟合的经验曲线，将城市视为“准平滑地形”，给出城市场强中值，对于其他地形或地物情况，则给出修正值，在场强中值基础上进行修正。OM 模型适用范围：频率为 100～1 500MHz；基站天线高度为 30～200m；移动台天线高度为 1～10m；传播距离为 1～20km。

2.2.2 基站覆盖预测

在规划中根据链路预算和传播模型对基站覆盖区域做出预测：检验覆盖区内质量是否达到预期目标，覆盖区内是否还有“盲区”，是否由于邻小区场强过高，交叉覆盖造成“孤岛”，检查切换区是否分布在高话务密度区域。

影响基站覆盖的主要因素有使用的频率、服务质量要求、发射机输出功率、接收机可用灵敏度、使用的天馈线、通信地点的传播环境、选用的传播模型等。

2.2.3 传播模型的选用及校正

按照传播模型的适用环境划分，又可以分为室外传播模型和室内传播模型。按照传播模

型的来源划分，可以分为经验模型和确定性模型两种。其中，经验模型是根据大量的测量结果，统计分析后归纳导出的公式；确定性模型则是对具体现场环境直接应用电磁理论计算的方法得到的公式。

一个有效的传播模型应该能很好地预测出传播损耗，该损耗是距离、工作频率和环境参数的函数。由于在实际环境中地形和建筑物的影响，传播损耗也会有所变化，因此预测结果必须在实地测量过程中进一步验证。以往的研究人员和工程师通过对传播环境的大量分析、研究，已经提出了许多传播模型，用于预测接收信号的中值场强。目前得到广泛使用的传播模型有 Okumura-Hata 模型、COST231Hata 模型及 Walfisch-Ikegami 模型等几种。

移动通信网的网络规划中需要选用传播模型，由于各地的传播环境不同，应用时需选择适合本地环境的模型，还需对其加以修正，通过对模型的修正，来提高预测的精度。修正需进行实地测试，通过测试获得进行模型修正的数据，然后用测试结果修正模型中相关参数，使预测结果更接近于当地实际情况。常用的传播模型如表 2-2 所示。

表 2-2　常用的传播模型

序　号	传播模型	应用范围	预测范围	比　较
1	Okumura	150～1 500MHz 天线高度 30～200m	1～20km	基站密度大时预测值偏高
2	COST231	800～2 000MHz 天线高度 4～50m	0.02～5km	适合站距近，但考虑地形及地面要素不足
3	Keenan-Motley	室内		适合室内
4	通用校正模型	50～2 000MHz 天线高度≤100m	0.1～100km	

1．Okumura-Hata 模型

Okumura-Hata 模型在 900MHz 的 GSM 中得到广泛应用，适用于宏蜂窝的路径损耗预测。Okumura-Hata 模型是根据测试数据统计分析得出的经验公式，应用频率在 150MHz 到 1500MHz 之间，适用于小区半径大于 1 km 的宏蜂窝系统，基站有效天线高度在 30m 到 200m 之间，终端有效天线高度在 0m 到 1.5m 之间。

Okumura-Hata 模型路径损耗计算的经验公式为

$$L_T = 69.55 + 26.161\lg f_c - 13.821\lg h_b - \alpha(h_m) + (44.9 - 6.551\lg h_b)\lg d + C_{cell} + C_{terrain}\,(\text{dB}) \quad (2\text{-}5)$$

其中，

f_c（MHz）：工作频率；

h_b（m）：基站天线有效高度，定义为基站天线实际海拔高度与天线传播范围内的平均地面海拔高度之差；

h_m（m）：终端有效天线高度，定义为终端天线高出地表的高度；

d（km）：基站天线和终端天线之间的水平距离；

$\alpha(h_m)$：有效天线修正因子，是覆盖区大小的函数，其数字与所处的无线环境相关，参见以下公式：

$$\alpha(h_m)=\begin{cases}\text{中小城市} & 1.11\lg f_c-0.7h_m-(1.56\lg f_c-0.8) & \text{dB}\\ \text{大城市、郊区、乡村}\begin{cases}8.29(\lg 1.54h_m)^2-1.1 & (f_c\leqslant 300\text{MHz}) & \text{dB}\\ 3.2(\lg 11.75h_m)^2-4.97 & (f_c\geqslant 300\text{MHz}) & \text{dB}\end{cases}\end{cases} \tag{2-6}$$

C_{cell} 为小区类型校正因子。

$$C_{cell}=\begin{cases}0 & \text{城市} & (\text{dB})\\ -2[\lg(f_c/28)]^2-5.4 & \text{郊区} & (\text{dB})\\ -4.78(\lg f_c)^2+18.33\lg f_c-40.98 & \text{乡村} & (\text{dB})\end{cases} \tag{2-7}$$

$C_{terrain}$：地形校正因子，地形校正因子反映一些重要的地形环境因素对路径损耗的影响，如水域、树木、建筑等。合理的地形校正因子可以通过传播模型的测试和校正得到，也可以由用户指定。

例 2-1 设基站天线高度 40m，发射频率为 800MHz，移动台天线高度 2m，通信距离 15km，在大城市工作，传播路径为平坦地形，求中值路径损耗。

解 以 Okumura-Hata 模型求解，因为工作在大城市，工作频率大于 300MHz，有效天线修正因子是 $\alpha(h_m)=3.2(\lg 11.75h_m)^2-4.97=1.045$，小区类型校正因子 C_{cell} 为 0，地形校正因子 $C_{terrain}$ 为 0。

中值路径损耗为

$$\begin{aligned}L_T&=69.55+26.161\lg f_c-13.821\lg h_b-\alpha(h_m)+(44.9-6.551\lg h_b)\lg d+C_{cell}+C_{terrain}(\text{dB})\\&=69.55+26.161\lg(800)-13.821\lg(40)-1.045+[44.9-6.55\lg(40)]\lg(15)+0+0\\&\approx 164.1(\text{dB})\end{aligned}$$

2．COST231Hata 模型

COST231 Hata 模型是 EURO-COST 组成的 COST 工作委员会开发的 Hata 模型的扩展版本，应用频率在 1500MHz 到 2000MHz 之间，适用于小区半径大于 1km 的宏蜂窝系统，发射有效天线高度在 30m 到 200m 之间，接收有效天线高度在 1m 到 10m 之间。COST231 Hata 模型路径损耗计算的经验公式为

$$L_T=46.3+33.9\lg f_c-13.821\lg h_b-\alpha(h_m)+(44.9-6.55\lg h_b)\lg d+C_{cell}+C_{terrain}+C_M\,(\text{dB}) \tag{2-8}$$

其中，C_M 为大城市中心校正因子。

COST231 Hata 模型和 Okumura-Hata 模型主要的区别在频率衰减的系数不同，COST231 Hata 模型的频率衰减因子为 33.9，Okumura-Hata 模型的频率衰减因子为 26.16；另外 COST231 Hata 模型还增加了一个大城市中心衰减 C_M。

3．通用模型

目前移动通信规划软件使用一种通用模型，它的系数由 Hata 公式推导而出。通用模型由下面的方程确定。

$$P_{RX}=P_{TX}+k_1+k_2\lg(d)+k_3\lg(h_b)+k_4 diffraction+k_5\lg(h_b)+k_6\lg(h_m)+k_{clutter} \tag{2-9}$$

其中，P_{PX} 接收功率；P_{TX} 发射功率；d 基站与移动终端之间的距离；*diffraction* 绕射损

耗；h_m 终端的高度；h_b 基站有效天线高度；k_1 衰减常量；k_2 距离衰减常数；k_3 和 k_4 终端高度修正系数；k_5 和 k_6 基站天线高度修正因子；$k_{clutter}$ 终端所处的地物损耗。

所谓通用模型，是因为其对适用环境、工作频段等方面没有限制。该模型只是给出了一个参数组合方式，可以根据具体应用环境来确定各个参数的值。正是因为其通用性，该模型在无线网络规划中得到广泛应用，几乎所有的商用规划软件都是基于通用模型的基础上，实现模型校正功能。

除了无线传播模型外，一些著名的计算机模型可用于计算传播损耗。所谓计算机模型是指通过采用更加复杂的技术，利用地形和其他一些输入数据估计出模型参数，从而应用于给定的移动环境。计算机模型主要依赖三维数字地图（必须足够精细）提供的相关信息，模拟无线信号在空间的传播情况。例如，利用双射线的多径和球形地面衍射来计算超出自由空间损耗的视距损耗的朗雷-莱斯模型和基于从发射机到接收机沿途的地形起伏高度数据来计算传播损耗的 TIREM 模型等。

4．模型校正

传播模型校正是一个系统的工程，除了拥有先进专业的测试设备，高素质的专业人才外，还必须有一套完善的质量保障体系和工程实施计划。万禾公司结合本身的工程实践，总结出了进行一个传播模型校正的工作流程，其主要的过程为：先是工程前期的准备工作；其次是选点和路线确定工作；三是站点架设及数据采集工作；四是对采集回来的数据进行预处理和地理平均工作；五是利用模型校正软件完成模型调校，生成模型结果；最后是对整个工程进行充分的总分析，产生最终的工程报告书。校正工作的流程图如图 2-7 所示。

（1）前期准备工作。

① 软硬件的准备工作。

如前面的流程图所示，由于模型校正涉及 CW 波的测试及数据的软件处理等工作，为了保证对模式修正结果的质量，对所需的软硬件设施有比较高的要求，具体如下：

a．发射机：能够进行连续波（CW 波）发射的发射机，要求发射机的最低输出功率不低于 43dBm（20W），且在 3G 的频段范围内可自由设置频率；

b．接收机：能够进行 RF 射频接收的宽带扫频接收机，能完成干扰测试及 CW 波的数据采集，要求对 CW 波的接收灵敏度不低−120dBm；

c．发射天线：要求采用全向垂直极化的天线，要求能提供准确的天线方向图；

d．GPS 接收机：提供地理化的定位信息，要求 GPS 接收机具有较高的灵敏度，并能提供相应的通信接口；

e．数字地图：更新期限为 1 年内，城区地图精度要求达到 20m 或者更高，郊区的地图精度达到 50 米以上，并且地图上的各种地物都比较齐全；

f．软件：模型调校软件，由网规软件来提供，但要求安装了该软件的工作站硬件配置不低于 1GHz 的 CPU、512MB 的 RAM；路测采集软件，要求具有良好的人机界面，能完成对接收机、GPS 接收机的管理，并具备强大的后台数据处理功能；

g．其他辅助的测试工具：手提电脑、频谱分析仪、驻波测试仪、数码相机、指南针等，帮助完成相应的测试工作；

h．天线支架：用于临时架设发射天线的支架，要求能够根据需要在 4～6m 之间调节高度。

② 需求分析。

需求分析主要是了解该区域的地形地貌特点、人文环境以及在 2G 时代的基站分布特点，然后拟定需要完成的模型校正数量。通常需要我们从该地区的行政区域划分、地物的分布特点，特别是各种不同人文环境下建筑物的密集程度来进行分析，以确定模型的数量。详尽、明确的需求分析将是顺利完成模型校正工作的前提条件。

一般来说，对于一个地区，密集城区、普通城区、开阔地、农村这四个模型是最基本的，然后需要在此基础上，结合网络规划工作的需要，做进一步的需求分析，以更好完成该地区的模型校正工作。在完成需求分析后，就实际进入了我们模型校正的选点工作。

（2）选点和路线确定。

选点也就是选出满足模型校正要求的站点。为此，在选点中首先要求我们对服务区域的基站分布进行分析，初步划分区域范围，并大致选定各类型站点所在的区域（这一步通常是在电子地图或者当地的旅游图上完成的，如果有卫星影像图或者航拍图将更有助于确定模型的分类区域），然后对初步确定的站点进行现场勘查，进行第二次筛选，再对选定的基站进行详细的记录，并按照路线选择的原则确定该站的测试路线图。其具体的流程图如图 2-8 所示。

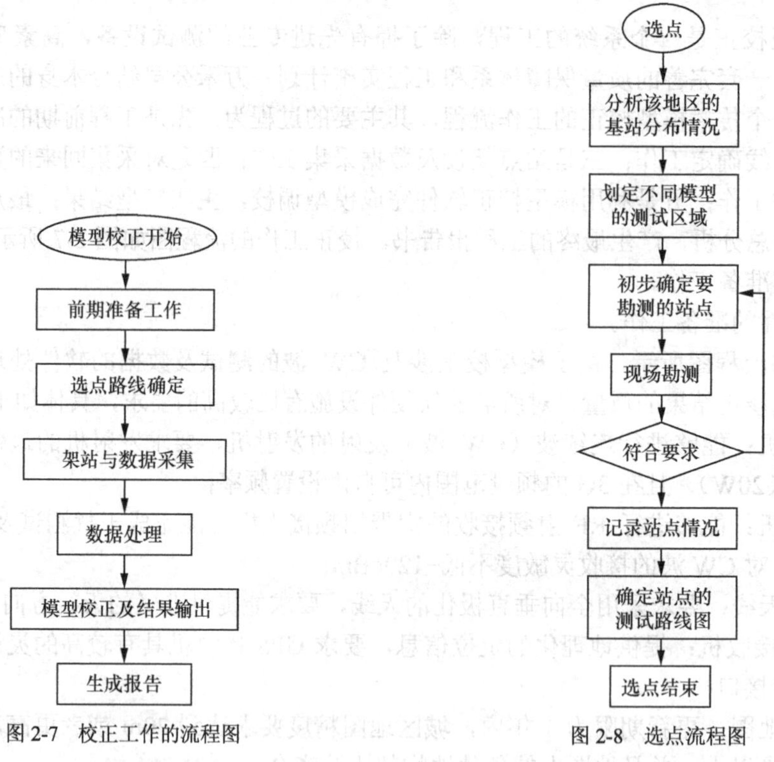

图 2-7　校正工作的流程图　　图 2-8　选点流程图

（3）站点架设和数据采集。

站点架设和数据采集是整个模型校正工作中至为重要的一步，站点架设的合理与否、采集的数据是否达到要求将直接对模型结果产生影响。按照前面所提的校正原理，必须保证测试数据密度达到 30～50 样点/40λ，才能有效达到“消除快衰落、保留慢衰落”的目的。其具体数据采集的流程图如图 2-9 所示。

（4）数据处理。

数据处理最主要的目的是将测试中带入的不合理数据进行滤除，完成地理化平均的和数

据偏移修正的处理操作，然后转换成模型调校所需要的文件格式。数据处理由预处理和地理平均及数据偏移修正三步组成，预处理是完成不合理数据的过滤和数据的离散操作；地理平均是对数据做地理化的平均处理，以求得特定长度上的区域均值；数据的偏移修正是修正数据的属性，将那些位置出现偏移的点修正。其具体的流程图如图 2-10 所示。

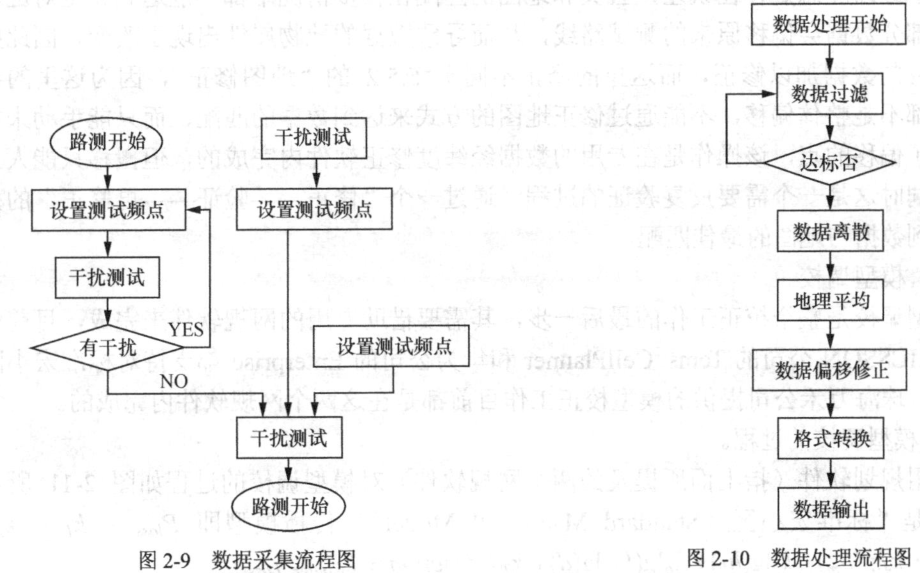

图 2-9　数据采集流程图　　　图 2-10　数据处理流程图

① 数据预处理。

主要完成不合理数据的过滤、数据的离散以及格式转换操作，该操作是由 DTISCAN 采集软件的后台数据处理来完成的。具体的设置要求和条件如下。

a．过滤设置：由于测试中不可避免地会有一些采集不到 GPS 信号的情况或者是出现漂移点的数据，故需要做以下过滤设置。

（a）将没有经纬度的数据过滤掉。

（b）将经纬度有漂移的点过滤掉。

（c）信号强度上的过滤：signal > -40dBm 和 signal <-120dBm 数据（注意，这里的信号强度的滤除和模型校正时设置的信号强度不同，这里主要考虑的是对超出接收机灵敏度外的野值点进行滤除）。

b．由于 GPS 的采样频率比数据的采样频率慢，这样在同一个经纬度点上就有多个数据，通过按采样时间顺序对数据进行内插，从而将同一点上的多个数据平铺到取样时间所走的路线上，即完成了数据的离散操作。

c．格式转换：将完成以上两项操作后的数据转换成地理平均所要求的格式。

② 数据的地理平均。

地理平均主要是为了获取特定长度上的区域均值，然后用这些均值来对该区域的模型加以校正，区域均值的长度选择除遵循慢衰落的变化规律外，还应该充分考虑地图精度的影响，通常认为在 1～15m 内都是可行的，从实际的校正情况来看，取 6m 为地理化平均的长度将具有比较好的效果，地理平均的操作也是由专用的地理平均软件来完成的。

目前普遍采用的处理方法是：将测试路段分段，每段取 6m，将该 6m 内的数据取均值，并将取得的均值作为该路段中心点的场强值。

地理平均完的数据还需要进行必要的格式转换，以满足模型调校对文件格式的要求，之后就进入到模型调校的工作。

③ 数据偏移修正。

由于经纬度总是存在误差，且其和地图的匹配在很多情况下都不能达到完全对应，这样总有一部分数据会偏移原来的测试路线，从而导致数据的地物属性出现了改变，因此必须将这些偏移的数据加以修正，而这里的修正不同于 5.5.2 的“地图修正”，因为这里的数据偏移往往都不是整体偏移，不能通过修正地图的方式来达到数据的匹配，而只能手动来搬移那些出现了偏移的点，该操作是在专用的数据经纬度修正软件内完成的，但搬移只能人工手动处理，同时这是一个需要反复验证的过程，通过一个“修正——验证——再修正”的处理过程来达到数据与地图的最佳匹配。

（5）模型调校。

模型调校是整个校正工作的最后一步，其需要借助专用的网规软件来完成，目前业界常用的 ERICSSON 公司的 Tems CellPlanner 和华为公司的 Enterprise 都支持对标准宏小区模型的校正。珠海万禾公司提供的模型校正工作目前都是在这两个网规软件内完成的。

① 模型调校的过程。

利用规划软件（指上面所提及的两个网规软件）对模型调校的过程如图 2-11 所示，模型公式是“标准宏小区（Standard MacroCell Model）”传播模型即 $P_{loss} = k_1 + k_2\lg(d) + k_3\lg(h_m) + k_4\lg(h_m) + k_5\lg(h_b) + k_6\lg(h_b)\lg(d) + k_7 diffraction + k_{Clutter\_Loss}$。

利用该模型校正的方法是：首先选定一个模型并设置各参数值 $k_1 \sim k_7$ 值，通常可选择该频率上的缺省值进行设置，也可以是其他地方类似地形的校正参数，然后以该模型进行无线传播预测，并将预测值与路测数据作比较，得到一个差值，再根据所得差值的统计结果反过来修改模型参数，经过不断的迭代处理，预测值与路测数据的均方差及标准差达到最小，则此时得到的模型各参数值就是我们所需的校正值。其具体的流程图如图 2-11 所示。

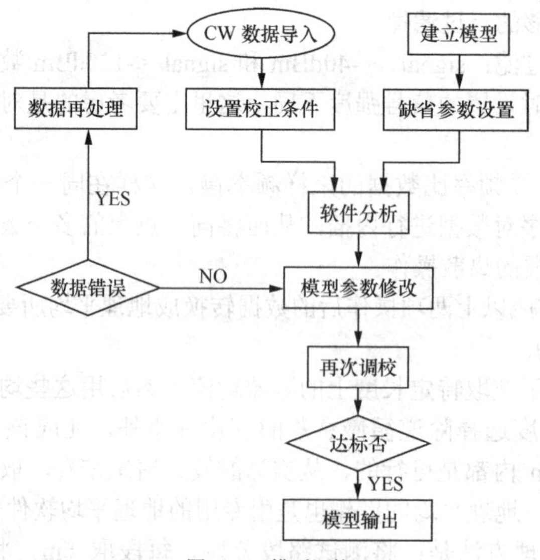

图 2-11　模型调校

在分析所设模型与实测数据的拟合程度时用到了这么几个统计分析值：Mean Error、RMS Error、Std.Dev.Error、Corr. Coeff。其中 Mean Error 表示预测值和实际路测值的统计平均差，RMS Error 表示预测值和路测数据的均方差，Std.Dev.Error 表示预测值和路测数据的标准差，Corr. Coeff 是互相关系数。

② 数字地图的修正。

模型校正软件要求导入的数字地图是选择 WGS84 基准面和 UTM 投影方式的，但我国的数字地图（特别是国家地理信息中心提供的数字地图）通常都不使用 WGS84 基准面和 UTM 投影方式，这样导入之后的地图由于投影方式变了，和我们的测试数据就有了偏差，此外由于地图本身的偏差也会导致测试数据与地图的不对应，所以要求我们在导入数字地图后对地图进行修正。修正方法就是修改数字地图的直角坐标的四个参数（即 index.txt 文件里的四个参数），使之与测试数据达到最优匹配。

（6）模型校正的结果分析。

模型调校是一个迭代循环的过程，但可以证明该过程是收敛的，所以最终总是有一个模型结果出来的，但并不意味着模型输出就是模型校正工作的结束，还需要对所得模型的准确性进行分析，我们所说的模型的准确性是指校正所得的模型和实际测试环境的拟合程度，通常这种拟合程度用校正后的 RMS Error 参数来评估。目前业界普通地认为 RMS Error<8dB 时，则说明所校模型是贴合实际环境的，即该模型的校正结果是准确的，可以用作网络规划的依据。而 RMS Error>8dB 时，则说明所校模型和实际环境之间存在较大偏差，此时就需要重新来对模型校正的整个过程进行分析，看是否是在某些环节上存在问题导致模型校正结果不够准确。排除工程设计方案和人为因素外，通常影响模型精度有以下几个方面。

① 发射机和接收机的精度以及工作的稳定性。

② 模型校正软件采用的算法。

③ 数字地图的精度。

④ 数据采集的数量及其代表性。

⑤ 数据处理的合理性。

⑥ 地形地貌以及建筑物分布的复杂程度。

第①、②点是检验提供模型校正服务商的专业性的问题，这个在选择谁来提供这个服务时就已经决定了，其影响也就确定下来了；第③点通常是由运营商来提供，也可以由服务商来提供，其一旦确定也对应决定了其对模型精度的影响；第④、⑤点则是可能出现的误差，所以当模型精度达不到要求时，这两点需要进行验证，看是否由于这两步的处理上有了偏差而导致最终的模型精度不够；如果上述都没有问题，那往往是由于第⑥点所引起的，由于用来校正的地区其环境特别复杂所致。当然，模型校正的过程并不见得总是一帆风顺的，往往是一个反复验证的过程，需要在数据的采集和处理上花费大量的精力，才能达到模型与实际环境的有效拟合。

2.3　天线

天线的基本原理是电磁波的辐射。当导线上有交变电流流动时，当电流通过导体的时候，就会产生磁场。当导体放置在磁场中的时候，就会产生电流，这就是天线的基本原理。

在研究天线的工作原理前，先把天线分解，从基本电振子开始，到电对称振子，最后是

天线阵列，也就是我们通常使用的“天线”。

2.3.1 天线的辐射特性

1. 基本电振子

基本电振子指无限小的线电流元，即其长度 L 远小于波长 λ。基本电振子的辐射是有方向性的。

2. 电对称振子

最简单的天线是对称振子。它是由两段粗细同样和长度为 L 的直导线构成，在天线中间的两个端点之间馈电。其中半波振子是指全部天线长度与波长的关系可表示为 $2L=\lambda/2$；全波振子是指全部天线长度与波长的关系为 $2L=\lambda$。

随着长度 L 的增加，方向图变得比较尖锐，$L\geqslant\lambda/2$ 时，除了主瓣外还有副瓣。$L=\lambda$ 时，在垂直于振轴线的方向上没有辐射。$\lambda/2$ 的对称振子在 800MHz 频段约 200mm 长，在 400MHz 频段约 400mm 长。

基本电振子、半波振子、全波振子天线的增益如表 2-3 所示。

表 2-3　基本电振子、半波振子、全波振子天线的增益

天线类型	增益（dBi）
基本电振子	1.76
半波振子	2.14
全波振子	3.80

3. 辐射原理

导线载有交变电流时，可形成电磁波辐射。辐射的能力与导线的长短和形状有关，如图 2-12 所示，若两导线的距离很近，电场被束缚在两导线之间，因而辐射很微弱；将两导线张开，电场就散播在周围空间，因而辐射增强。必须指出，当导线的长度 L 远小于波长 λ 时，辐射很微弱；导线的长度 L 增大到可与波长相比拟时，导线上的电流将大大增加，因而就能形成较强的辐射。能产生显著辐射的直导线称为振子。

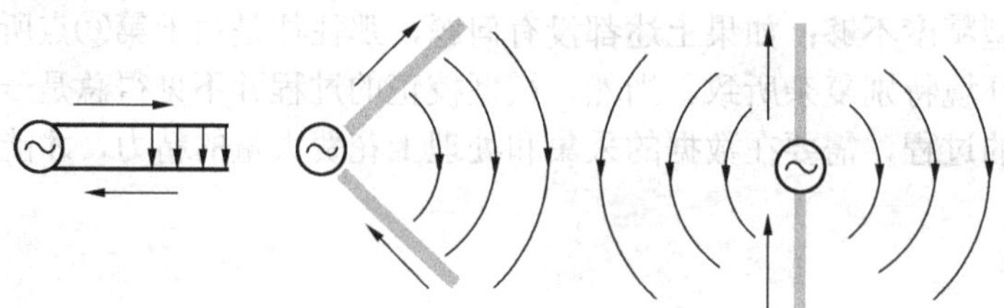

图 2-12　导线载形成电磁波辐射示意图

天线的功能就是控制辐射能量的去向，一个单一的对称振子具有“面包圈”形的方向图。对称振子阵控制辐射能量构成“扁平的面包圈”，把信号集中到所需要的地方，如图 2-13 所示。例如一个对称振子天线在接收机中有 1mW 的功率，由 4 个对称振子构成的天线阵的

接收机就有 4mW 的功率，天线增益为 10lg（4mW/1mW）= 6dBd。

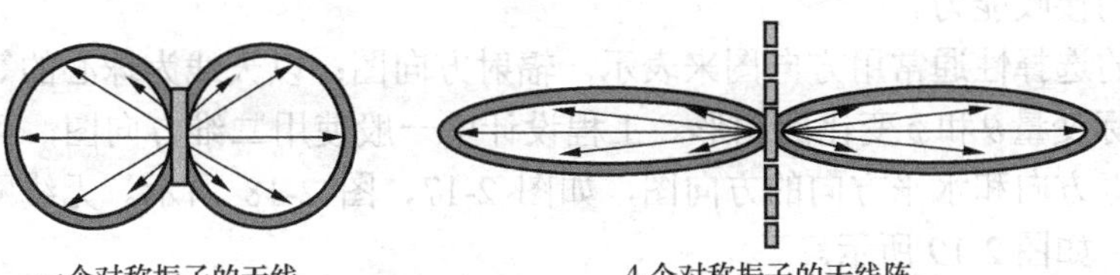

图 2-13　对称振子具有“面包圈”和“扁平的面包圈”形的方向图

利用反射板可把辐射能量控制聚焦到一个方向，反射面放在阵列的一边构成扇形覆盖天线，进一步提高了增益。例如，扇形覆盖天线与单个对称振子相比的增益为 10lg(8mW/1mW)=9dBd，如图 2-14 所示。

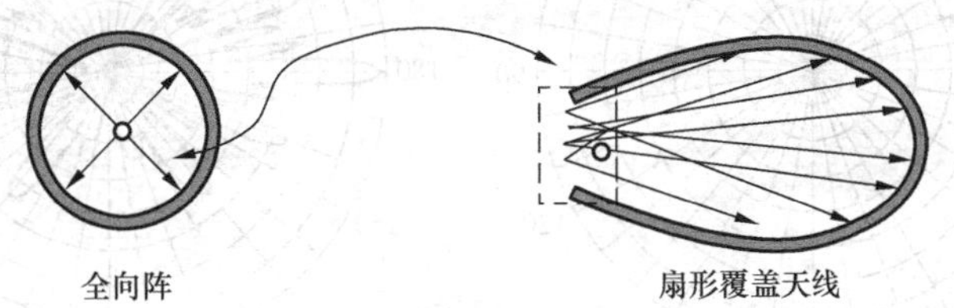

图 2-14　天线的扇形覆盖示意图

4．天线阵列辐射

为加强某一方向的辐射强度，常把几副天线摆在一起构成天线阵，天线阵根据其排列可分为直线阵、平面阵和立体阵。天线阵的辐射特性主要取决于阵元数、阵元的空间位置、阵元电流振幅分布和阵元电流相位分布。一般主要考虑均匀直线式天线阵，各阵元天线以相等的间距排列成一直线，电流大小相等、相位以均匀比例递增或递减。

2.3.2　天线的基本特性

1．方向

天线辐射和接收电磁波是有方向性的，这表示天线具有向预定方向辐射或者接收电磁波的能力。如果用从原点出发的矢量长短表示天线各方向辐射的强度，则连接全部矢量端点所形成的包络就是天线的方向图。这种方向图称为立体方向图，它显示天线在不同方向辐射的相对大小。通常人们采用包括最大辐射方向的两个垂直的平面方向图来表示天线的立体方向图，并称为垂直方向图（图 2-15）和水平方向图（图 2-16）。

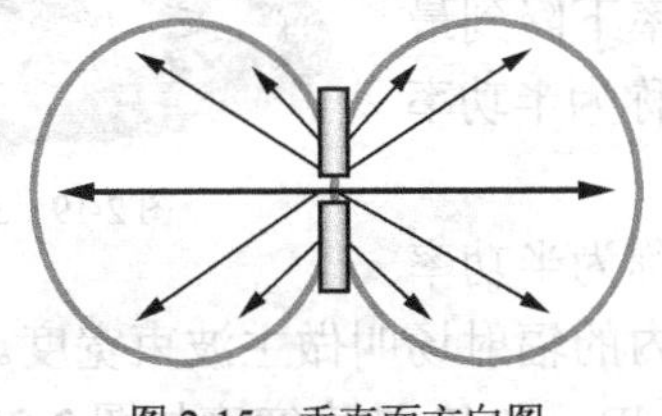

图 2-15　垂直面方向图

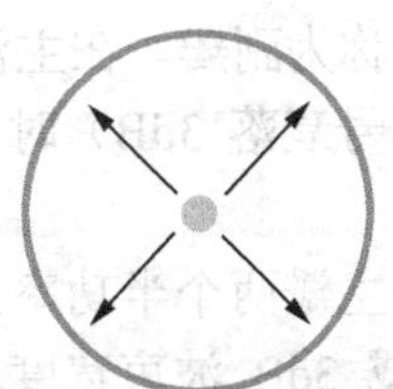

图 2-16　水平面方向图

对发射天线，是指天线向一定方向辐射电磁波的能力，对接收天线，是指天线对来自不同方向的电波的接收能力。

天线方向的选择性通常用方向图来表示。辐射方向图：以天线为球心的等半径球面上，相对场强随坐标变量θ和φ变化的图形。工程设计中一般使用二维方向图，可以用极坐标来表示天线在垂直方向和水平方向的方向图，如图 2-17、图 2-18 所示。无线网络优化中需使用三维方向图，如图 2-19 所示。

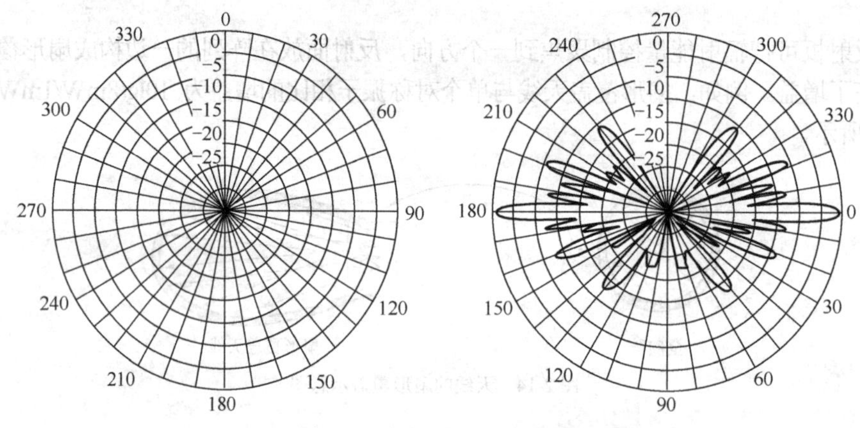

图 2-17　全向天线辐射方向图

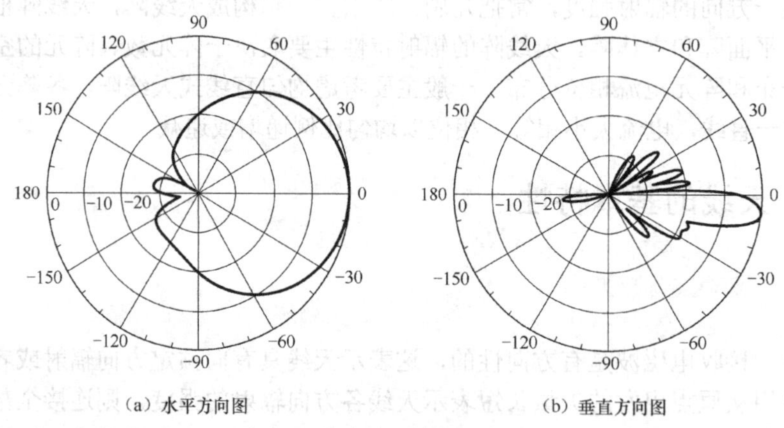

（a）水平方向图　　（b）垂直方向图

图 2-18　定向天线辐射方向图

2．波束宽度

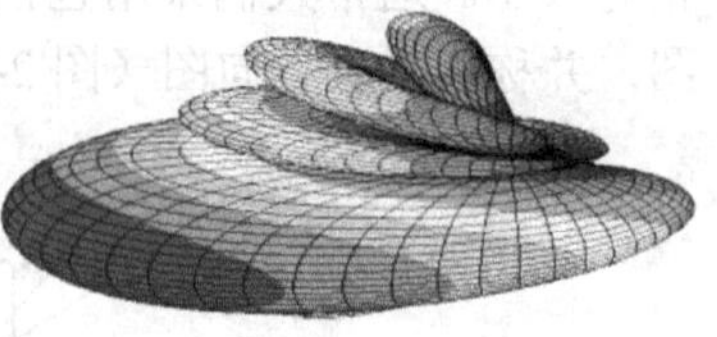

图 2-19　三维方向图

方向图中通常都有两个瓣或多个瓣，其中最大的瓣称为主瓣，其余的瓣称为副瓣。在主波束范围内，功率下降到最大值的一半（信号衰落 3dB）时两点之间的夹角称为半功率夹角。

波束宽度是主瓣两个半功率点间的夹角，又称为半功率（角）波束宽度或 3dB 波束宽度，即在半功率角内的辐射场叫做主波束宽度。主瓣波束宽度越窄，方向性越好，抗干扰能力越强，经常考虑 3dB、10dB 波束宽度如图 2-20 所示。

一般市区采用水平半功率角小（一般为 6°）的天线，以减少干扰，郊区采用水平半功率角较大（一般为 13°）的天线，以增强覆盖。市区一般用较大的垂直半功率角（13°～15°），郊区一般采用较小的垂直半功率角（6°～9°）。

天线发射和接收的能力一般集中在半功率角内，超过半功率角的范围，天线各个方面的性能将大大降低。

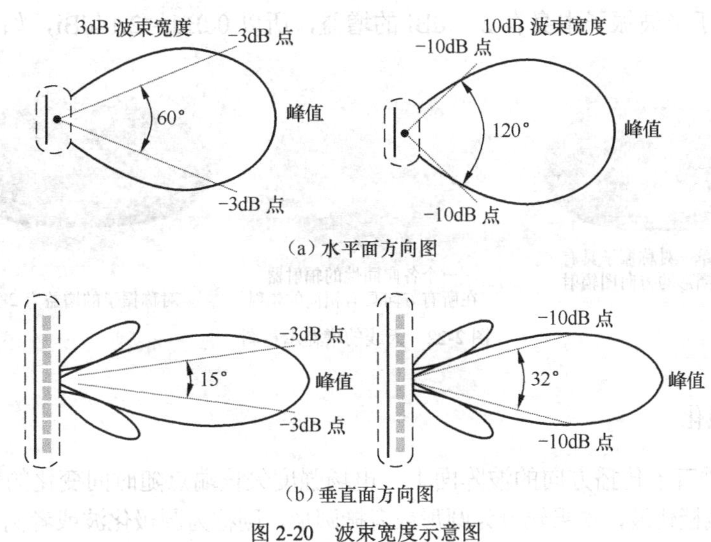

图 2-20　波束宽度示意图

3．前后比

天线方向图中，前后瓣最大电平之比称为前后比。前后比值越大，天线定向接收性能就越好。基本半波振子天线的前后比，表示了对来自振子前后的相同信号电波具有相同的接收能力。以 dB 表示的前后比 = 10lg（前向功率/反向功率），典型值为 25dB 左右。前后比示意图如图 2-21 所示。

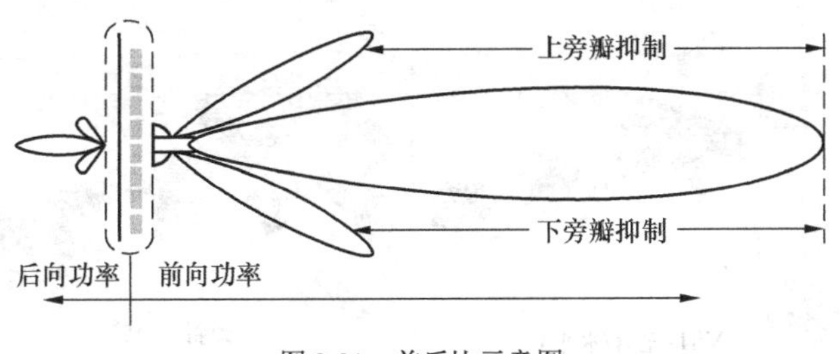

图 2-21　前后比示意图

4．天线增益

天线的增益是表示天线在某一特定方向上能量被集中的能力。增益的定义为在相同的输入功率下，天线在最大辐射方向上某点产生的辐射功率密度和将其用参考天线替代后在同一点产生的辐射功率密度之比值。

需要注意的一点是：天线虽然有增益值，但天线通常是无源器件，它并不放大电磁信号。所谓的增益，是指将能量集中到一定方向，但总的能量不变。天线的增益是相对于理想点源天线或者基本偶极天线而言的。可以这样来理解增益的物理含义——在一定的距离上的某点处产生一定大小的信号，如果用理想的无方向性点源作为发射天线，需要100W的输入功率，而用增益为G = 13 dB = 20的某定向天线作为发射天线时，输入功率只需100/20 = 5W。换言之，某天线的增益，就其最大辐射方向上的辐射效果来说，与无方向性的理想点源相比，就是把输入功率放大的倍数。

对于参考天线为各向同性天线，增益用dBi表示；对于参考天线为半波振子天线，增益用dBd表示。由于半波振子本身有2.14dBi的增益，所以0dBd = 2.14dBi，如图2-22所示。

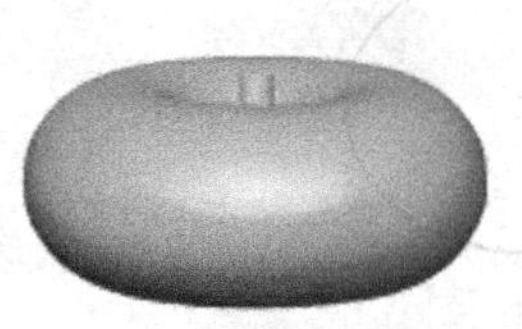

一个单一对称振子具有
面包圈形的方向图辐射

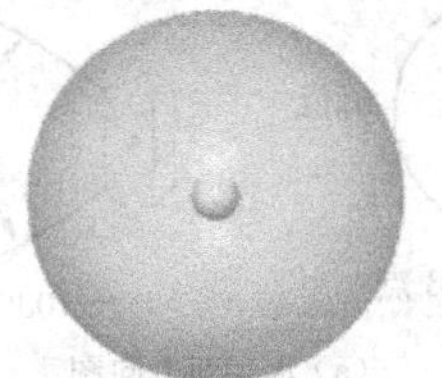

一个各向同性的辐射器
在所有方向具有相同的辐射

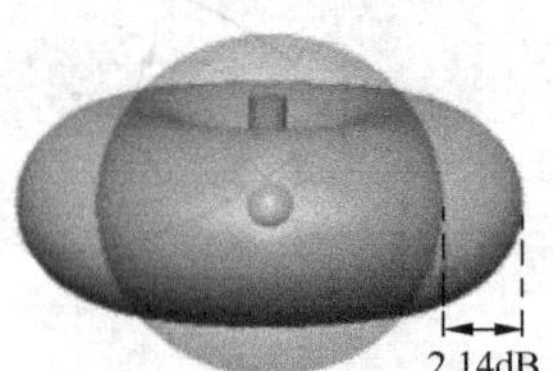

图2-22　天线的增益示意图

5. 天线的极化

极化是指在垂直于传播方向的波阵面上，电场强度矢量端点随时间变化的轨迹。如果轨迹为直线，则称为线极化波，如果轨迹为圆形或者椭圆形，则称为圆极化波或者椭圆极化波。

平面波按极化方式可分为线极化波、圆极化波（或椭圆极化波）。线极化波可分为垂直线极化波和水平线极化波；还有±45°倾斜的极化波。

通常基站使用的都是线极化天线，它可以产生垂直的极化波。也有双极化天线，它可以产生垂直和水平的极化波。为改善接收性能和减少基站天线数，基站天线开始用双极化天线，既能收发水平极化波，又能收发垂直极化波，如图2-23所示。

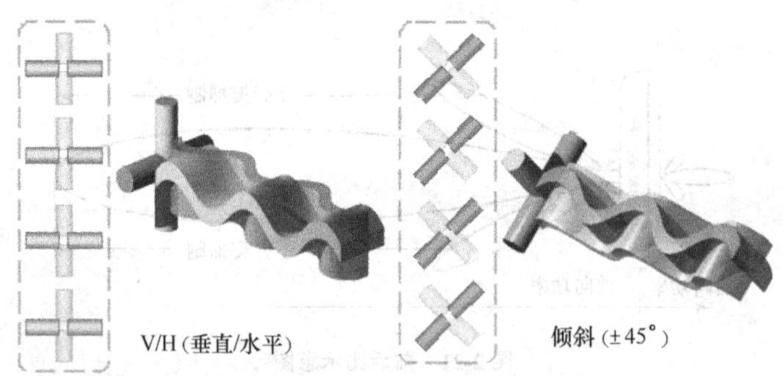

图2-23　天线的极化示意图

6. 天线的带宽（工作频段）

无论是发射天线还是接收天线，它们总是在一定的频率范围内工作的。通常，工作在中心频率时，天线所能输送的功率最大，而偏离中心频率时，它所输送的功率都将减小，据此可以定义天线的频率带宽。

带宽通常定义为天线增益下降3dB时的频带宽度，或在规定的驻波比下天线的工作频带宽度。带宽是指天线处于良好工作状态下的频率范围，超过这个范围，天线的各项性能将

变差。工作带宽可根据天线的方向图特性、输入阻抗或电压驻波比的要求确定。在移动通信系统中，天线的工作带宽是指当天线的输入驻波比≤1.5 时的带宽，当天线的工作波长不是最佳时天线性能要下降。在图 2-24 中，天线的频带宽度 = 890 MHz−820 MHz =70MHz。

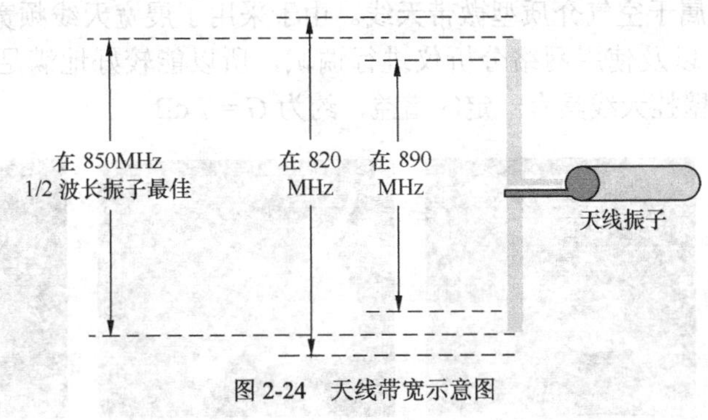

图 2-24　天线带宽示意图

在移动通信系统中，工作频率范围定义为在规定的驻波比下天线的工作频率宽度。当天线的工作波长不是最佳时天线性能有所下降。在天线的工作频带内，天线性能下降不多，仍然可以接受。天线的特性、功能都与功率相关，天线的各种参数在偏离中心频率后往往会发生变化。

2.3.3 基站天线的应用

1 基站天线的类型

基站天线的种类主要有以下种类。

（1）板状天线。

无论是 GSM 还是 CDMA，板状天线（见图 2-25）是用得最为普遍的一类极为重要的基站天线。这种天线的优点是：增益高、扇形区方向图好、后瓣小、垂直面方向图俯角控制方便、密封性能可靠以及使用寿命长。板状天线也常常被用作为直放站的用户天线，根据作用扇形区的范围大小，应选择相应的天线型号。

（2）八木定向天线。

八木定向天线（见图 2-26），具有增益较高、结构轻巧、架设方便、价格便宜等优点。因此，它特别适用于点对点的通信，是室内分布系统的室外接收天线的首选天线类型。八木定向天线的单元数越多，其增益越高，通常采用 6～12 单元的八木定向天线，其增益可达 10～15 dB。

（3）室内吸顶天线。

室内吸顶天线（见图 2-27）必须具有结构轻巧、外型美观、安装方便等优点。现今市场上见到的室内吸顶天线，外形花色很多，但其内芯的构造几乎都是一样的。这种吸顶天线的内部结构，虽然尺寸很小，但由于是在天线宽带理论的基础上，借助计算机的辅助设计，以及使用网络分析仪进行调试，所以能很好地满足在非常宽的工作频带内的驻波比要求，按照国家标准，在很宽的频带内工作的天线其驻波比指标为 $VSWR$≤2。当然，能达到 $VSWR$≤1.5 更好。顺便指出，室内吸顶天线属于低增益天线，一般为 G = 2 dB。

（4）室内壁挂天线。

室内壁挂天线（见图 2-28）同样必须具有结构轻巧、外型美观、安装方便等优点。现今市场上见到的室内壁挂天线，外形花色很多，但其内芯的构造几乎也都是一样的。这种壁挂天线的内部结构，属于空气介质型微带天线。由于采用了展宽天线频宽的辅助结构，借助计算机的辅助设计，以及使用网络分析仪进行调试，所以能较好地满足了工作宽频带的要求。顺便指出，室内壁挂天线具有一定的增益，约为 $G = 7$ dB。

图 2-25　板状天线

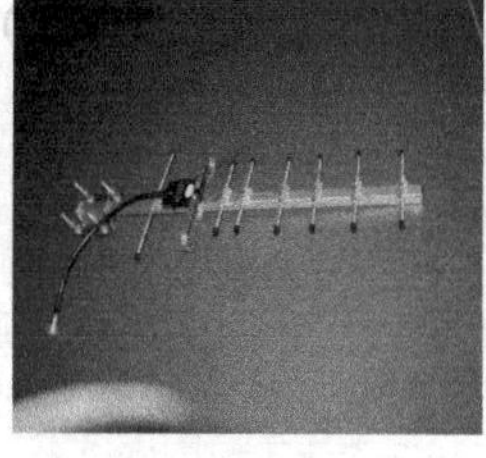
图 2-26　八木定向天线

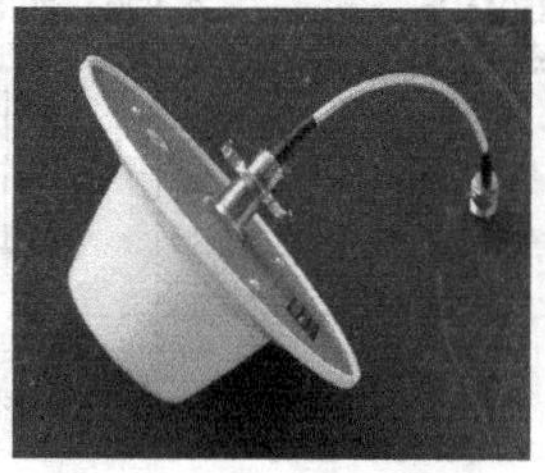
图 2-27　室内吸顶天线

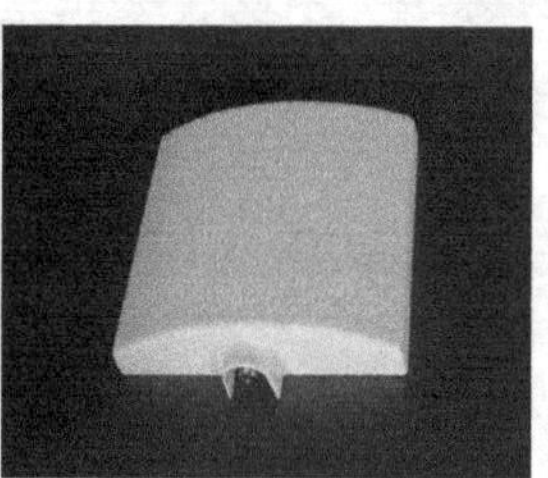
图 2-28　室内壁挂天线

（5）全向天线。

如图 2-29 所示，全向天线在水平方向功率均匀地辐射，垂直方向图上，辐射能量是集中的，可获得天线增益。水平方向图的形状基本为圆形。一般由半波振子排列成的直线阵构成，并把所要求的功率和相位馈送到各个半波振子，以提高辐射方向上的功率。可以将半波振子按照直线排列，振子单元数量每增加一倍，增益增加 3dB，通常全向天线的增益值是 6～9dBd。它受限制的因素主要是物理尺寸。

（6）定向天线。

如图 2-30 所示，定向天线在垂直和水平方向上都具有方向性，水平和垂直辐射方向图是非均匀的。定向天线一般是由直线天线阵加上反射板构成，也可以直接采用方向天线（八木天线），其增益在 9～20dBd。高增益的天线，其方向图将会非常狭窄。

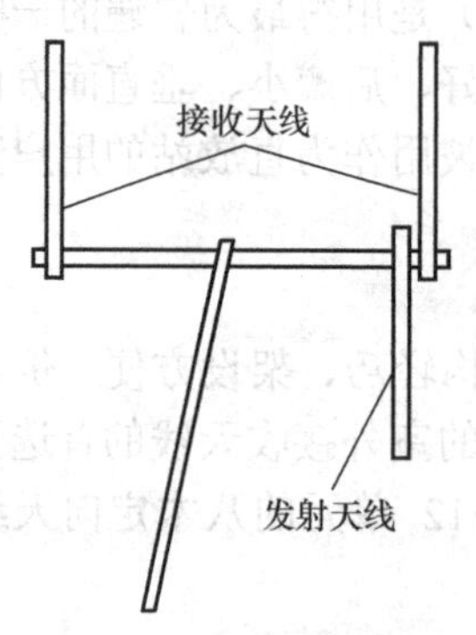

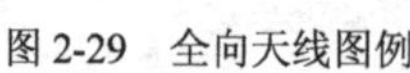
图 2-29　全向天线图例

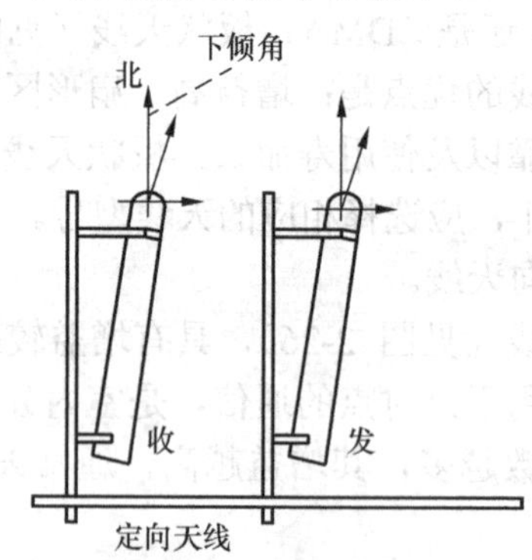

图 2-30　定向天线图例

定向天线常称为扇区天线，辐射功率或多或少集中在一个方向。使用定向天线有两个原因：覆盖扩展及频率复用。使用定向天线可降低蜂窝移动网中的干扰。定向天线一般由 8～16 个单元的天线阵构成，如图 2-31 所示。

（7）智能天线。

智能天线最早应用于军事，在 20 世纪 90 年代，开始应用在 GSM 上。智能天线技术在 3G 系统中显得非常重要，主要有多波束智能天线与自适应智能天线。

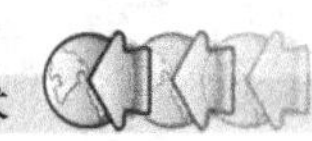

多波束天线有多个波束，波束指向固定，宽度随阵元数定，采用波束切换技术跟踪用户移动，基站自动选择不同的波束，使接收信号最强。

多波束智能天线系统如图 2-32 所示，系统必须在多波束智能天线与基站间添加射频交换矩阵。该天线由 4 个置于一条直线且相距半个波长的阵元组成，在一个传统基站 120°扇区内，产生 4 个 30°的并行窄波束，多波束智能天线通过检测上行链路的到达方向（DOA）选择对应的下行链路的最佳波束。

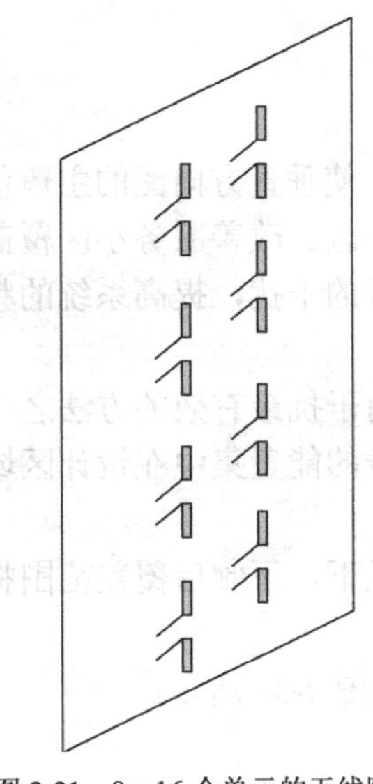

图 2-31　8～16 个单元的天线阵

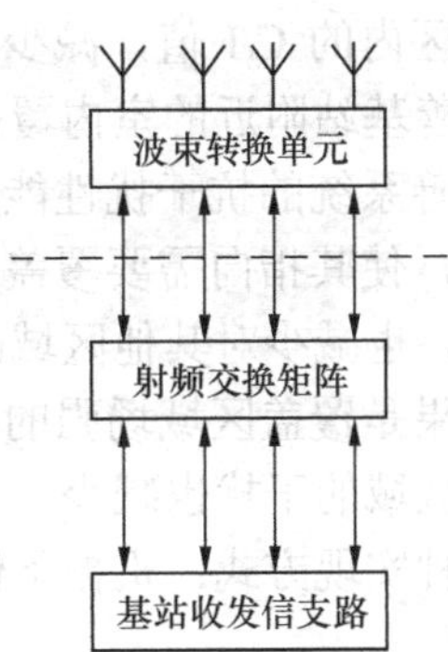

图 2-32　多波束智能天线系统

目前在 GSM 系统中采用多波束智能天线，使用多波束智能天线的 GSM 系统可实现波束分集，解决衰落问题。分集接收的两个支路信号取自多波束智能天线两个波束的接收信号，采用波束分集时，要求系统选择两个最佳波束，通过射频交换矩阵与接收机的两个分集接收端连接。自适应天线阵列主要在 3G 中应用。

（8）其他特殊的天线。

用于特殊场合信号覆盖的天线。例如，泄漏同轴电缆，泄漏同轴电缆外层窄缝允许所传送的信号能量沿整个电缆长度不断泄漏辐射，它能够起到连续不断的覆盖作用，主要用于室内覆盖和隧道的覆盖，使接收信号能从窄缝进入电缆传送到基站。使用泄漏同轴电缆时，没有增益。为了延伸覆盖范围可以使用双向放大器，通常能满足大多数应用的典型传输功率值是 20～30W，但是价格昂贵。

（9）多天线系统。

许多单独天线形成的合成辐射方向图。最简单的类型是在塔上相反方向安装两个方向性天线，通过功率分配器馈电。目的是用一个小区覆盖较大区域，比用两个小区情况所使用的信道数要少。当不能使用全向天线，或所需的增益（较大的覆盖面积）比一个全向天线系统所能提供的要大时，可用多天线系统来形成全向方向图。典型增益是单独天线增益减去功率分配器带来的 3dB 损耗。

2．典型的移动基站天线技术指标

有效辐射功率（ERP）：ERP 以理论上的点源为基准的天线辐射功率，基站天线的 ERP

表示为 $ERP = P - L_C - L_f + G_a$。

P 是基站输出功率，L_C 是合路器损耗，L_f 是馈线损耗，G_a 是基站天线增益。

基站天线增益用 dBi 表示，为等效各向同性辐射功率 EIRP。

典型指标：增益 15dBi；极化方式为垂直极化；阻抗 50Ω；反向损耗＞18dB；前后比>30dB；可调下倾角 2°～10°；3dB（半功率）波束宽度，水平 64°，垂直 18°；10dB 波束宽度，水平 120°，垂直 30°；垂直上旁瓣抑制＜−12dB，垂直下旁瓣抑制＜−14dB。

2.3.4 天线下倾技术

天线下倾主要是改变天线的垂直方向图主瓣指向，使垂直方向图的主瓣信号指向覆盖小区，而垂直方向图的零点或副瓣对准受其干扰的同频小区。改善服务小区覆盖范围内的信号强度，提高服务小区内的 C/I 值，减少对远处同频小区的干扰，提高系统的频率复用能力，增加系统容量，改善基站附近的室内覆盖性能。

天线下倾可改善系统的抗干扰性能，是降低系统内干扰最有效的方法之一。利用调整天线垂直方向的主瓣，使其指向需要覆盖的区域，使天线的能量集中在设计区域里，既能提高该区域的信号强度，也减少对其他区域的干扰。

天线下倾的结果是覆盖区域场强的改变，通常情况下，下倾后覆盖范围将减少，话务量降低，同时对其他区域的干扰也减少。

天线下倾有两种实现方式：机械下倾和电下倾，如图 2-33 所示。

1．机械下倾

机械下倾是利用天线的机械装置来调节天线立面相对于地平面的角度。

机械下倾天线随着下倾角的增加，在超过 10° 后，其水平方向图将产生变形，在达到 20° 的时候，天线前方会出现明显的凹坑，如图 2-34 所示。

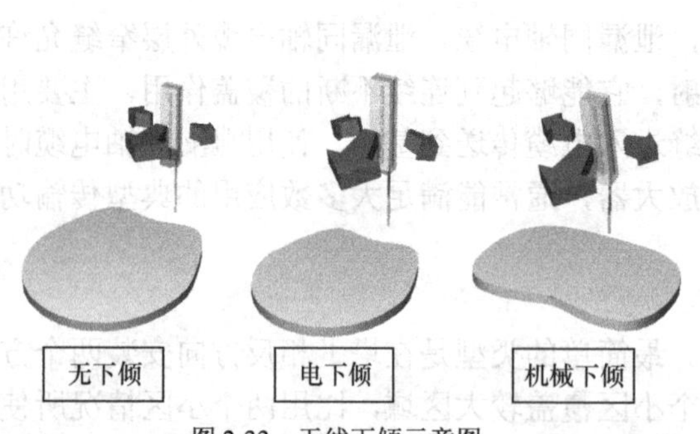

图 2-33　天线下倾示意图

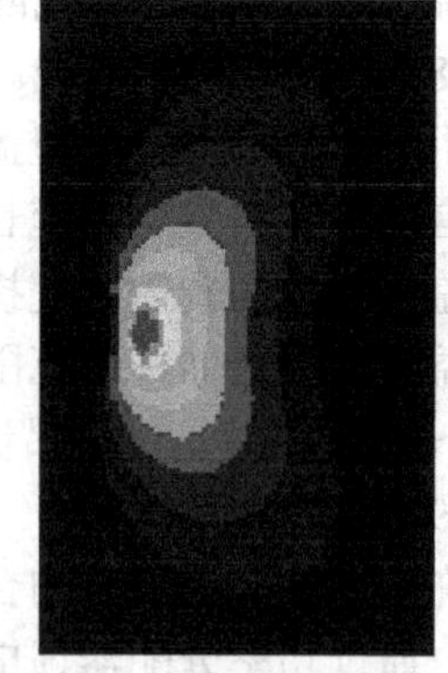

图 2-34　天线前方的凹坑

利用方向图中的凹坑可以减少同频干扰，将天线方向图中的凹坑准确地对准被干扰小区。对水平波束宽度为 60° 的天线，向下倾斜角应选 14°～16°，此时凹坑最大。为保证其覆盖范围，还须调整基站发射功率，不同类型的天线，垂直方向图不同，凹坑所对应的下倾角也不同。在城市里，每个小区的覆盖范围不会很大，有的只有 500m 左右，在这种情况下，即使是机械下倾，其下倾角也可以达到 20°，因为虽然有明显的凹坑，但是 500m 之内的正

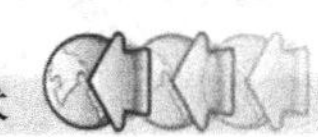

前方还是可以满足通话要求，而且，话务量未必就只集中在正前方，两旁的话务还是正常的。

利用天线下倾降低同频干扰时，下倾角须根据天线的三维方向图具体计算后再选择。改善抗同频干扰能力的大小并不与下倾角成正比。要尽量减小对同频小区的干扰，又要保证满足服务区的覆盖范围。考虑实际地形、地物的影响。下倾角较大时，须考虑天线前后比和旁瓣的影响。进行场强测试和同频干扰测试，确认 *C*/*I* 值的改善程度。服务小区天线固定下倾 0°～13°时的载干比 *C*/*I* 分布图如图 2-35 所示。

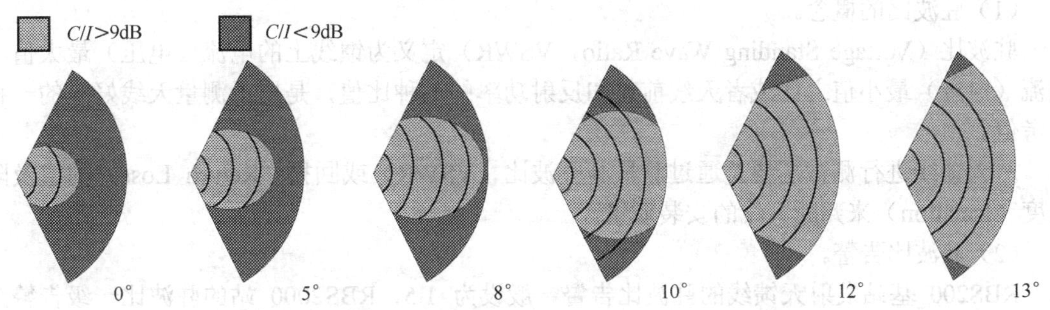

图 2-35　下倾 0°～13°时的载干比 *C*/*I* 分布图

2. 电下倾

电下倾是通过调节天线各振子单元的相位来改变天线垂直方向的主瓣方向，此时天线仍保持与水平面垂直，如图 2-36 所示。

理论上电下倾不会改变天线的水平方向图。目前有的电下倾天线在出厂时就已经默认有 3°的下倾角。使用电下倾天线，当下倾角达到 20°的时候，将可以取得非常好的能量集中效果，但是由于受到天线自身高度的限制，很难取得太大的下倾角。

电下倾和机械下倾的波形对比图如图 2-37 所示。

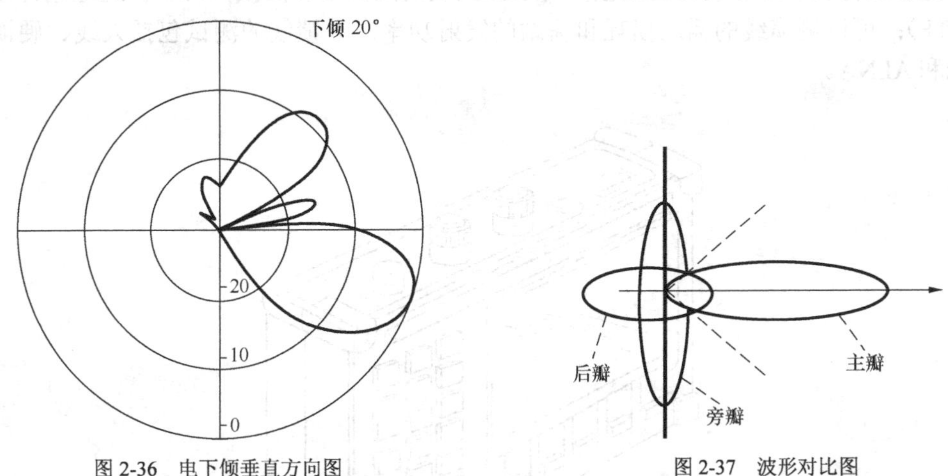

图 2-36　电下倾垂直方向图　　　　图 2-37　波形对比图

副瓣功率强度/主瓣功率强度 = 副瓣电平。请注意天线垂直方向主瓣上的第一旁瓣，该旁瓣越小越好，因为当天线下倾的时候，该旁瓣是造成对其他小区天线干扰的主要原因。

但是当天线增益很大的时候，也要注意在天线前方将会出现的盲区。利用赋形波束技

术，设计向下倾斜或抗干扰性更好的阵列定向天线，水平方向图形状不变化，覆盖范围减小，天线辐射能量集中在服务区内，对其他小区干扰很小。

2.3.5 天馈线安装与测量

1. 驻波比

（1）驻波比的概念。

驻波比（Voltage Standing Wave Ratio，VSWR）定义为馈线上的电流（电压）最大值与电流（电压）最小值之比或者天线前射和反射功率的一种比值，是用于测量天线好坏的一种参考值。

对天馈线进行测试主要是通过测量其驻波比（VSWR）或回损（Return Loss）的值及隔离度（Isolation）来判断天线的安装质量。

（2）驻波比告警。

RBS200 基站发射天馈线的驻波比告警一般设为 1.5，RBS2000 站的驻波比一级告警为 2.2，二级告警为 1.8。

（3）基站发射天线之间的隔离度。

RBS200 基站发射天线之间的隔离度应大于 40dB，发射与接收天线之间的隔离度应大于 20dB。RBS2000 基站发射天线之间的隔离度应大于 30dB，发射与接收天线之间的隔离度应大于 30dB。

（4）驻波比的测量。

对天馈线测试的仪器有频谱仪、TDR 和 SiteMaster，目前使用较多的是 SiteMaster。如图 2-38 所示，它是一种用于测量回损、驻波比和电缆损耗的专用工具。SiteMaster 的优点有：可直接测得天馈线驻波比的数值；可以测天线的隔离度和回损；可以快速地进行故障定位（DTF）；可以测缆线的插入损耗和基站的发射功率。天馈线的测试包括天线、硬馈线、软跳线和 ALNA。

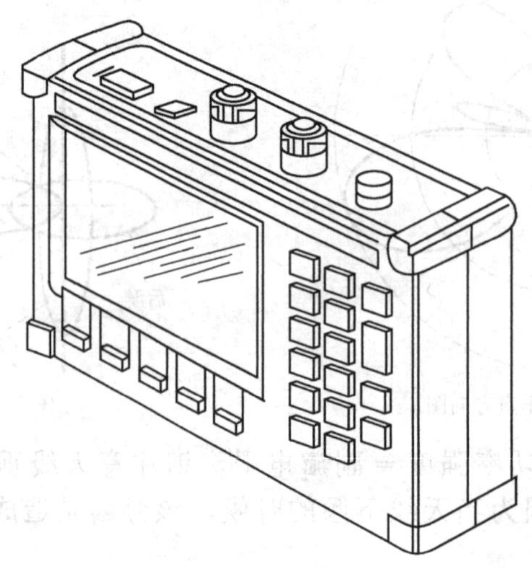

图 2-38 天馈线测试仪

2. 馈线

馈线是连接天线和发射机（接收机）输出（或输出）端的导线，又称为传输线。馈线主要分为两类，主馈线和跳线两部分，如图 2-39，图 2-40 所示。

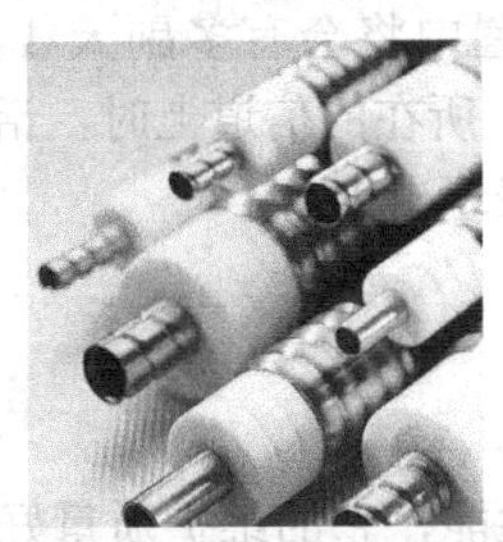

图 2-39　主馈线

图 2-40　跳线

对于移动通信基站，主馈线是连接基站设备与天线的主要部分。主馈线主要包括 1/2″馈线、7/8″馈线和 5/4″馈线三种。

跳线用于转接主馈缆与机柜之间及主馈缆和天线之间的转接线，用于信号的传输，特点是具有较深的螺旋皱纹，以便弯曲和抵抗侧压力，外护套使用了低密度聚乙烯，使电缆容易弯曲并且具有耐磨和防潮的功能。

3. 天馈系统对覆盖范围的影响

天馈系统是整个基站中最经常出现故障的部分，而且对系统的性能影响较大。天线检查工作在硬件清障中工作量较大，特别是在我国南方沿海地区，由于台风的因素导致对天线系统的影响更加明显，通常的天线检查工作可归纳为以下几个部分。

天线方位角与倾角检查：检查天线方位角与倾角是否符合设计要求，它们是无线网络规划的重要参数，如果不符合设计要求，必然出现小区覆盖异常、邻区表设置错误等情况，从而产生掉话和切换失败。在早期网络建设中，同一扇区通常采用 2 副或者 3 副天线的配置，此时同一扇区的天线方向必须一致，也就是同一扇区的天线的方位角与倾角必须相同，如天线方向不一致，不仅影响分集接收的效果，而且两副天线的覆盖范围不同，BCCH 和 SDCCH 有可能从两副不同的天线发出，用户有可能收到 BCCH 后，却无法占上 SDCCH 引起掉话，也可能用户在占上 SDCCH 时，TCH 被指定为另一副天线发射，用户有可能收不到信号而掉话。值得注意的是，采用分集接收时，同一扇区两根天线之间的距离还须不小于 3m。

馈线的检查：检查每一根馈线的驻波比是否符合要求（小于 1.3）。驻波比过高，即反射功率偏高，这也会导致小区的覆盖范围缩小，甚至还会发生掉话或则切换失败，从而使得该小区无法有效地吸收话务，引起邻近小区的阻塞。

例 2-2　在某市的网络优化中，我们发现小区 10065 的话务量较小，约为 2Erl 左右，而该区域相邻小区 20311 却发生了话务拥塞，进一步分析可以发现该小区正好正对该市的一个商业区，查询历史的报表，该小区的忙时话务量在 8Erl 左右，因此判断小区 10065 可能发生故障。通过现场测试，发现小区 10065 的 BCCH 载频所在的馈线接头漏水，导致驻波比异常，故障排除后，小区 10065 覆盖恢复正常，并且也能正常吸收话务量。

馈线与天线连接的检查：检查基站顶部出来的每一根馈线是否正确地连接到相应的扇区上。如果连接不正确，不仅直接影响小区的覆盖范围，甚至导致邻频或同频干扰与及邻区设

置不正确，以致于系统性能下降。

例 2-3 在某市的网络优化中，我们通过 OMC-R 发现基站 1023 的第 1 和第 3 小区在忙时掉话较多并且切换失败率高，通过多次路测发现这两个小区的覆盖不正常，经检查为馈线连接错误，第一小区 TCH 载频所在的馈线和第三小区 TCH 载频所在的馈线接反，因此导致覆盖异常。此类故障有一定的隐蔽性，通常小区配置中将会有多副天线，如果其中仅是 TCH 上的载频馈线接反，并且话务优先分配在 BCCH 所在的信道上时，话务量相对较小时故障不能表现出来，当话务量增大时，该故障会明显表现出来。

4．天馈线安装、测量连接方法

（1）安装。

天馈线系统的安装 正确与否，直接影响系统的性能，它的维护质量好坏，又直接影响网络的通信质量，因此提高天馈线系统工程 施工质量和维护质量，是移动通信基站工程建设不可忽 视的重要环节。天馈系统安装流程：天线组装，天线的安装与固定，馈线安装，馈线接地，接头防水处理。

① 天线的组装。

a.在吊装天线之前，首先对天线进行组装。天线设备通常包括三样物品：天线、固定架、配套螺丝。先固定天线顶部的可调节角度的支架，再安装天线底部的固定架，按设计要求调整好天线倾斜角度。

b.在天线固定架安装好后，安装 1/2 软跳线，软跳线起到一个接口转接的作用。用手对正然后拧入，用扳手紧固即可。

c.完成上面步骤后，把防水胶泥从天线根部的接口向下缠。在缠胶泥的过程中，后缠的胶泥一定要压在上面的一层上，不允许有断续现象。缠完胶泥后外面再缠一层塑料胶带，要求松紧适度。如图 2-41 所示。

天线系统的安装有两种情况,楼顶增高架和铁塔上安装。两种安装方式在安装工艺、工序上没有大的区别，都为天线安装位置的确定，天线的搬运、吊装，天线调整、固定。安装方法如图 2-42 所示。

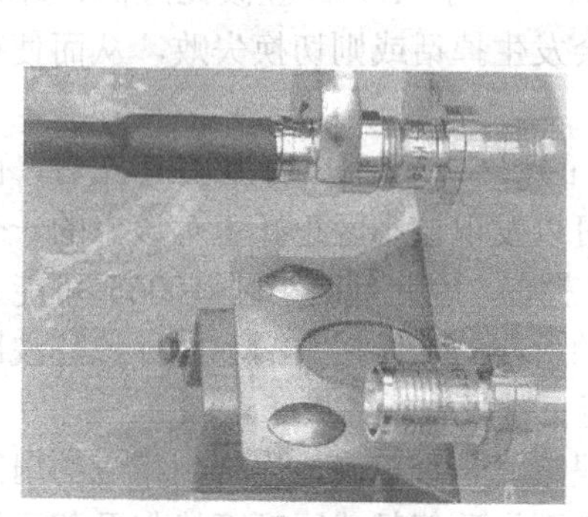

图 2-41 组装好的天线

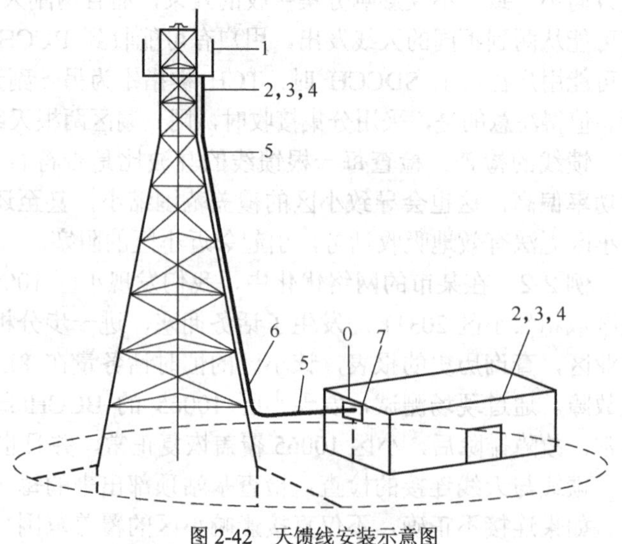

图 2-42 天馈线安装示意图

② 馈线安装与固定。

a.馈线的量裁布放，按照节约的原则，先量后裁。馈线的允许余量为 3%。制作馈线接头时，馈线的内芯不得留有任何遗留物。接头时必须做到紧固无松动、无划伤、无露铜、无变型。

b.布放馈线时，应横平竖直，严禁相互交叉，必须做到顺序一致。两端标识明确，并两端对应。标识应粘贴与两端接头向内约 20cm 处。

c.馈线必须用馈线卡子固定，垂直方向馈线卡子间距≤1.5m，水平方向馈线卡子间距≤1m。如无法用馈线卡子固定时，用扎带将馈线之间相互绑扎。注意馈线的单次弯曲半径应符合以下要求：7/8″馈线＞30cm；5/4″馈线＞40cm，15/8″馈线＞50cm，或大于馈线直径的 10 倍。馈线多次弯曲半径应符合以下要求：7/8″馈线＞45cm；5/4″馈线＞60cm，15/8″馈线＞80cm。固定后如图 2-43、图 2-44、；图 2-45 所示。

图 2-43　安装固定后的馈线

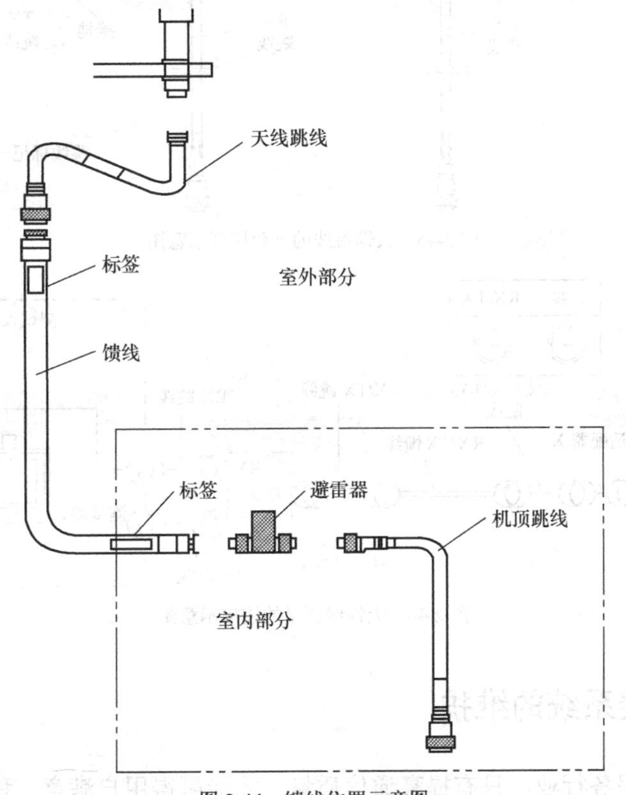

图 2-44　馈线位置示意图

（2）天馈线测量的连接方法。

天馈线测量的连接方法如图 2-46 所示。

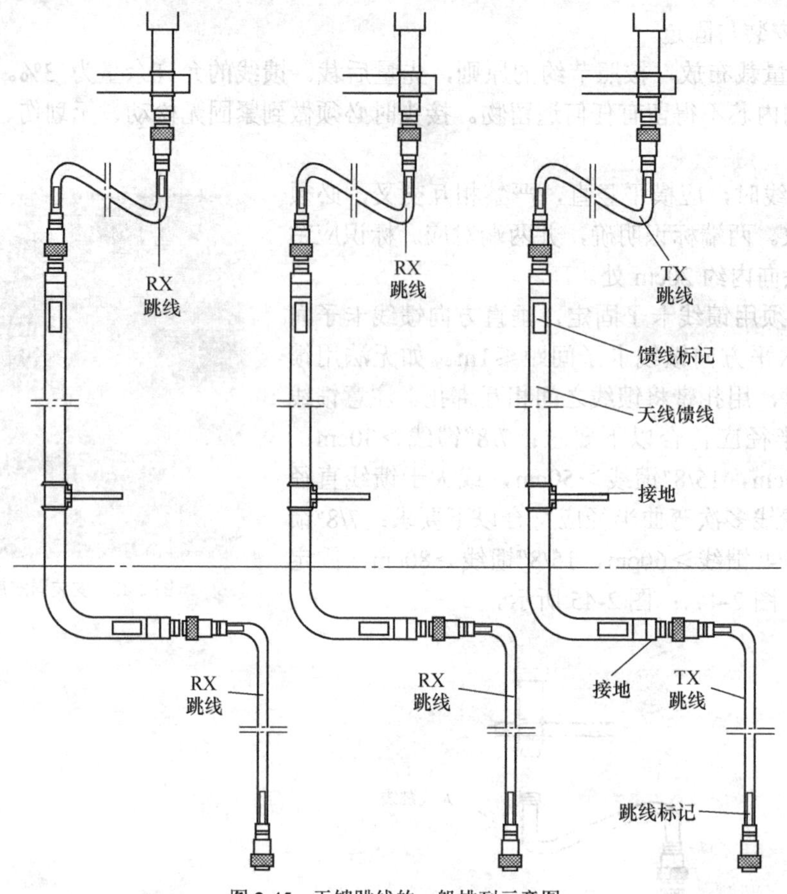

图 2-45　天馈跳线的一般排列示意图

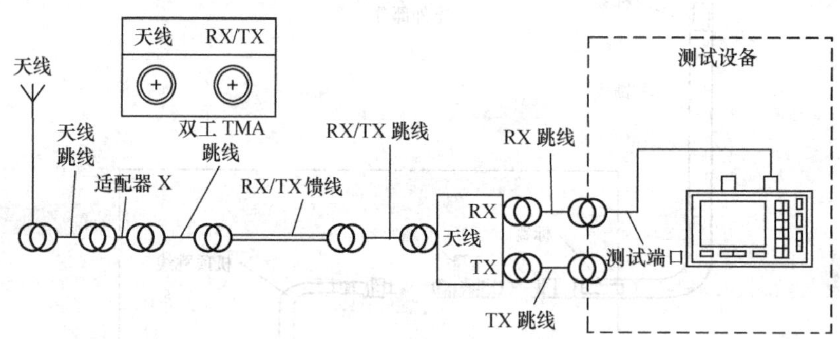

图 2-46　天馈线测量的连接示意图

2.3.6　天馈系统的维护

移动通信作为服务行业，只有提高通信质量，才能赢得用户满意。移动网络优化工作的目的在于提高网络质量。天馈线系统正常运行不仅能够扩大覆盖范围，减少盲区，提高覆盖率，而且能够减少干扰、串话等，降低掉话率，为用户提供优质服务。天线是发送设备的重要环节，天线不好，不仅传输不畅、损坏设备，而且极易造成重大事故，我们必须高度重视天馈系统维护的重要性。

1．天馈线的保养与维护

天线由于常年裸露在室外，工作条件最恶劣，高空风大，机械震动易使金属构件疲劳受损，此外，冬冷夏热，温差大。日晒雨淋、风化锈蚀严重。尤其是分馈线与振子之间极易造成打火故障，短时间的打火只是接触不良处的积炭，但时间一长接触面电阻值越来越大就会造成分馈线阻抗不匹配、功率发不出去，从而使分馈线发热 、起包，造成分馈线损坏。另外，馈线接头密封不严，振子上的雨水顺分馈线落入分线盒，流入变阻器。一是使分馈线铜网锈蚀断裂，使分馈线损坏；二是流入分线盘或变阻器，阻抗不匹配造成局部发热打火，严重时会造成短路，驻波比过大，机器保护，发射不出去。因此，需对天馈线系统进行经常性的调整和定期维护，以延长天馈线系统的使用寿命，确保其安全可靠的运行。

（1）天馈系统的保养方法。

① 注意对天线器件除尘，高架在室外的天线，馈线由于长期受日晒、风吹、雨淋，粘上各种灰尘、污垢，这些灰尘，污垢在晴天时的电阻很大，而到了阴雨或潮湿天气就吸收水份，与天线连接形成一个导电系统，在灰尘与芯线，芯线与芯线之间形成了电容回路，一部分高频信号，就被短路掉，使天线接收灵敏度降低，发射天线驻波比告警。这样的话，影响了基站的覆盖范围，严重时导致基站失去功能。所以，应每年在汛期来临之前，用中性洗涤剂给天馈线器件除尘。

② 组合部位紧固。天线受风吹及人为的碰撞等外力影响，天线组合器件和馈线连接处往往会松动而造成接触不良，甚至断裂，造成天馈线进水和沾染灰尘，致使传输损耗增加，灵敏度降低，所以，天线除尘后，应对天线组合部位松动之处，先用细砂纸除污、除锈，然后用防水胶带紧固牢靠。

③ 校正固定天线方位。天线的方向和位置必须保持准确、稳定。天线受风力和外力影响，天线的方向和仰角会发生变化，这样会造成天线与天线之间的干扰，影响基站的覆盖。因此，对天馈线检修保养后，要进行天线场强、发射功率、接收灵敏度和驻波比测试调整。

（2）天馈系统的维护。

天馈系统的维护所包含的内容广、细、且分布点多，所以对维护人员的素质要求也相对较高，天馈系统日常维护的好坏，直接影响基站的正常通信运行，影响用户手机正常使用。

① 天线部分检查维护项目：

a．天线外表观察。

检查天线延伸臂及抱杆安装是否牢固，抱杆是否垂直，卡具有无锈蚀，延伸臂及抱杆是否锈蚀。

维护标准或细则：紧固松动螺栓及卡具；调整抱杆垂度；更换锈蚀卡具；对延伸臂及抱杆进行防腐处理。

b．检查天线安装情况。

对于定向天线，天线挂高是否符合设计；方位角、倾角（机械、电调）是否符合要求；安装是否稳固，有无外部损伤及裂痕，天线是否存在左、右倾斜问题；天线扇区同标识是否相同，下部同尾巴线接触是否良好，包扎是否严密，接地是否正确。对于全向天线，挂高、安装是否符合设计，有无倾斜，有无损伤和裂痕，安装是否稳固，接头包扎是否严密。检查天线水平，垂直间距；检查天线同塔体（护栏）距离。

维护标准或细则：记录天线挂高情况；调整方位角、倾角至符合要求；调整天线倾斜问题；纠正天线标识同扇区不符问题；包扎、更新开裂、老化胶带；检查紧固接地部位；紧固天线紧固部位；调整水平、垂直及同塔体间距要求：单极化天线同一扇区 GSM900>3.0m，DCS1800>1.5m；同平台不同扇区 GSM900>2.5m，DCS1800>2.0m。双极化天线同平台不同扇区 GSM900>2.5m，DCS1800>2.0m。垂直间距>1m。同塔体间距（护栏）>1m。

c．天线避雷针检查。

检查天线是否处于避雷针保护角度内，维护标准或细则：调整天线与避雷针 45° 保护范围。

d．天线环境检查。

检查天线所处环境 300m 内有无高层建筑，广告牌及地形地物等障碍物影响通信，或天线下部切角 5° 内处于净空发射距离。

维护标准或细则：整改方案。

e．天线安装。

检查天线尾巴线同天线、馈线接触是否良好，安装是否正确，包扎胶带有无老化、开裂及吐胶现象，尾巴线走线是否顺畅，有无弯曲，盘圈现象，固定是否合乎要求，有无破裂、变形，有无防水弯。

维护标准或细则：处理接触不良问题，使其接触良好；重新包扎接头；整理走线，使其顺畅；绑扎尾巴线，预留防水弯；更换破裂、变形尾巴线。

f．天线突发故障。

处理天线部位出现的突发故障。维护标准或细则：更换部件。

g．天线资料建立。

做好资料收集，搞好设备建档。包括：记录天线型号、类别、天线挂高、方位、倾角、数量，以及维护工作日志。

维护标准或细则：按实际登记建文件，保证资料完整、准确、真实。

② 馈线部分检查维护项目。

a．馈线安装情况。

检查馈线上、下接头安装是否正确，接触是否良好，包扎是否严密、规范；胶带，胶泥是否老化、开裂、吐胶，接头有无进水现象。

维护标准或细则：按规范安装接头，包扎接头，处理进水问题，更换馈线。

b．馈线连接情况。

检查室内、外馈线标识是否正确、完好，同天线或设备连接是否正确。

维护标准或细则：核对序号，完善标识，更正错误连接处。

c．馈线整理。

馈线安装是否顺直、整齐。

维护标准或细则：调整馈线，使其顺直有序。

d．馈线稳定。

检查馈线卡具有无松动、脱落、短缺现象，卡具安装间距是否符合要求。

维护标准或细则：紧固松动卡具；安装脱落，增补短缺卡具；规范卡具间距在 1～1.2m 范围。

e．馈线曲率半径。

检查馈线曲率半径是否符合要求，拐弯是否均匀、圆滑。

维护标准或细则：调整曲率半径，使其符合要求：1/2 为 125mm，7/8 为 250mm，1 5/8 为 500mm。

f．馈线损伤。

检查馈线有无破裂、损伤、变形、进水、裸露外导体现象，有无同尖锐物体接触部位。

维护标准或细则：在不影响通信质量前提下，包扎破裂损伤处，隔离同尖锐物体接触部位，对影响到通信质量的问题，应向甲方提出处理建议，并做好备忘。

g．馈线接地。

检查馈线三点接地是否符合设计要求，引线是否顺直，包扎是否严密，安装是否正确，有无接地铜排及专用接地地线，引线同铜排连接是否牢固，螺栓有无锈蚀，走向是否合理，喇叭口有无反向。

维护标准或细则：调整接地点，使其符合设计；包扎接口，做到“三防”：防水、防腐、防锈；无铜排和母线者，向甲方提请增设；更换锈蚀螺栓；重新安装三点接地，使喇叭口朝下。

h．馈线防水。

检查波道口馈线有无防水弯，是否合格，波道口密封是否严密。

维护标准或细则：处理防水弯，使切角<60°，堵塞波道口露水部位。

i．馈线弯曲。

检查馈线弯曲数量是否符合厂家要求。

维护标准或细则：根据实际情况，在不损伤馈线，不影响通信前提下，经行处理，并做备忘录。

j．馈线走线情况。

检查馈线走线架固定是否稳固，高度及安装位置是否符合设计，走向是否平直，有无明显扭曲，起伏及歪斜，馈线固定是否牢固可靠，有无损伤及扭曲。

维护标准或细则：按设计整改，紧固松动部分及馈线卡具，顺直馈线走向，包扎损伤部位。

k．馈线接触。

检查上下软跳线同馈线接触及包扎情况，检查走线是否合理，顺畅，曲率半径是否合格。

维护标准或细则：处理包扎开裂、老化、吐胶问题，调整曲率半径，解决接触不良问题。

l．馈线避雷器安装。

检查馈线避雷器安装是否正确，固定是否可靠，接地是否良好。

维护标准或细则：纠正不正确接法，紧固松动部位。

m．突发故障。

处理突发故障，对需更换的馈线进行鉴定。提供报告及整改意见。

n．馈线资料建立。

记录馈线型号及各基站馈线长度并建文件记录检修情况及问题处理情况。

维护标准或细则：记录准确，描述合理。

2．防雷接地系统

检查避雷针安装是否符合设计，垂度是否在允许范围，塔上设备是否在其45°保护范围以内。维护标准或细则：调整垂度使其被测长度偏离<5‰，整天线于避雷针保护范围。

3．天馈线常见的故障及形成原因

安装时不合规范造成天线的排水不畅；下雨天导致天线内的积水；对接头的处理不好，造成进水；有大型障碍物阻挡；由于人为或老化造成馈线断裂；小区间的馈线调乱；对应天

馈线相关的模块出现故障。

2.4 抗衰落技术

2.4.1 概述

在移动通信系统中，移动台常常工作在城市建筑群或其他复杂的地理环境中，而且移动的速度和方向是任意的。发送的信号经过反射、散射等传播路径后，到达接收端的信号往往是多个幅度和相位各不相同的信号的叠加，使接收到的信号幅度出现随机起伏变化，形成多径衰落，衰落是指移动通信接收点所接收到的信号场强是随机起伏变化的，对于这种随机量的研究通常是采用统计分析法。典型信号衰落特性如图 2-47 所示。图中，直线表示的是信号局部中值，其含义是在局部时间中，信号电平大小或小于它的时间各为 50%。由于移动台的不断运动，电波传播路径上的地形、地物是不断变化的，因而局部中值也是变化的。这种变化造成了信号衰落。

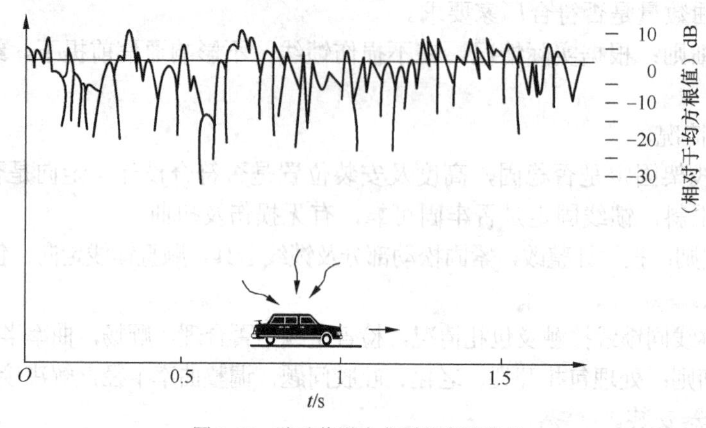

图 2-47 移动信道中典型的衰落信号

移动台接收的信号场强值（dB）是时间 t 的函数。具有 50%概率的场强值称为场强中值。若场强中值等于接收机的最低门限值，则通信的可通率为 50%。因此，为了保证正常的通信，必须使实际的场强中值远大于接收机的门限值。

衰落是移动通信信道的基本特征。多径传播使接收信号不仅包含数量约为 10～100Hz 的多普勒频移和几十分贝的深度衰落，而且有数微秒的时延差。这些影响会造成传输性能的下降和严重的码间干扰（ISI），使数字信号误码率增加。阴影效应和气象条件的变化会造成信号幅度和相位变化。这都是移动信道独有的特性，它将影响移动通信系统的接收性能。

为了提高移动通信系统的性能，采用分集、信道均衡和信道编码三种技术来改善接收信号质量。分集技术是用来补偿衰落信道损耗的，它通常要通过两个或更多的接收天线来实现。基站和移动台的接收机都可以应用分集技术。分集技术有多种，主要可分为两大类：显分集和隐分集。均衡技术可以补偿时分信道中由于多径效应而产生的码间干扰（ISI）。信道编码是通过在发送信息时加入冗余的数据位来改善通信链路的性能。

这三种技术的共同特点，都是如何适应信道的衰落，时延扩展和信道的时间特性。这些技术已成为数字信号无线传输系统中不可或缺的技术。在移动通信系统中，这些抗衰落技术

在大多数情况下都是同时采用的。

2.4.2　天线分集接收技术

分集技术在移动通信系统中用于解决衰落问题。基站接收采用分集接收技术。分集技术（Diversity Techniques）就是研究如何利用多径信号来改善系统性能的。分集技术利用多条传输相同信息且具有近似相等的平均信号强度和相互独立衰落特性的信号路径，它通常要通过两个或更多的接收天线来实现。并在接收端对这些信号进行适当的合并（Combining），以便大大降低多径衰落的影响，从而改善传输的可靠性。

为了保证分集效果，分集接收天线间需要保持一定的空间间隔 D，通常根据参数 η、天线有效高度 h，来设计分集天线间的距离 D。$\eta = h/D$，η 在 900MHz 时取 10，在 1 800MHz 时取 20。在实际工程设计中，分集天线间的距离可根据现场安装条件的实际情况来选择，一般为 3.5～4.5m。收发天线之间的水平距离 d 在隔离度为 30dB 时是 2λ，隔离度要求≥30dB 时，应使 $d \geqslant 2\lambda$，λ 为波长，在 900MHz 时，$\lambda = 0.32$m，在 1 800MHz 时，$\lambda = 0.16$m。

1. 空间分集接收

空间分集（Space Diversity）要求配备两副接收天线以提供两路互不相关的同一信号，从而达到解决多径衰落的作用。在施工中，我们会把两副天线在水平位置上隔离一段距离来实现分集接收。

发射端采用一副发射天线，接收端采用多副天线。接收端天线之间的距离 d 应足够大，以保证各接收天线输出信号的衰落特性是相互独立的，如图 2-48 所示。在移动通信中，空间的间距越大，多径传播的差异就越大，接收场强的相关性就越小。为获得相同的相关系数，基站两分集天线之间垂直距离应大于水平距离。

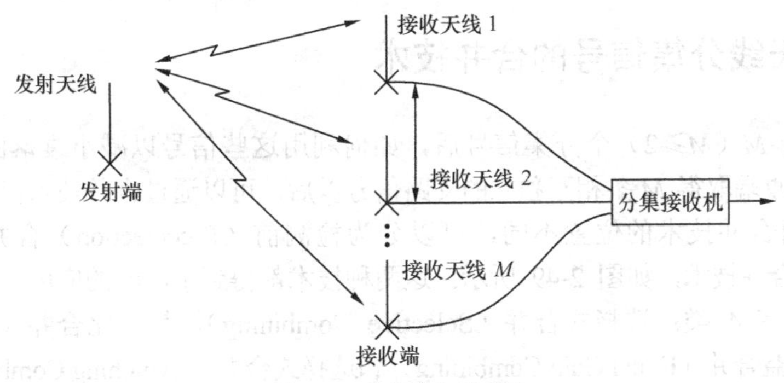

图 2-48　空间分集示意图

对于空间分集而言，分集的支路数 M 越大，分集的效果越好。但当 M 较大时（如 M>3），分集的复杂性增加，分集增益的增加随着 M 的增大而变得缓慢。

要达到同样的分集效果，垂直间隔距离要比水平间隔距离大 5 倍左右，所以在施工上不会采取垂直间隔。极化分集指空间分集存在着方向性，在实际通话中，手机天线很少能够和基站天线一样保持垂直，而且经过无线环境多次反射后到达基站天线的信号未必能够保持相同的方向。所以空间分集在实际使用过程中得到的分集增益总要比理论计算的要小。在这种情况下，采用极化分集会得到比较好的效果。空间分集除获得抗衰落分集增益外，还可获得

3.5dB 左右的设备增益。

2．极化分集（Polarization Diversity）接收

在移动环境下，两个在同一地点极化方向相互正交的天线发出的信号呈现出不相关衰落特性。在发射端同一地点分别装上垂直极化天线和水平极化天线。极化分集实际上是空间分集的特殊情况，其分集支路只有两路。优点：结构紧凑，节省空间。缺点：发射功率要分配到两幅天线上，有 3dB 损失。

3．角度分集（Angle Diversity）接收

由于地形地貌和建筑物等环境的不同，到达接收端的不同路径的信号可能来自于不同的方向。在接收端，采用方向性天线，分别指向不同的信号到达方向，则每个方向性天线接收到的多径信号是不相关的。

4．频率分集（Frequency Diversity）接收

将要传输的信息分别以不同的载频发射出去，只要载频之间的间隔足够大（大于相干带宽），那么在接收端就可以得到衰落特性不相关的信号。频率分集的优点是与空间分集相比，减少了天线的数目。但缺点是要占用更多的频谱资源，在发射端需要多部发射机。

5．时间分集（Time Diversity）接收

对于一个随机衰落的信号来说，对其振幅进行顺序采样，那么在时间上间隔足够远（大于相干时间）的两个样点是互不相关的。将给定的信号在时间上相差一定的间隔重复传输 M 次，只要时间间隔大于相干时间，就可以得到 M 条独立的分集支路。由于相干时间与移动台运动速度成反比，因此当移动台处于静止状态时，时间分集基本上是没有用处的。

2.4.3　天线分集信号的合并技术

接收端收到 M（$M \geqslant 2$）个分集信号后，如何利用这些信号以减小衰落的影响，这就是合并问题。在接收端取得 M 条相互独立的支路信号以后，可以通过合并技术得到分集增益。根据在接收端使用合并技术的位置不同，可以分为检测前（Predetection）合并技术和检测后（Postdetection）合并技术，如图 2-49 所示。这两种技术都得到了广泛的应用。对于具体的合并技术来说，通常有 4 类：选择式合并（Selective Combining）、最大比合并（Maximum Ratio Combing）、等增益合并（Equal Gain Combining）和选择式合并（Switching Combining）。

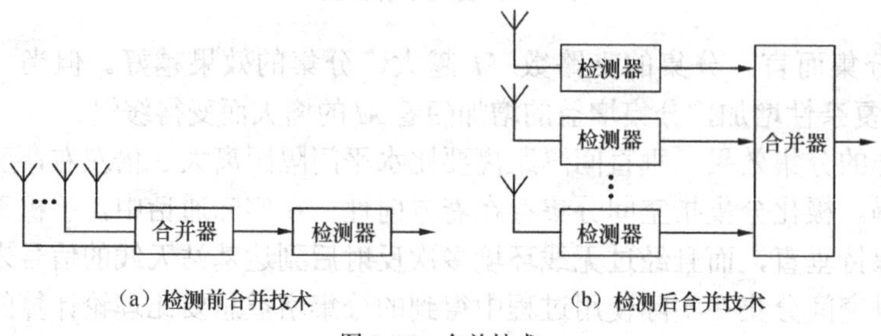

图 2-49　合并技术

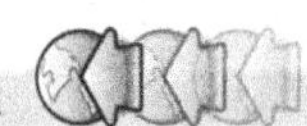

1．选择式合并

选择式合并的原理如图 2-50 所示。M 个接收机的输出信号送入选择逻辑，选择逻辑从 M 个接收信号中选择具有最高基带信噪比（SNR）的基带信号作为输出。

2．最大比合并

M 个分集支路经过相位调整后，按适当的增益系数同相相加（检测前合并），再送入检测器，如图 2-51 所示。

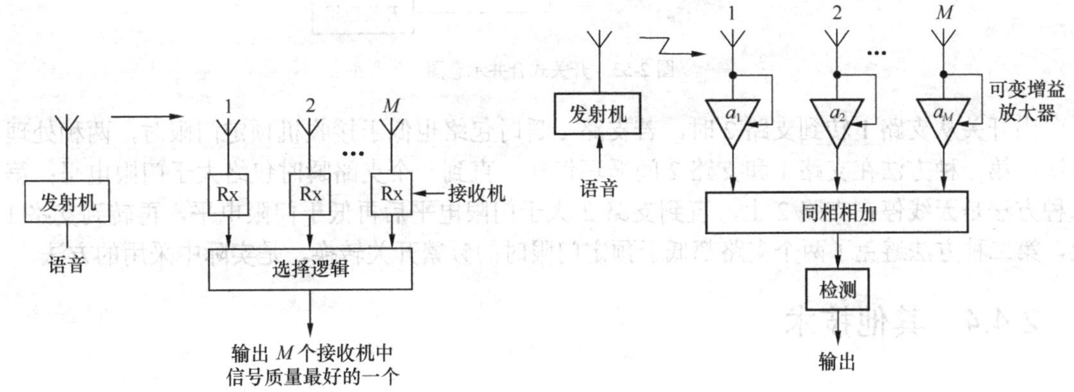

图 2-50　选择式合并的原理　　　图 2-51　最大比合并的原理

3．等增益合并

在最大比合并中，实时改变 a_i（相位调整）是比较困难的，通常希望 a_i 为常量，取 $a_i=1$ 就是等增益合并，其结果如图 2-51 所示。从图中可以看出，当 M 较大时，等增益合并仅比最大比合并差 1.05dB。对于最大比合并和等增益合并，可以采用图 2-52 所示的电路来实现同相相加。

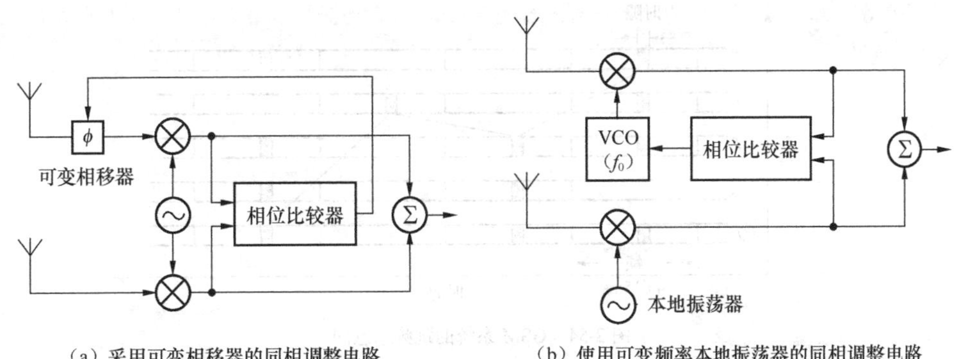

（a）采用可变相移器的同相调整电路　　（b）使用可变频率本地振荡器的同相调整电路

图 2-52　同相调整电路

4．开关式合并

检测前二重开关式合并如图 2-53 所示。其优点是仅用一套接收设备，该方式监视接收信号的瞬时包络，当本支路瞬时包络低于预定门限时，将天线开关置于另一支路上。

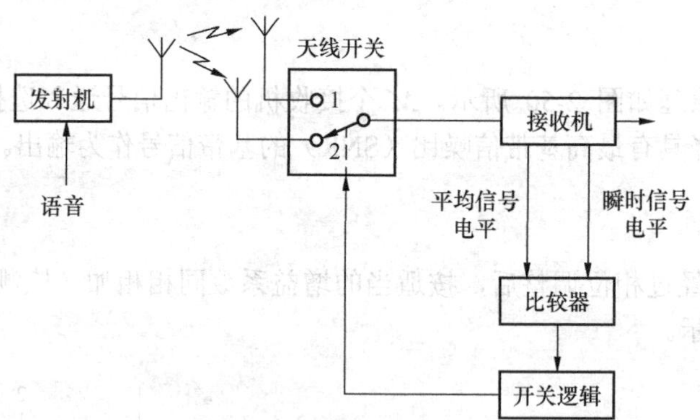

图 2-53　开关式合并示意图

当开关从支路 1 转到支路 2 时，若支路 2 瞬时包络也低于接收机预定门限时，两种处理方法：第一种方法在支路 1 和支路 2 间循环切换，直到一个支路瞬时包络大于门限电平；第二种方法是天线停在支路 2 上，直到支路 2 大于门限电平后再低于门限电平，再转到支路 1 上，第二种方法避免了两个支路都低于预定门限时的频繁开关转换，是实际中采用的方法。

2.4.4　其他技术

1．跳频（FH）抗衰落技术

跳频概念是在通话期间载频在几个频点上的变化，指载波频率在很宽频率范围内按某种图案（序列）进行跳变。它的作用是改善由多径衰落造成的误码特性。

图 2-54 是 GSM 系统的跳频示意图。采用每帧改变频率的方法，即每隔 4.615ms 改变载波频率，也就是说跳频速率为 $\frac{1}{4.615}ms = 217$ 跳/秒。

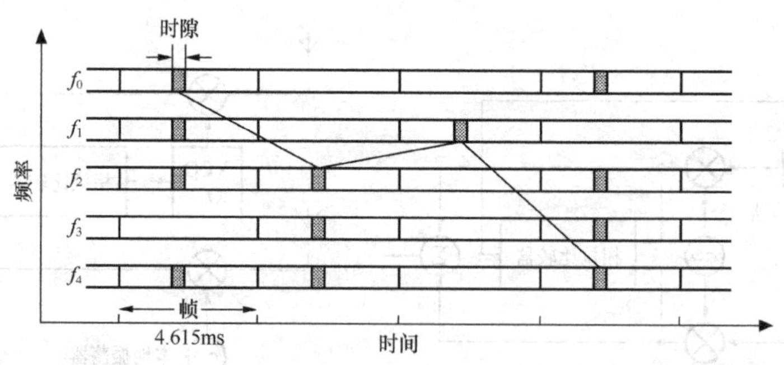

图 2-54　GSM 系统的跳频示意图

跳频类型有慢跳频、快跳频。慢跳频指跳频速率低于信息比特率，即连续几个信息比特跳频一次。

GSM 采用慢跳频（SFH）技术，跳频速率为 217 跳/秒。快跳频指跳频速率高于或等于信息比特率，即每个信息比特跳频一次以上。一般跳频速率越高，跳频系统的抗干扰性就越好，但相应的设备复杂性和成本也越高。

跳频系统的抗干扰原理与直接序列扩频系统是不同的。直接序列扩频是靠频谱的扩展和解扩处理来提高抗干扰能力的，而跳频是靠躲避干扰来获得抗干扰能力的。

跳频抗衰落是指抗频率选择性衰落。跳频抗衰落的原理是，当跳频的频率间隔大于信道相关带宽时，可使各个跳频驻留时间内的信号相互独立。换句话说，在不同的载波频率上同时发生衰落的可能性很小。

瑞利衰落的衰落图形与频率相关，即衰落谷点将因频率不同而发生在不同的地点。这样如果在呼叫期间，让载波频率在几个频率点上变化，并假定只在一个频率上有一衰落谷点，那么仅会损失呼叫的一小部分，而采用复杂的信号处理过程能重新恢复全部信息内容。这种方法称为跳频。

在呼叫期间，载波频率在几个频率上变化，以克服瑞利衰落。因瑞利衰落谷点只是对某一个频点有效，对另一个频点无效。

另外，跳频与不连续发射可以降低干扰，但当大负荷时，所有的发信机都同时打开，碰撞的机会很大，跳频的作用体现不出来。若按照 4/12 分组方案，邻频碰撞也无妨，但若采用多频复用技术，邻频的距离小于 12，彼此干扰变大，若采用跳频技术，且负荷不大时，可以减小碰撞机会。

每个 MS 依据从一个算法中导出的频率序列上发送它的时隙，跳频序列在一个小区内是正交的，即同一小区内的通信不会发生冲突。跳频在两个时隙间发生，MS 在一个工作时隙内用固定频率发送或接收，下一个工作时隙又跳到另一个频率上发射或接收。跳频算法的参数是在呼叫建立及切换时发给移动台的。采用跳频技术时，支持 BCH 的物理信道不跳。基站和移动台在一个小区内，跳频是同步的。

2．均衡技术

（1）信道均衡技术。

信道均衡技术可以补偿时分信道中由于多径效应而产生的码间干扰（ISI）。均衡即接收端的均衡器产生与信道相反的特性，来抵消信道时变多径传播特性引起的码间干扰。换句话说，通过均衡器消除信道的频率和时间的选择性。由于信道是时变的，要求均衡器的特性能够自动适应信道的变化而均衡，故称自适应均衡。

均衡目前有两个基本途径：频域均衡，它主要从频域角度来满足无线失真传输条件，是通过分别校正系统的幅频特性和群时延特性来实现的，主要用于早期的固定式有线传输网络中。时域均衡，它主要从时间响应考虑以使包含均衡器在内的整个系统的冲击响应满足理想的无码间串绕的条件。目前广泛利用横向滤波器来实现，它可以根据信道特性的变化而不断地进行调整，实现起来比频域均衡方便，性能一般也比频域均衡好，故得到广泛的应用。特别是在时变的移动信道中，几乎都采用时域均衡的实现方式。

理想信道和实际信道脉冲响应的差异表明，若在各个奈奎斯特取样时刻（即 $t=k/2fN$，$k=\pm1$，$\pm2\cdots$）对实际信道脉冲响应 $x(t)$ 取样，因其样值不为零而形成符号（码）间干扰。如图 2-55 所示，利用信道均衡器引入的脉冲响应使得总脉冲响应 $y(t)$ 能接近 $h(t)$，则可消除非理想信道引起的符号（码）间干扰。这就是时域均衡器的基本原理。

（2）时间色散均衡技术。

在接收端，由于射频信号的反射作用，接收机接收到的信号是多种多样的，其中有的反射信号来自远离接收天线的物体，比直达的信号经过的路程长很多，因而形成相邻符号间的相互干扰，这种现象称为时间色散，如图 2-56 所示。

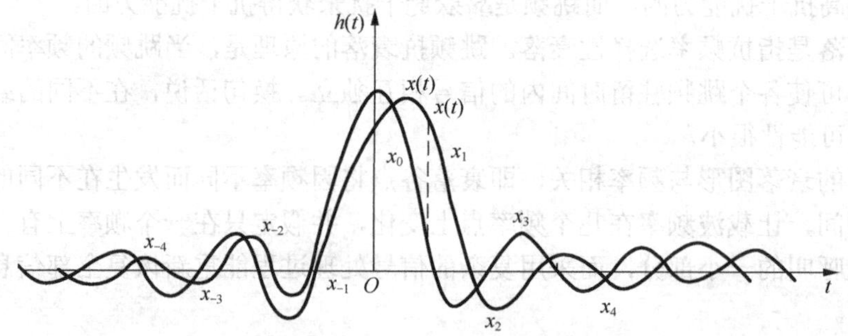

图 2-55　理想信道和实际信道脉冲响应的差异

基站发射 101010 的数字序列，一路是直达至移动台，一路经反射至移动台，可见反射信号比直达信号经过路程长。在 GSM 系统中，比特速率为 270kbit/s，则每一比特时间为 3.7μs，也即是一比特对应 1.1km。假若反射信号经过的路程比直射信号经过的路程长 1.1km，则移动台就会在接收到的有用信号中混有比它迟到一个比特时间的一个信号，即移动台同时会收到一个为“1”的信号和一个为“0”信号，这种现象会使移动台接收时的误码率升高。

出现时间色散的典型环境为山区、丘陵地区、高层金属建筑。出现时间色散的条件为反射路径-直射路径＞1.1km，避免有害的时间色散的方法有以下几种。

① 将 BTS 尽可能建在离建筑物近的地方。

② 将 BTS 背对反射物，天线有高的前后比。

③ MS 离反射物太远。

④ MS 离 BTS 或反射物近。

⑤ 均衡器。

用于消除时间色散，当出现反射信号时，移动台收到的可能是直射信号和反射信号，按一比特 1.1km 计算，两种信号的路径差距是 1.1km 时，移动台收到的可能是两个比特，如 0 和 1，这时移动台无法取舍。

假设基站的发信序列为 $A(t)$，无线信道的规律为 $G(t)$，移动台的接收到的序列为 $B(t)$。如果我们知道了无线信道的规律 $G(t)$，并且知道移动台的接收序列 $B(t)$，那么可以计算出基站的发信序列 $A(t)$，如图 2-57 所示。

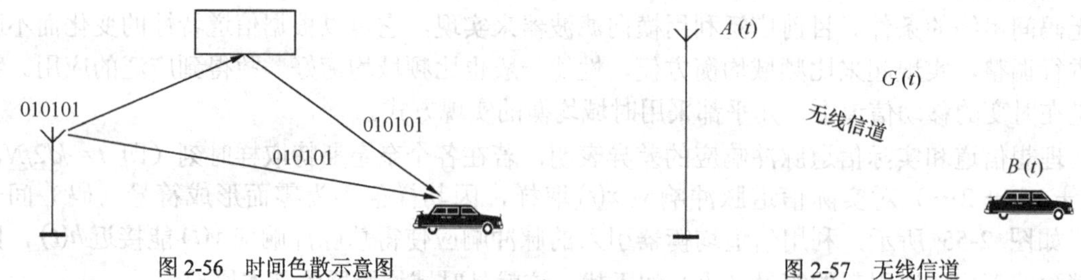

图 2-56　时间色散示意图　　　　图 2-57　无线信道

基站的发信序列 A 经无线信道的传输后到达移动台，移动台所接收的序列为 B，B 序列中的 26 个训练比特被提取出来后经相关器的计算形成信道模型的控制参数去控制信道模型，信道模型与实际的无线信道相似，然后码发生器产生可能出现的基站发信序列经信道模

型后与接收到的实际接收序列相比较，经比较后，差值最小的码发生器所产生的序列作为接收到的数据输出，如图 2-58 所示。

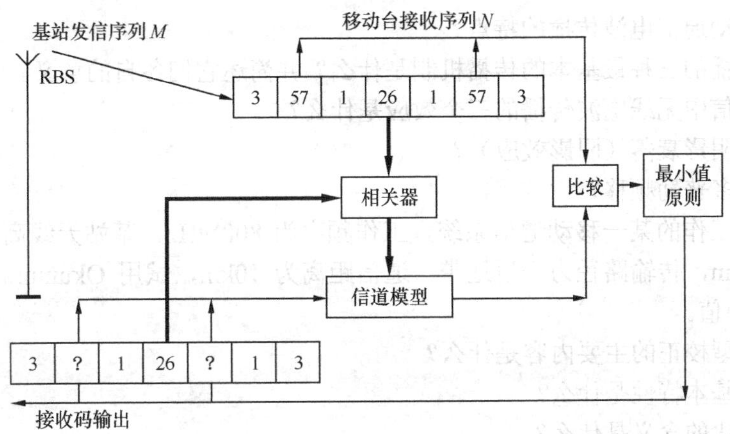

图 2-58　接收码输出

本章小结

当前陆地移动通信主要使用的频段为 VHF 和 UHF，即 150MHz、450MHz、900MHz/800MHz、2.4GHz。移动通信中的传播方式主要有直射波、反射波、地表面波等传播方式，在移动通信系统中，影响传播的三种最基本的传播机制为反射、绕射和散射。无线电波传播的三个效应是阴影效应、多普勒效应、多径效应。

按照传播模型的来源划分，可以分为经验模型和确定性模型两种。其中，经验模型是根据大量的测量结果，统计分析后归纳导出的公式，按照传播模型的适用环境划分，又可以分为室外传播模型和室内传播模型。介绍了 Okumura-Hata 模型、COST231Hata 模型及校正方法。

天线的方向是指天线向一定方向辐射电磁波的能力，对接收天线表示天线对来自不同方向电波的接收能力。方向图中通常都有两个瓣或多个瓣，其中最大的瓣称为主瓣，其余的瓣称为副瓣；天线的增益是表示天线在某一特定方向上能量被集中的能力。天线的极化是指在垂直于传播方向的波阵面上，电场强度矢量端点随时间变化的轨迹。如果轨迹为直线，则称为线极化波，如果轨迹为圆形或者椭圆形，则称为圆极化波或者椭圆极化波。天线的带宽通常定义为天线增益下降 3dB 时的频带宽度，天线的辐射特性基本电振子电对称振子天线阵列辐射。基站天线的类型有全向天线、定向天线、智能天线（多波束天线、多波束智能天线）。给出了典型的移动基站天线技术指标。介绍天线下倾技术有机械下倾和电下倾。

介绍天馈线安装与测量，其中驻波比（Voltage Standing Wave Ratio，VSWR）是馈线上电流（电压）最大值与电流（电压）最小值之比或者天线前射和反射功率的一种比值。叙述了天馈系统对覆盖范围的影响，天馈线安装、测量连接方法，天馈线常见的故障及形成原因。

为了提高移动通信系统的性能，采用分集、信道均衡和信道编码三种技术来改善接收信号质量。本章主要重点介绍分集技术在移动通信系统中如何用于解决衰落问题。介绍了空间分集和分集信号的合并技术。最后介绍了跳频抗衰落频率选择性技术和信道均衡技术。

习题和思考题

1．简述移动通信电波传播的特点？

2．电波传播的三种最基本的传播机制是什么？并简述它们各自的意义。

3．移动通信中无线电波传播的三个效应是什么？

4．什么是阴影衰落（阴影效应）？

5．什么是多普勒频移？

6．在郊区工作的某一移动通信系统，工作频率为800MHz，基站天线高度100m，移动台天线高度1.5m，传输路径为平滑地带，通信距离为10km，试用Okumura-Hata模型求传输路径的衰耗中值。

7．传播模型校正的主要内容是什么？

8．天线的基本特性是什么？

9．天线极化的含义是什么？

10．给出典型的移动基站天线技术指标。

11．什么是驻波比？

12．什么是天馈线？天馈线安装注意事项。

13．采用什么方法来改善接收信号质量？

14．何谓分集技术？移动通信系统通常使用哪几种分集技术？

15．什么是时间色散？

16．基站和移动台间的时间是如何调整的？

17．跳频技术是如何解决信号衰落问题？

18．什么是均衡技术？

第 3 章 语音编码、信道编码和交织编码

在 GSM 系统中，由于无线信道的带宽只有 200kHz，且无线信道为变参信道，传输数字信号的误码率高，因此，语音信号在无线信道上传送之前应进行处理，使语音数字信号能够适合无线信道的高误码、窄带宽的要求。

由图 3-1GSM 移动台框图可见，语音先要经 A/D 变换进行数字化处理，分成 20ms 的音段。此后是语音编码，以降低比特率，信道编码以控制差错。经交织处理和加密，然后，这些比特形成 8 个 1/2 突发脉冲串（对应每 20ms 的语音）。最后，将它们填充到适当的时隙内，以约 270kbit/s 的速率发送。每比特 3.7μs，相对于 1.1km 的空中距离。GSM 系统终端设备 BTS 的信号形成过程与 GSM 移动台 MS 的基本相同。

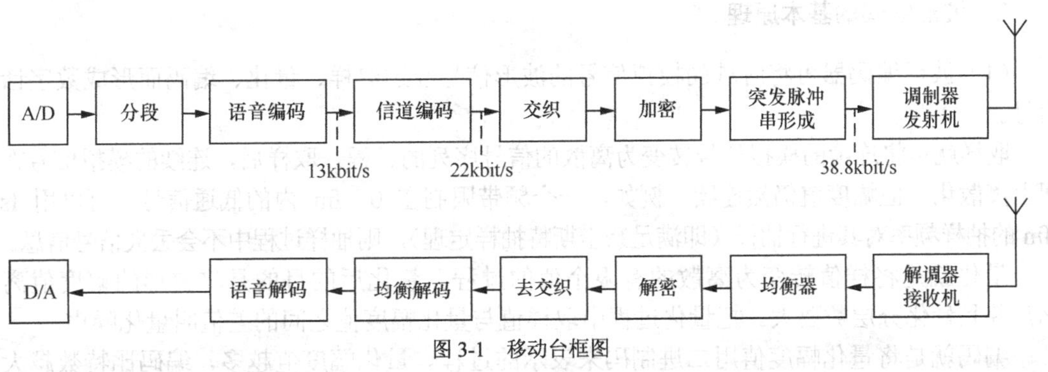

图 3-1 移动台框图

接收机的工作流程是接收突发脉冲串，在均衡器中计算评估比特序列的同时，建立起信道模型。在全部 8 个 1/2 突发脉冲串接收齐和解密之后，它们被重新装配成 456 个比特的消息。该消息序列被解码，以便检测和纠正传输期间的差错。解码器使用来自均衡器的、能改善差错纠正功能的软信息，即比特正确的概率。最后对该比特流进行语音解码，把它转换成模拟语音。

语音编码、信道编码和交织编码是通信数字化的重要技术领域。在移动通信数字化中，模拟语音信号的数字化，可提高频带利用率和信道容量。信道编码技术可提高系统的抗干扰能力，信道编码是以增加传输码元冗余度，降低有效码元传输速率为代价，以牺牲通信的有效性换取通信的可靠性。从而保证良好的通话质量。突发性干扰是快衰落在衰落深度和持续时间较长的情况下，对信号造成成串的错误，用一般信道编码方法很难纠错；只能用交织技术将成串的错误转换成随机差错后，再用信道编码方法纠错。

下面介绍语音编码、信道编码、交织、突发脉冲串的形成。

3.1 语音编码

语音编码为信源编码，是将模拟语音信号转变为数字信号以便在信道中传输。蜂窝移动通信系统由于频率资源受限，一般数字语音编码技术如 PCM、ADPCM、D M 等，因为编码速率高而未被采用。蜂窝移动通信均采用 13kbit/s 以下低速率语音编码。

语音编码有三种编码技术：波形编码、声源编码（参量编码）和混合编码。

3.1.1 波形编码

1．波形编码的定义

波形编码是将随时间变化的信号直接变换为数字代码，力图使重建的语音波形保持原语音信号的波形形状。

2．波形编码的特点

波形编码是一种高速率（在 16～64kbit/s 之间）、高质量的编码方式。

3．波形编码的基本原理

（1）波形编码器可将时域的模拟信号的波形信号经过取样、量化、编码而形成数字话音信号。

取样就是将连续的模拟信号转变为离散的信号序列的过程。取样后，连续的模拟信号在时间上离散化，但幅度值仍然连续。例如，一个频带限制在 0～fm 内的低通信号，可以用 fs≥2fm 的抽样频率对其进行抽样（即满足奈圭斯特抽样定理），则抽样过程中不会丢失信号信息。

量化就是将样值转变为离散的有限个值的过程。量化后的目的是将波形的幅度值离散化，并且量化分层数要大。把量化过程中取样值与量化幅度值之间的差值叫量化噪声。

编码就是将量化幅度值用二进制码来表示的过程。量化幅度值越多，编码比特数越大，量化噪声越小。

（2）波形解码器则是将收到的数字序列经过解码和滤波恢复成模拟信号。

（3）常见的波形编码技术。

常见的波形编码技术有脉冲编码调制（PCM）、增量调制（DM）、自适应增量调制（ADM）和自适应差分编码（ADPCM）等。

通信中最常用的脉冲编码调制（PCM）方式，对语音进行频谱分析，人的语音频带范围为 300～3400Hz，故采用 8kHz 取样速率；8bit 量化值来表示对应的模拟值；编码速率为 64kbit/s。即是我们较为熟知的取样、量化、编码过程。

在公用电话网中用户电路的模拟信号经 PCM 抽样、量化、编码后形成每个话路的数字信号速率为 64kbit/s。但是如果在 GSM 系统中，无线信道也采用数字信号，但每载频的带宽只有 200kHz，如果采用传统的 PCM 编码方式，则每个移动台的数字语音比特速率为 64kbit/s，8 个用户至少为 512kbit/s，调制后的频带远远大于 200kHz，这样高的比特速率不适于在 GSM 系统的无线信道中传输。因此必须采用其他的编码方式来降低每个话路信息编

码所需的比特率。CME 20 系统中采用了混合编码方式。

3.1.2 参量（声源）编码

声源编码是基于人类语言的发声机理，找出表征语音的特征参量，对特征参量进行编码的一种方法。在接收端，根据所接收的语音特征参量信息，恢复出原来的语音。由于参量编码只需传送语音特征参数，可实现低速率的语音编码，一般在 1.2～4.8kbit/s。

1．参量编码的定义

参量编码又称为声源编码，它利用人类的发声机制，对语音信号的特征参数进行提取，再进行编码。

2．参量编码的特点

参量编码是一种低速率（速率在 1.2～4.8kbit/s 内）、低质量的编码方式。

3．参量编码的基本原理

（1）在发送端，对语音进行分析以提取特征参数，然后将这些参数经过编码后发送出去。

（2）在接收端，根据接收数据恢复出参数，再由语音产生模型合成出相应的语音信号。由于传输的是特征参数，而不是时间波形，因此参量编码可以大大降低数据速率。

（3）常用的参量编码技术。

最常用的是人工合成语音（声码器）的线性预测技术，它是移动通信的语音混合编码器的最基本依据。分析如下：

① 语音产生物理模型。

语音是一种波，振荡频率在 20～20000Hz 之间，喉以上部分称为声道，喉部称为声门。喉部的声带既是阀门又是振动部件。声带的声学功能是为语音提供主要的激励源。声带的开启闭合使气流形成一系列脉冲。由声带产生的音统称为浊音，不由声带产生的音统称为清音。可见，语音是由气流激励声到最后从嘴和鼻孔或同时从嘴和鼻孔辐射出来而产生的。对于浊音、清音、爆破音来说，激励源是不同的。

长期研究证明，发不同性质的音，激励的情况是不同的。大致分为两类。发浊音时，气流通过紧绷的声带，冲击声带产生振荡，是声门处形成准周期的脉冲列，用它来激励声道。发清音时，声带松弛而不振动，气流通过声门直接进入声道。这样模拟人的发音机制，可以建立一个语音信号产生的模型，如图 3-2 所示。

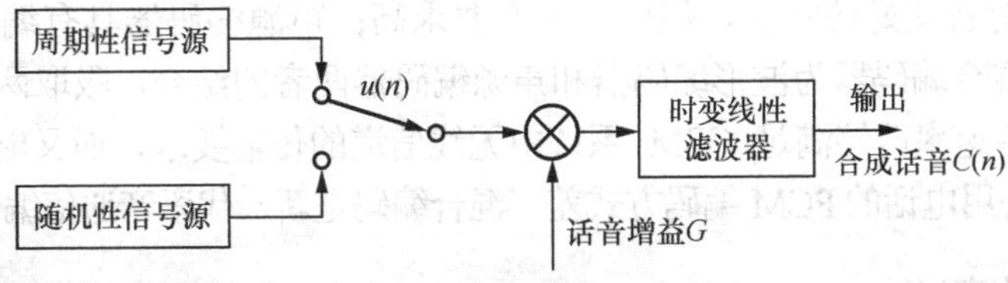

图 3-2　语音产生物理模型

$u(n)$表示波形产生的激励参量，G 为语音增益，$C(n)$为人工合成语音。周期性信号源近似表示浊音信号源，随机性信号源近似表示清音的信号激励，根据瞬时语音信号种类以决定

采用哪一种激励源。

人的喉部声道特性及嘴唇边界条件等都可以近似看成一个时变线性系统，频域上是一个时变滤波器。根据发音器官的惯性限制，时变特性为慢变化。大约几十毫秒（ms）内可以认为是近似不变的，它是传送时变参量周期的重要依据。

② 线性预测 LPC 编译码。

自 1939 年来，研制各种声码器，如通道声码器、相位声码器、图样匹配声码器、同态声码器、线性预测声码器等。研究最多是线性预测声码器如图 3-3 所示，也是应用最广泛的。

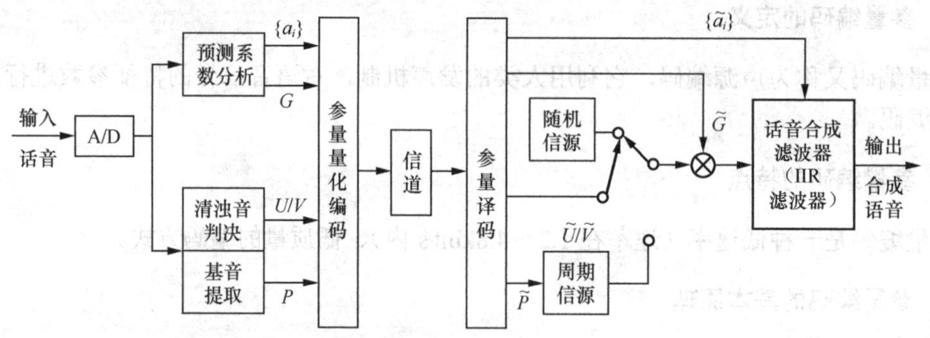

图 3-3　线性预测 LPC 编译码

线性预测声码器在发送端进行语音分析，每隔 10～20ms 取出一帧语音做清浊音区分和音调提取，以给出激励信息，并计算出预测滤波器的各种参数，即进行分析并提取 15 个基本参量（基音周期 P、清浊音判决 U/V、语音增益 G 及 12 个线性时变合成语音滤波器系数 $\{a_i\}$，i＝1，2，⋯，12）；然后，将 15 个基本参量经过量化、编码再送至信道；再在接收端先通过参量译码恢复这 15 个基本参量；最后，按照发声的物理模型，利用这些参数激励并合成人工语音。经量化及编码后送往接收端。

大多数线性预测声码器研究集中在 1.2～2.4kbit/s。理论和实践都表明，用声码器进行语音通信，其语音质量提高主要症结在于模型的激励信号。多年来，一直以准周期和白噪声作为激励源，这对提高语音质量有障碍。声码器又称为“参量编码器”。声码器的数码率可以压缩到 2.4kbit/s 以下，但其语音质量，特别是自然度，大大下降。参量编码只传送话音的特征参量（低速率），收端合成话音虽有一定的可懂度，自然度却下降很多，话音质量只能达到中等水平，不能满足商用话音通信的要求。而仅适用于特殊通信系统，如军事与保密通信系统。

3.1.3　混合编码

波形编码器具有音质好的特点，但比特速率要求高；声源编码器具有编码比特速率低的特点，但音质较差；混合编码器为波形编码器和声源编码器两者的结合，吸取两种编码器的优点，使语音编码后的比特速率能够满足 GSM 系统中无线信道的传输要求，而又能保证一定的语音质量，但语音质量比公用电话的 PCM 编码方式差。混合编码是新一代语音通信编码器的发展方向。

1. 混合编码的定义

混合编码是吸取波形编码和参量编码的优点，以参量编码为基础并附加一定的波形编码特征，以实现在可懂度基础上适当改善自然度目的的编码方法。

2．混合编码的特点

混合编码是一种较低速率（在 4～16kbit/s 之间）、较好质量的编码方式。

3．混合编码的四个主要参量

（1）数据比特率（bit/s）。

数据比特率是度量语音信源压缩率和通信系统有效性的主要指标。

比特率越低，压缩倍数越大，在同样带宽下传输的语音路数就越多，通信系统的有效性也就越好。但是比特率越低，语音质量也相应降低，为了减少语音质量的下降，往往采用提高设备的硬件复杂度和软件算法的复杂度的办法，但是这又会带来成本的提高和处理时延的增大。

（2）语音质量。

在语音编码技术中，对语音质量的评价是一个很重要的问题。当前世界上流行的语音质量评估方法是采用原 CCITT 提议的从 1 分到 5 分的主观评定的方法。这就是“平均评价得分”（Mean Opinion Score）简称 MOS，如图 3-4 所示。

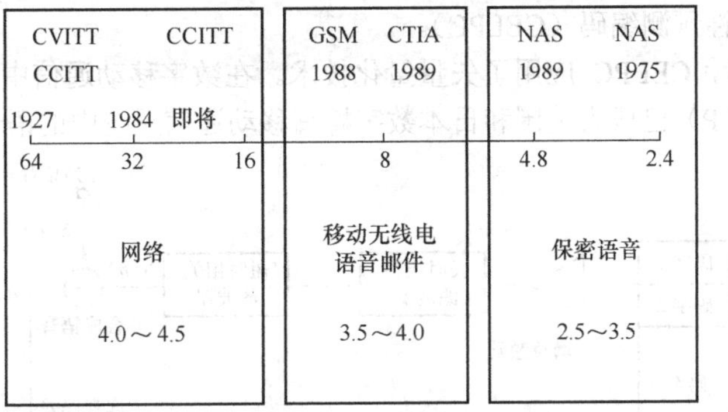

CVITT CCITT 1927	CCITT 1984	即将	GSM 1988	CTIA 1989	NAS 1989	NAS 1975
64	32	16		8	4.8	2.4
网络			移动无线电语音邮件		保密语音	
4.0～4.5			3.5～4.0		2.5～3.5	

图 3-4　语音质量评估

（3）复杂度与处理时延。

语音编码通常可采用数字信号处理器 DSP 来实现。其算法的复杂度指完成语音编码所需要的加法、乘法运算的次数，一般可采用 MIPS（百万条指令/秒）表示。编码硬件的成本通常随着复杂度的提高而增加。

通常在取得近似相同语音质量的前提下，语音的码速率每下降一倍，MIPS 大约需要增大一个数量级，同时算法的复杂也会带来更长的运算时间和更大的处理时间延迟（简称处理时延）。混合编码的任务就是力图使上述参量及其关系达到综合最优化。

4．混合编码的应用

常用的混合编码技术有：多脉冲激励线性预测编码（MP-LPC）、规则脉冲激励线性预测编码（RPE-LPC）、码激励线性预测编码（CE-LP）等。

因为移动通信频率资源有限，低码率、高压缩比至关重要，并且入公用网的信噪比又不能太低，所以数字移动通信系统中均采用混合编码。

例如，GSM 系统采用的就是规则脉冲激励线性预测编码（RPE-LPC），IS-95 系统采用的就是码激励线性预测编码（CE-LP）。

（1）多脉冲激励线性预测编码（MPLPC）。

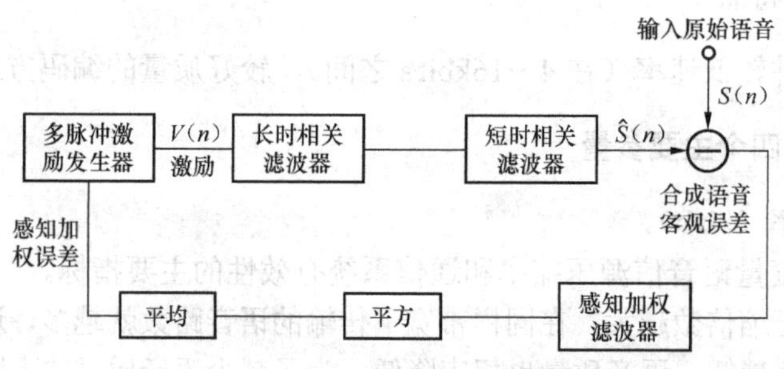

图 3-5　MPLPC 算法基本原理

无论合成清音或浊音，激励源一律使用多脉冲序列形式。图 3-5 给出这一算法基本原理。加上感知加权滤波器后，主观听觉上的语音质量有明显的提高。MPLPC 必须进行量化编码，它传输的内容包括多脉冲激励的脉冲位置和幅度、长时和短时预测器系数、音调周期等。MPLPC 产生的语音质量和比特率取决于提供一帧语音激励信号的脉冲数目。多脉冲激励方式要优化众多脉冲的位置与幅度参数，计算量大。

（2）码激励线性预测编码（CELPC）。

如图 3-6 所示，CELPC 应用了矢量量化技术。在数字移动通信中，码激励的一种变型即矢量和激（VSELP）已成为美国和日本数字蜂窝移动通信系统中的语音编码标准。

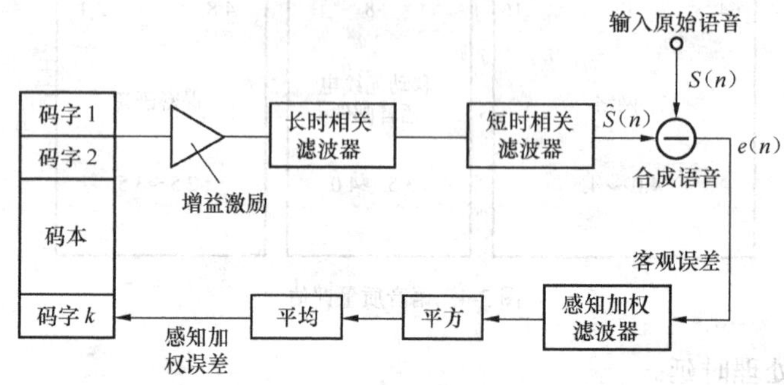

图 3-6　CELPC 的基本工作原理图

移动通信中语音编码器的选择，这三种编码技术同时存在通信系统中，波形编码以其高质量用于长途传输和宽带语音；声码器以高效压缩性用于保密通信；混合编码以其独有特性用于各种通信系统。但是在各种低比特率语音编码中，比特率、质量、复杂度和处理时延这 4 个参数都是很重要的。它们各自性能如表 3-1 所示。

表 3-1　低比特率语音编码器的性能比较

编码器类型	比特率（kbit/s）	复杂度 MIPS	时延（ms）	质量
脉冲调制	64	0.01	0	高级
自适应脉码调制	32	0.1	0	高级
自适应子频段编码	16	1	25	高级
多脉冲线性预测编码	8	10	35	通信级
随机激励线性预测编码	4	100	35	通信级
线性预测编码的声码	2	1	35	通信级

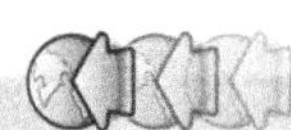

3.2 信道编码

移动通信系统使用信道编码技术可以降低信道突发的和随机的差错。信道编码是通过在发送信息时加入冗余的数据位来改善信道链路的性能的。在发射机的基带部分，信道编码器按照某种确定的约束规则，把一段数字信息映射成另一段包含更多数字比特的码序列，然后把已被编码的码序列进行调制以便在无线信道中传送。

信道编码的检错和纠错是利用传输数据的冗余量来实现的。用于检测错误的信道编码称做检错编码；可纠错的信道编码被称做纠错编码。信道编码是通过增加相关的冗余数据来提高系统性能，也就是以增加传输带宽为代价来取得编码增益的。检错码和纠错码有两种基本类型：分组码和卷积码。

编码增加了数据比特，这使得信道中传输的总的数据速率提高，也就会占用更大的信道带宽。传统的信道编码是分组码和卷积码等。20 世纪 90 年代出现 Turbo 码及把调制和编码看作是一个整体来考虑的网格编码调制 TCM（Trellis Coded Modulation）等。

3.2.1 有关通信信道概念

信道指信号传输的媒质。通信系统可分为有线（包括光纤）通信和无线通信两大类。

（1）有线信道：双绞线、同轴电缆、光纤。特点是低损耗，传输频带宽。

（2）无线信道：光视距、微波、短波、中号波、卫星通信等。

（3）狭义信道：有线信道和无线信道的总称。

（4）广义信道：扩大范围像天线、发收设备等，一般情况下讨论均指广义信道。

（5）无记忆信道：是随机差错，即前后码元发生差错是独立、互不依赖，产生这种差错的信道称为无记忆信道。

（6）有记忆信道：是一种突发差错，即前后码元发生差错有关联性，一个差错出现影响后面差错的出现，产生这种差错的信道称为有记忆信道。例如，发往信道序列 00000000，受干扰后变成 01100100，其中 11001 称为差错图样，这里突发长度是 5。

（7）二进对称信道（BSC）：信道干扰使“1”变“0”的可能性和“0”变“1”的可能性相等，且互不依赖，则这种信道称二进对称信道，如图 3-7 所示。

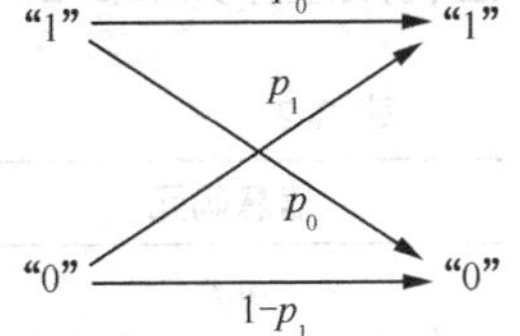

图 3-7　二进对称信道

（8）不对称二进信道：反之，如两种差错可能性不等就称为不对称二进信道。

（9）二进删除信道：在传输过程中，凡受干扰而无法正确判为“0”或“1”码，被删除，这种信道称二进删除信道。

3.2.2 码组检错和纠错的基本原理

1. 码距

在任何两个不同的码组中，对应码位的码元不同的个数，称为这两个码组间的码距，用 d 表示。例如，（100）和（000）的码距为 1；（110）和（101）的码距为 2。一个码集中两

个码组间的距离有一最小值，称为最小码距（汉明码距）用 d_0 表示。

2．检错和纠错概念

以 3 位二进码组的码集为例，（000），（001），（010），（011），（100），（101），（110），（111）8 个码组可分成三种情况观察分析：

（1）码集中 8 个码组全部作为有用码组，d=1，在这种情况下，任一码组中有一位发生差错，就成为其他码组，收端不能察觉差错，所以使用 8 个码组的码没有抗干扰能力。

（2）如果码集中（000），（011），（101），（110）四个作为许用码组，其余 4 种为禁用码组，则许用码组的 d=2，任一许用码组中在传输中受干扰而造成一位差错，不论其差错位置在何处，都变成禁用码组，收端能发现差错，但不能纠正。

（3）若取上述 8 种码组的（000），（111）作为许用码组，则 d=3，任一许用码组在传输中受干扰造成二位差错，都不可能变成另一许用码组。发现差错，抗干扰力强。

这种码有可能纠正一位差错，原因是码组分成两类{（000），（100），（010），（001）}和{（111），（011），（101），（110）}。例如，（000），（111）发生一位差错，都不会超越一类范围。收端收到第一类中任一码组就判为（000），反之收到第二类中任一码组，就判为（111），所以说可自动纠正一位错码。这种码组可以发现二位差错；或者可以发现一位差错时并纠正一位差错。

在第一种情况中，d=1 无抗干扰能力。在第二种情况中，d=2，可以发现一位差错，也表明有抗干扰能力。既然许用 4 个码组，即代表 4 个消息，现用 3 位二进制码有 8 个码组，有一半多余度（多余码元）。可见引入一定多余度后加强码的抗干扰能力。在第三种情况中，d=3，可以发现二位差错，并纠正一位差错，表明抗干扰能力更好。所以 d 越大，抗干扰能力越大。

例如，对上述的（2）情况中，四种许用码组（000），（011），（101），（110）中前 2 位（00），（01），（10），（11）称为信息码元（a_1a_2），现增加一位码元以便监督该码组有无差错，这样添加的码元称为监督码元（a_0）。

添加监督码元的规律是：任一码组中各位码元模 2 加应为零。例如，用上述四种许用码组构成规律如表 3-2。

表 3-2　码组构成规律

信息码元	监督码元	码组	模 2 加
a_2a_1	a_0	$a_2a_1a_0$	$a_2 \oplus a_1 \oplus a_0 = 0$
00	0	000	$0 \oplus 0 \oplus 0 = 0$
01	1	011	$0 \oplus 1 \oplus 1 = 0$
10	1	101	$1 \oplus 0 \oplus 1 = 0$
11	0	110	$1 \oplus 1 \oplus 0 = 0$

可见抗干扰码组的每一码组是由信息码元数 k，监督码元数 r 组成，码组总码元数为 $n = k + r$。

目前纠错码编码方法是按一定规律在信源信息码元序列中插入多余性码元，这些码元称为监督码。

3．线性分组码

（1）线性分组码组成。

前面讲过，在原来的信息码元之后添加监督码元，可以检错、纠错，成为抗干扰编码。现在来一般化，数据序列以信息码元 k 位为一组，在它们后面添加 r 位监督码元，使总的码组长度为 n：

$$n=k+r \tag{3-1}$$

其中 k——信息码；r——监督码；n 为长度（码长）。

所谓（n，k）码，就是这种码。至于添加什么样的 r 位监督码元，完全由 k 位信息码元根据一定的关系决定。这样，每一码组中 r 位监督码监督本组中任一位码元有无差错，也就是说，每一码组各自进行监督，与其他码组无关。因为有这种分组独立监督作用，它们称为“分组码”。

由上可见，对于长度 n 的码组，需要辨别 $n+1$ 个差错处（其中一处是无错），也就是需要 r 位监督码元提供 2^r 种不同组合，每一组合对应一个差错处（和一处无错），即：

$$2^r=n+1=k+r+1 \tag{3-2}$$

现在 $k=4$，求得 $2^r=5+r$，即 $r=3$，$n=7$，编为（7，4）码。如 $k=11$，求得 $2^r=12+r$，即 $r=4$，$n=15$ 编为（15，11）码。

（2）监督关系如何得出。

（n、k）码，无论信息位为多少，若监督位仅有一位，要使码组无差错，码组中“1”的数目为偶数，这样其码组的模2加为零，即：

$$a_{n-1}\oplus a_{n-2}\oplus\cdots\oplus a_0=0 \tag{3-3}$$

这种码能检测出奇数个错码。添加监督码的规则是使码组的模2加为零，所以也称偶数监督码。

按（3-3）式在接收解码时，实际上在计算：

$$S=a_{n-1}\oplus a_{n-2}\oplus\cdots\oplus a_0 \tag{3-4}$$

$S=0$，无错；$S=1$，有错。（3-4）式称为监督关系式，它只能检测出奇数个错码，只能代表有错和无错两种信息，而不能指出错码位置。

如果监督码位增加一位，变成二位，则能增加一个类似（3-4）式的监督关系式。S_1S_2 可能值有：00，01，10，11。故代表四种不同信息，一种表示无错，其余3种可用来指示一位错码3种不同位置。同理，r 个监督关系式能指示一位错码的 (2^r-1) 个可能位置。一般来说，按 $n=k+r$，若希望用 r 个监督位构造出 r 个监督关系式来指示一位错码的几种可能位置，则要求：

$$2^r-1\geqslant n\text{或}2^r\geqslant k+r+1 \tag{3-5}$$

例 3-1　设（n、k）码，$k=4$，为能纠正一位错码，按（3-5）式，$r\geqslant 3$ 取 $r=3$，则 $n=4+3=7$，$(n、k)=(7,4)$。

用 S_1、S_2、S_3 表示三个监督关系式，则 S_1、S_2、S_3 的值与错码位置的对应关系可以规定如表3-3（自然也可规定成另一种对应关系，这不影响讨论的一般性）。

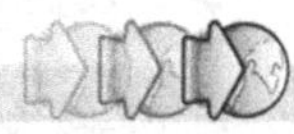

表 3-3　　S_1、S_2、S_3 的值与错码位置的对应关系

$S_1S_2S_3$	错码位置
001	a_0
010	a_1
100	a_2
011	a_3
101	a_4
110	a_5
111	a_6
000	无错

按表 3-3 规定可见，一位错码位置在 a_2、a_4、a_5、a_6 时，S_1 为 1，否则 S_1 为 0；这就意味着 a_2、a_4、a_5、a_6 四个码元构成偶数监督关系

$$S_1 = a_6 \oplus a_5 \oplus a_4 \oplus a_2 \tag{3-6}$$

同理，a_1，a_3，a_5，a_6 构成偶数监督关系

$$S_2 = a_6 \oplus a_5 \oplus a_3 \oplus a_1 \tag{3-7}$$

以及

$$S_3 = a_6 \oplus a_4 \oplus a_3 \oplus a_0 \tag{3-8}$$

发端编码时，$a_6a_5a_4a_3$ 值决定于输入信号，是随机的。a_0 a_1 a_2 根据信息码的取值按监督关系决定，即使三式中 S_1、S_2、S_3 的值为零（编成码组中应无错码）。

$$\begin{cases} a_6 \oplus a_5 \oplus a_4 \oplus a_2 = 0 \\ a_6 \oplus a_5 \oplus a_3 \oplus a_1 = 0 \\ a_6 \oplus a_4 \oplus a_3 \oplus a_0 = 0 \end{cases} \tag{3-9}$$

经移项运算解出监督码

$$\begin{aligned} a_2 &= a_6 \oplus a_5 \oplus a_4 \\ a_1 &= a_6 \oplus a_5 \oplus a_3 \\ a_0 &= a_6 \oplus a_4 \oplus a_3 \end{aligned} \tag{3-10}$$

按上式（3-10）由已知信息码求监督码，计算结果如表 3-4 所示。

表 3-4　　由已知信息码求监督码

信息码 $a_6a_5a_4a_3$	监督码 $a_2a_1a_0$	信息码 $a_6a_5a_4a_3$	监督码 $a_2a_1a_0$
0000	000	1000	111
0001	011	1001	100
0010	101	1010	010
0011	110	1011	001
0100	110	1100	001
0101	101	1101	010
0110	011	1110	100
0111	000	1111	111

接收端收到每个码组后先按式（3-6）～式（3-8）计算出 S_1、S_2、S_3，再按表 3-3 判断错码情况。例如，接收码组为 0000011（$a_6a_5a_4a_3\ a_2a_1a_0$），计算出 $S_1S_2S_3$ 为（011），查表 3-3 知在 a_3 位有错码。

$$\begin{aligned} S_1 &= 0\oplus0\oplus0\oplus0=0 \\ S_2 &= 0\oplus0\oplus0\oplus1=1 \\ S_3 &= 0\oplus0\oplus0\oplus1=1 \end{aligned} \tag{3-11}$$

4．卷积码

它把信息码和监督码元间隔排列，也称连环码。例如，（2，1）卷积码，信息码元为 $a_0a_1a_2a_3\cdots$，则在每一位信息码元之后加入一位监督码元 $C_0C_1C_2C_3\cdots$，编成卷积码为 $a_0C_0a_1C_1a_2C_2a_3C_3\cdots$

卷积码特点：每一监督码元不仅监督它邻近码元，而且监督那些相隔较远的信息码元（而分组码只与本码组有关，与其他码组无关）。

例如，最简单的（2，1）卷积码，它的监督码元与信息码元的线性变换关系，由下列方程表达：

$$\begin{aligned} C_1 &= a_0\oplus a_1 \\ C_2 &= a_1\oplus a_2 \\ C_3 &= a_2\oplus a_3 \\ &\vdots \\ C_i &= a_{i-1}\oplus a_i \end{aligned} \tag{3-12}$$

可见，每一位 C_i 除了与前一位 a_i 有关外，还与前二位 a_{i-1} 有关。或者说每一位 a_i 受到后一位 C_i 和后二位 C_{i+1} 的监督。

（1）卷积码的编码

根据上述式（3-12）变换关系，得出（2，1）卷积码的编码器框图 3-8 如下。

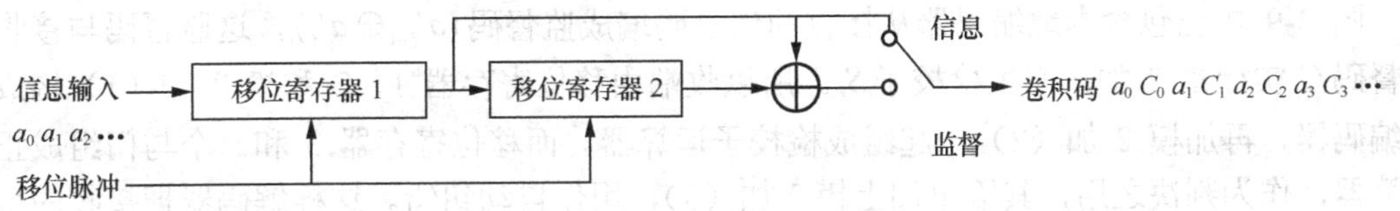

图 3-8　（2，1）卷积码的编码器框图

图 3-8 中有两级移位寄存器和一个模 2 加器。

它的工作过程是：电子开关其换接周期正好是等于一位码元时间，上半周期向上接，下半周期向下接。例如，第一位 a_0 已从第二级移位寄存器移出，而第二位 a_1 已从第一级移位寄存器移出。这时开关向上接 a_1，经开关上接输出；另一路与 a_0 进行模 2 加，按方程 $C_1=a_0\oplus a_1$，这时开关向下接，C_1 经开关输出，完成一个周期时间。

同理 a_1 从寄存器 2 出，a_2 从寄存器 1 出，这时开关上接 a_2，经开关输出，另一路与前一码元 a_1 模 2 加得 $C_2=a_1\oplus a_2$，当开关下接输出 C_2，完成第二个周期。如此下去……，发端编码器产生编码序列 $a_0C_0a_1C_1a_2C_2a_3C_3\cdots$，编成卷积码。

（2）卷积码的解码

收端收到卷积码为 $a'_0\,C'_0a'_1\,C'_1a'_2\,C_2a'_3\,C'_3\cdots$，按上监督方程，将写出校检子方程如下：

$$
\begin{aligned}
S_1 &= (a'_0 \oplus a'_1) \oplus C'_1 \\
S_2 &= (a'_1 \oplus a'_2) \oplus C'_2 \\
S_3 &= (a'_2 \oplus a'_3) \oplus C'_3 \\
&\vdots \\
S_i &= (a'_{i-1} \oplus a'_i) \oplus C'_i
\end{aligned} \tag{3-13}
$$

例如，S_1与a'_0、a'_1、C'_1有关，S_2与a'_1、a'_2、C'_2有关，其中a'_1与S_1和S_2都有关系。就是说如a'_0、a'_1、C'_1中有一位发生差错，S_1就为1，如a'_1、a'_2、C'_2有一位差错，S_2就为1。所以S_1和S_2可归纳为三种情况：第一，S_1和S_2都为0，接收无错；第二，S_1和S_2都为1，则表示a'_1肯定有错；第三，S_1和S_2只有一个为1，则表示a'_1无错，其他码元有错。

由此可见从S_1和S_2可判断a'_1有没有错，在数学上认为S_1和S_2两个方程构成a'_1的正变方程。同理S_2和S_3用来判断a'_2，S_2和S_3两个方程构成a'_2的正交方程。其他依此类推。

由此可得到（2，1）卷积码的解码器框图如图3-9所示。

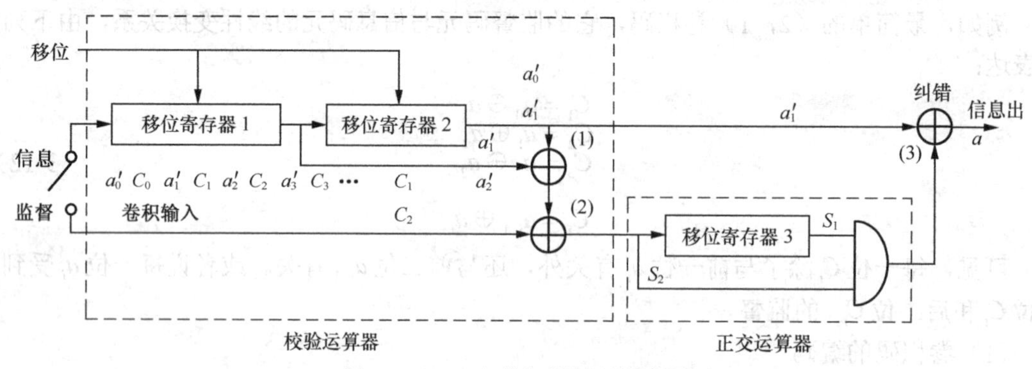

图3-9 （2，1）卷积码的解码器框图

图3-9中已包含本地编码器从接收的信息码编成监督码$(a'_{i-1} \oplus a'_i)$，这监督码与接收的监督码C_i实行模2加，产生检校子S_i。所以收端由移位寄存器1、2和模2加（1）构成本地编码器，再加模2加（2）一起组成检校子运算器。而移位寄存器3和一个与门组成正交运算器，作为判决之用，其输出加上模2加（3），用作自动纠错。这样解码器把接收的可能有差错的卷积码还原为正确的信息码序列。

解码器工作过程是：电子开关上半周上接，让信息码进入移位寄存器，a'_0先经过移位寄存器1，后经移位寄存器2移出，于是a_1从1移出，两者经模2加（1）得监督码，加到模2加（2），这时开关下半周下接，让接收的C'_1也加到模2加，产生S_1，完成一个周期。同样，开关又上接a'_1从移位寄存器2移出，a'_2从移位寄存器1移出，两者经模2加（1）得监督码，加到模2加（2），这时开关下接让接收的C'_2也加到模2加（2），产生S_2。S_1从移位寄存器3移出，S_2到达寄存器3的输入，两者都加到与门。如S_1和S_2都是1，与门通过1，加到模2加（3）。如果S_1和S_2不都是1，则与门把0加到模2加（3）。这时a'_1正好到达模2加（3），因为a'_1已发生差错，例如，a'_1由0错成1，现在正交运算器产生的1，可以把a'_1的1纠正为原来的a_1为0的状态（或把a'_1的0纠正为原来的1），得到正确信息码输出。同样，如a'_2有错，则S_2和S_3都是1，正交运算器也通过1，把它加到模2加（3），

纠正 a'_2 还原成 a_2。

由于 GSM 系统中的无线信道为变参信道，传输时误码较为严重，采用信道编码能够检出和校正接收比特流中的差错，克服无线信道的高误码缺点。信道编码的纠错和检错原理可以从下面简单的例子看出。

发	添加比特	接收比特	
0	000	0001 或 1110	纠一位错
1	111	0011 或 1100	检两位错

假定要发送的信息是一个“0”或是一个“1”。为了提高保护能力，以这样简单的方式添加 3 个比特，对于每一个比特（0 或 1），只有一个有效的编码组（0000 或 1111）。如果收到的不是 0000 或 1111，就说明传输期间出现了差错，差错的情况有三种，错一个比特、错二个比特和错三或四个比特。由上例子可见，错一个比特可以纠正；错二个比特时不能够纠正，但能够检出；错三或四个比特才发生误码。所以，这个简单的编码方式能够纠正一个差错和检出二个差错。由此例可见信道编码可以纠错和检错。信道编码后传输速率提高，占用带宽增加，可靠性增加,可靠性提高以带宽为代价。

3.3 交织编码

数字信号在传输过程中，会受到各种噪声和干扰的影响，使接收端产生错误判决，造成误码（差错）。信道中各码元是否出现差错，与其前、后码元是否差错无关，每个码元独立地按一定的概率产生差错。差错成片出现，一个差错片称为一个突发差错。突发差错总是以差错码元开头、以差错码元结尾，头尾之间并不是每个码元都错，而是码元差错概率大到超过了某个标准值。

交织编码设计思路不是为了适应信道，而是为了改造信道；它是通过交织与去交织将一个有记忆的突发信道，改造为基本上是无记忆的随机独立差错的信道，也可以简单地利用交织的方式打乱成片的突发差错，与一般的纠错编码相结合，也能达到很好的纠突发差错的效果。交织码与去交织码的原理如图 3-10 所示。

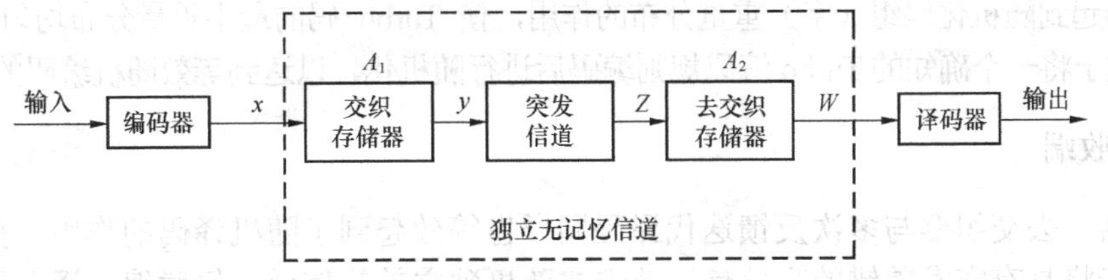

图 3-10　分组交织码的实现框图

假设发送一组信息流 $x=(x_1,x_2,x_3\ldots x_{24}x_{25})$，最简单的交织存储器是一个 $n\times m$ 的存储阵列，码流按列写入，按行读出。

$$A_1=\begin{bmatrix} x_1 & x_6 & x_{11} & x_{16} & x_{21} \\ x_2 & x_7 & x_{12} & x_{17} & x_{22} \\ x_3 & x_8 & x_{13} & x_{18} & x_{23} \\ x_4 & x_9 & x_{14} & x_{19} & x_{24} \\ x_5 & x_{10} & x_{15} & x_{20} & x_{25} \end{bmatrix} \tag{3-14}$$

交织存储器输出到突发信道的信息为

$$y=(x_1,x_6,x_{11},x_{16},x_{21},x_2,x_7,\ldots x_5,x_{10},x_{15}x_{20}x_{25}) \tag{3-15}$$

现假设信道中产生了第一个突发，产生了 5 个连续的差错，$x_1,x_6,x_{11},x_{16},x_{21}$。第二个突发产生于连错四位，$x_{13},x_{18},x_{21},x_4$。

突发信道输出信息为 z, 可表示为

$$z=(\dot{x}_1,\dot{x}_6,\dot{x}_{11},\dot{x}_{16},\dot{x}_{21},x_2,x_7,\ldots\dot{x}_8,\dot{x}_{13},\dot{x}_{18}\dot{x}_{23},x_9\cdots x_{25}) \tag{3-16}$$

进入去交织存储器后，它按行写入，按列读出。

$$A_2=\begin{bmatrix} \dot{x}_1 & \dot{x}_6 & \dot{x}_{11} & \dot{x}_{16} & \dot{x}_{21} \\ x_2 & x_7 & x_{12} & x_{17} & x_{22} \\ x_3 & x_8 & \dot{x}_{13} & \dot{x}_{18} & \dot{x}_{23} \\ \dot{x}_4 & x_9 & x_{14} & x_{19} & x_{24} \\ x_5 & x_{10} & x_{15} & x_{20} & x_{25} \end{bmatrix} \tag{3-17}$$

去交织存储器输出为

$$w=(\dot{x}_1,x_2,x_3,\dot{x}_4,x_5,\dot{x}_6,x_7,x_8,x_9,x_{10},\dot{x}_{11},x_{12},\dot{x}_{13},x_{14},x_{15},\dot{x}_{16},x_{17},\dot{x}_{18},x_{19},x_{20},\dot{x}_{21},x_{22},\dot{x}_{23},x_{24},x_{25}) \tag{3-18}$$

由上述分析可见，经过交织存储器与去交织存储器变换后，原来信道中突发 5 位连错和突发 4 位连错，变成了 w 中的随机性的独立差错。

3.4 其他信道编码

3.4.1 Turbo 码的基本原理

1．发送端

交织器起到随机化码组（字）重量分布的作用，使 Turbo 码的最小重量分布均匀化并达到最大。它等效于将一个确知的 Turbo 编码规则编码后进行随机化，以达到等效随机编码的作用。

2．接收端

交织器、去交织器与多次反馈迭代译码同样也等效起到了随机译码的作用。另外，交织器还同时能将具有突发差错的衰落信道改造成随机独立差错信道。级联编、译码能起到利用短码构造长码的作用，再加上交织器的随机化作用，使级联码也具有随机性，从而可以克服确定性的固定式级联码的渐进性能差的缺点。并行级联码采用最优的多次迭代软输入的最大后验概率 BCJR 算法，从而大大地改善了译码的性能，使其性能非常优异，并逐步逼近了理想 Shannon 随机编、译码限。

3．Turbo 码的编译码器结构

（1）Turbo 码编码器。

编码器有 3 个基本组成部分：直接输入；经过编码器 1 送入开关单元；输入数据经过交

织器后再通过编码器 2 送入开关单元。以上三者可以看作并行级联，因此，Turbo 码从原理上可看做并行级联码。图 3-11 为 Turbo 码编码原理图。

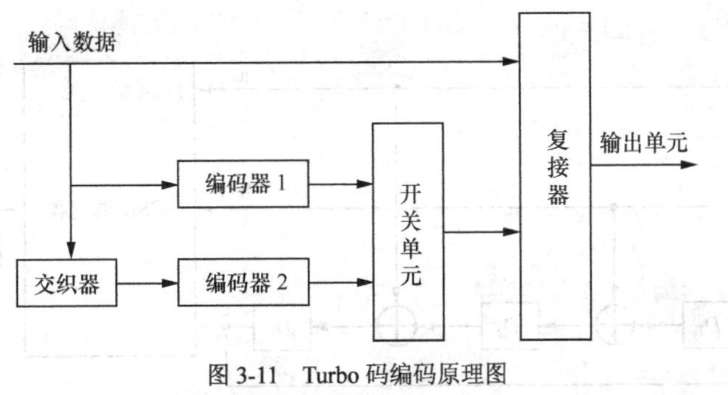

图 3-11　Turbo 码编码原理图

两个编码器分别称为 Turbo 码的二维分量（单元组成）码，从原理上看，它可以很自然地推广到多维分量码。

各个分量码既可以是卷积码也可以是分组码，还可以是串行级联码；两个或多个分量码既可以相同，也可以不同；为了进行有效的迭代，已证明分量码必须选用递归的系统码。

输入的数据比特流直接输入到编码器 1，同时也把这数据流经过交织器重新排列次序后输入到编码器 2。由这两组编码器产生的奇偶校验比特，连同输入的信息比特组成 Turbo 码编码器的输出，其编码率为 1/3。

（2）Turbo 码的译码器。

由上述 Turbo 码译码器的原理框图 3-12 可以看出，这类并行级联卷积码的译码具有反馈式迭代结构，它类似于涡轮机原理，故命名为 Turbo 码。

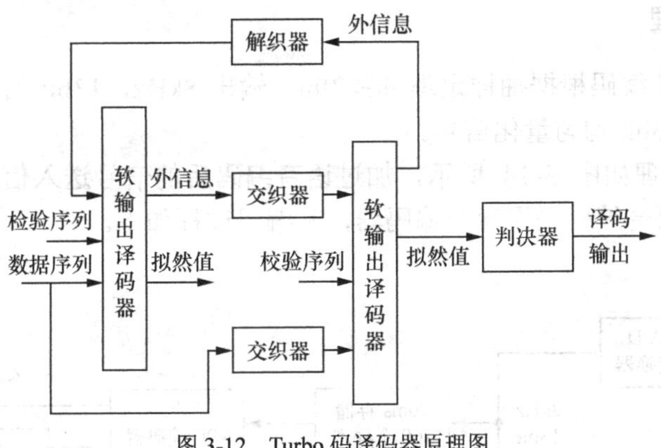

图 3-12　Turbo 码译码器原理图

3.4.2　网格编码调制

网格编码调制（TCM）技术是通过把有限状态编码器和有冗余度的多进制调制器结合起来，可在不扩展占用带宽的前提下获得可观的编码增益，如图 3-13 所示。

采用 R = 2/3 卷积码和 8PSK 调制结合，未编码流为 2 比特（a,b）本来可以采用 4 个状态的 4PSK 信号来传送，现经过 R = 2/3 卷积码编码后增加一个比特，变成 3 比特（a,b,c），

采用具有 8 个状态的 8PSK 来传送。由此可见，编码后增加的冗余度不是通过提高码元速率实现的，而是通过扩展信号空间的状态数实现的，这样就可以在保持占有带宽不变的情况下获得编码增益。

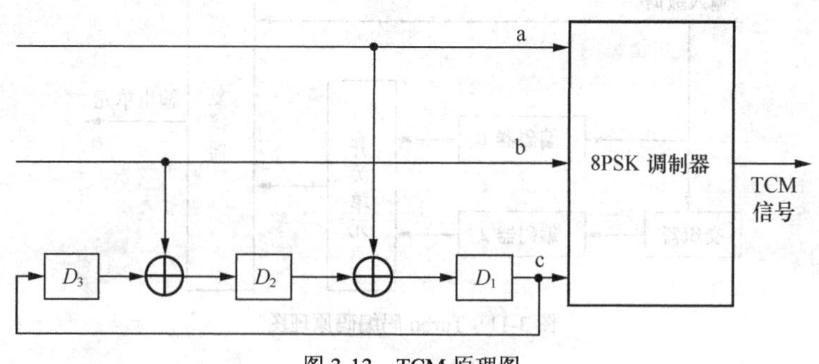

图 3-13　TCM 原理图

3.5　GSM 的语音编码、信道编码和交织编码

3.5.1　GSM 语音编码

1．语音编码器类型

三种类型：波形编码、参量编码和混合编码。GSM 系统采用混合编码方式——规则脉冲激励长期线性预测（RPE-LTP）。

2．语音信号处理

在 MS 中，PCM 编码根据抽样定理 fs≥2fm，输出 8kHz，13bit 信号。在 BTS 中，8bit 的 A 律量化转变为 13bit 均匀量化信号。

语音编码部分原理如图 3-14 所示，加过语音编码后的信号送入信道编码部分进行前向纠错处理。GSM 中语音编码采用混合编码器，其编码过程如下。

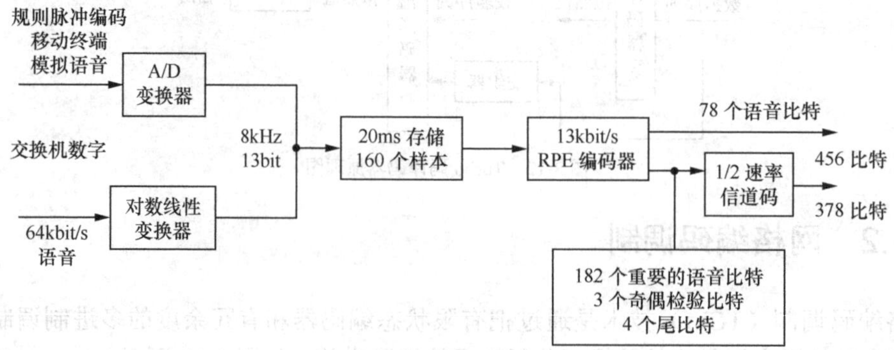

图 3-14　GSM 中语音编码

其编码过程为：先对 64kbit/s 的数字语音进行分段，每段 20ms，然后再进行混合编

码，每 20ms 的语音编成 260 个比特，即比特速率为 260bit/20ms = 13kbit/s，这样每路语音的比特速率从 64kbit/s 降至 13kbit/s，如图 3-15 所示。

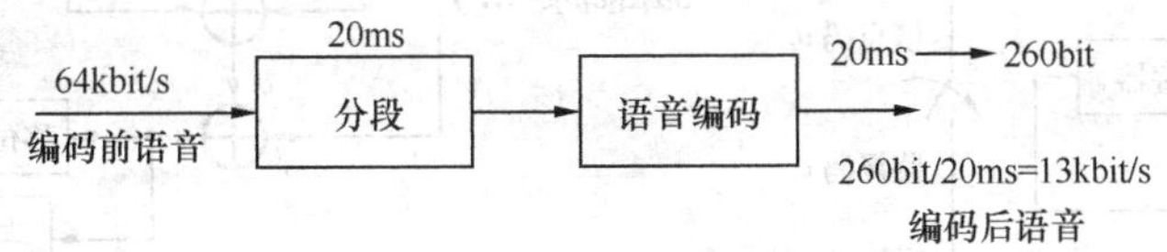

图 3-15 GSM 中语音混合编码过程

RPE-LTP 语音编码过程如图 3-16 所示。

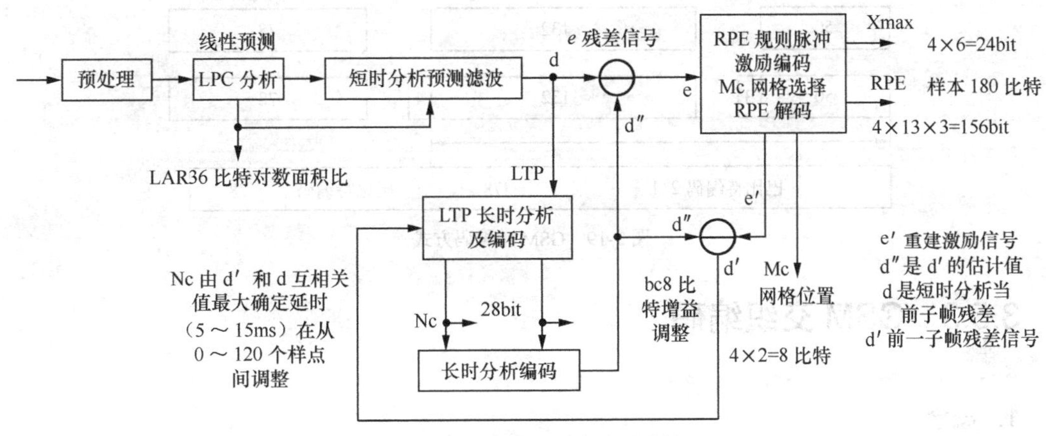

图 3-16 RPE-LTP 语音编码过程

RPE-LTP 语音编码过程：数模变换；预处理；线性预测编码分析；短时分析滤波；长期预测 LTP；规则脉冲激励编码 RPE。

语音编码包括以下参数编码的组合：LPC 参数 LAR（36bit），网格位置（8bit），长期预测系数（8bit），长期预测时延（28bit），规则脉冲激励编码（180bit），因此每 20ms 中 160 样本编码后共 260bit，语音编码器以 13kbit/s 的速率把信号传给信道编码部分。

3.5.2 GSM 信道编码

在 GSM 系统中，信道编码采用了卷积编码和分组编码两种编码方式。卷积编码具有纠错的功能，分组编码具有检错的功能。同时由于编码时要添加比特，而使语音信号的比特速率升高，所以不能对全部的语音比特进行编码，而是只对部分重要的比特进行编码。

GSM 采用（2:1）卷积码，其码率为 1/2，它的监督位只有一位，比较简单，约束长度为 2（分组）的编码器，可在 4bit 范围内纠正一个差错，GSM 中的信道编解码电路如图 3-17、图 3-18 所示。

在 GSM 中，把话音编码产生的 260 比特分成 50 个最重要比特，132 个重要比特，78 个不重要比特，对 50 个比特先添加 3 个奇偶检验比特（分组编码），再与 132 比特和 4 个尾比特一起卷积编码，比率为 1:2，形成 378 个比特。另外 78 个不重要比特不予保护，如图 3-19 所示。

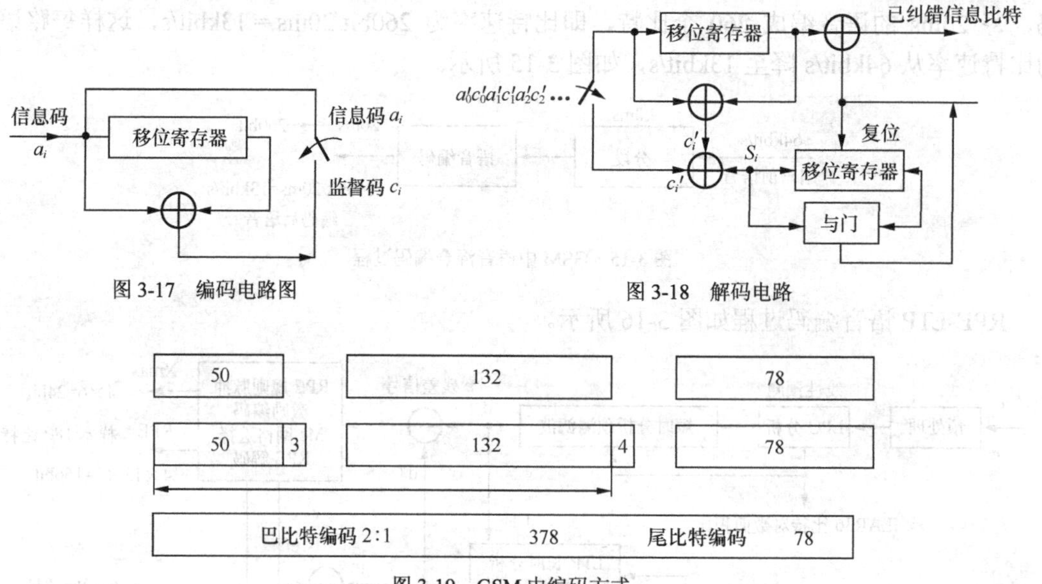

图 3-17 编码电路图

图 3-18 解码电路

图 3-19 GSM 中编码方式

3.5.3 GSM 交织编码

1. 概念

把信道编码输出的编码信息编成交错码，使突发差错比特分散，再利用信道编码得到纠正。

2. 作用

用于降低传输中的突发差错，在实际应用中比特差错经常成串发生。这是由于持续时间较长的衰落谷点会影响到几个连续的比特。而信道编码仅在检测和纠正单个差错和不太长的差错串时才是最有效的。采用交织技术，即是将码流以非连续的方式发送出去，使成串的比特差错能够被间隔开来，再由信道编码进行纠错和检错。其过程如图 3-20 所示。

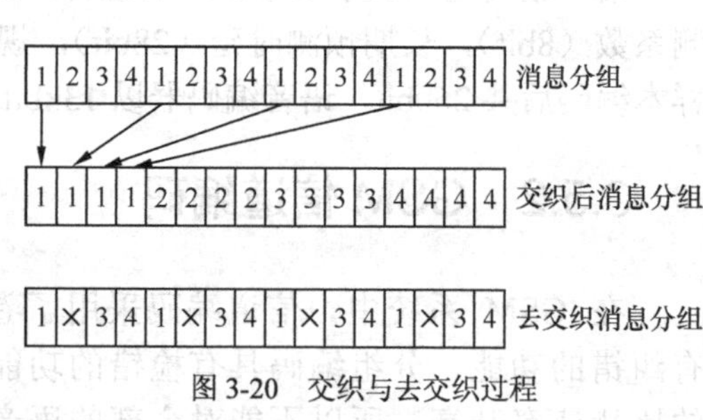

图 3-20 交织与去交织过程

3. 交织方法

在 GSM 系统中，语音编码后，每 20ms 有 260bit，经信道编码得到 456bit。设某个用户进行通话，每 20ms 产生一个 456bit 的语音帧，发送时按非连续的方式发码，即对它们做交织处理，其发码规律如图 3-21 所示，这个比特的处理过程称为第一次交织。第一次交织是在 20ms 的语音中进行的。

根据上述的交织原理，把 456 个比特分成 8 组即 8 帧，每帧 57 个比特，在 8 个 TDMA 帧发送。

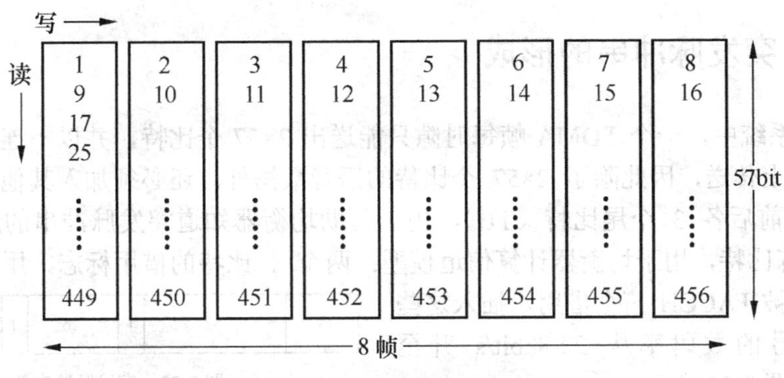

图 3-21　第一次交织示意图

每帧第一次交织后形成 8 组，每组 57 个比特，如果有连续两帧的 2×57 个比特是取自同一语音帧并插入同一突发脉串，那么由于衰落造成突发脉冲串的损失就较严重。该突发脉冲串如果丧失将会导致总共丧失 25%的比特，而信道编码难以对付丢失这么多的比特，所以必须在两个语音帧间再来一次交织。若同一普通突发脉冲序列填入不同语音帧信息，可降低收端出现连续差错比特的可能性，即通过二次交织可降低由于突发干扰引起的损失。重排和交织过程如图 3-22 所示。

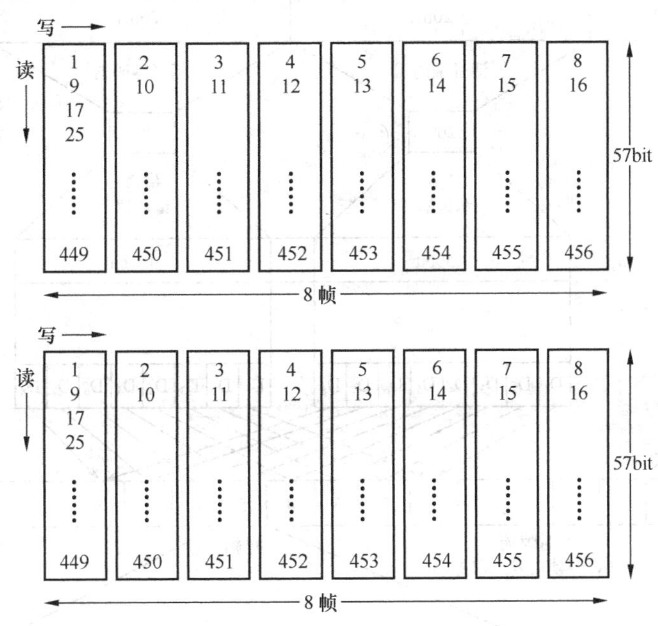

图 3-22　第二次交织示意图

二次交织在相邻的两个 20ms 语音间进行，即对 40ms 语音信息进行交织。把 40ms 的输出共 $2 \times 456 = 912$bit 组成 8×114 的矩阵，横向写入交织矩阵，然后纵向读出，即可取出 8 帧，每帧为 114 比特的数据流。如图所示利用交织可把一条消息中相继比特隔开，将它们以非相继的方式发送，从而使成串的差错化为较短的差错串。

二次交织将增加系统的时延，但却能经得住丧失整个突发脉串的打击。因为丧失一个脉冲串只影响每个语音帧比特数的 12.5%，而这是能通过信道编码加以纠正的。

3.5.4 突发脉冲串的形成

在 GSM 系统中，一个 TDMA 帧每时隙只能送出 2×57 个比特，并以不连续的脉冲串形式在无线信道上传送，因此除了 2×57 个比特的语音数据外，还必须加入其他的一些比特，这些比特包括前后各 3 个尾比特（TB），用于帮助均衡器知道突发脉冲串的起始位和停止位；26 个训练比特，用于均衡器计算信道模型；两个 1 比特的借用标志，用于表示此突发脉冲序列是否被 FACCH 信令借用。插入这些比特后，信号的数码率从 22.8kbit/s 升至 33.8kbit/s，如图 3-23 所示。

3	57	1	26	1	57	1

图 3-23　突发脉冲串的形成

3.5.5 GSM 编码过程归纳

GSM 中的编码过程经过 A/D、分段、RPE/LTP、信道编码、交织，信息经交织编码形成 8 帧，每帧 114bit，将 114bit 分成两段，填入普通突发脉冲序列。每个突发脉冲序列 156.25bit，占时 577μs，如图 3-24 所示。

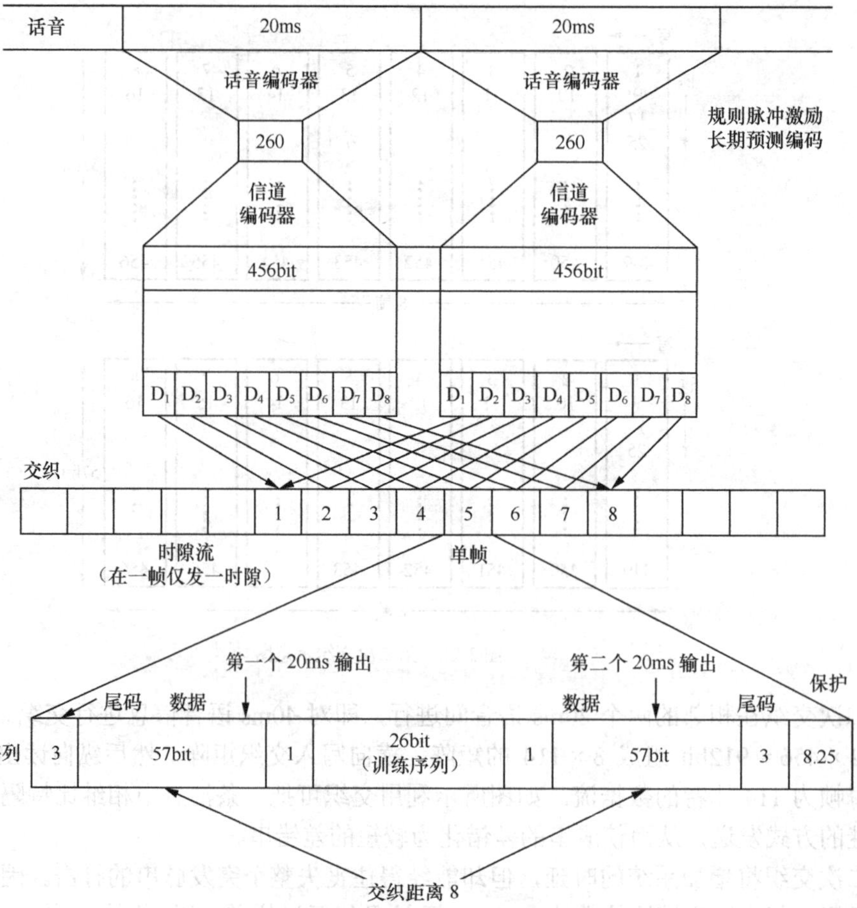

图 3-24　GSM 中的编码过程

3.5.6　GSM 分级帧结构

信道编码的信息经交织编码形成 8 帧，每帧 114bit，将分成两段填入普通突发脉冲序列，再构成帧、复帧、超帧、超高帧的分级帧结构，如图 3-25 所示。每个突发脉冲序列共 156.25bit，占时 577μs，在一个时隙中发送。8 个时隙组成一个 4.62ms 的 TDMA 帧。26 个话音 TDMA 帧组成一个持续时间为 120ms 的复帧。120ms 的 26 帧中，有 24 个用户信息帧，2 个帧传送系统的控制信息，每帧占时 4.62ms（而在控制信道中 51 个帧组成一个复帧）。51 个 26 帧的复帧（或 26 个 51 帧的复帧）构成一个超帧；2048 个超帧组成一个超高帧，总计 2715648 个 TDMA 帧，占时 3 小时 28 分 53.7 秒（2048 个超帧组成一个超高帧，总计 2715648 个 TDMA 帧，占时 3 小时 28 分 53.7 秒）。

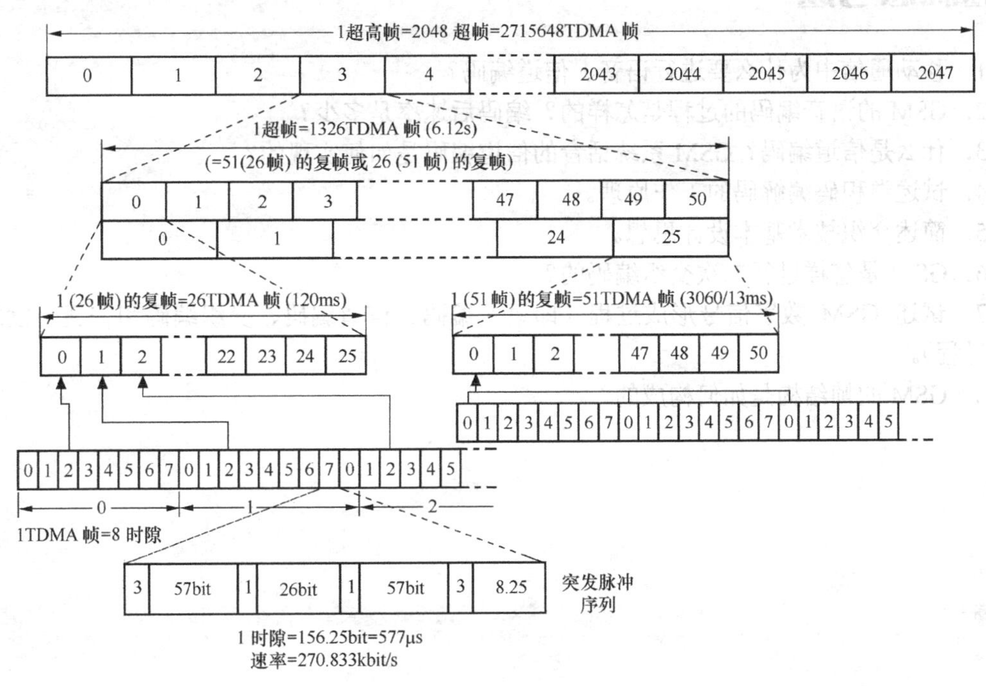

图 3-25　分级帧结构

本章小结

语音编码、信道编码和交织编码是通信数字化的重要技术领域。在移动通信数字化中，模拟语音信号的数字化，可提高频带利用率和信道容量。

本章简介语音编码有三种编码技术：波形编码、声源编码（参量编码）和混合编码的基本概念。

对信道编码又介绍了线性分组码、卷积码及其编解码原理等，还有新兴的 Turbo 码、网格编码调制（TCM）。

当差错成片出现时，如何可以将其分离错开，交织编码设计思路不是为了适应信道而是改造信道。

最后介绍了 GSM 的语音编码、信道编码和交织编码应用。语音编码包括以下参数编码的组合：LPC 参数 LAR（36bit），网格位置（8bit），长期预测系数（8bit），长期预测时延（28bit），规则脉冲激励编码（180bit），因此每 20ms 中 160 样本编码后共 260bit，语音编码器以 13kbit/s 的速率把信号传给信道编码部分。每帧第一次交织后形成 8 组，每组 57 个比特，如果有连续两帧的 2 × 57 个比特是取自同一语音帧并插入同一突发脉串，那么由于衰落造成突发 脉冲串的损失就较严重。二次交织在相邻的两个 20ms 语音间进行，即对 40ms 语音信息进行交织。把 40ms 的输出共 2 × 456 = 912bit 组成 8 × 114 的矩阵，横向写入交织矩阵，然后纵向读出，即可取出 8 帧，每帧为 114 比特的数据流。再之每帧 114bit, 将分成两段填入普通突发脉冲序列，再构成帧、复帧、超帧、超高帧的分级帧结构。

习题和思考题

1．移动通信中为什么要进行语音、信道编码？

2．GSM 的语音编码的过程是怎样的？编码后速率是多少？

3．什么是信道编码？GSM 系统话音的信道编码是如何实现的？

4．试述卷积码编解码的工作原理。

5．简述交织技术基本设计思想。

6．GSM 是怎样进行二次交织编码的？

7．试述 GSM 数字信号形成过程（即语音编码、信道编码、交织编码和普通突发脉冲序列过程）。

8．GSM 的帧结构是如何构成的？

第4章 GSM系统基础

4.1 GSM系统概述

欧洲电信管理部门（CEPT）于 1982 年成立了一个被称为 GSM（移动特别小组）的专题小组，开始制定适用于泛欧各国的一种数字移动通信系统的技术规范。

在 GSM 标准中，未对硬件进行规定，只对功能和接口等进行了详细规定，便于不同公司产品的互联互通。它包括 GSM900 和 DCS1800 两个并行的系统。这两个系统功能相同，其差别只是工作频段不同。两个系统均采用 TDMA 接入方式。

GSM 数字蜂窝移动通信系统（简称 GSM 系统）是完全依据欧洲通信标准委员会（ETSI）制定的 GSM 技术规范研制成的，任何一家厂商提供的 GSM 数字蜂窝移动通信系统都必须符合 GSM 技术规范。

GSM 系统作为一种开放式结构和面向未来设计的系统，是由几个分系统组成的，并且可与各种公用通信网（如 PSTN、ISDN、PDN 等）互联互通，各分系统之间或各分系统与各种公用通信网之间都明确和详细定义了标准化接口规范，保证任何厂商提供的 GSM 系统或子系统能互联。GSM 系统抗干扰能力强，覆盖区域内的通信质量高。GSM 系统终端设备（手持机和车载机），随着大规模集成电路技术的进一步发展，移动机将向更小型、更轻巧和增强功能趋势发展。

CME20 系统是爱立信的 GSM 系统产品（包括 GSM900 和 DCS1800 标准）。用于 GSM 的 CME20 系统是在 AXE10 交换机基础上开发设计的，主要用来实现全双工的移动电话业务和各种数据业务。

4.1.1 GSM系统的技术特点

GSM 系统具有以下技术特点。

（1）采用 AXE-10 交换系统的技术。GSM 系统实际上是 AXE 的一个应用系统，是通过在 AXE-10 交换机基础上增加和减少相应的子系统、功能块来实现的，这样做的好处是移动通信系统可共享 AXE 技术的成熟和进步。

（2）采用 TDMA 时分多址技术。可使不同的移动台分时占用同一频率来实现同时通话，目前可以做到 8 个用户同时使用同一频率。采用 TDMA 方式，基站设备中的多个信道可共用一套收发信机，有利于降低成本，增加系统配置的灵活性。

（3）采用高斯滤波最小移频键控频率调制技术（GMSK）。数字调制是用基带数字信号，改变高频载波信号的某一参数来传递数字信号的过程。使用 GMSK 方式的优点是避开了线性要求，使用非线性功率放大器可降低移动台的成本。

（4）语音编码方面采用了波形编码和声源编码相结合的混合编码技术，速率可低于16kbit/s。

（5）保密方面采用加密和用户身份鉴别的识别数字化处理技术，安全、保密性能好。

（6）将数据库从交换机中分离，便于对用户的移动性和安全性进行管理。

（7）将终端设备与用户识别分离，采用SIM卡，为将来实现个人通信打下良好的基础。

（8）电话业务和非话业务并重，能够与DDN和ISDN网相兼容。

GSM系统与模拟系统（TACS）比较如表4-1所示。

表4-1　GSM系统与TACS系统的比较表

制　式 / 比较内容	TACS系统	GSM系统
段	900MHz	900MHz
频率利用率	低	高
容量	较 小	较 大
覆盖范围	制式多、互不兼容	制式统一
漫游功能	限于某一区域内	可全球漫游
保密性	有限	较强
安全性	差	好
业务种类	少，基本仅用于电话	多，可与ISDN兼容
配合个人通信	差	好

4.1.2 GSM系统的构成

GSM 数字蜂窝通信系统的主要组成部分可分为移动台、基站子系统和交换子系统，如图4-1所示。

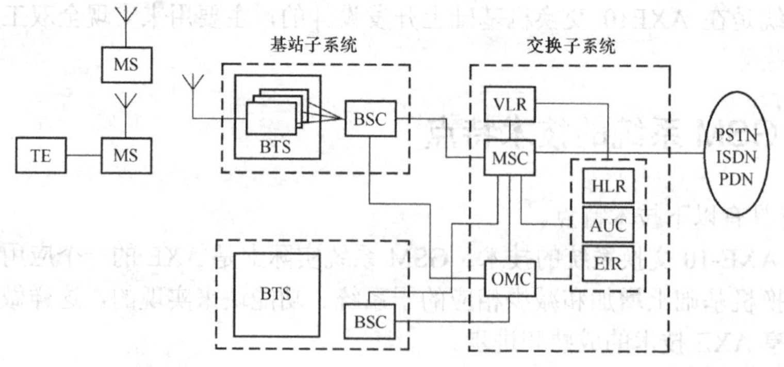

图4-1　GSM数字蜂窝通信系统的网络结构

1. 移动台（MS）

是公用 GSM 移动通信系统中用户使用的设备，也是用户能够直接接触的整个 GSM 系

统中的唯一设备。根据应用与服务情况，移动台可以是单独的移动终端（MT）、手持机、车载机，或者是由移动终端（MT）直接与终端设备（TE）传真机相连接而构成，或者是由移动终端（MT）通过相关终端适配器（TA）与终端设备（TE）相连接而构成。

移动台另外一个重要的组成部分是用户识别模块（SIM），它基本上是一张符合 ISO 标准的“智慧”卡，它包含所有与用户有关的被储存在用户无线接口一边的信息，其中也包括鉴权和加密信息，使用 GSM 标准的移动台都需要插入 SIM 卡，只有当处理异常的紧急呼叫时，可以在不用 SIM 卡的情况下操作移动台。用户的移动台包括两部分，SIM 卡和 MS。SIM 卡寄存用户的鉴约信息，与 HLR 中的鉴约信息相同。没有 SIM 卡，MS 不能接入 GSM 网络，但是当用于紧急业务时除外。ME 是用户设备（即话机，也可以使用另一个话机），这样为防失窃，系统配置了 EIR。用户权与用户设备是分开的，用户设备只是一台有权收发信机。

2．基站子系统（Base Station System ,BSS）

基站子系统是由基站收发信台（BTS）和基站控制器（BSC）这两部分功能实体构成。它通过无线接口直接与移动台相接，负责无线发送、接收和无线资源管理，如图 4-2 所示。另一方面，基站子系统与网络子系统（NSS）中的移动业务交换中心（MSC）相连，实现移动用户之间或移动用户与固定网络用户之间的通信连接，传送系统信号和用户信息等。

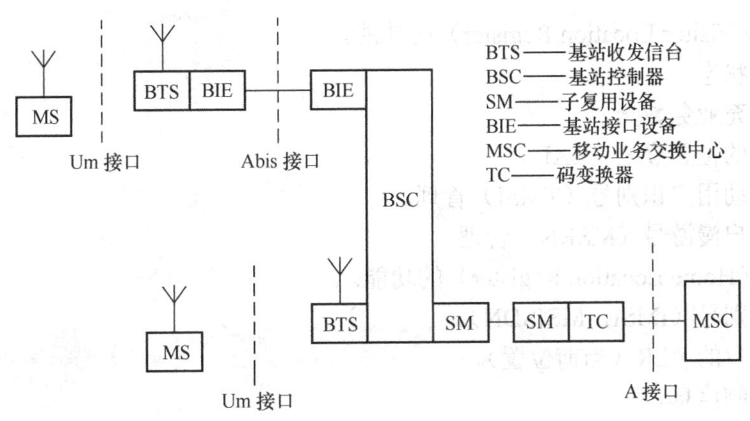

图 4-2　一种典型 BSS 组成方式

（1）基站收发信台（Base Transceiver Station , BTS）。

BTS 属于基站子系统的无线部分，由基站控制器（BSC）控制，服务于某个小区的无线收发设备，完成 BSC 与无线信道之间的转换，实现 BTS 与移动台（MS）之间通过空中接口的无线传输及相关的控制功能，BTS 包含天线系统、无线频率功率放大器、所有的数字信号处理设备，主要分为基带单元、载频单元、控制单元三大部分。

（2）基站控制器（Base Station Controller, BSC）。

基站控制器（BSC）是基站子系统（BSS）的控制部分，起着 BSS 的变换设备的作用，即承担各种接口及无线资源和无线参数管理的任务。

BSC 主要由下列部分构成。

① 朝向与 MSC 相接的 A 接口或与码变换器相接的 Ater 接口的数字中继控制部分；

② 朝向与BTS相接的A-bis接口或BS接口的BTS控制部分；

③ 公共处理部分，包括与操作维护中心相接的接口控制。

3．交换子系统（NSS）

其主要包含GSM系统的交换功能和用户数据与移动性管理、安全性管理所需的数据库功能。它对GSM移动用户之间的通信和GSM移动用户与其他通信网用户之间的通信起着管理作用。是整个移动网的控制中心，与公网中的电话交换设备功能类似，具有话务控制、号码分析、计费、呼叫统计等功能，另外它还具有实现数据业务的功能。交换子系统包括下列功能单元：移动交换中心（MSC），操作维护中心（OMC）以及原籍位置寄存器（HLR）、访问位置寄存器（VLR）、鉴权中心（AUC）和设备标志寄存器（EIR）等组成。

（1）MSC功能与作用。

MSC是交换的核心，一个MSC控制多个基站控制器（BSC），它控制移动用户至PSTN、ISDN、PLMN、公用数据网的呼叫。移动汇接和网络入口功能都由MSC来实现。

① 呼叫处理：呼叫建立、连接与清除；切换过程；移动性管理；位置更新过程；用户身份识别。从HLR、VLR、AUC中获取位置登记和呼叫请求所需的数据。

② 操作与维护：数据库管理；测量；人机接口（MMI）。

③ 网间互通。

④ 计费。

（2）VLR（Visitor Location Register）的功能。

① 移动台状态。

② 部分补充业务数据。

③ 移动台的位置登记（LAI）。

④ 临时移动用户识别号（TMSI）管理。

⑤ 移动用户漫游号（MSRN）管理。

（3）HLR（Home Location Register）的功能。

① 用户识别号（IMSI，MSISDN）。

② 当前用户的VLR（当前位置）。

③ 业务限制信息。

④ 用户申请的补充业务。

⑤ 补充业务信息（如当前转移的电话号码）。

⑥ 用户状态（registered/deregistered）。

（4）鉴权中心（AUC）功能与作用。

GSM系统采取了特别的通信安全措施，包括对移动用户鉴权，对无线链路上的话音、数据和信令信息进行保密等。鉴权中心存储着鉴权信息和加密密钥，用来防止无权用户接入系统和保证无线通信安全。

① 属于HLR的一个功能单元。

② 用于GSM系统的安全性管理，对无线接口上的话音、数据和信号信息进行保密，防止无权用户接入系统，并保证通过无线接口的移动用户信息的安全。

③ 存储信息：存储鉴权信息、加密密钥-Ki和RAND；完成A3,A8算法。

（5）移动设备识别寄存器 （Equipment Identity Register，EIR）功能与作用。

移动设备识别寄存器（EIR）存储着移动设备的国际移动设备识别码（IMEI），通过核查白色、黑色和灰色三种清单，运营部门就可判断出移动设备是属于准许使用的，还是失窃而不准使用的，还是由于技术故障或误操作而危及网络正常运行的移动台（MS）设备，以确保网络内所使用的移动设备的唯一性和安全性。

① 存储移动设备分类表（IMEI）。

② 白名单：包含所有经注册登记的合法移动设备。

③ 黑名单：所有被禁止使用的移动设备，包含所有要跟踪的移动设备。

IMEI 查询流程为：呼叫建立；在 EIR 查询 IMEI；请求 IMEI 传送；查询结果送 MSC。

（6）操作支援系统（OSS）。

在 GSM 建议中称为 OMC，用于整个系统的集中操作监控与维护，其功能如下。

① 网络的监视和操作，如告警及处理。

② 无线规划，如增加蜂窝小区及载频。

③ 交换系统的管理，如软件和数据的修改。

④ 性能的管理，如产生统计报告。

HLR 和 VLR：由于 MS 的移动性，因此要建立至 MS 的终接呼叫，需在网络中设置一些数据库，用来保存 MS 的位置信息。HLR 和 VLR 是与呼叫建立密切相关的两个数据库。

HLR 是管理部门用于管理移动用户呼叫资料的数据库。当一个人购买了移动台时，他将被登记在该网络的 HLR 中，HLR 与各营业点的终端相连。它储存两类数据：

一是用户信息，包括 MSISDN、IMSI、用户类别、Ki，补充业务等参数。二是用户的位置信息，该 MS 目前处于哪个 MSC/VLR 中，即 MSC/VLR 地址，如图 4-3 所示。

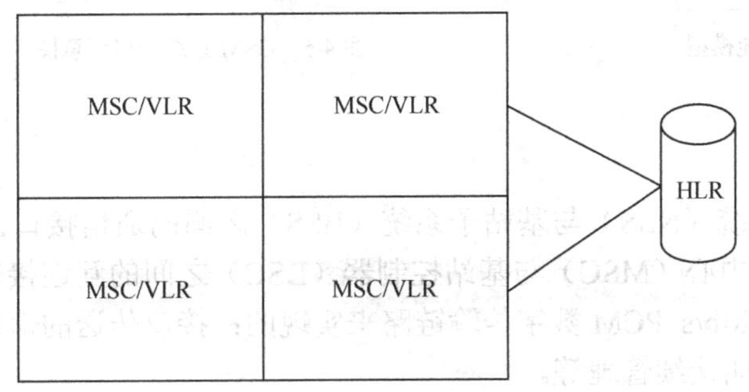

图 4-3　交换系统

VLR 用于存储所有进入本交换机服务区域用户的信息。VLR 看成是分布的 HLR，VLR 与 MSC 配对合置于一个物理实体中（因为每次呼叫，它们之间有大量的信令传递，若分开，信令链路负荷大，所以将 MSC 与 VLR 接口做成 AXE 的内部接口）。VLR 中也寄存两类信息：一是本交换区用户参数，该参数是从 HLR 中获得的；二是本交换区 MS 的 LAI。AUC 与 EIR 也是数据库，但与呼叫的建立无关。AUC 是向 HLR 提供出于安全原因而使用的鉴权参数和密钥，即三参数组。AUC 是由计算机系统（PC 或 VAX）实现的。EIR 用来检验设备的合法性，可以禁止未经批准的话机设备使用。它内存三种名单：白名单——合法设备；黑名单——非法设备；灰名单——故障设备。

GMSC 称为入口移动交换局或称门道局。它从 HLR 查询得到被叫 MS 目前的位置信息，并根据此信息选择路由。GMSC 可以是任意的 MSC，也可以单独设置。单独设置时，

不处理 MS 的呼叫，因此不需设 VLR，不与 BSC 相连。GIWU 完成传真及数据通信的格式转换与速率适配。

4.1.3 GSM 系统的接口及接口协议

GSM 系统使用的是开放系统互连模型，按功能平面分层，一层叠在一层上面。每一层向它的上一层提供服务，这些服务是对下一层提供服务的增强。在每一层中，各实体通过交换信息，协同工作以提供需要的业务。我们把这些交换规则在信息流穿过不同实体间，对口处参考点的规定，称为信令协议，如图 4-4 所示。

GSM 系统中的接口如图 4-5 所示。

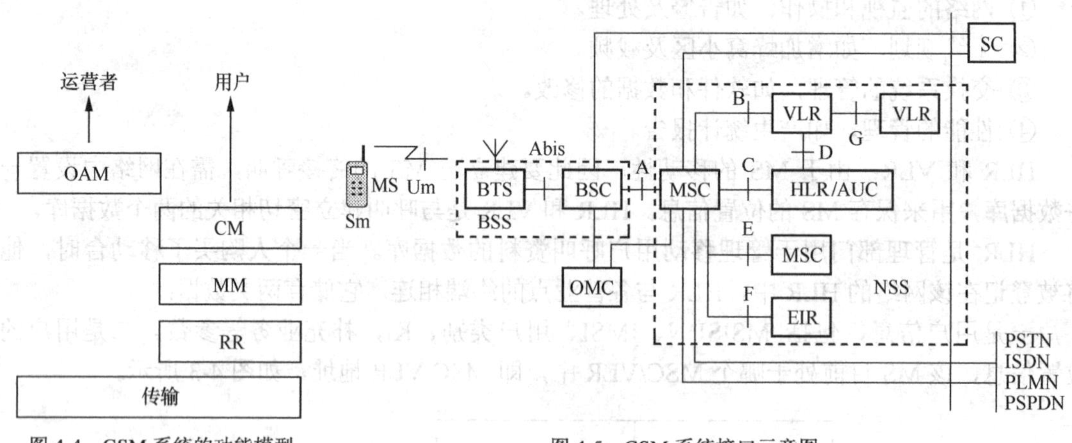

图 4-4 GSM 系统的功能模型

图 4-5 GSM 系统接口示意图

1. A 接口

定义为交换子系统（NSS）与基站子系统（BSS）之间的通信接口；从系统的功能实体而言，就是移动交换中心（MSC）与基站控制器（BSC）之间的互连接口，其物理连接是通过采用标准的 2.048 Mb/s PCM 数字传输链路来实现的；接口传送的信息包括对移动台及基站管理、移动性及呼叫接续管理等。

2. Abis 接口

Abis 接口定义为基站子系统的基站控制器（BSC）与基站收发信机（BTS）两个功能实体之间的通信接口，用于 BTS（不与 BSC 放在一处）与 BSC 之间的远端互连方式；采用标准的 2.048 Mb/s 或 64 kb/s PCM 数字传输链路来实现的；支持所有向用户提供的服务，并支持对 BTS 无线设备的控制和无线频率的分配。

3. Um 接口

Um 接口（空中接口）定义为移动台（MS）与基站收发信机（BTS）之间的无线通信接口；GSM 系统中最重要、最复杂的接口；用于移动台与 GSM 系统的固定部分之间的互通；传递的信息包括无线资源管理、移动性管理和接续管理等。

4. B 接口

B 接口定义为移动交换中心（MSC）与访问用户位置寄存器（VLR）之间的内部接口；用于 MSC 向 VLR 询问有关移动台（MS）当前位置信息或者通知 VLR 有关 MS 的位置更新信息等。

5. C 接口

C 接口定义为 MSC 与原籍用户位置寄存器（HLR）之间的接口；用于传递路由选择和管理信息。两者之间是采用标准的 2.048 Mbit/s PCM 数字传输链路实现的。

6. D 接口

D 接口定义为原籍用户位置寄存器（HLR）与访问用户位置寄存器（VLR）之间的接口；用于交换移动台位置和用户管理的信息，保证移动台在整个服务区内能建立和接受呼叫；由于 VLR 综合于 MSC 中，因此 D 接口的物理链路与 C 接口相同。

7. E 接口

E 接口相邻区域的不同移动交换中心之间的接口；用于移动台从一个 MSC 控制区到另一个 MSC 控制区时交换有关信息，以完成越区切换。

8. F 接口

F 接口定义为 MSC 与移动设备识别寄存器（EIR）之间的接口；用于交换相关的管理信息；接口的物理链接方式也是采用标准的 2.048 Mbit/s PCM 数字传输链路实现的。

9. G 接口

G 接口定义为两个访问用户位置寄存器（VLR）之间的接口，当采用临时移动用户识别码（TMSI）时，此接口用于向分配 TMSI 的 VLR 询问此移动用户的国际移动用户识别码（IMSI）的信息。

10. GSM 系统与其他公用电信网的接口

其他公用电信网主要是指公用电话网（PSTN）、综合业务数字网（ISDN）、分组交换公用数据网（PSPDN）和电路交换公用数据网（CSPDN）。GSM 系统通过移动交换中心（MSC）与公用电信网互连。

4.2 GSM 系统的无线传输方式

4.2.1 概述

GSM 系统中，有若干个小区（3 个、4 个或 7 个）构成一个区群，区群内不能使用相同频道，每个小区使用多个载频，每一频点（频道或叫载波）上可分成 8 个时隙，每一时隙为一个信道，一个频道最多可有8个移动用户同时使用。对双工载波各用一个时隙构成一个双向物理信道，900MHz这种物理信道共有124×8＝992个，1800MHz共374个频点，根据需要分配给不同的用户使用。

时分多址（TDMA）的物理信道中，帧的结构或组成是基础。8个时隙构成一个TDMA帧，帧长为4.615ms，如图4-6所示。每信道占用带宽200kHz/8＝25kHz，8个时隙构成一个TDMA帧，帧长度约为4.615 ms。每个时隙含156.25个码元，时隙宽为0.577ms。

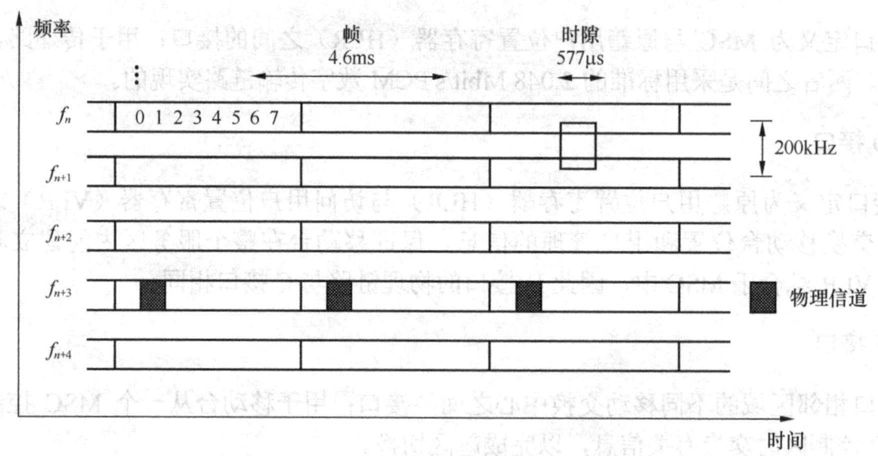

图4-6　TDMA/FDMA接入方式

移动台在特定的频率上和特定的时隙内，以猝发方式向基站传输信息，基站在相应的频率上和相应的时隙内，以时分复用的方式向各个移动台传输信息。移动台采用较低频段发射，传播损耗较低，有利于补偿上、下行功率不平衡的问题。

GSM的调制方式是高斯型最小移频键控（GMSK）方式，矩形脉冲在调制器之前先通过一个高斯滤波器。GSM的调制方式是高斯型最小移频键控（GMSK）方式，矩形脉冲在调制器之前先通过一个高斯滤波器。

4.2.2　信道方式

数字无线接口（Um接口）是移动台与基站收发信机间接口的统称，是移动通信实现的关键，是不同系统的区别所在：无线接口中信道、数据格式等。GSM系统中，由于在无线接口采用了TDMA接入技术，每帧包括8个时隙TS，BTS到MS为下行信道，MS到BTS为上行信道。

1．帧结构

图4-7给出了GSM系统各种帧及时隙的格式。

当一个TDMA帧分为8时隙，帧长度为120/26＝4.615ms，每个时隙含156.25个码元，码长度为4.615ms/8＝=0.577ms，TDMA帧构成复帧有两种：一种是由26帧组成的复帧，这种复帧长度120ms，主要用于业务信息的传输，也称业务复帧；另一种由51帧组成的复帧，这种复帧长度235.385ms，专用于传输控制信息，也称控制复帧。由51个业务复帧或26个控制复帧均可组成一个超帧，超帧的周期为1326个TDMA帧。由2048个超帧组成一

个超高帧。帧的编号以超高帧为周期，从 0 到 2715647。

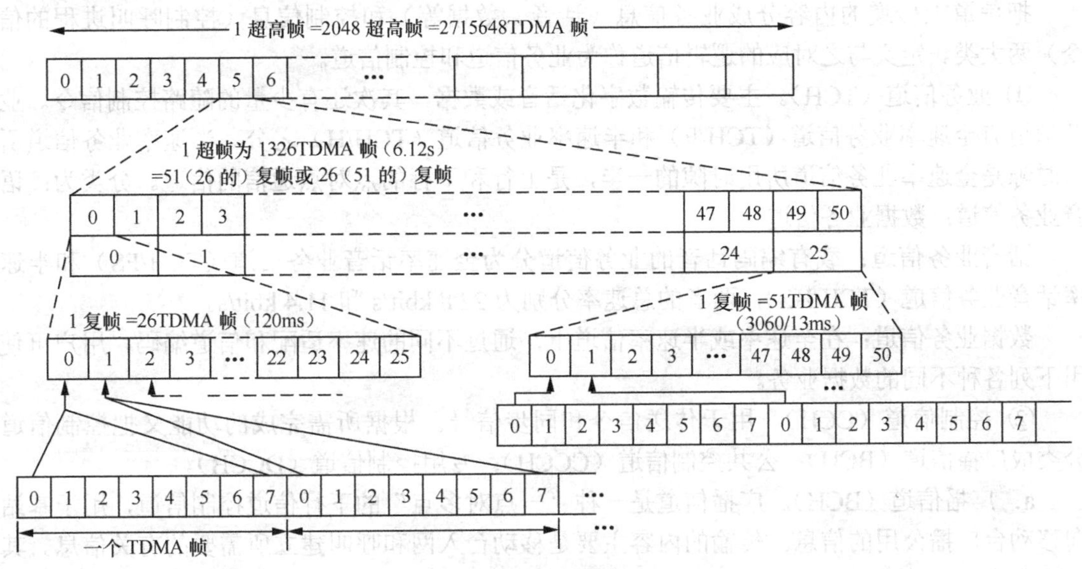

图 4-7　GSM 系统各种帧及时隙的格式

上行传输所用的帧号和下行传输所用的帧号相同，所以上行帧相对于下行帧，在时间上推后 3 个时隙，如图 4-8 所示。

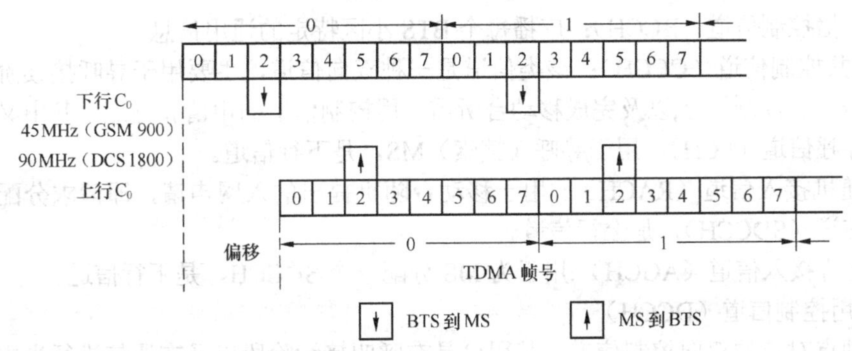

图 4-8　上行帧号和下行帧号所对应的时间关系

2．信道分类

无线信道分为物理信道和逻辑信道，逻辑信道又可以分为业务信道和控制信道两种。

（1）物理信道。

一个载频上的 TDMA 帧的一个时隙为一个物理信道。GSM 中每个载频分为 8 个时隙，有 8 个物理信道。信道 0～7 对应时隙 TS0～TS7，每个用户占用一个时隙用于传递信息。在一个 TS 中发送的信息称为一个突发脉冲序列（用户在该信道上，即该时隙上发出的信息比特流被称为突发脉冲序列）。

（2）逻辑信道。

大量的信息传递于 BTS 和 MS 之间，GSM 根据传递信息种类定义了不同逻辑信道，是一种人为的定义，即逻辑信道是从信息内容的性质角度定义划分的。这些逻辑信道映射到物

理信道上传送。从 BTS 到 MS 的方向称为下行链路，相反的方向称为上行链路。

把信道上传递的内容分成业务信息（话音、数据等）和控制信息（控制呼叫进程的信令）两大类。定义与之对应的逻辑信道称为业务信道和控制信道。

① 业务信道（TCH）。主要传输数字化话音或数据，其次还有少量的随路控制信令。业务信道有全速率业务信道（TCH/F）和半速率业务信道（TCH/H）之分。半速率业务信道所用时隙是全速率业务信道所用时隙的一半，是上行和下行的点对点通信的信道。分类为：语音业务信道；数据业务信道。

话音业务信道：载有编码话音的业务信道分为全速率话音业务信道（TCH/FS）和半速率话音业务信道（TCH/HS），两者的总速率分别为 22.8 kbit/s 和 11.4 kbit/s。

数据业务信道：在全速率或半速率信道上，通过不同的速率适配和信道编码，用户可使用下列各种不同的数据业务。

② 控制信道（CCH）。用于传送信令和同步信号。根据所需完成的功能又把控制信道分类成广播信道（BCH）；公共控制信道（CCCH）；专用控制信道（DCCH）。

a．广播信道（BCH）。广播信道是一种“一点对多点”的下行信道控制信道，用于基站向移动台广播公用的信息。传输的内容主要是移动台入网和呼叫建立所需要的有关信息。其中又分为：

（a）频率校正信道（FCCH）：传输供移动台校正其工作频率的信息；

（b）同步信道（SCH）：用于传送给 MS 的帧同步（TDMA 帧号）和 BTS 的识别码（BSIC）的信息。

（c）广播控制信道（BCCH）：广播每个 BTS 小区特定的通用信息

b．公共控制信道（CCCH）：该类信道是一种双向信道，主要用于寻呼接续阶段传输链路连接所需要的控制信令,以及完成移动台所需专用控制信道的申请和分配。其中又分为：

（a）寻呼信道（PCH）：用于寻呼（搜索）MS，是下行信道。

（b）随机接入信道（RACH）：用于移动台随机提出的入网申请，即请求分配一个独立专用控制信道（SDCCH），是上行信道。

（c）允许接入信道（AGCH）:用于为 MS 分配一个 SDCCH，是下行信道。

c．专用控制信道（DCCH）

是一种点对点的双向控制信道，其用途是在呼叫接续阶段以及在通信进行当中在移动台和基站之间传输必要的控制信息。分为三类：

（a）独立专用控制信道（SDCCH）:用于在分配 TCH 前的呼叫建立过程中传送系统信令。例如，登记、鉴权等信令均在此信道上传输，经鉴权确认后，再分配业务信道（TCH）。

（b）慢速辅助控制信道（SACCH）：在移动台和基站之间，需要周期性地传输一些信息。上、下行双向，点对点（移动对移动）信道，与一个 TCH 或一个 SDCCH 相关，如传送移动台接收到的关于服务及邻近小区的信号强度测试报告、MS 的功率管理和时间的调整等。

（c）快速随路控制信道（FACCH）：传送比慢速辅助控制信道（SACCH）所能处理的高得多的速率的信令信息。与一个 TCH 相关，在话音传输期间，借用 20ms 的话音（数据）突发脉冲序列来传送；通常在切换时使用。

（3）建立呼叫过程。

① 手机开机。搜索广播控制信道（BCCH），利用频率校正信道（FCCH）同步，移动

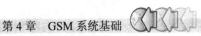

台读取同步信道（SCH）并识别 BTS，然后读取广播控制信道（BCCH）上的系统信息。

② 登记接入。移动台通过随机接入信道（RACH）请求接入，系统通过允许接入信道（AGCH）分配一个独立专用控制信道（SDCCH），双方利用 SDCCH 完成登记。

③ 被叫接入。系统通过寻呼信道（PCH）寻呼到手移动台，移动台通过随机接入信道（RACH）相应，系统通过允许接入信道（AGCH）分配一个独立专用控制信道（SDCCH），双方利用 SDCCH 完成登记和接入，在慢速辅助控制信道（SACCH）上发送测量报告，最后系统为移动台分配业务信道（TCH）。

④ 主叫接入。移动台通过 RACH 发送接入请求，系统通过 AGCH 为移动台分配 SDCCH，双方利用 SDCCH 建立呼叫，移动台在 SACCH 上发送测量报告，系统为移动台分配 TCH。

3．时隙的格式

在 GSM 系统中，每帧含 8 个时隙，时隙的宽度为 0.577ms，其中包含 156.25bit。TDMA 信道上一个时隙中的信息格式称为突发脉冲序列。或指移动台与基站间一个载频上 8 个时隙中任一时隙内（即在一帧中）发送的信息比特流，约为 156.25bit。

根据所传信息的不同，时隙所含的具体内容及组成的格式也不同。突发脉冲序列分为五种类型：普通突发脉冲序列、空闲突发脉冲序列、频率校正突发脉冲序列、同步突发脉冲序列和接入突发脉冲序列。

（1）常规（普通）突发（Normal Burst, NB）脉冲序列。

常规突发脉冲序列也称普通突发脉冲序列，用于业务信道及除 RACH、SCH 和 FCCH 以外的控制信道上的信息，其组成格式如图 4-9 所示。其中 26bit 训练序列用作自适应均衡器的训练序列，以消除多径效应产生的码间干扰。

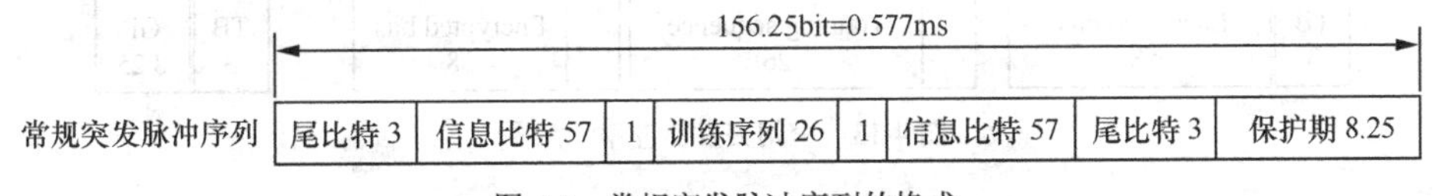

图 4-9　常规突发脉冲序列的格式

（2）频率校正突发（Frequency Correction Burst, FCB）脉冲序列。

频率校正突发脉冲序列用于校正移动台的载波率，用于移动台的频率同步，在频率校正信道（FCCH）上发送，如图 4-10 所示。

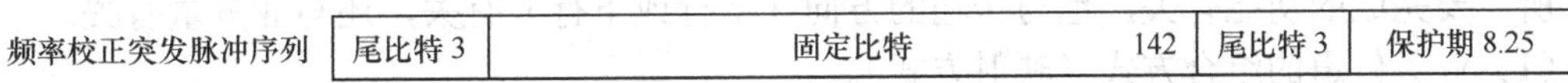

图 4-10　频率校正突发脉冲序列的格式

固定比特 142bit 均置“0”，使调制器发送一个频偏为 67.5kHz 的全“0”比特。用于构成 FCCH，使 MS 获得频率上的同步。

（3）同步突发（Synchronization Burst，SB）脉冲序列。

同步突发脉冲序列用于移动台的时间同步。用于传输 TDMA 帧号和基站识别码（BSIC）的加密信息。这在同步信道（SCH）上发送，其格式如图 4-11 所示。

同步突发脉冲序列	尾比特 3	加密比特 39	扩展的训练序列 64	加密比特 39	尾比特 3	保护期 8.25

图 4-11　同步突发脉冲序列的格式

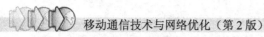

39bit 的加密比特：包含 25bit 信息位、10bit 奇偶校验、4bit 尾比特。再经 1：2 卷积编码，得到总比特数 78bit，分成两个 39bit 的编码段填入。其中 25bit 信息位由两部分组成：6bit 基站识别码 BSIC、19bit TDMA 帧号。以 2715648 个 TDMA 帧为周期循环，有了这个帧号，移动台判断控制信道 TS_0 上传送的逻辑信道类型。

（4）接入突发（Access Burst，AB）脉冲序列。

接入突发脉冲序列用于上行传输方向，在随机接入信道（RACH）上传送，用于移动用户向基站提出入网申请。移动台的首次接入或切换到一个新的基站后不知道时间提前量，为不与正常到达的下一个时隙中的突发脉冲序列重叠，此突发脉冲序列必须要短一些，保护间隔长一些，其格式如图 4-12 所示。

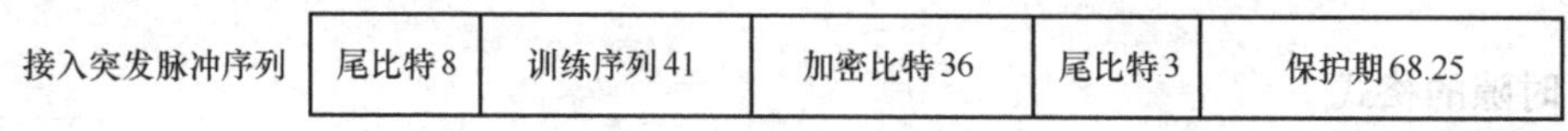

图 4-12　接入突发脉冲序列的格式

36bit 为加密比特：8bit 信息、6bit 的奇偶校验和 4bit 的尾比特，共 18bit 经 1:2 的卷积编码得到 36bit 填入。8bit 的信息位；3bit:接入原因，用于表明紧急呼叫等；5bit:随机鉴别器，用于检查确定碰撞后的重发时间。

（5）空闲突发脉冲序列（DB）。

用户无信息传输时，用 DB 代替 NB 在 TDMA 时隙中传送，不携带任何信息，一种不发送实际信息的时隙格式，称为“虚设时隙”格式，不发送给任何移动台，格式与普通突发脉冲序列（NB）相同，只发送固定的比特序列。只是其中加密比特改为具有一定的比特模型的混合比特，其格式如图 4-13 所示。

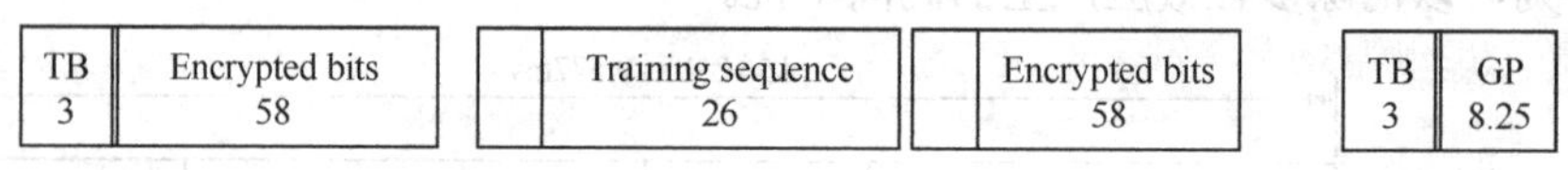

图 4-13　空闲突发脉冲串示意图

4. 信道的组合方式

逻辑信道组合是以帧为基础的，“组合”是将各种逻辑信道装载到物理信道上去。逻辑信道与物理信道之间存在着映射关系。信道的组合形式与通信系统在不同阶段（接续或通话）所需要完成的功能有关，也与传输的方向（上行或下行）有关，还与业务量有关。

（1）业务信道的组合方式（映射方式）。

业务信道有全速率和半速率之分，下面只考虑全速率情况。业务信道上下行链路共 26 个 TS 包含 24 个信息帧、一个控制帧和一个空闲帧。载波 C_0 频点的 TS_2～TS_7 用作业务信道，TS_0 用作广播信道和公用控制信道，TS_1 用作专用控制信道。

业务信道的复帧含 26 个 TDMA 帧，其组成的格式和物理信道（一个时隙）的映射关系如图 4-14 所示。

映射到 TDMA 帧中的信号，按分级帧结构中级形成超高帧。

业务信道（TCH）上下行偏移 3TS，上下行的工作时隙不同时出现，这意味着移动台不必收发同时进行，如图 4-15 所示。

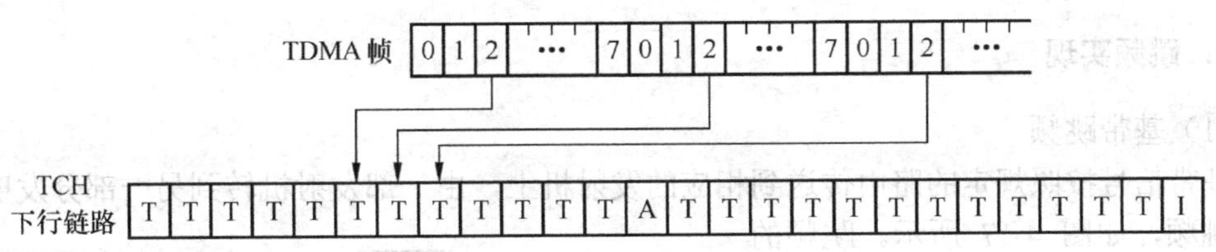

图 4-14　业务信道的组成格式（复用）

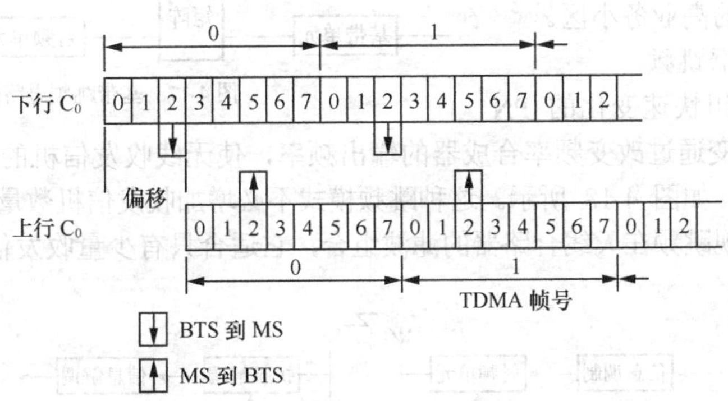

图 4-15　TCH 上下行偏移

（2）控制信道的组合方式（映射方式）。

控制信道的复帧含 51 帧，其组合方式类型较多，而且上行传输和下行传输的组合方式也是不相同的。BCH 和 CCCH 在 TS_0 上的复用。

4.2.3　跳频和间断传输技术

1．跳频

跳频概念是在通话期间载频在几个频点上的变化，指载波频率在很宽频率范围内按某种图案（序列）进行跳变。它的作用是改善由多径衰落造成的误码特性。

图 4-16 是 GSM 系统的跳频示意图。采用每帧改变频率的方法，即每隔 4.615ms 改变载波频率，也就是说跳频速率为跳/秒。

跳频类型有慢跳频、快跳频。慢跳频指跳频速率低于信息比特率，即连续几个信息比特跳频一次。GSM 采用慢跳频（SFH）技术，跳频速率为 217 次/秒。快跳频指跳频速率高于或等于信息比特率，即每个信息比特跳频一次以上。一般跳频速率越高，跳频系统的抗干扰性就越好，但相应的设备复杂性和成本也越高。

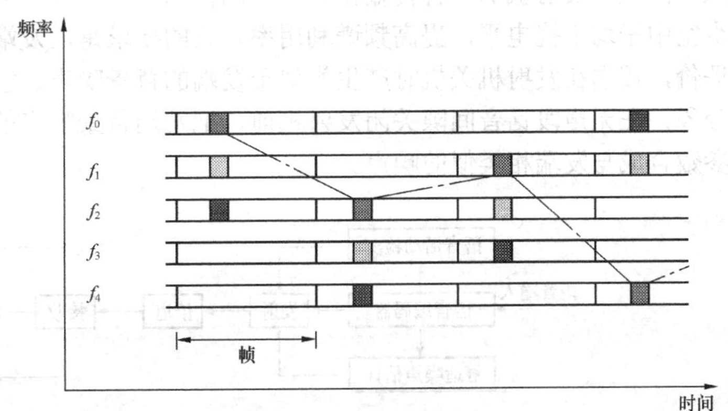

图 4-16　GSM 系统的跳频示意图

2．跳频实现

（1）基带跳频

基带信号按照规定的路由传送到相应的发射机上，由一部发射机转到另一部分发射机来实现跳频，如图 4-17 所示。跳频的频率数受限于收发信机的数目，适合收发信机数量较多的高业务小区。

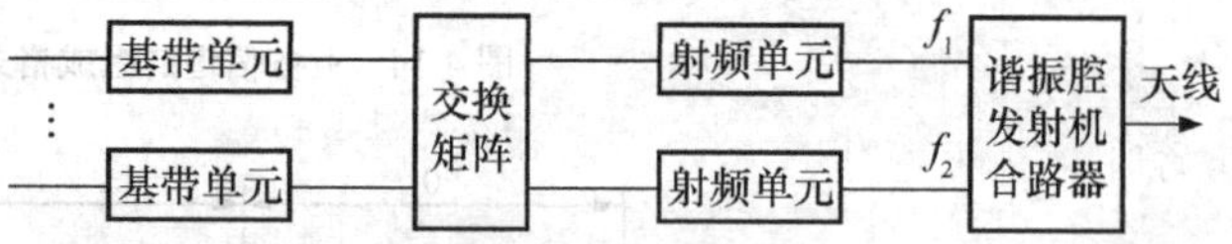

基带单元
基带单元
交换矩阵
射频单元
射频单元
f_1
f_2
谐振腔发射机合路器
天线

图 4-17　基带跳频电路图

（2）频率合成器跳频

载波频率受一组快速变化的 PN 码控制，而随机跳变通过改变频率合成器的输出频率，使无线收发信机的工作频率由一个频率调到另一个频率，如图 4-18 所示。这种跳频模式不必增加收发信机数量，但需采用空腔谐振器的组合，以实现跳频在天线合路器的滤波组合，它适合只有少量收发信机的基站。

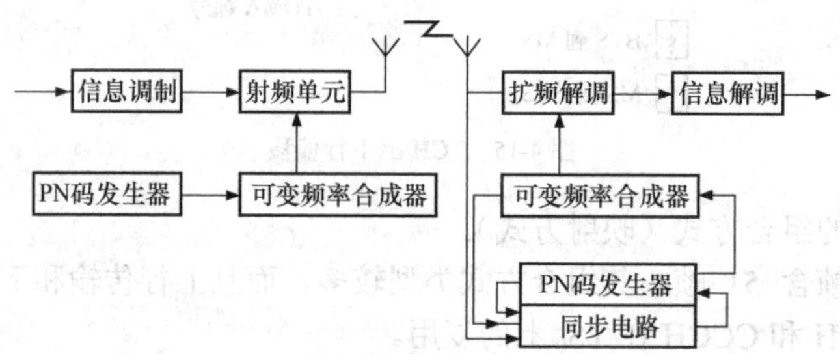

图 4-18　频率合成器跳频电路图

每个基站只能使用一种跳频模式。跳频系统的抗干扰原理与直接序列扩频系统是不同的。直接序列扩频是靠频谱的扩展和解扩处理来提高抗干扰能力的，而跳频是靠躲避干扰来获得抗干扰能力的。

3．语音间断传输

为了提高频谱利用率，GSM 系统还采用了话音激活技术，即关闭发射机，可以减少电源消耗，如图 4-19 所示。它的概念是，仅在包含有用信息帧时才打开发射机，而在语音间隙时间关闭发射机的一种传输模式。它的作用是，节省移动台电源，延长电池使用时间。减少空中平均干扰电平，提高频谱利用率。它的要求是，发端有话音活动检测器和背景噪声的评价，接端在发射机关机时产生类似于发端的背景噪声。它的工作原理是，发端对发送信号分段，在无声段话音间隙关闭发射机前，把发端背景噪声的参数传送给收端；收端利用这些参数合成与发端相类似的噪声。

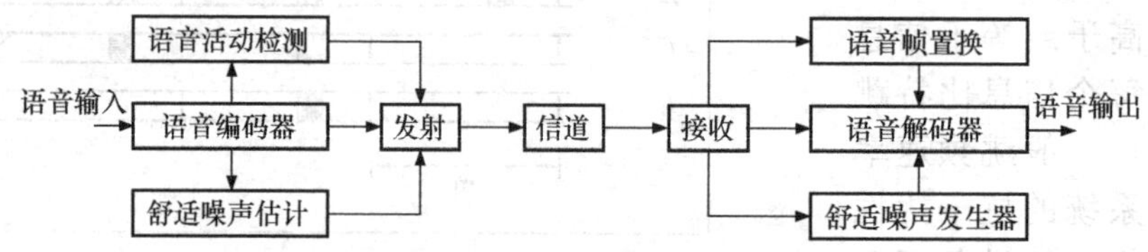

图 4-19　GSM 系统间断传输原理图

这个被称为间断传输（DTx）技术的基本原则是只在有话音时才打开发射机，这样可以减小干扰，提高系统容量。采用 DTx 技术，对移动台来说更有意义，因为在无信息传输时即关闭发射机，可以减少电源消耗。

4.3　GSM 的区域

4.3.1　GMS 的区域组成

1．GSM 的区域结构如图 4-20 所示。

（1）入口 MSC（GMSC）。

提供 CME20、PLMN 网络与其他通信网间的链路，具有为呼叫查询、选接呼叫路由的功能，如图 4-21 所示。

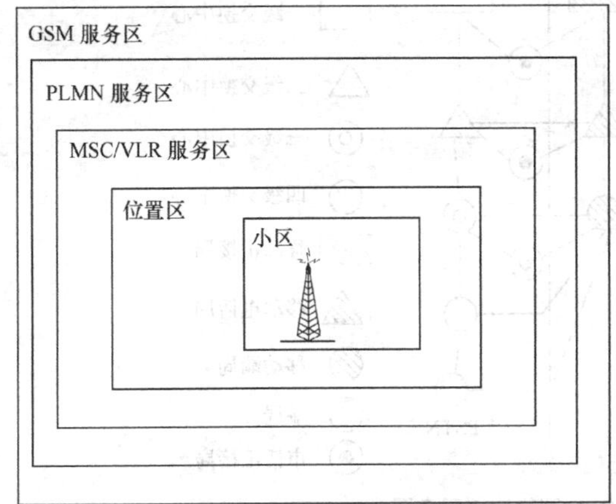

图 4-20　CME20 的网络结构

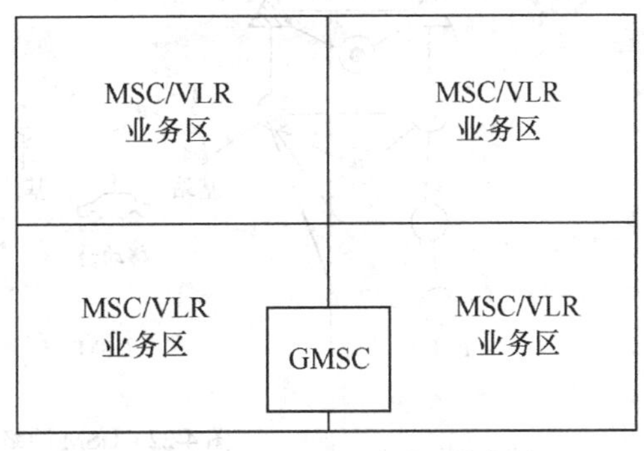

图 4-21　入口 MSC 的网络位置

（2）MSC/VLR 业务区。

MSC 所覆盖的服务区域，凡在该区的移动台均在该区的拜访位置寄存器（VLR）登记。

（3）位置区（LA）。

广播寻呼消息以便找到某移动用户的寻呼区域。

（4）小区（CELL）。

一个位置区划分为若干个小区，它是网络中一个基本的无线覆盖的区域。

MSC 作为 GSM/PLMN 的入局汇接交换机，它具有为移动终端的呼叫询问呼叫路由的功能。它能使系统为呼叫选路至它们的最终目的地——被叫移动台。

GSM/PLMN 网络的服务区是由一个或几个 MSC/VLR 业务区构成，能够提供 GSM/PLMN 网络与其他通信网络间的链路，具有为呼叫查询、选接呼叫路由功能的 MSC 称为入口 MSC，简称 GMSC。

MSC/VLR 服务区表示由该 MSC 所覆盖的服务区域，凡在该区的移动台均在该区的拜访位置寄存器（VLR）登记。因此，MSC 总与 VLR 构成同一个节点，写作 MSC/VLR。

每个 MSC/VLR 服务区又被分成若干个位置区，位置区是 MSC/VLR 服务区的一个部分，在一个位置区内，移动台可以自由地移动，不需做位置更新。一个位置区是广播寻呼消

息以便找到某移动用户的寻呼区域。一个位置区只能属于某一个 MSC/VLR。利用位置区识别码（LAI），系统能够区别不同的位置区。

一个位置区又划分为若干个小区。每个小区具有专用的识别码（CGI），它表示网络中一个基本的无线覆盖区域。利用基站识别码（BSIC），移动台能区分使用同样载频的各个小区。

2．我国数字 PLMN 的网络结构及与 PSTN 的关系

（1）GSM 网络与 TACS 网络不同，采用了专网的形式，网号 135、136、137、138、139 实际是一个网，只是号码段不同。我国数字 PLMN 网由三级组成，本地网、省网和全国网，如图 4-22 所示。

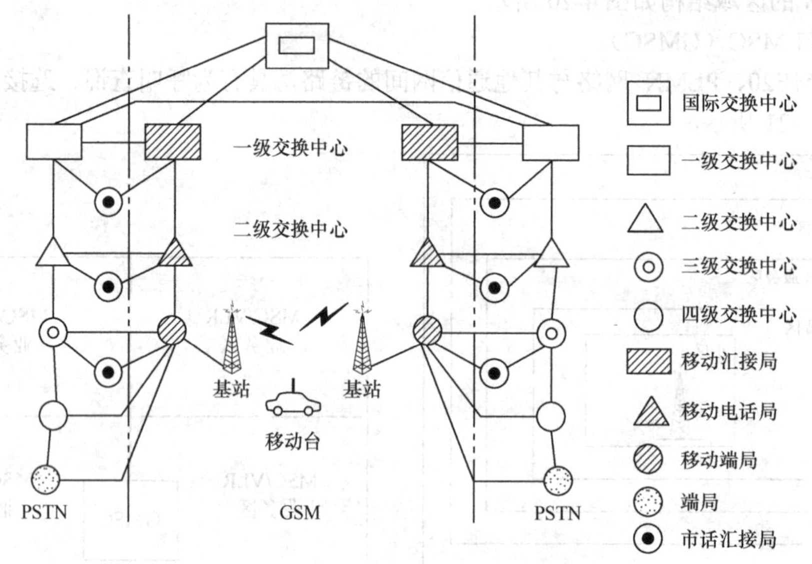

图 4-22　GSM 网络与 PSTN 网络连接示意图

全国 GSM 移动电话网按大区设立一级汇接中心、省内设立二级汇接中心、移动业务本地网设立端局构成三级网络结构。

（2）省内 GSM 移动通信网的网络结构。省内 GSM 移动通信网由省内的各移动业务本地网构成，省内设若干个移动业务汇接中心（即二级汇接中心），汇接中心之间为网球网结构，汇接中心与移动端局之间成星状网；根据业务量的大小，二级汇接中心可以是单独设置的汇接中心（即不带用户，全有至基站接口，只做汇接），也可兼作移动端局（与基站相连，可带用户）；省内 GSM 移动通信网中一般设置二、三个移动汇接局较为适宜，最多不超过四个，每个移动端局至少应与省内两个二级汇接中心相连，如图 4-23 所示。

（3）移动业务本地网。原则上长途编号区为二位、三位的地区可设移动业务本地网，每个移动业务本地网设立相应的 HLR，用于存储归属该移动业务本地网的所有用户的有关数据。

① 规模较小的移动本地网，如图 4-24 所示。

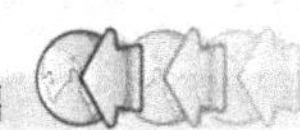

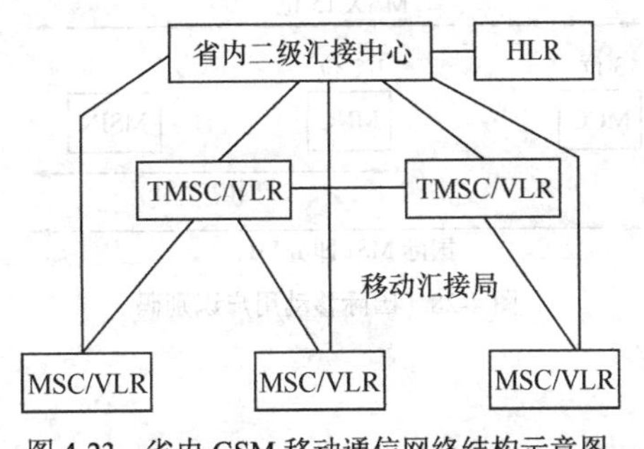

图 4-23　省内 GSM 移动通信网络结构示意图

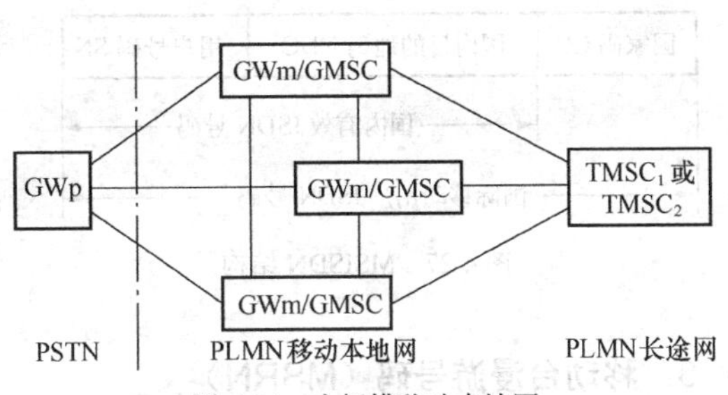

图 4-24　小规模移动本地网

② 中规模移动本地网，如图 4-25 所示。

③ 大规模移动本地网，如图 4-26 所示。

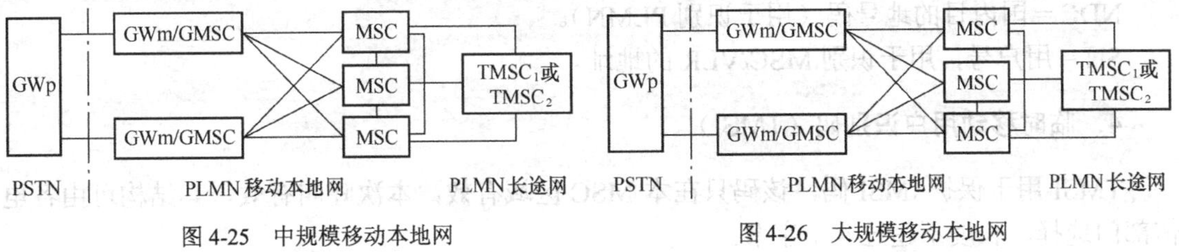

图 4-25　中规模移动本地网

图 4-26　大规模移动本地网

4.3.2　GMS 的编号

1．移动台的国际身份号码（ISDN 或 MSISDN）

MSISDN 是供用户拨打的公开号码，具有全球唯一性。CCITT 建议结构为：MSISDN = CC + NDC + SN，如图 4-27 所示。

CC = 国家码，即在国际长途电话通信网中的号码（中国 + 86），NDC = 国内目的地码，SN = 用户号码。

例如，13922234561 中的 139222 便是 NDC，前三位用于识别网号，后三位用于识别归属区，目前开通的 135～138 实际上是同一个网。

2．国际移动用户识别码（IMSI）

IMSI 是指在无线路径和 GSM PLMN 网络上唯一识别移动用户的号码，用于 PLMN 所有信令中，存于 HLR、VLR、SIM 中。

IMSI = MCC + MNC + MSIN。

MCC = 移动网的国家号码（与 CC 不同，中国为 460）。

MNC = 移动网号。中移动为“00”，中联通为“01”。

MSIN = 移动台识别号。

使用十进制，最长为 15 位，如图 4-28 所示。

图 4-27　MSISDN 结构

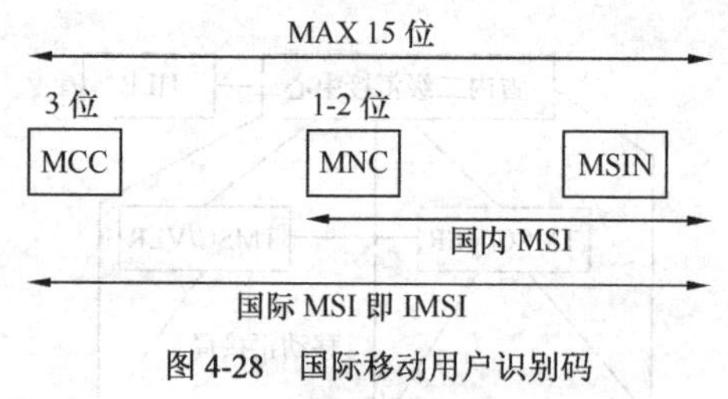

图 4-28　国际移动用户识别码

3. 移动台漫游号码（MSRN）

MSRN 用于一次呼叫的路由选择。

MSRN = CC + NSC + SN

CC = 国家号。

NDC = 国内目的地号码（用于识别 PLMN）。

SN = 用户号，用于识别 MSC/VLR 的地址。

4. 临时移动用户识别码（TMSI）

TMSI 用于保护 IMSI 码，该码只在本 MSC 区域有效，本次呼叫有效，其结构可由各电信部门选择，长度不超过 4 个字节。

5. 国际移动台设备识别码（IMEI）

IMEI 是唯一用来识别移动台终端设备的号码，称作系列号。

IMEI = TAC + FAC + SNR + SP。

TAC = 型号论证码。

FAC = 最终装配码，用于识别制造厂家。

SNR = 序号。

SP = 备用。

6. 位置区识别码（LAI）

LAI 代表 MSC 业务区的不同位置区，用于移动用户的位置更新。

LAI = MCC + MNC + LAC。

MCC = 移动国家号，识别一个国家。

MNC = 移动网号，识别国内的 GSM 网。

LAC = 位置区号码，识别一个 GSM 网中的位置。

7. 小区全球识别码（CGI）

CGI 用于识别一个位置区内的小区。

CGI = MCC + MNC + LAC + CI，如图 4-29 所示。

8. 基站识别码（BSIC）

BSIC = NCC + BCC，如图 4-30 所示。

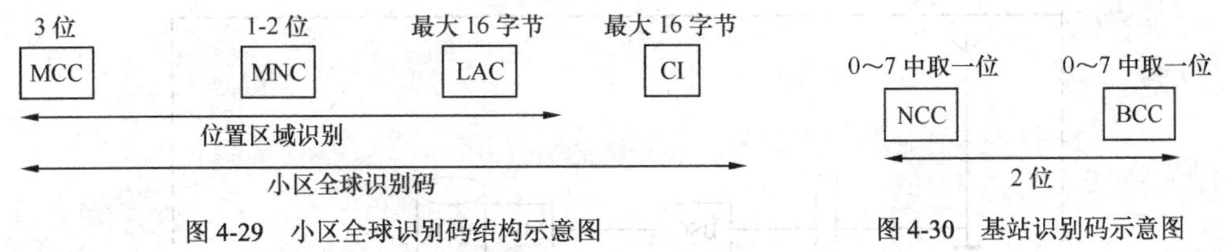

图 4-29 小区全球识别码结构示意图　　图 4-30 基站识别码示意图

NCC = 国家色码，用于识别边界上不同国家 GSM 移动网。

BCC = 基站色码，用于识别同频基站，一个簇一个 BCC。

小区数据中的 NCCPERM = X，用于指定移动台允许接入的网络。BCC 可以在 OMT2 中读出。

4.4 业务过程

4.4.1 位置更新和位置登记

1. 位置登记

（1）位置区（LAI）。

系统把整个网络的覆盖区域划分为许多位置区，并以不同的位置区标志进行区别，如图 4-31 中的 LA1，LA2，LA3，….。

（2）位置登记（或称注册）概念。

当一个移动用户首次入网时，它必须通过移动交换中心（MSC），在相应的位置寄存器（HLR）中登记注册，把其有关的参数（如移动用户识别码、移动台编号及业务类型等）全部存放在这个位置寄存器中，于是网络就把这个位置寄存器称为原籍位置寄存器。移动台第一次接入系统时向系统报告位置称为位置登记。位置登记（或称注册）是通信网为了跟踪移动台的位置变化，GSM 蜂窝通信而对其位置信息进行登记、删除和更新的过程。位置信息存储在原籍位置寄存器（HLR）和访问位置寄存器（VLR）中，如图 4-32 所示。

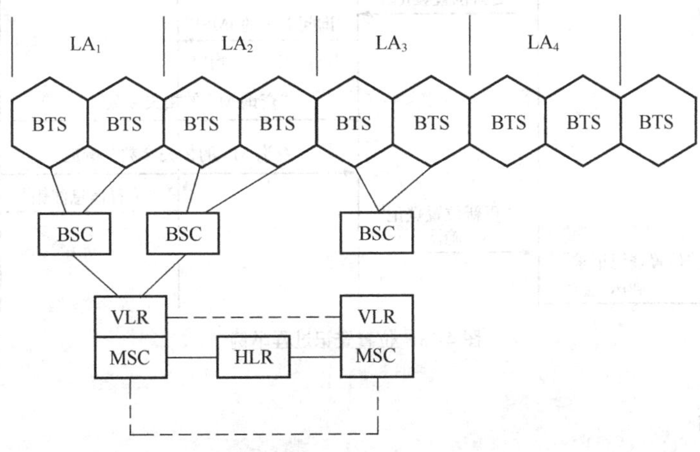

图 4-31 位置区划分的示意图

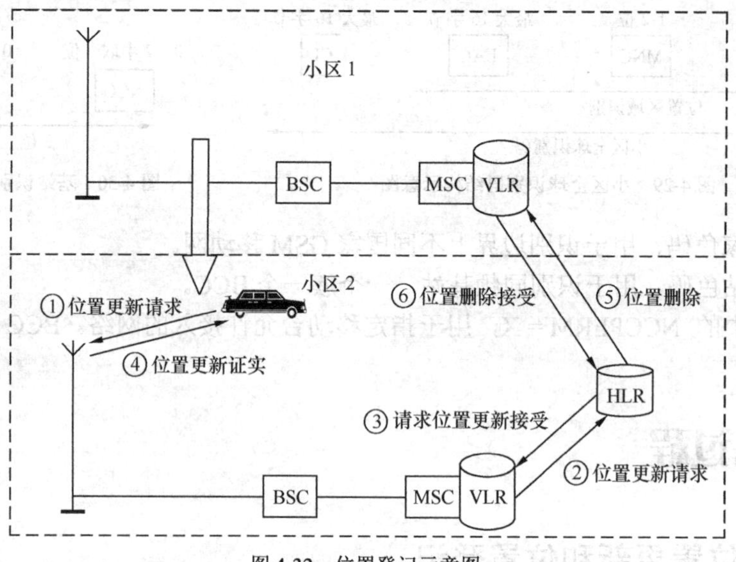

图 4-32　位置登记示意图

（3）位置登记的基本规程。

当移动台进入某个访问区需要进行位置登记时，它就向该区的 MSC 发出"位置登记请求（LR）"。应移动台（MS）的请求，更新 MSC/VLR 存储的内容。如果 MS 是利用"临时用户识别码（TMSI）"（由 $[VLR]_n$ 分配的）发起"位置登记请求"的，$[VLR]_n$ 收到后，必须先向 $[VLR]_0$ 询问该用户的 IMSI，如询问操作成功，$[VLR]_0$ 再给该 MS 分配一个新的 TMSI。应 MSC/VLR 请求，更新 HLR 存储的内容。如果 MS 因故未收到"确认"信息，则此次申请失败，可以重复发送三次申请，每次间隔至少是 10s，如图 4-33 所示。

移动台的不断运动将导致其位置的不断变化。这种变动的位置信息由另一种位置寄存器，即访问位置寄存器（VLR）进行登记，并向该移动台的 HLR 查询其有关参数。此 HLR 要临时保存 VLR 提供的位置信息。离开该区域，应 HLR 请求，VLR 删除该用户位置信息。

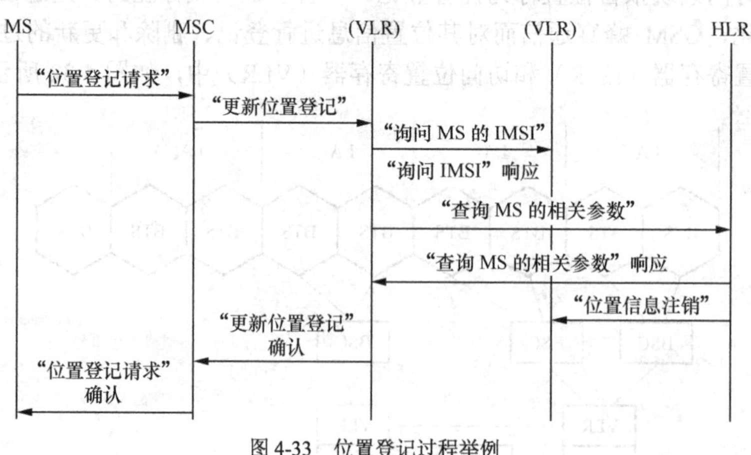

图 4-33　位置登记过程举例

2．位置更新

移动中的移动台从一个位置区移动至另一个位置区时，需要向系统登记其位置的变化信

息，这个过程称为位置更新，如图 4-34 所示。位置更新过程发生在移动台空闲时。

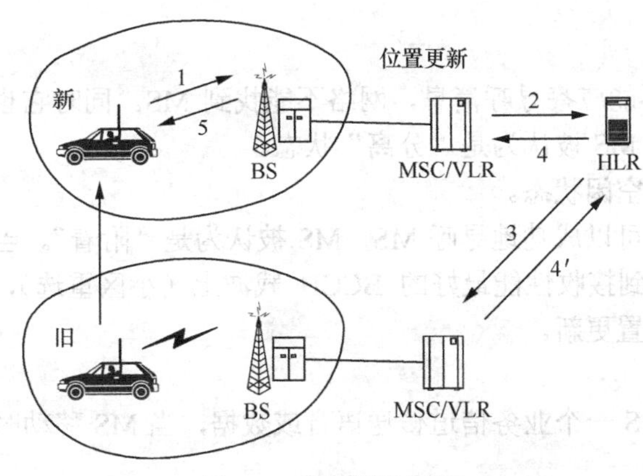

图 4-34　位置更新示意图

（1）位置更新规程。

位置区的标志在广播控制信道（BCCH）中播送，移动台开机后，就可以搜索此 BCCH，从中提取所在位置区的标志。系统通过空中接口的广播控制信道（BCCH）连续发送位置区的标志（位置区识别码,LAI），移动台开机后，就可以搜索此 BCCH，从中提取所在位置区的标志。如果移动台从广播控制信道（BCCH）中获取的位置区标志就是它原来用的位置区标志，则不需要进行位置更新。如果获取的位置区标志与原来不同，则说明移动台已经进入新的位置区，必须进行位置更新。于是移动台将通过新位置区的基站发出位置更新的请求。

（2）位置更新的两种情况。

① 同 MSC/VLR 区不同 LAI 的位置更新（只需更新 VLR 中的位置），如图 4-35 所示。

② 不同 MSC/VLR 区不同 LAI 的位置更新（需更新 HLR、VLR 中的位置信息），如图 4-35 中，MS 从小区 3 到小区 5 移动时。位置更新过程如图 4-36 所示（需更新 HLR、VLR 中的位置信息）。基站 BTS_5 通过新的基站控制器把位置更新请求传给新的 MSC/VLR，新的 MSC/VLR 把位置更新请求转给 MS 的归属局；HLR 进行位置更新后，向新的 MSC/VLR 发出接受信息，新 MSC/VLR 收到后，经 BTS\BCS 发出位置更新证实给 MS；同时，HLR 向 MS 原来访问的 VLR 发位置删除信息，原 VLR 删除该 MS 的位置信息后，发位置删除接受信息给 HLR。

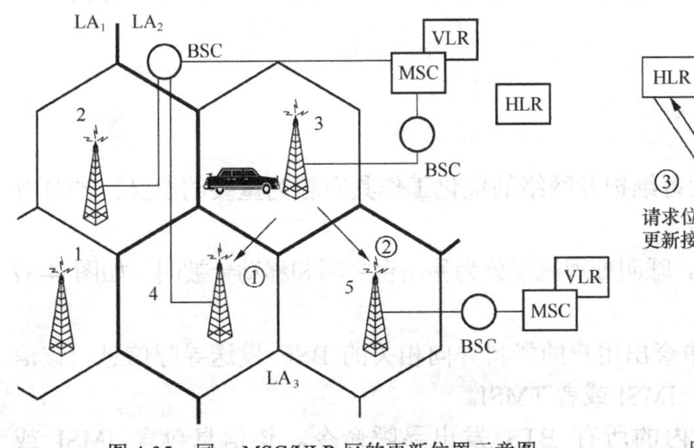

图 4-35　同一 MSC/VLR 区的更新位置示意图

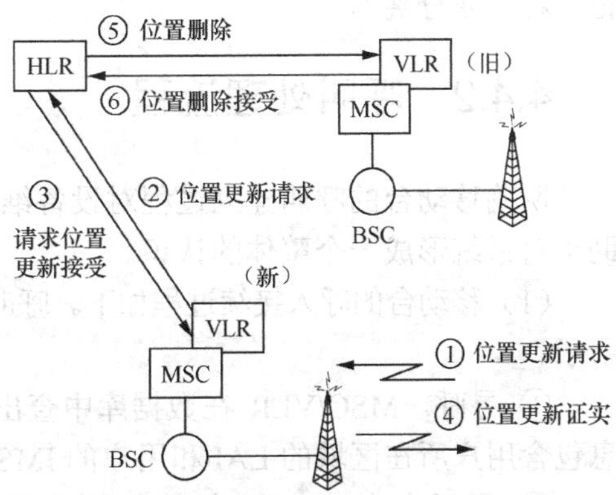

图 4-36　不同 MSC 的更新位置过程示意图

3．移动台的状态

（1）移动台关机。

这种状态下 MS 不能应答寻呼消息，网络不能找到 MS。同时它也不能通知网络其所处的位置区的变化。此时 MS 被认为是“分离”状态。

（2）移动台开机，空闲状态。

这种状态下，系统可以成功地寻呼 MS，MS 被认为是“附着”。当 MS 移动时，能够通过测试检查，MS 连接到接收性能最好的 BCCH 载波上（小区重选），MS 还必须通知网络其位置区的变化，即位置更新。

（3）移动台忙。

此时网络分配给 MS 一个业务信道传送语音或数据，当 MS 移动时它必须有能力进行定位和切换。

一个激活状态的 MS 标有“附着”（IMSI 标志）标记，关机时，MS 向网络发送最后一条消息，其中包括分离处理请求，MSC/VLR 接收到“分离”消息后，就在该 MS 对应的 IMSI 上做“分离”标记。

（4）移动台第一次登记。

由于 MS 第一次被使用，所以 MSC/VLR 没有此 MS 的任何信息，若 MS 发现当前的 LAI 码与 SIM 中的不同，MS 接入系统要求登记，MSC/VLR 登记该 MS 的位置信息并将该请求发往 HLR 记录，MSC/VLR 对该 MS 做“附着”标记，此时这个 MS 被激活。

（5）周期性登记。

当 MS 正常关机向网络发送“IMSI 分离”消息时，因无线链路质量差，系统有可能不能正确译出信息，没有证实消息发送给 MS，之后 MS 也没有再发“分离”信号，因此系统仍认为 MS 处于附着状态，或 MS 非正常关机，不向网络发“IMSI 分离”请求，系统也仍认为 MS 处于附着状态。当有用户呼叫此移动台时，系统忙了一阵子还是找不到该移动台，增加了系统的负荷。

为解决这一问题，系统采取了强制登记措施，要求 MS 每过一定周期要登记一次，这叫周期性登记。登记周期由 BSC 中 TS3212 定时器控制，TS3212 太短，造成系统信令负载过重。TS3212 太长，系统不能尽早知道 MS 的位置变化。

若系统没有接收到某 MS 的周期性登记信息，它所处的 VLR 就对此 MS 做“分离”标记，称“隐分离”。

4.4.2 呼叫处理流程

明确移动台的呼叫建立过程对设备维护及网络的优化工作具有较为重要的意义，同时有助于对系统形成一个整体的认识。

（1）移动台的呼入接续过程如下。呼叫处理流程分为移动台主叫和移动台被叫，如图 4-37 所示。

① 寻呼。MSC/VLR 在数据库中查出用户的资料并向相关的 BSC 发送寻呼信息。该信息包含用户所在区域的 LAI 和用户的 IMSI 或者 TMSI。

② 寻呼命令。BSC 向 LA 区内的所有 BTS 发出寻呼命令。该信息包含 IMSI 或

TMSI、收发信单元识别码、信道类型和时隙号。

③ 寻呼请求。BTS 在 PCH 上向移动台发送寻呼信息。该信息包含用户的 IMSI 或 TMSI。

MS BSC
LAPDm
信令
BTS
LAPD
信令
BSSAP 信令
(2)寻呼命令 MSC
(1)寻呼
(3)寻呼请求 PCH
LAI IMSI (TMSI)
BSSAP 信令
(4)信道请求 RACH
(5)信道要求(TA 值，PWR)
(计算 TA 值，PWR)
(6)信道激活
(7)信道激活证实
(8)直接分配 AGCH
(Freq TATS D 子组)
(9)寻呼响应
(CGI，IMSI)
(9)寻呼响应 SDCCH
(9)寻呼响应
(10)AUC 请求(RAND)
(10)AUC 请求(RAND)
(10)AUC 请求(RAND)
(11)鉴权响应(SRES)
(11)鉴权响应(SRES)
(11)鉴权响应(SRES)
(12)加密模式命令(Kc)
(12)加密模式命令(Kc)
(12)加密模式命令(Kc)
(13)加密模式完成
(13)加密模式完成
(13)加密模式完成
(14)建立(SDCCH)
(14)建立
(14)建立
MS 承载业务类型

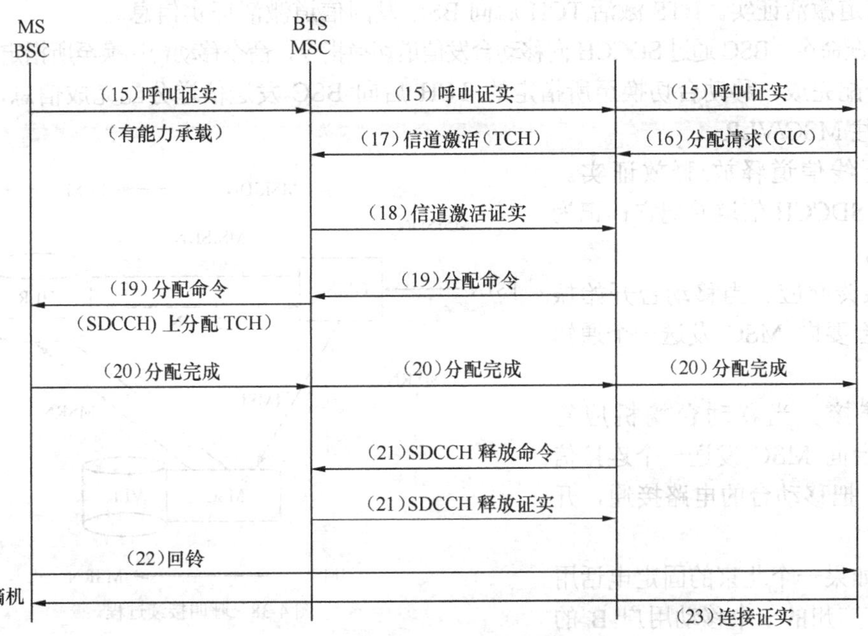

图 4-37 呼叫处理流程示意图

④ 信道请求。被寻呼的移动台在RACH上发送一个短的接入脉冲串至BTS。BTS接收该寻呼响应信号后记录该突发脉冲串的迟滞值（TA动态PWR）。

⑤ 信道请求。BTS向BSC发信道请求信息。该信息还包含移动台接入系统的迟滞值。

⑥ 信道激活。BSC选择一条空闲的SDCCH并指示BTS激活该信道。

⑦ 信道激活证实。BTS激活SDCCH后向BSC发信道激活证实信息。

⑧ 立即分配。BSC透过BTS经由AGCH向移动台发出允许接入系统信息。该信息包含频率、时隙号、SDCCH信道号和移动台将要使用的时间提前值TA等。

⑨ 寻呼响应。移动台通过SDCCH向BSC发寻呼响应信息。该信息包含移动台的IMSI或TMSI和移动台的等级标记，BSC加入CGI后把信息送往MSC/VLR。

⑩ 鉴权请求。MSC/VLR透过BSC、BTS向移动台发鉴权请求，其中包含随机数RAND，用移动台的鉴权运算。

⑪ 鉴权响应。移动台经鉴权计算后向MSC/VLR发回鉴权响应信息，MSC/VLR检查用户合法性，如用户合法，则开始启动加密程序。

⑫ 加密模式命令。MSC/VLR通过BSC、BTS向移动用户发加密模式命令。该命令在SDCCH上传送。

⑬ 加密模式完成。移动台进行加密运算后向BTS发出已加密的特定信号，BTS解密成功后透过BSC向MSC/VLR发加密模式完成信息。

⑭ 设置呼叫类型。MSC向移动台发送呼叫类型设置信息。该信息包含该次呼叫的类型。如传真、通话或数据通信等类型。

⑮ 呼叫类型证实。移动台设置好呼叫类型后向MSC发出呼叫类型证实信息。

⑯ 分配请求。MSC要求BSC选择一条通往移动台的语音信道，同时MSC在一条通往BSC的PCM链路上选择一个空闲时隙，并把时隙的电路识别码（CIC）送往BSC。

⑰ 信道激活。如果BSC发现某小区上有一条空闲的TCH，它将向BTS发送信道激活命令。

⑱ 信道激活证实。BTS激活TCH后向BSC发回信道激活证实信息。

⑲ 分配命令。BSC通过SDCCH向移动台发信道切换指令，命令移动台切换至所指定的TCH。

⑳ 分配完成。移动台切换至所指定的TCH后向BSC发送信道分配完成信息，BSC接收后再送往MSC/VLR。

㉑ 无线信道释放/释放证实。BSC释放SDCCH信道并把它标记为空闲状态。

㉒ 振铃回应。当移动台开始振铃时移动台要向MSC发送一个通知信息。

㉓ 连接。当移动台摘机应答时，移动台向MSC发送一个连接信息，MSC把移动台的电路接通，开始通话。

（2）如果一个北京的固定电话用户A拨打广州的一个移动用户B的呼叫接续过程（被呼过程），如图4-38所示。

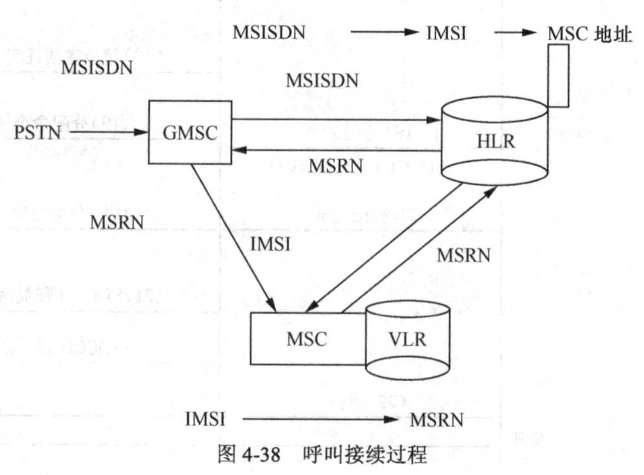

图4-38　呼叫接续过程

① 主叫拨号。北京市话用户 A 拨打广州 GSM 用户 B 的移动用户的 ISDN 号码（MSISDN），PSTN 网络的交换机分析 MSISDN 号码，得知 B 用户为移动用户，它把呼叫转到 GSM 网络上距它最近的一个具有入口功能的移动业务交换中心 GMSC。

② GMSC 分析被叫号码。GMSC 分析该号码为广州位置寄存器 HLR 的用户后将 MSISDN 号码送至广州 HLR，要求查询有关该被叫用户目前所在的位置信息。

③ HLR 申请漫游号码 MSRN。HLR 把 MSISDN 号码转换成国际移动用户识别码（IMSI）后查出用户目前处于哪个 MSC 并将该被叫 IMSI 发至该 MSC（VLR），并向该 MSC（VLR）申请分配一个漫游号码（MSRN）。

④ 选定漫游号码 MSRN。MSC/VLR 收到 IMSI 后临时给被叫用户 B 分配一个漫游号码（MSRN），并将此号码送回 HLR，再由 HLR 发给 GMSC 使用。

⑤ 连接被叫至所在的 MSC。GMSC 收到 MSRN 后，用此号码选择出一条中继路由至 MSC/VLR，即 GMSC 把入局呼叫接到被叫用户所在的 MSC/VLR 业务区。

⑥ 令被叫所在位置区内的所有基站发寻呼信息。被呼叫用户所在的 VLR 根据 IMSI 查出被叫用户的位置区识别码 LAI 后，MSC/VLR 发出寻呼命令到 MS 所在位置区内的所有无线基站，再由基站通过寻呼信道（PCH）发送寻呼信息，向被叫用户 B 发呼叫信号，如图 4-39 所示。

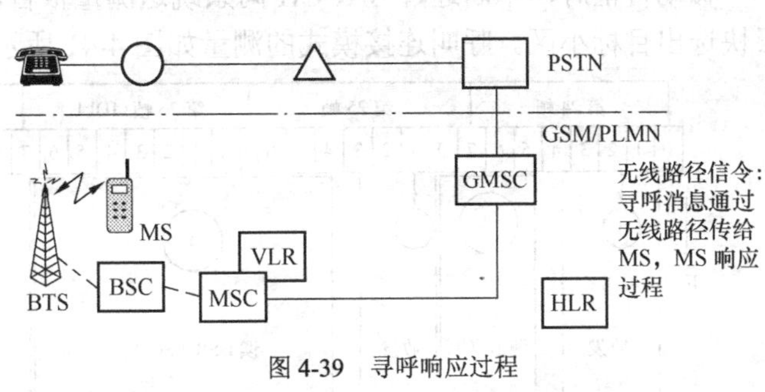

图 4-39　寻呼响应过程

⑦ 基站寻呼被叫用户 B。基站收到寻呼命令后，将该寻呼消息（含有 MS 的 IMSI）通过寻呼信道（PCH）寻呼，被叫用户 B 接收到寻呼信息，识别出 IMSI 码后，向基站发回响应信号。

⑧ 呼叫连接。MS 响应信号经 BTS、BSC 送回 MSC，经鉴权、设备识别后认为合法，则令 BSC 给该 MS 分配一条业务信道（TCH），接通 MSC 至 BSC 的路由，并向主叫送回铃音，向被叫振铃。当被叫摘机应答，则系统开始计费。

4.4.3　越区切换

在通话过程中，当移动台从一个小区进入另一个小区时，网络能进行实时控制，把移动台从原小区所用的信道切换到新小区的某一信道，并保证通话不间断（用户无感觉）。为保证通话不中断而由原基站的业务信道转换到新基站的业务信道的过程就是切换。

切换过程是由系统控制的，根据 MS 向 BSC 发送的及 BTS 测得的有关信号强度和信号质量的信息，BSC 对周围小区进行比较，确定移动用户的行进方向，这就是定位，图 4-40 所示。

CMS8810 系统中的定位切换只由系统单独完成，MS 并不参与。GSM 系统中的定位切换由系统和 MS 同时参与定位与切换。

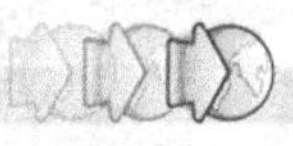

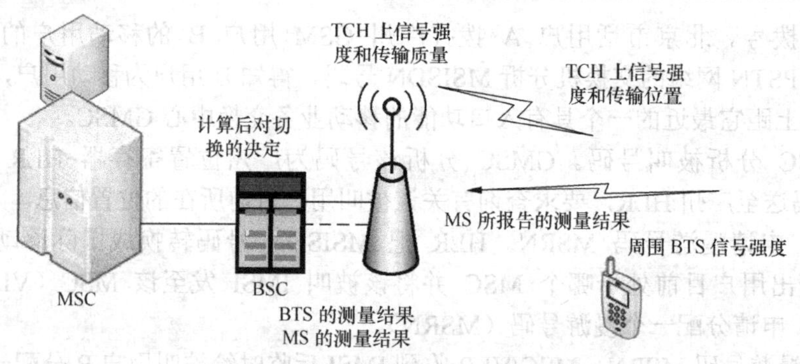

图 4-40　基站控制器（BSC）切换的判断

1．定位

移动台忙时，不断通过 SACCH 向系统送测量报告，一旦需要切换，BSC 根据测量报告很快选出目标小区。呼叫连接模式的测量如图 4-41 所示。

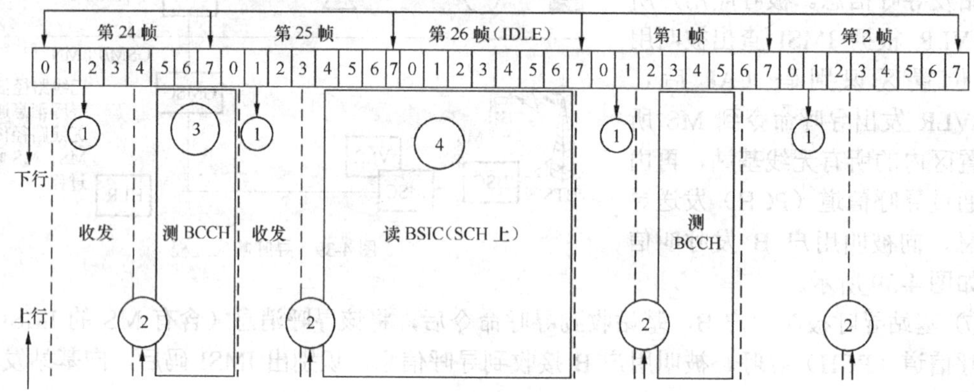

图 4-41　移动台的测量模式

测量报告包含以下内容。

（1）MS 在 SACCH 上传送服务小区下行链路的信号强度和误码率、相邻 6 个最强小区的信号强度。

（2）BTS 测量的上行链路的信号强度、BER、TA 值。

① MS 在分配的 TS_2 收发信息，在相邻帧 TS_2 的间隙测量至少周围一个小区的信号强度。

② 移动台在空闲帧时读周围小区的 BSIC，为了防止测到非相邻小区的同频频点，移动台必须读所测频点的 BSIC。因为小区间不同步，移动台不知道周围小区的 TS_0 何时出现，所以必须在至少 8 个 TS 时间内测试，才能保证 TS_0 的出现。

③ 等到 TS_0 出现，未必就能读到 SCH，因为 SCH 是隔 10 个 TDMA 帧才发一次，因此读到 SCH 的概率很少。

④ 为了增加读到 SCH 的机会，采用滑动复帧的方法。服务小区是 TCH 复帧结构，相邻小区是 CCH 复帧结构，TCH 的空闲帧相对于 CCH 的 SCH 有一个滑动。

2．切换

移动用户正处于通话状态，从一个小区到另一个小区改变 TCH，称“切换”。

如图 4-42 所示的情况是移动台必须切换的各种条件，若没有合适的切换对象时，呼叫释放。

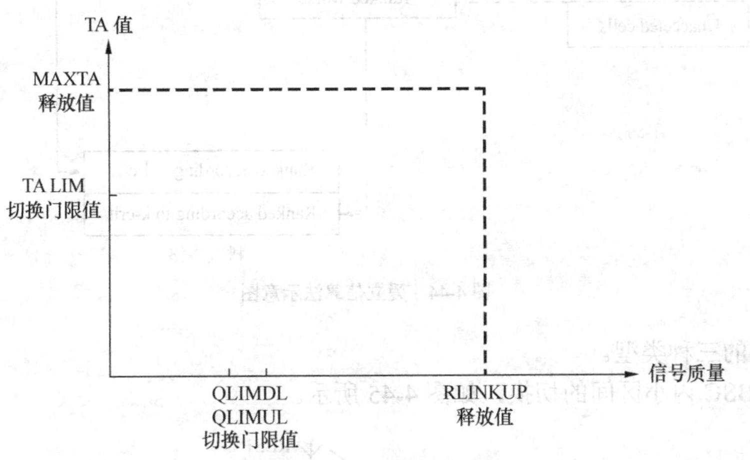

图 4-42　各种条件的切换

切换的处理过程如图 4-43 所示。

切换的处理过程：
(1) 测量报告的处理 ← 测量结果
(2) 测量报告的时间评价
(3) 紧急情况分析
(4) 处罚处理
(5) 基站排队
(6) 内部特性评价
(7) 产生一份清单 → 呼叫过程
(8) 发清单至呼叫处量程序 ← 呼叫过程
(9) 反馈结果评价

图 4-43　切换的处理过程

（1）测量报告的处理。每次切换必须在计时器计满后才能进行，防止 MS 在边界移动而过多切换。对质量好的小区 BSC 可较慢处理测量报告，对质量差的小区 BSC 要快速处理测量报告。

（2）时间评价。选择对测量报告的计算方法和处理方法。包括取平均值的长度和允许丢失的测量报告个数（每 480ms 一次汇报）。

（3）紧急情况分析。紧急切换的原因：传输质量差（BER 高）或 TA 太大。

这是一种需要立即处理的情况，否则链路会释放。若有合适小区提供切换，则进行正常切换，否则可能是小区内切换（信道间或载波间），相关数据是 QLIMDL、QLIMUL、BQOFFSET。

（4）惩罚值。对切换不成功的小区加上惩罚值。从信号强度上加以扣除，相应小区在队列表中将滞后，执行时间到达后回到原位置。

（5）基站排队。根据基站的测量报告计算结果对基站进行排队，有两种算法，GSM 算法和爱立信算法（如图 4-44 所示）。

（6）内切换评价。如果服务小区内有 UL/OL 结构，或者有微蜂窝结构时则必须分析小区内的切换。相关数据为 TAOL、LOL。

（7）候选表处理。根据下列各种原因排出一张基站候选表。

① 分配小区的业务需要。

② TA 太大的切换需要。

③ 质量太差的切换需要。

④ UL/OL 小区切换需要。

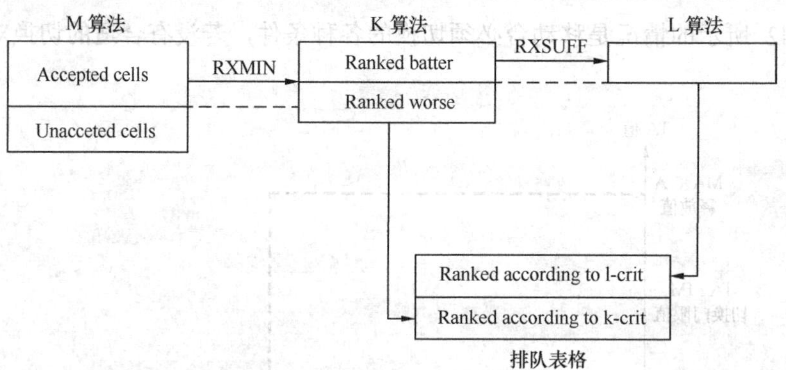

图 4-44　爱立信算法示意图

（8）切换的三种类型。

① 同一 BSC 内小区间的切换，如图 4-45 所示。

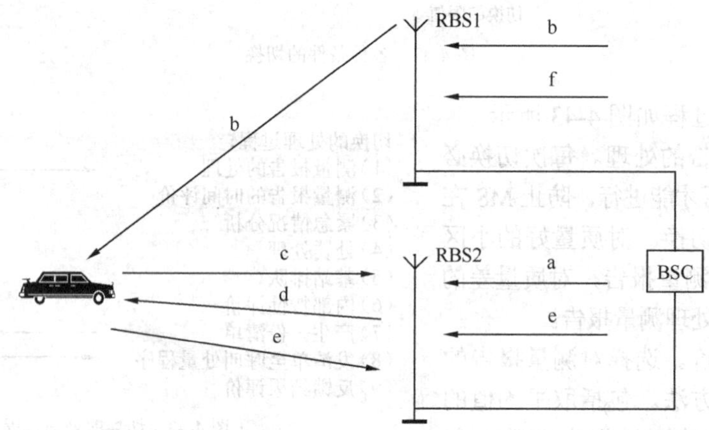

图 4-45　同一 BSC 内小区间的切换

a．BSC 命令新小区所在的基站激活一 TCH 信道。

b．BSC 经原小区的基站向 MS 发送切换的信息，包括频率、信道等。

c．MS 调谐到新频率上，在给定的时隙内发送切换接入脉冲序列。

d．当新的基站收到这一突发脉冲序列后，即经 FACCH 信道发送有关同步、输出功率、时间调整等参数信道至 MS。

e．MS 接收此信息后，经新的基站向 BSC 发送切换完成消息。

f．BSC 通知老基站释放其 TCH。

② 同一 MSC/VLR 内不同 BSC 控制的小区间的切换，如图 4-46 所示。

a．BSC 决定切换时，先向 MSC 发送包括新小区基站号在内的切换请求信息。

b．MSC 查出哪个 BSC 控制该基站，将请求发往该 BSC。

c．新 BSC 命令该基站激活一 TCH 信道。

d．新 BSC 经过 MSC、老 BSC、老基站发送切换频率、信道等信息（经 FACCH 发送）。

e．MS 调谐到新的载频上，并在指定的信道上（FACCH）传送切换接入突发脉冲序列。

f．当新基站检测到该信息后，同样由 FACCH 信道，向 MS 发送定时、功率等级等信息。

g．MS 接收之后，经新 BSC、MSC 向老 BSC 发送切换完成消息。

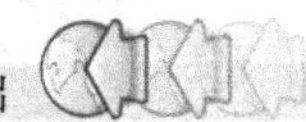

h．新 BSC 通过 MSC 发送命令至老 BSC，释放其 TCH 信道。

i．老 BSC 令其基站释放 TCH 信道。

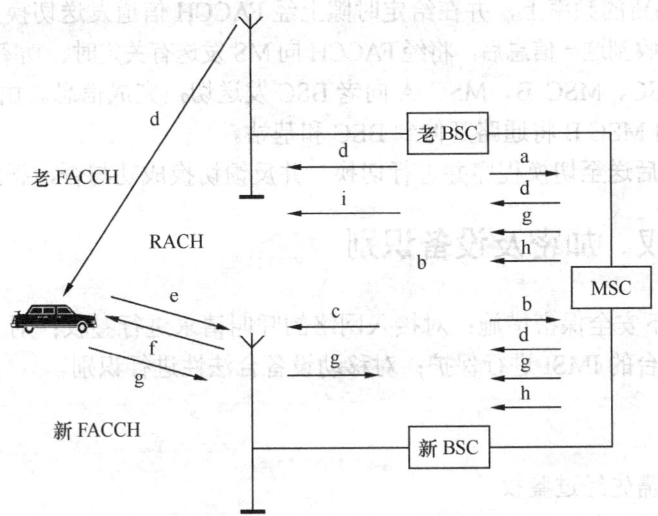

图 4-46　同一 MSC 内不同 BSC 小区间切换

③ 不同 MSC/VLR 控制的小区间切换如图 4-47 所示。

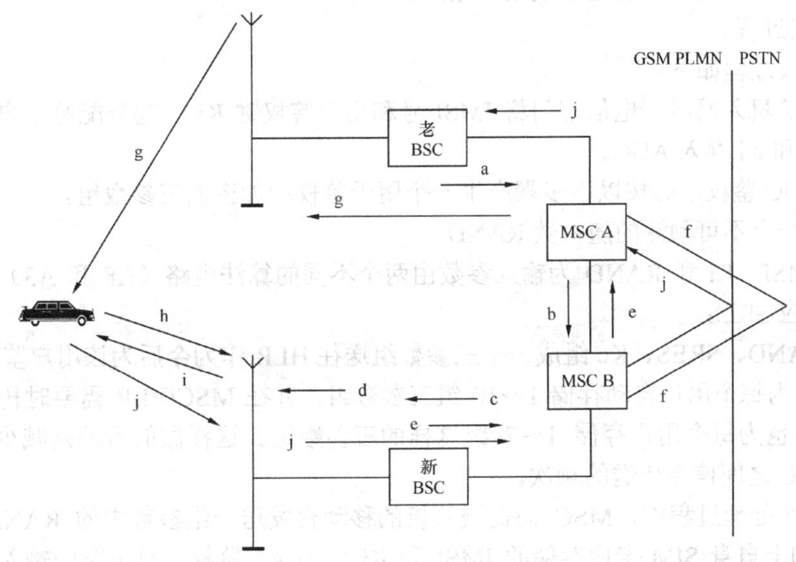

图 4-47　不同 MSC/VLR 间小区切换

a．老 BSC 向其 MSC A 发送切换请求信息。

b．MSC A 发现新小区在 MSC B 服务区内，故向 MSC B 发送切换协助信息。

c．MSC B 收到该信息后，为此分配一专门的切换号。当需要将呼叫再切换回去时使用，同时向相应的 BSC 送发切换请求。

d．新 BSC 接收该信息后，命令目标基站激活一 TCH，并将 TCH 号等切换信息送回 MSC B。

e．MSC B 收到 BSC 送来的信息后，与切换号一起送回 MSC A。

f．MSC A 建立起一条通往 MSC B（可能经过 PSTN 网）的局间中继路由。

g．MSC A 令其 BSC 经 FACCH 向 MS 发送有关切换的信息，包括切换到哪个频率和哪个信道上。

h．MS 调谐到新的频率上，并在给定时隙上经 FACCH 信道发送切换接入脉冲序列。

i．当新的基站收到这一信息后，将经 FACCH 向 MS 发送有关定时、功率输出参数等信息。

j．MS 经新 BSC、MSC B、MSC A 向老 BSC 发送切换完成信息。由 MSC A 建立通往 MSC B 的通路。由 MSC B 将通路延伸到 BSC 和基站。

确定切换小区后送至切换程序并进行切换，并反馈切换成功与否，据此计算惩罚值。

4.4.4　鉴权、加密及设备识别

GSM 提供以下安全保密措施：对接入网络的呼叫请求进行鉴权；对无线信道上的消息进行加密；对移动台的 IMSI 进行保护；对移动设备合法性进行识别。

1．鉴权

（1）下列情况需先经过鉴权。

① 移动台呼出及呼入。

② 移动台位置登记、位置更新。

③ 移动台补充业务的登记、使用、删除。

（2）鉴权过程。

GSM 鉴权过程如下。

① 用户购机入网时，电信部门将 IMSI 号和用户鉴权键 Ki 一起分配给用户。同时，该用户的 IMSI 和 Ki 存入 AUC。

② 在 AUC 鉴权中心按以下步骤产生一个用于鉴权和加密的三参数组。

a．产生一个不可预测的随机数 RAND。

b．以 IMSI、Ki 和 RAND 为输入参数由两个不同的算法电路（A8 和 A3）计算出密钥 Kc 和符号响应 SRES。

c．将 RAND、SRES、Kc 组成一个三参数组送往 HLR 作为今后为该用户鉴权时使用。

③ HLR 为每个用户自动存储 1～10 组三参数组，并在 MSC/VLR 需要时传给它。而在 MSC/VLR 中也为每个用户存储 1～7 组这样的三参数组。这样做的目的是减少 MSC/VLR 与 HLR、AUC 之间信令传送的频次。

④ 在呼叫处理过程中，MSC 向需被鉴权的移动台发送一组参数中的 RAND 号码，移动台据此再加上自身 SIM 卡内存储的 IMSI 和 Ki 作为 A3 鉴权运算电路的输入信号，算出鉴权的符号响应 SRES 并将其送回 MSC/VLR。

⑤ MSC 将原参数组中由 AUC 算出的 SRES 与移动台返回的 SRES 比较，若相同，则认为合法，允许接入，否则为不合法，拒绝为其服务。

GSM 鉴权过程如图 4-48 所示。

2．加密和解密

加密就是对在 BS 和 MS 之间无线信道上传递的消息加密，以防止第三者窃听。

加密原理参见例 4-1。

例 4-1

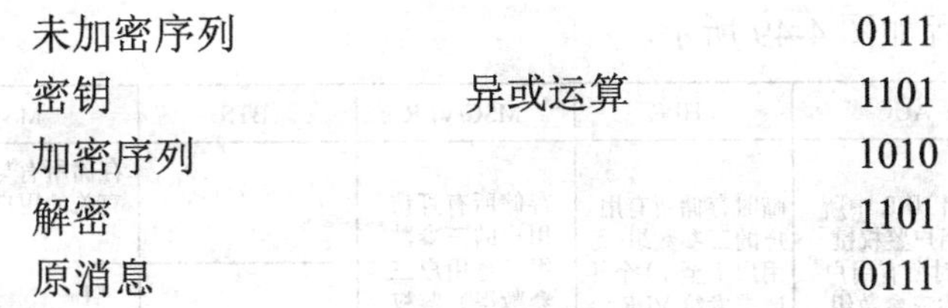

未加密序列		0111
密钥	异或运算	1101
加密序列		1010
解密		1101
原消息		0111

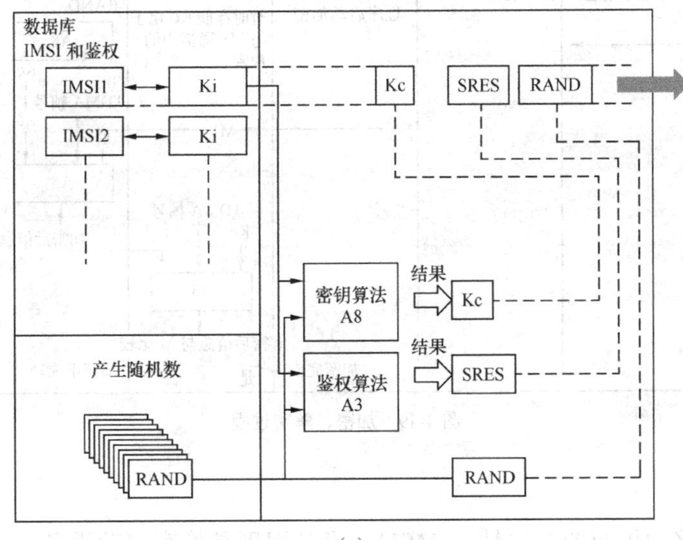

（a）

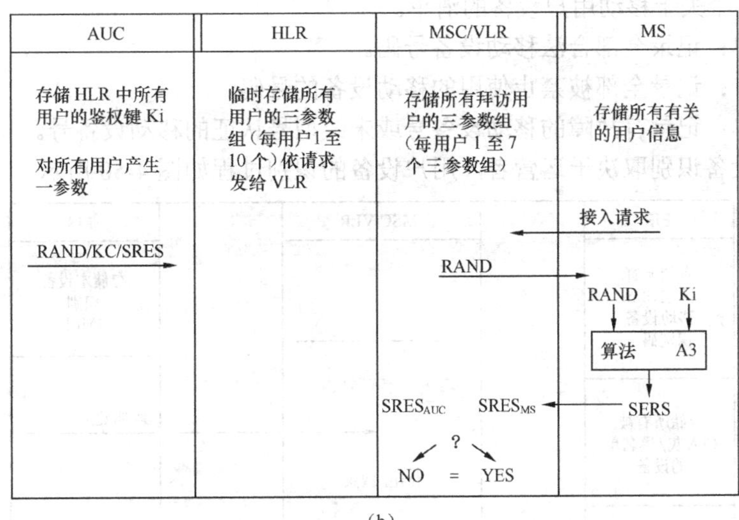

（b）

图 4-48　CME20 鉴权过程

加密过程如下。

（1）K_c、RAND、SRES 一起送往 MSC/VLR。

（2）MSC/VLR 启动加密进程，发加密模式命令“M”（一个数据模型）经基站发往移动台。

（3）在移动台中对“M”进行加密运算（A5 算法）。加密后的消息送基站解密。若解密成功（“M”被还原出来），则从现在开始，双方交换的信息（语音、数据、信令）均需经过

加密、解密步骤。

加密和解密过程如图 4-49 所示。

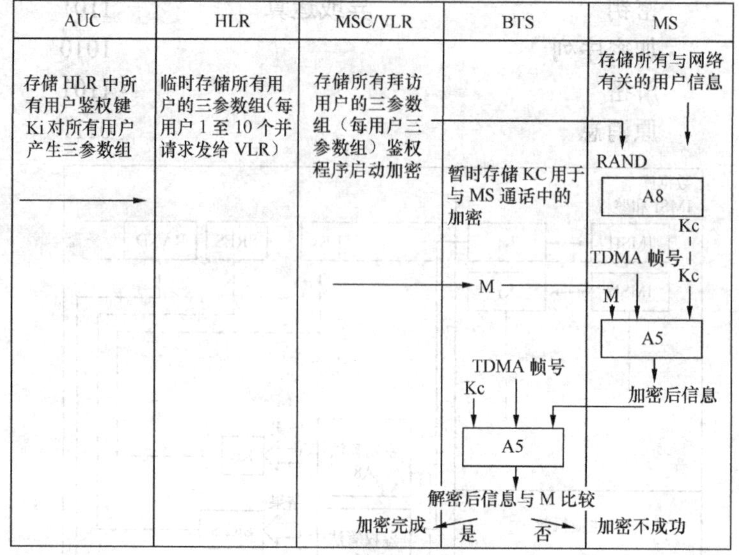

图 4-49　加密、解密过程

3. 设备识别

鉴权是检查移动用户的合法性（IMSI），设备识别是检查移动设备的合法性（IMEI）。EIR 中定义有三个关于移动用户设备的清单。

（1）白名单：记录全部合法移动设备号码。

（2）黑名单：记录全部被禁止使用的移动设备的号码。

（3）灰名单：记录有故障的移动设备号或未经型号认证的移动设备号。

是否起用设备识别取决于运营者，用户设备的识别过程如图 4-50 所示。

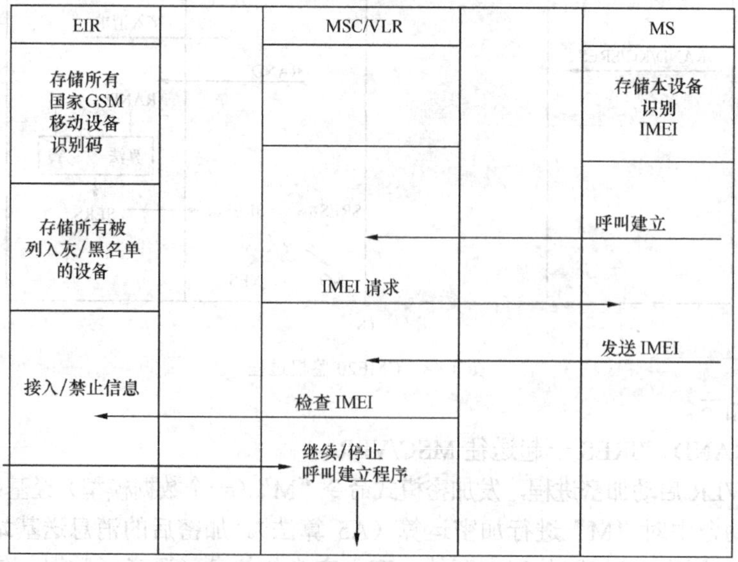

EIR
MSC/VLR
MS
存储所有国家GSM移动设备识别码
存储本设备识别IMEI
存储所有被列入灰/黑名单的设备
呼叫建立
IMEI 请求
发送 IMEI
接入/禁止信息
检查 IMEI
继续/停止呼叫建立程序

图 4-50　移动用户设备的识别过程示意图

本章小结

GSM 系统典型产品是爱立信的 CME20（包括 GSM900 和 DCS1800 标准）。用于 GSM 的 CME20 系统是在 AXE10 交换机基础上开发设计的，主要用来实现全双工的移动电话业务和各种数据业务。GSM 系统具有以下技术特点：采用 AXE 10 交换系统的技术；采用 TDMA 时分多址技术；采用高斯滤波最小移频键控调制技术（GMSK）；语音编码采用了波形编码和声源编码相结合的混合编码技术；速率可低于 16kbit/s；保密方式采用加密和用户身份鉴别的数字化处理技术，安全、保密性能好。GSM 系统由交换系统（SS）、基站系统（BSS）、操作支持系统（OSS）和其他网络节点组成。

GSM 无线数字传输和信号处理技术包括：时分多址；信号编码处理；跳频；话音信号的间断传输方式（DTX）；用户识别卡（SIM 卡）。GSM 的物理信道是指一个载频上一个 TDMA 帧的一个时隙，它相当于 FDMA 系统中的一个频道。用户通过某一个载频上的一个信道接入系统。用户在该信道上，即该时隙上发出的信息比特流称为突发脉冲序列。物理信道有 992 条。逻辑信道是从信息内容的性质角度划分的。把信道上传递的内容分成业务信息（语音、数据等）和控制信息（控制呼叫进程的信令）两大类。定义与之对应的逻辑信道称为业务信道和控制信道。逻辑信道有 12 条。业务信道（TCH）用于传送编码后的语音或数据信息。控制信道（CCH）用于传递控制信息，如控制呼叫进程的信令信息。突发脉冲序列是指移动台与基站间一个载频上 8 个时隙中任一时隙内（即在一帧中）发送的信息比特流，约为 156.25bit。突发脉冲序列分为 5 种类型：普通突发脉冲序列、空闲突发脉冲序列、频率校正突发脉冲序列、同步突发脉冲序列和接入突发脉冲序列。

GSM 的识别内容有编号系统、鉴权、加密及设备识别。CME20 提供以下安全保密措施：对接入网络的呼叫请求进行鉴权，对无线信道上的消息进行加密，对移动台的 IMSI 进行保护，对移动设备合法性进行识别。

本章最后介绍了移动台的漫游，移动台位置更新和位置登记。呼叫处理流程包括移动台主叫和移动台被叫。定位和切换，在 CMS8810 系统中的切换定位，只由系统单独完成，MS 并不参与。CME20 系统中的切换定位，由系统和 MS 同时参与。

习题和思考题

1. 移动通信系统 GSM 的组成，它的主要功能是什么？
2. 数字移动电话网的接口及主要作用是什么？
3. 在 GSM 系统中，业务信道用于传送什么？而控制信道的作用是什么？
4. 简述 GSM 的帧结构。
5. GSM 的主要识别内容有哪些？
6. 临时移动用户识别码（TMSI）有何作用？
7. 说明位置更新和位置登记的含义。
8. 说明定位和切换的含义。
9. 简述手机开机信号接续过程，并举例说明。

第 5 章 GPRS 和 EDGE 基本原理及优化

5.1 GPRS 基本原理

5.1.1 GPRS 的基本概念

目前 GSM 数据业务是基于电路交换的。每个连接都通过空中无线接口，使用一个 TDMA 时隙（信道）。数据传输的最大速率是 9.6kbit/s。目前使用最广泛的数据业务是短消息（SMS）。在 GSM 规范 PHASE2 与 PHASE2 + 中定义了几种新的数据业务,包括 14.4kbit/s 电路数据交换；增强型 SMS 业务；速电路数据交换（HSCSD）；通用无线分组业务（GPRS）。

GPRS（General Packet Radio Service）即通用无线分组业务，是叠加在 GSM 网络上并利用现有 GSM 系统资源来提供数据业务。与目前电路模式的发送和接收数据方式不同，它不需要给每个激活用户一条专用 GSM 电路，允许用户在 GSM 网上以分组模式（共享电路），端到端地发送和接收数据。

只有当真正地发送数据时才占用无线信道，并且这个信道可供小区内所有的用户共享。GPRS 非常适合有大量突发性发送和接收数据需求的业务。一方面，每个用户可以根据需要使用多个信道（最多 8 个）；另一方面，同一信道又可以由多个用户同时共享。GPRS 理论上能提供 9.05～171.2kbit/s 的数据传输速率。

GPRS 采用与 GSM 相同的频段、相同的频带宽度、相同的突发结构、相同的无线调制标准等，而且 GPRS 分组数据功能并不影响 GSM 系统支持的电路业务。

5.1.2 GPRS 系统结构和功能单元

GPRS 网络如图 5-1 所示，是通过在现有 GSM 网络中增加了网关 GPRS 支持节点（GGSN）和服务 GPRS 支持节点（SGSN）来实现的，使用户能够在端到端分组方式下发送和接收数据。

GPRS 分四部分：移动台（MS）、基站子系统（BSS）、电路交换子系统（CSS）和分组交换子系统（PSS）（包括 SGSN 和 GGSN），以下是需要新引进的设备或节点。

（1）移动台（即手机），支持 GPRS 手机的现在有三种类型。A 类：数据通信，语音通信可以同时进行；B 类：可以进行数据通信，也可以进行语音通信，但不能同时进行，同一

时间只能进行其中一种通信；C 类：只能进行数据通信。

目前市场上出售的大部分 GPRS 手机都是 B 类手机，并标有 3D1U 字样。

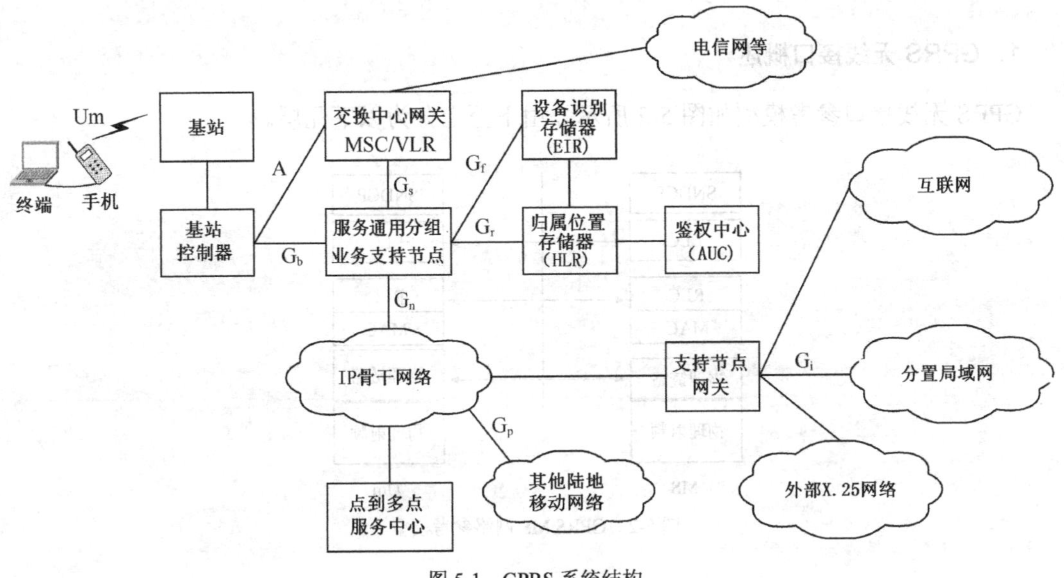

图 5-1　GPRS 系统结构

（2）基站（Base Trasceiver Station，BTS）：负责无线信号的接收和发送。

（3）基站控制器（Base Station Controller，BSC）：无线控制功能。

（4）分组控制单元（Packet Control Unit，PCU）：是 BSC 新增硬件，爱立信产品是在 BSC 内增加了一个独立的机框，负责将 BSC 接收和发送信号打包/拆包，实现电路交换到分组交换的第一步转换。

（5）业务网关支持节点（Service Gateway Support Node，SGSN）：是 GPRS 系统的核心功能模块，相当于 GSM 中的 MSC。

（6）GPRS 网关支持节点（Gateway GPRS Support Node，GGSN）：为用户上网提供 Internet 接口。

5.1.3　接口

Sm 是 SIM 与 MS 之间接口。Um 是移动台与基站之间的接口，用来通过无线信道向 MS 提供分组业务。Gb 是基站子系统与 SGSN 之间的接口，用于交换信令信息和用户数据。Gs 是 SGSN 与 MSC/VLR 之间的接口，用于 SGSN 与 MSC/VLR 配合实现诸如联合位置更新、经由 GPRS 进行 CS 寻呼等功能。Gd 是 SGSN 与短信中心接口，用于 SGSN 与短信中心之间传送短消息。Gv 是 SGSN 与 HLR/AUC 之间的接口，用于 SGSN 和 HLR 交换有关移动台位置和用户数据的信息。Gc 是 GGSN 与 HLR/AUC 之间的接口，用于当网络发起 PDP 上下文激活时，GGSN 和 HLR 之间交换信息。Gn/Gp 是 GSN 之间的接口，包括传输平台和信令平台，传输平台用于提供用户数据的传输隧道，信令平台提供路径管理、隧道管理、移动性管理、位置管理的信令交换。Ga 是计费网关与 GSN 的接口，计费信息和信令的传递。Gi 是 GSN 与外部数据网之间的接口。

5.1.4　GPRS的无线子系统

1. GPRS无线接口概述

GPRS无线接口参考模型如图5-2所示。由下至上分为以下几层。

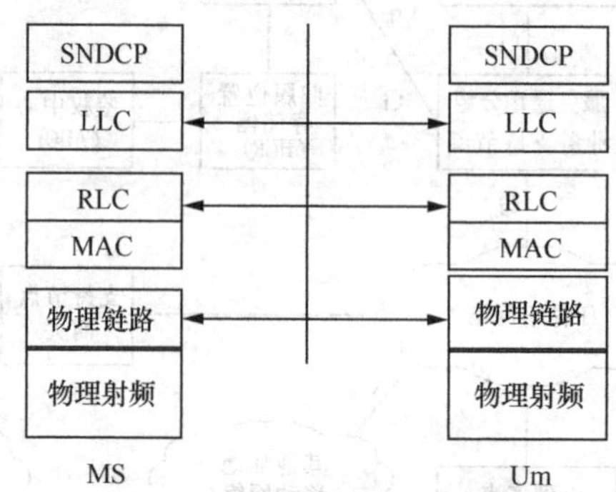

图5-2　GPRS MS网络参考模型

（1）物理射频层主要规定了载波特性、信道结构、调制方式以及无线射频的指标。

（2）无线链路主要的控制功能包括时间提前量的确定、无线链路信号质量、小区选择及重选、功率控制等。

（3）数据链路层的低层部分（RLC/MAC）提供在物理层之上的信息传送能力。它的主要功能包括采用有选择的重传进行反向纠错，以及允许多个MS共享信道资源的动态信道分配方式。RLC/MAC使用物理层的业务，而更高层的用户使用RLC/MAC层的业务。

（4）LLC以上的信令及其功能。

2. GPRS无线接口的基本工作原理概述

（1）无线信道结构。

承载分组逻辑信道的物理信道称为分组数据信道（PDCH）。PDCH的逻辑信道可分为业务信道和控制信道两大类。

① 业务信道

GPRS的分组业务信道（PDTCH，负责数据传送）是在分组交换模式下承载用户数据。它用于一个MS或在点对多点广播方式中，可指定广播到一组MS。在多个时隙工作时，一个MS可并行使用多个PDTCH用于一个数据分组传送。由于不同的逻辑信道可以复用在一个物理信道上，PDTCH可承载0～21.4kb/s的纯数据速率（包括RLC字头）。

与电路型双向业务信道所不同的是，PDTCH为单向业务信道，它或者是上行信道以用于移动台发起的分组数据传送，或者是下行信道以便于移动台接收分组数据。

② 控制信道

控制信道用于承载信令或同步数据。控制信道可分为三类：广播控制信道、公共控制信

道和专用控制信道。

a．广播控制信道。下行链路的分组广播控制信道（PBCCH）广播分组数据的特定系统信息。如果不配置 PBCCH，则由原有的 BCCH（广播控制信道）中广播分组操作的信息。

在 BCCH 上将会给出明确的指示，本小区是否支持分组数据业务。如果支持且具有 PBCCH（分组广播控制信道）则会给出 PBCCH 的组合配置信息。

b．公共控制信道。分组公共控制信道（PCCCH）用于分组数据公共控制信令的逻辑信道，包括以下控制信道：

分组寻呼信道（PPCH）：下行信道，用于寻呼移动台。PPCH 也使用寻呼组，可支持 DRX。PPCH 可用于电路交换和分组交换数据业务寻呼，但电路交换业务的寻呼仅适用于 A 级和 B 类的移动台。

分组随机接入信道（PRACH）：上行信道，移动台发送随机接入信息或对寻呼的响应以用于请求分配一个或多个 PDTCH。

分组接入准许信道（PAGCH）：下行信道：用于向移动台分配一个或多个 PDTCH。当 MS 工作在分组传输方式时，也可在分组随路控制信道（PACCH）上为电路交换业务寻呼移动台。

分组通知信道（PNCH）：下行信道，用于通知移动台 PTM-M 的呼叫。

如果未分配分组公共控制信道，分组交换操作的信息将会在 CCCH 上传送。如果分配了分组公共控制信道，它也可传送电路型的信息。

c．专用控制信道。分组随路控制信道（PACCH）传送包括功率控制信息、测量等信息。PACCH 还携带资源分配和再分配信息。可用于 PDTCH 容量分配或将来新增加 PACCH。一个 PACCH 可以对应分配给一个 MS 的一个或几个分组数据业务信道。PACCH 为双向信道。

分组定时控制信道-上行（PTCCH/U）：用于传送随机突发脉冲以估计分组传送模式下的时间提前量。

分组定时控制信道-下行　（PTCCH/D）：用于向多个移动台传送定时提前。

（2）逻辑信道与物理信道的映射。

上述的 GPRS 逻辑信道可以按以下 4 种方式组合到物理信道上：

① PBCCH + PCCCH + PDTCH + PACCH + PTCCH

② PCCCH + PDTCH + PACCH + PTCCH

③ PDTCH + PACCH + PTCCH

④ PBCCH + PCCCH

PCCCH 将会映射到不同于 CCCH 的物理信道上。但一个小区并不一定固定分配一个 PCCCH。当未分配时，由 CCCH 来传送分组信息。

一个 PDTCH 可映射到一个物理信道。一个 MS 可最多分配 8 个 PDTCH（在同一载波上不同的时隙）。

一个 PACCH 可映射到一个物理信道。PACCH 以块为单位动态分配，但 PACCH 和 PDTCH 之间保持相对固定的关系。如果 MS 指配了一个 PDTCH，其相对应的 PACCH 应处于同一物理信道。如果在多时隙操作下，指配了多个 PDTCH，则 PACCH 会分配在业务信道之一的物理信道上。

5.1.5 GPRS的信道编码方式

GRPS 提供了 4 种编码方式即 CS-1～CS-4。对于分组业务信道承载 RLC（无线链路控制）数据块可采用 CS-1～CS-4 不同的编码方式，其数据速率分别为 9.05kbit/s,13.4kbit/s,15.6kbit/s,21.4kbit/s。

CS-1 的编码方式与电路型 SDCCH 信道编码方式相同，其载干比（C/I）可保持在 6dB。网络应根据数据速率要求和无线传输的质量来动态选择不同的编码方案。每个时隙都可以选择不同的编码方案。当网络无线传输质量较好时，意味着错误无线块重传的概率较小。这时可采用信息量更大的CS-2编码。

采用 CS-1 和 CS-2 信道编码方案时，数据速率仅为 9.05kbit/s 和 13.4kbit/s（包括 RLC 块字头），但能够保证实现小区的100%和90%覆盖时，能满足同频道干扰 C/I≥9dB 要求。原因是 CS-1 和 CS-2 编码方案中 RLC（无线链路控制）块的半速率和 1/3 速率比特用于前向纠错FEC，因此降低了C/I要求。

虽然 CS-3 和 CS-4 编码方案数据速率较高，为 15.6kbit/s 和 21.4kbit/s（包括 RLC 块字头），但它们是通过减少和取消纠错比特换取数据速率的提高。因此 CS-3 和 CS-4 编码方案要求较高的载干比（C/I）值。不同编码方式对比如表 5-1 所示。

表 5-1　　不同编码方式对比

Coding	Info.bits	Max.data rate per TS（kbit/s）	C/I（dB）
CS 1	160	8.0	6
CS 2	240	12.0	9
CS 3	288	14.4	12
CS 4	400	20.0	17

5.1.6 GPRS主要业务及业务建立流程

GPRS 网络目前主要承载四种数据业务：第一种是 WAP 业务；第二种是 MMS 业务；第三种是Internet接入业务；第四种是企业接入业务。

1. GPRS网络附着过程（手机启动）

如图5-3所示。

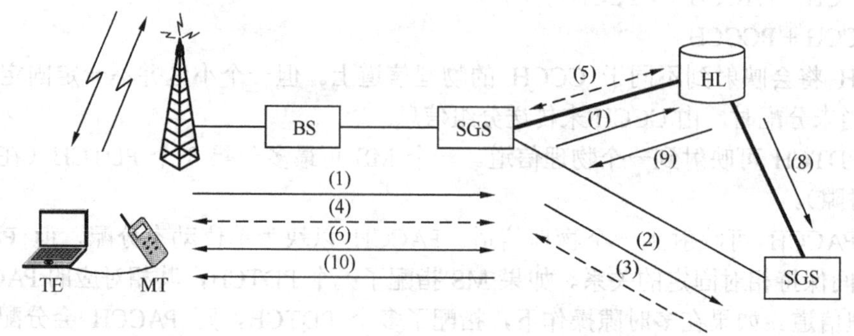

图 5-3　GPRS网络附着过程

（1）MS 通过 BSS 和 PCU 向 SGSN 申请 Attach（old RAI，old P_TMSI）请求。

（2）新 SGSN 通过旧的 RAI 识别出旧 SGSN 并请求提供 IMSI 号码。

（3）如果旧 SGSN 存有 MS 数据则发送 MS 的 IMSI 和鉴权三元组到新 SGSN。

（4）如果旧 SGSN 不存有 MS 数据或与旧 SGSN 通信失败，新 SGSN 则要求 MS 发送 IMSI。

（5）新 SGSN 根据 MS 的 IMSI 从 HLR 中获得鉴权三元组数据。

（6）新 SGSN 对 MS 进行鉴权。

（7）新 SGSN 发送 Update_Location（IMSI，新 SGSN GT 地址）消息到 HLR。

（8）HLR 发送 Cancel_Location 消息到旧 SGSN 删除 MS 的登记信息。

（9）HLR 发送 Update_Location 的应答消息到新 SGSN 并将用户数据登记到该 SGSN 上。

（10）如需要，新 SGSN 将通知用户使用新的临时标识用于数据通信（P_TMSI 和 TLLI）。

2. PDP 上下文激活过程（手机启动）

（1）手机向 SGSN 申请 PDP 要求。

（2）SGSN 验证其激活请求后将其申请 APN 送至 DNS 进行解析，获得 GGSN 地址。

（3）SGSN 将激活请求发送至相应的 GGSN。

（4）GGSN 根据 APN 确定是否进行鉴权或发起地址分配请求，同时为用户生成 PDP 上下文数据，并确定路由方式。

（5）如果需要，GGSN 分配一个动态 PDP 地址。

（6）SGSN 向手机发送确认消息。

3. WAP 业务和彩信业务

如图 5-4 所示，CMWAP 是用户通过 GPRS 上 WAP 浏览网页的 APN，也是彩信发送所需要的 APN。RADIUS 提供用户号码鉴权功能及发送计费信息，主要用于 CMWAP，放置于北京。当 RADIUS 不正常时，会导致 CMWAP 使用异常。

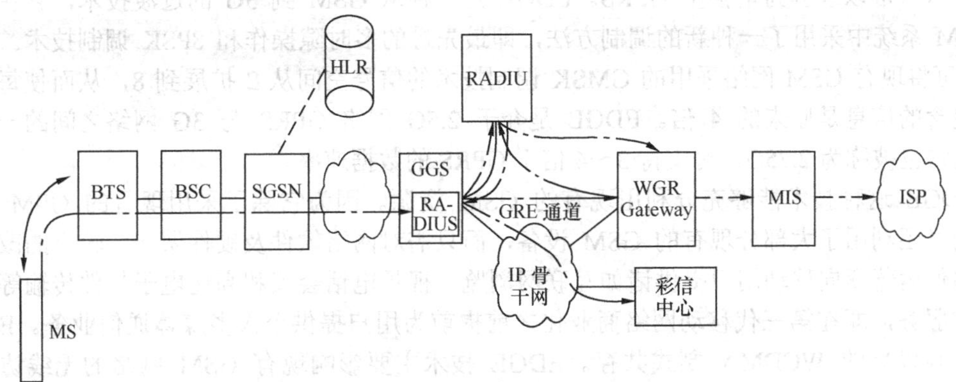

图 5-4　WAP 业务和彩信业务示意图

由于 CMWAP 激活和话务通道经过的设备比较多，其中任何一个节点出现问题，都会导致使用异常，所以 CMWAP 是 GPRS 投诉比较多的业务之一。

APN（Access Point Name）为“接入点名称”，用来标识 GPRS 的业务种类。

4．Internet 业务

如图5-5所示，通过CMNET激活上Internet，是随E卡用户用得比较多的业务。CMNET的话务通道比较简单，业务相对比较稳定。我们在测试中使用FTP的上传、下载，也是这种业务的应用，是最主要的应用。

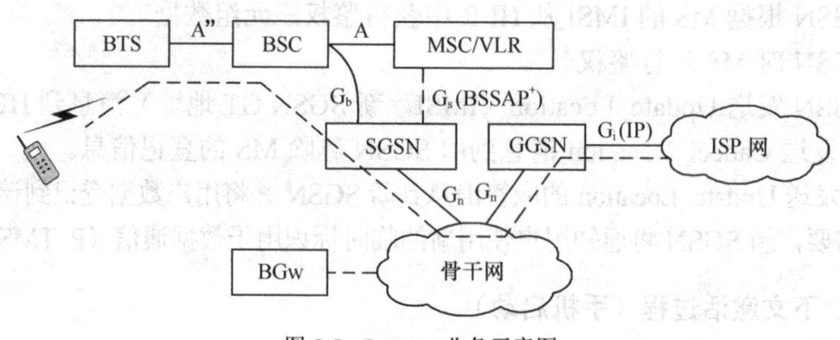

图5-5 Internet 业务示意图

5．GPRS 功能的开启

开启GPRS功能非常简单，只需要1条指令：RLGSI：CELL = XXX；
关闭GPRS功能指令：RLGSE：CELL = XXX；

5.2 EDGE 基本原理

5.2.1 EDGE 的基本概念

EDGE是英文Enhanced Data Rates For GSM Evolution的缩写，即增强型数据速率GSM演进技术，可以理解为增强型GPRS。EDGE是一种从GSM到3G的过渡技术，它主要是在GSM系统中采用了一种新的调制方法，即最先进的多时隙操作和8PSK调制技术。由于8PSK可将现有GSM网络采用的GMSK调制技术的信号空间从2扩展到8，从而使每个符号所包含的信息是原来的4倍。EDGE是介于2.5G网络GPRS与3G网络之间的一种技术，通常也被称为2.75G，可支持3～4倍于GPRS的数据速率。

EDGE这种技术能够充分利用现有的GSM资源。因为它除了采用现有的GSM频率外，同时还利用了大部分现有的GSM设备，而只需对网络软件及硬件做一些较小的改动，就能够使运营商向移动用户提供诸如互联网浏览、视频电话会议和高速电子邮件传输等无线多媒体服务，即在第三代移动网络商业化之前提前为用户提供个人多媒体通信业务。EDGE还能够与以后的WCDMA制式共存。EDGE技术主要影响现有GSM网络的无线访问部分，即收发基站（BTS）和GSM中的基站控制器（BSC），而对基于电路交换和分组交换的应用和接口并没有太大的影响。

EGPRS定义了9种编码、调制方案，并且采用了自适应编码、自适应调制方式。

由于信道质量是时变的，为了保证链路的鲁棒性，有必要进行链路质量控制。链路质量控制技术包括链路匹配和逐步增加冗余度两个方面。

5.2.2　EDGE 的技术原理与升级

1．调制技术及编码选择

应用 EDGE 技术的目的是为了在现有蜂窝系统中提供更高的比特率。为了提高总的比特率，引入了多电平调制方式（8-PSK 调制。它能提供更高的比特率和频谱效率。GSM 系统中使用的 GMSK 的调制方式也是 EDGE 的调制方式的一部分。两种调制方式的符号率都是 271kbit/s，因此，每时隙的总比特率分别为 22.8 kbit/s （GMSK）和 69.6 kbit/s （8-PSK）。8-PSK 用于用户的数据信道，GMSK 调制用于 GPRS 的 200kHz 载波上的所有控制信道。

不断增加的 EDGE 比特率对 GSM 网络结构提出了新的要求。从表面上看 A-bis 接口是一个瓶颈，因为这个接口目前能支持的每业务信道速率为 16kbit/s，而引入 EDGE 后，每个业务信道能支持的每业务信道速率能达到了 64kbit/s，因而需要给每个业务信道指配多个 A-bis 接口时隙。然而，16kbit/s 这个极限早在 GPRS 引入两种编码方式（CS3 和 CS4）时就被突破了，即最大码率可达到 22.8kbit/s。因此，受 A-bis 限制的问题已经解决了，这是一个与 GPRS 有关，而与 EDGE 无关的修正方法。

对基于 GPRS 的分组业务，由于其他节点的接口都能够处理更高的比特率了，因此也不会受到影响。但对基于电路交换的业务，A 接口可以处理每用户 64kbit/s 的业务，EDGE 电路交换的承载者是不能超越的。

EDGE 的引入使得空中接口必须变更，因而直接影响了基站和移动终端的设计，要使新开发的基站和移动终端必须支持 8-PSK 的调制方式。

2．GPRS 与 EDGE 基本参数的比较

GPRS 与 EDGE 基本参数的比较如表 5-2 所示。

表 5-2　　GPRS 与 EDGE 基本参数的比较

	GPRS	EDGE
调制方式	GMSK	GMSK/8-PSK
调制比特率	207kbit /s	810kbit /s
每时隙无线数据速率	22.8kbit /s	69.2kbit /s
编码方式	CS1～CS4	MCS1～MCS9
每时隙用户数据速率	20kbit/s（CS4）	59.2kbit /s（MCS9）

3．GPRS 与 EDGE 速率比较

GPRS 与 EDGE 速率的比较如图 5-6 所示。

4．硬件及软件升级

（1）硬件要求。

目前能够支持 EDGE 功能的基站硬件主要有微蜂窝 RBS2308 和宏蜂窝 RBS2206/2106，但是现网上使用的大多数设备都是 RBS2202 和微蜂窝 RBS2302 等，它们都不可以支持 EDGE 功能。

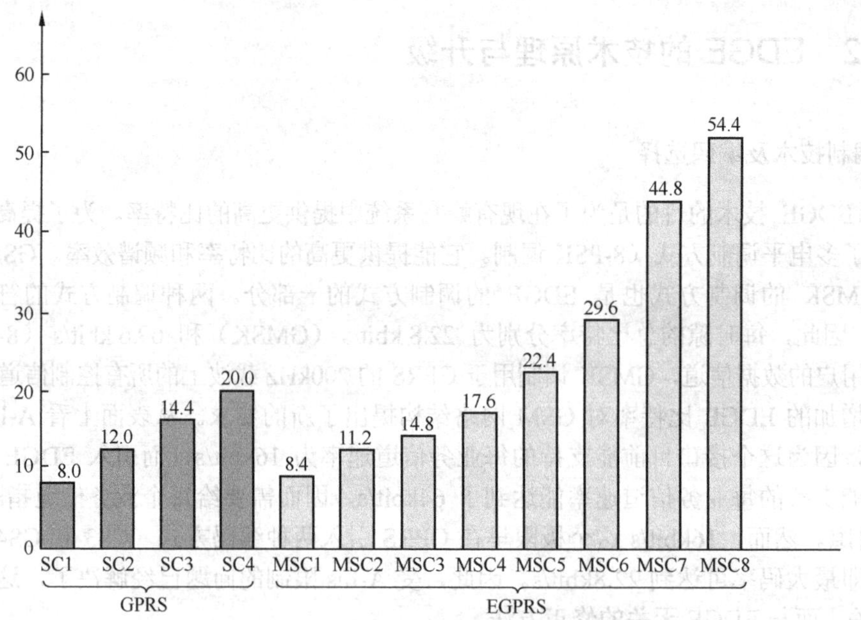

图 5-6　GPRS 与 EDGE 速率比较

对此，爱立信提出了解决方案，RBS2202 在原来的基础上通过硬件更换和软件升级，可以支持 EDGE 功能而 RBS2302 只能更换成 RBS2308 才能支持 EDGE 功能。对原来 RBS2202 基站的改造，更换新的 DXU-21A，更换或增加一定数量的 STRU（RBS××××是爱立信公司 AXE-1 基站设备型号）。

（2）软件支持

对 RBS2202，基站软件版本需升级为 B3991R004F 或以上；对 RBS2206/2106 和 RBS2308，基站软件版本需升级为 B1922R002H 或以上。

5.2.3　小区数据定义

总的来说，一个小区的数据可以分为四大部分：小区参数、相邻关系、MSC 上的定义、MO 部分（硬件部分，包括分配传输）。

爱立信交换机的指令都是 5 个字母组成的，每条完整的指令都是由“;”号结尾。在网优所接触的指令有这样一些规律：RL 开头的指令，都是针对小区的，所以指令后面的参数都有 CELL = 。如 RLDEP:CELL = ALL;（查看所有小区的基本定义）。

RX 开头的指令，都是针对 MO 的，所以指令后面的参数都是 MO= ，如果查看所有 MO，则参数是 MOTY= 。如 RXMOP:MO = RXOCF-1;（查一个 CF）。RXMOP:MOTY = RXOCF;（查所有 CF）。

记住这两个规律以后，就不会张冠李戴了，避免出现 RL 指令后面加 MO 参数，或者 RX 指令后面加 CELL 参数的情况了。其中，I 结尾的指令，是用于定义和初始化，I 表示 Initial。C 结尾的指令，是用于修改的，C 表示 Change。E 结尾的指令，是用于删除或结束，E 表示 End。P 结尾的指令，是用于查看结果和状态，P 表示 Print。P 指令是最常用的指令，因为它很安全，操作起来不会对网络造成影响，我们平常也需要经常查看设备状态。

RLDGI：CELL = XXX，CHGR = Y。

多定义一个 CHGR，这个 CHGR 是给 EDGE 专用的，这个 CHGR 的频点必须是普通的频点，因为 EDGE 不支持 EGSM 频点。

RLCFI：CELL = XXX，CHGR = Y，DCHNO = 89；

定义一个 EDGE 频点，如果有 2 个 EDGE 载波，则需定义 2 个 EDGE 频点。

RLBDC：CELL = XXX，CHGR = Y，NUMREQEGPRSBPC = Z；配置 EDGE BPC，其数目 Z 与业务传输时隙相匹配。如果 Z 大于 EDGE 传输时隙个数，会出现上网不稳定，甚至掉线的情况。

5.2.4　MO 数据定义

BSC 控制一组基站，其任务是管理无线网络，即管理无线小区及其无线信道，并提供基站至 MSC 之间的接口。无线设备的操作和维护，移动台的业务过程。主要表现在对 RBS 设备管理（MO）和小区资源的管理（CELL）。

MO 的组成是这样的，即每个 MO 对应基站上的一部分硬件，实现一定的功能，我们可以通过查找 MO 的状态判断硬件的问题，例如，对于 2000 站，主要有以下几个 MO，即 TG-CF-IS-TF-CON-TRX-TX-RX-TS。

TG-收发信机组，通过 TG 号来区分不同的收发信机设备。一个 TG 可以连接一个小区，也可以连接两个小区或三个小区。

CF-对应硬件的 DXU，中央处理单元，也是 MO 中最重要的部分，CF 的状态不正常，影响到整个小区的运作。

IS-DXU 里的组件，作用是 DCP 之间的动态分配传输。

TF-用于同步。

CON-用于信令压缩，没有用信令压缩可不定义此 MO。

TRX-收发信机，也就是载波。

TX-发射机。

RX-接收机。

TS-时隙。

MO 部分与硬件有密切关系，必须在硬件做好和传输对通之后这部分数据才会正常。平时的硬件扩容减容，在 MO 数据方面也要相应地做出增减。所以这部分的指令和状态我们必须很熟悉。

RXMOI：MO = RXOTG-100，COMB = HYB，RSITE = XXX，SWVER = B1922R002H，TRACO = POOL。

RBS2308、RBS2206 的基站软件版本是 B1922R002H，RBS2202 升级 EDGE 的软件版本是 B3991R004F。

RXMOC：MO = RXOTRX-100-0，CELL = XXX，CHGR = 0；每个载波必须连到固定的 CHGR。

RXMOI：MO = RXOTRX-100-3，TEI = 3，DCP1 = 205，DCP2 = 206&&213，SIG = UNCONC；

EDGE 载波位置与 DCP1 和 DCP2 及 TEI 值的对应关系如表 5-3 所示。

表 5-3　　EDGE 载波位置与 DCP1 和 DCP2 及 TEI 值的对应关系

TRU	TEI	DCP1	DCP2
TRU-0	0	178	179&&196
TRU-1	1	187	188&&195
TRU-2	2	196	197&&204
TRU-3	3	205	206&&213
TRU-4	4	214	215&&222
TRU-5	5	223	224&&231
TRU-6	6	232	233&&240
以此类推……			

RXTCI：MO = RXOTG-100，CELL = XXX，CHGR = Y；将 EDGE 专用的 CHGR 与 CELL，TG 相连。

RXAPI：MO = RXOTG-100，DEV = RBLT-13&&-20，DCP = 13&&20，RES64K；定义 EDGE 的业务传输时隙。因为 EDGE 的业务信道的速率是 64kbit/s，因此必须定义一定的传输时隙用来传送 EDGE 数据业务，一个 STRU 最多需要 8 个 64k 业务时隙。

一个 EDGE 载波最多能定义 8 个 EDGE 时隙，但如果不需要开启这么多个 EDGE 时隙时，其他时隙可以当作普通 TCH 使用。

5.3　EDGE 无线网络的优化

5.3.1　网络性能评估分析流程

网络性能评估分析流程如图 5-7 所示。

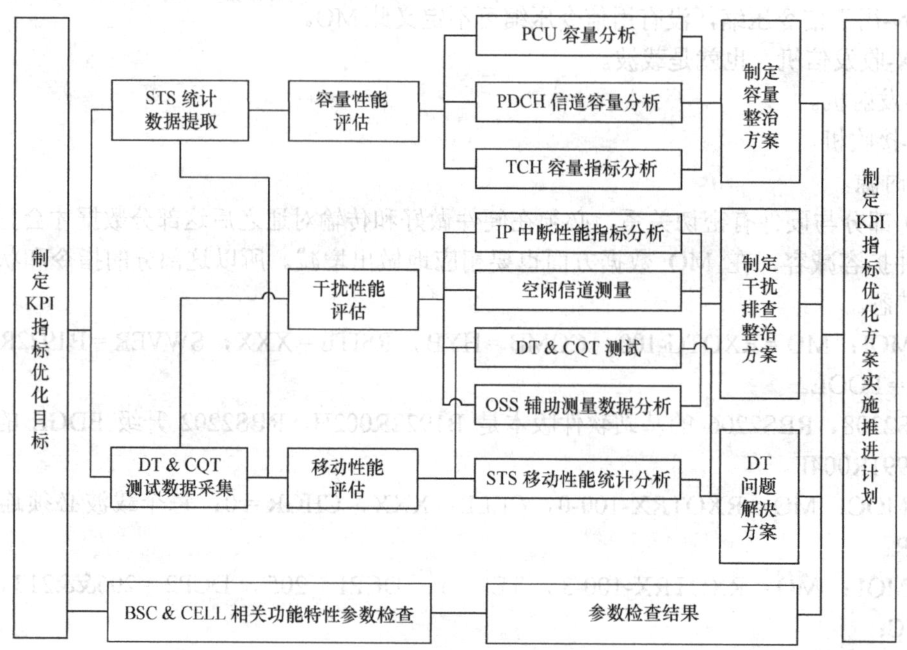

图 5-7　网络性能评估分析流程

5.3.2　干扰性能分析

1. 信息来源

（1）STS 统计（RLC 吞吐率，重传，CS 性能指标等）。
（2） DT 测试数据（C/I，RLC 吞吐率，信号强度等）。
（3）网络配置信息（参数设置，特性功能使用，小区规划等）。
（4）其他辅助工具（如 RNO 的干扰测量记录）。

2. 媒介干扰

低吞吐率（EDGE 的 CS-3 和 CS-4 比 CS-1 和 CS-2 更加敏感）。

3. 强干扰

（1）较差的小区重选性能。
（2）无线通信中断（无线"掉话"）。
（3）Window stalling（较多重传）。

4. 造成干扰的因素

（1）上行或下行网内干扰——差频率规划。
（2）外部干扰。
（3）参数设置不合理——越区覆盖，MS 登录"错误"的小区。
（4）硬件故障等。

5. 干扰排除

（1）一致性检查，正确设置参数及激活相关 features。
（2）关注 RLC 吞吐率最坏的小区。
（3）是否达到"质差"问题。
（4）如果 CS 业务同样差的小区，对比 RNO 数据和 STS 来分析问题等。

6. 相关参数设置

（1）GPRS MS 功率控制：ALPHA，GAMMA（不考虑质量）。
（2）LA & CHCSDL（链路自适应及初始编码方式）。
（3）CRO，CRH（大的偏移和迟滞值可能增加干扰）。
（4）GSM 的相关干扰控制参数，功率控制等。
（5）EDGE 相关参数：LQCMODEDL，LQCMODEUL，EGPRSIRUL，LQCHIGHMCS，LQCDEFAULTMCSDL，LQCDEFAULTMCSUL，LQCUNACK。

5.3.3　容量性能分析

1. 信息来源

（1）网络容量配置（HW 配置，参数设置，features 的使用）。
（2）STS 统计（GSL 利用率，可用 PDCH，信道共享）。

2．容量问题造成的影响

（1）可用 PDCH 不足。
① IP 吞吐率低。
② 由于清空使得数据传输中断。
③ 根本没有信道可服务。
（2）高的 PDCH 共享因子。
IP 吞吐率低。
（3）PCU 容量受限。
① GSL 设备不足。
② RPP 拥塞。
（4）CCCH 拥塞。
CS 信令比 PS 优先。
（5）多时隙复用。
① MS 能力（multislot class）。
② PSET 的预留模式（是否有连续的信道）。
（6）缺乏 Abis 资源。
On-demand E/GPDCH 分配失败。

3．影响 PDCH 容量的参数

（1）GPRS 参数。
① FPDCH。
② PDCHPREEMPT。
③ TBFxLLIMIT。
（2）CS 参数。
① SAS（Single slot allocation strategy）。
② FR/HR parameters。
③ CLS parameters。
④ SDCCH configuration。
⑤ GPRSPRIO。

4．PDCH 容量的解决措施

（1）CS 话务均衡。
① HCS，不同层小区尽量分开 CS 和 PS 业务。
② CLS，尽量分担小区的 CS 话务出去。
③ Halfrate，开启半速率解决拥塞问题。
（2）SDCCH 重配置。
小区内 SDCCH 信道集中在某载波上，使得空闲信道在 PEST 里面保持连续集中。
（3）GPRS 参数优化。
① 设置更多的 FPDCH。

② GPRSPROI 和 PDCHPREEMPT 设置保护 PDCH，尽量不被清空。

（4）增加新的 TRU。

5．PCU 容量的解决措施

（1）参数 PILTIMER 的优化。

① 设置较大时，空闲的 On-demand 信道保持时间更长，更多的 GSL 被占用。

② 设置较小时，更多的 On-demand 信道被分配，频繁分配造成 CPU 负荷高。

（2）增加更多的 RPP 板。

RPP 扩容。

（3）专用的信道是否在用。

减少空闲的 FPDCH 数目。

（4）TBFxLLIMIT 参数优化。

① 设置较大时，信道共享给更多用户，导致数据带宽变小。

② 设置较小时，需要分配更多的 PDCH 信道，造成 RPP 负荷高。

6．影响 CCCH 容量的参数

（1）BCCHTYPE（SDCCH/8）。

（2）IMSI 或者 TMSI 寻呼。

（3）保留模块 AGBLK。

（4）寻呼周期的长度 MFRMS。

（5）LA 的规划。

7．CCCH 容量的解决措施

（1）使用 TMSI 寻呼（TMSIPAR）。

（2）重划分 LA/RA 大小和边界。

（3）MFRMS 参数调整。

设置小可以减少寻呼拒绝次数。

5.3.4　移动性能分析

1．信息来源

（1）DT 测试数据。

小区重选时，耗时、信号质量、邻区信号强度等。

（2）STS 统计。

RA/PCU 之间或之内的小区重选，缓冲器清空次数等。

（3）Gb 接口数据。

用信令分析仪收集 Gb 接口的数据进行小区重选分析。

2．影响移动性能的参数

（1）小区重选参数：CRO，CRH，PT，TO，ACCMIN。

（2）使用网络辅助小区重选功能：NACCACT。

EDGE相关的BSC无线特性参数和小区级相关的无线特性参数如表5-4和表5-5所示。

表5-4　EDGE相关的BSC无线特性参数

特性	简介	缺省值	推荐值
LQCACT	上下行LQC	0，上/下行LQC不打开	3，上下行LQC打开
LQCIR	下行LQC采用LA/IR模式还是LA模式	1，LA/IR模式	1，LA/IR模式
LQCDEFAULTMCSDL	下行LQC关闭时，编码方式MCS缺省值	5，MCS-5	5，MCS-5
LQCDEFAULTMCSUL	上行LQC关闭时，编码方式MCS缺省值	3，MCS-3	5，MCS-5
LQCHIGHMCS	编码方式MCS最大值	9，MSC-9	9，MSC-9
LQCUNACK	ELQC功能即或后，在UNACK模式下编码方式的选择	1，LQC采用的编码方式减1	1，LQC采用的编码方式减1
PSETCHKPERIOD	FPDCH信道检查周期，尽量分在最佳的TCH上	5，5min	5，5min
GPRSNWMODE	GPRS网络模式	2，无Master PDCH，无Gs接口	2，无Master PDCH，无Gs接口
PILTIMER	空闲On-Demand PDCH变成TCH的时延	20，20s	10，10s
PDCHPREEMPT	CS业务忙时，预清空PDCH信道的方式	0，任何On-Demand PDCH都可能被清空	1，不清空承载TAI的信道，至少给用户保留1个信道
GPRSPRIO	GPRS优先级	0	1，半速率算法认为信道为忙
TBFDLLIMIT	每个PDCH上，同时最多TBF数目	2，最大值为8	2
TBFULLIMIT	每个PDCH上，同时最多TBF数目	2，最大值为6	2
DYNULDLACT	动态上下行资源分配	0，打能未打开	1

表5-5　小区级相关的无线特性参数

序号	参数名	参数值	意义	推荐设置	CELL_type
1	FPDCH	0-8	专用信道数目		
2	PDCHALLOC	First	FPDCH优先占用BCCH载频		
		Lsat	FPDCH优先占用非BCCH载频	Last	EDGE
		Nopref	不定义优先级别	Nopref	GPRS
3	LA	ON	激活链路自适应功能	ON	EDGE
		OFF	不激活链路自适应功能		
4	CHCSDL	CS-1/2/3/4	DL　初始编码方式	CS-2	EDGE
		NA	使用交换属性默认编码方式		

续表

序号	参数名	参数值	意义	推荐设置	CELL_type
5	PSKONBCCH	Enabled	BCCH 载频支持 8-PSK	Enabled	GPRS&EDGE
		Disabled	BCCH 载频只支持 GMSK		
6	GAMMA	0-62	输出功率调节控制	18	GPRS&EDGE
7	ECSC	Yes	允许及早发送手机级别	Yes	GPRS&EDGE
		No	不允许及早发送手机级别		
8	CRH	0-14	小区重选迟滞值		

5.3.5 优化案例

1. 优化案例 5-1：PCU 拥塞率优化

PCU 拥塞率如图 5-8 所示。

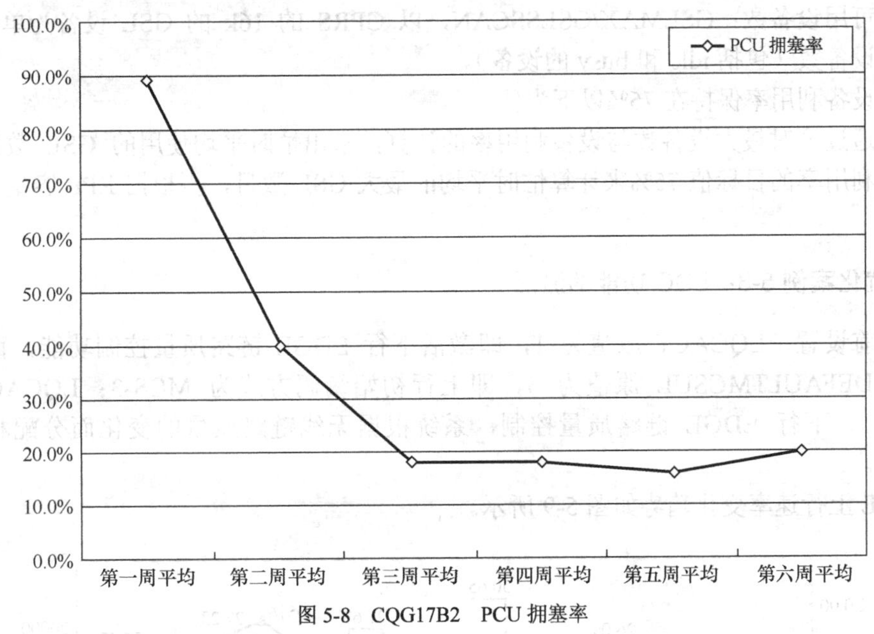

图 5-8 CQG17B2 PCU 拥塞率

优化措施如下。

（1）BSC 属性参数 PILTIMER 值的修改，由 20→10，缓解 PCU 的负荷工作。

（2）解闭不合理闭掉的 RPP 设备，增加 PCU 容量，缓解 BSC PCU 拥塞严重的情况。

（3）修改 GPRS 路由区的周期性更新时钟（SGSN 中的 Reachable_timer），由之前的 54min 改为 70min。

（4）减少不必要的 FPDCH 信道。

（5）设备利用率：GSLUTIL/GSLSSCAN，PCU 的 GSL 设备利用率；反映 BSC 的设备占用的重要指标，可用作 PCU 扩容的重要参考指标。

（6）可用设备数：GSLMAX/GSLSSCAN，以 GPRS 的 16k 的 GSL 设备为单位，BSC 的能用的设备数（包括 idle 和 busy 的设备）。

（7）设备利用率保持在 75%以下为佳。

（8）通过忙时最大设备数与设备利用率的计算，求出忙时平均使用的 GSL 数目，然后结合设备利用率的目标值 75%来计算忙时平均的最大 GSL 数目，再根据 RPP 容量来做扩容需求。

（9）优化前设置：LQCACT 原值为 1，即激活下行 EDGE 链路质量控制功能，而上行关闭。

（10）QCDEFAULTMCSUL 原值为 3，即上行初始编码方式为 MCS-3。

（11）QCACT 设为 3，激活上、下行 EDGE 链路质量控制，系统根据无线链路质量的变化而分配相适应的编码方式。

2．优化案例 5-2：PCU 性能预警——扩容

优化措施如下。

（1）设备利用率：GSLUTIL/GSLSSCAN，PCU 的 GSL 设备利用率；反映 BSC 的设备占用的重要指标，可用作 PCU 扩容的重要参考指标。

（2）可用设备数：GSLMAX/GSLSSCAN，以 GPRS 的 16k 的 GSL 设备为单位，BSC 的能用的设备数（包括 idle 和 busy 的设备）。

（3）设备利用率保持在 75%以下为佳。

（4）通过忙时最大设备数与设备利用率的计算，求出忙时平均使用的 GSL 数目，然后结合设备利用率的目标值 75%来计算忙时平均的最大 GSL 数目，再根据 RPP 容量来做扩容需求。

3．优化案例 5-3：LQC 功能的激活

优化前设置：LQCACT 原值为 1，即激活下行 EDGE 链路质量控制功能，而上行关闭；LQCDEFAULTMCSUL 原值为 3，即上行初始编码方式为 MCS-3；LQCACT 设为 3，激活上、下行 EDGE 链路质量控制，系统根据无线链路质量的变化而分配相适应的编码方式。

EDGE 上行速率变化趋势如图 5-9 所示。

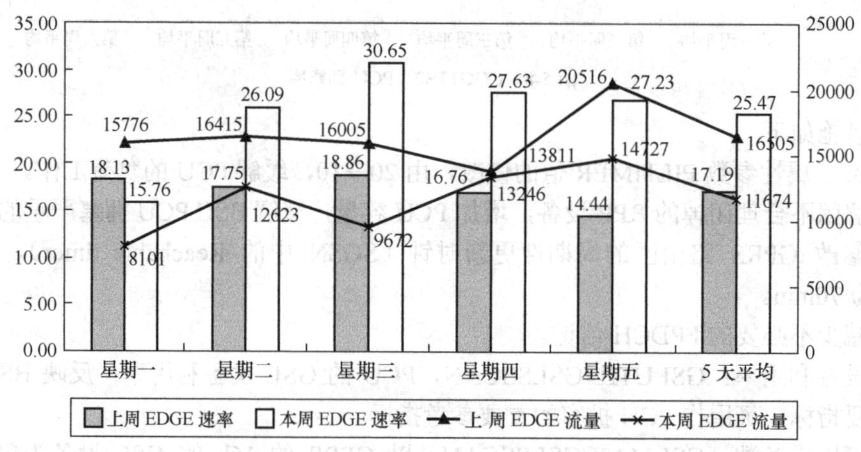

图 5-9　EDGE 上载速率变化趋势（JYCBSC1）

4．优化案例 5-4：参数 CRH 的巧用

CRH 优化前后 EDGE 速率变化趋势如图 5-10 所示。

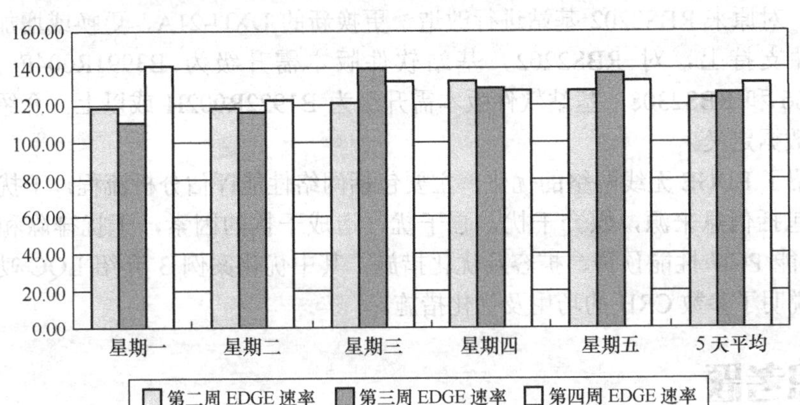

图 5-10　CRH 优化前后 EDGE 速率变化趋势（C2）

优化措施如下。

（1）小区重选采用 C2 算法，CRH 的意义在重选算法中起迟滞作用，其算法公式为：C2 邻−C2 主>CRH 主，且超过 5s，即达到重选要求。

（2）CRH 的作用发生在两种情况下：GPRS 的 Ready 状态；发生在不同 LA/RA 之间的小区重选。

（3）调整原则：数据速率高而且信道资源足够的小区，其 CRH 应设置较大些，反之应设置较小些；从 STS 统计指标来判断数据速率水平是高或是低，信道资源是足够或是不足。

本章小结

首先是 GPRS 的基本概念，GPRS（General Packet Radio Service）即通用无线分组业务，是叠加在 GSM 网络上并利用现有 GSM 系统资源提供数据业务，与目前电路模式发送和接收数据的方式不同，它不需要给每个激活用户一条专用 GSM 电路，允许用户在 GSM 网上以分组模式（共享电路），端到端地发送和接收数据。GPRS 分为四部分：移动台（MS）、基站子系统（BSS）、电路交换子系统（CSS）和分组交换子系统（PSS）（包括 SGSN 和 GGSN），GPRS 接口有 SIM 与 MS 之间接口；移动台与基站之间的接口；基站子系统与 SGSN 之间的接口；SGSN 与 MSC/VLR 之间的接口；SGSN 与短信中心接口；SGSN 与 HLR/AUC 之间的接口；GGSN 与 HLR/VUC 之间的接口；GSN 之间的接口；计费网关与 GSN 的接口；GSN 与外部数据网之间的接口。

GPRS 提供了 4 种编码方式。GPRS 网络目前主要承载四种数据业务，第一种是 WAP 业务，第二种是 MMS 业务，第三种是 Internet 业务，第四种是企业接入业务。

EDGE（Enhanced Data Rates For GSM Evolution）可以理解为加强型 GPRS。为了在现有蜂窝系统中提供更高的数据速率，EDGE 引入了多电平调制方式—8-PSK 调制。这种调制方式能提供更高的比特率和频谱效率，且实现复杂度属于中等。

EDGE 定义了 9 种编码、调制方案，并且采用了自适应编码、自适应调制方式。对 GPRS

与EDGE的基本参数、GPRS与EDGE速率进行了比较。

目前能够支持EDGE功能的基站硬件主要有微蜂窝RBS2308和宏蜂窝RBS2206/2106，但是现网上使用的大多数设备都是RBS2202和微蜂窝RBS2302等，它们都不可以支持EDGE功能。对原来RBS2202基站进行改造，更换新的DXU-21A，更换或增加一定数量的STRU。软件支持上，对RBS2202，基站软件版本需升级为B3991R004F或以上；对RBS2206/2106和RBS2308，基站软件版本需升级为B1922R002H或以上。介绍了小区数据定义和MO数据定义。

最后介绍了EDGE无线网络的优化，主要包括网络性能评估分析流程，干扰性能

分析（包括信息来源，媒介干扰，强干扰，造成干扰的因素，干扰排除和相关参数设置），容量性能PCU性能预警、扩容及优化措施；其中优化案例3介绍LQC功能的激活；优化案例4说明了参数CRH的巧用及优化措施。

习题和思考题

1．GPRS是什么？

2．GPRS技术产生的背景是什么？

3．画出GPRS系统的简化模型。

4．GPRS中GSN（支持节点）的作用是什么？

5．与GSM相比较GPRS有何技术优势？

6．目前GPRS技术的局限性有哪些？

7．简述GPRS与二代、三代移动通信系统的关系。

8．简述GPRS系统的空间接口的信道构成。

9．简述EDGE的具体特点是什么？

10．EDGE无线网络的优化可从哪几个方面来分析？

6.1 CDMA系统概述

CDMA 技术早已在军用抗干扰通信研究中得到广泛应用。1989 年 11 月，美国 Qualcomm（高通）公司在美国的现场试验证明 CDMA 用于蜂窝移动通信的容量大，1995 年香港和美国的 CDMA 公用网开始投入商用。1996 年韩国用从美国购买的 Q-CDMA 生产许可证，自己生产的 CDMA 系统设备开始大规模商用，无线通信在未来的通信中起着越来越重要的作用，CDMA 技术已成为第三代蜂窝移动通信标准的无线接入技术。

电信工业协会（TIA）主要开发 IS（Interim Standards,暂定标准）系列标准，如 CDMA 系列标准 IS-95、IS-634、IS-41 等；IS 系列标准之所以被列为暂定标准是因为它的时限性，最初定义的标准有效期限是 5 年，现在是 3 年。CDMA 蜂窝移动通信系统的技术标准经历了 IS-95A、IS-95B、CDMA2000、CDMA2000 1X/EV-DO 和 CDMA2000 1X/EV-DV 几个发展阶段。

对于移动通信网络而言，由于用户数和通信业务量激增，一个突出的问题是在频率资源有限的条件下，如何提高通信系统的容量。由于多址方式直接影响到移动通信系统的容量，所以采用何种多址方式，更有利于提高这种通信系统的容量，一直是人们非常关心的问题，也是当前研究和开发移动通信的热门课题。经过多年的理论和实践证明，三种多址方式中：FDMA 方式用户容量最小，TDMA 方式次之，而 CDMA 方式容量最大。

IS-95 CDMA 系统的前向信道是相干解调，反向信道是非相干解调，这是 CDMA 系统实现大的系统容量的又一瓶颈。3G 将解决这一问题。

CDMA 系统是一个同频自干扰系统，任何使干扰减少的措施，都是对系统容量的贡献。精确功率控制技术是 IS-95 CDMA 系统能够运行的基本保证。没有功率控制，CDMA 系统是不可能实现的。软切换、软容量是 CDMA 系统独有的技术，TDMA 系统是不可能有的。

CDMA 蜂窝移动通信系统是建立在扩频码分多址技术之上的，因而具有抗人为干扰、抗窄带干扰、抗衰落、抗多径时延扩展和大的系统容量等一系列优越的性能，对移动通信的发展产生了巨大和深远的影响。

6.2 码分多址（CDMA）技术基本原理

码分多址（CDMA）技术是移动通信系统中所采用的多址方式之一。在移动通信系统中，由于许 多移动台要同时通过一个基站和其他移动台进行通信，因此必须对不同的移动台和基站发出的信号赋予不同的特征，以使基站能从众多的移动台信号中分辨出是哪个移动

台发出的信号，同时各个移动台也能识别出基站发出的多个信号中哪一个是属于自己的，解决该问题的办法称为多址方式。多址方式的基础是信号特征上的差异。有了差异才能进行识别，能识别了才能进行选择。一般情况下，信号的这种差异可以体现在某些参数上，如信号的工作频率、信号的出现时间以及信号所具有的特定波形等。

CDMA 直译为码分多址，是在数字通信技术的分支扩频通信的基础上发展起来的一种技术。所谓扩频，简单地说就是把频谱扩展。

码分多址（CDMA）是以扩频技术为基础的。扩频是把信息的频谱扩展到宽带中进行传输的技术。扩频技术用于通信系统，具有抗干扰、抗多径、隐蔽、保密和多址能力的优点

适用于码分多址（CDMA）蜂窝通信系统的扩频技术是直接序列扩频（DSSS）或简称直扩。直接序列（DS）扩频，如图 6-1 所示，就是直接用具有高码率的扩频码（PN）序列在发端去扩展信号的频谱，而在接收端，用相同的扩频码序列去进行解扩，把展宽的扩频信号还原成原始的信息。直接扩频系统信号波形如图 6-2 所示。

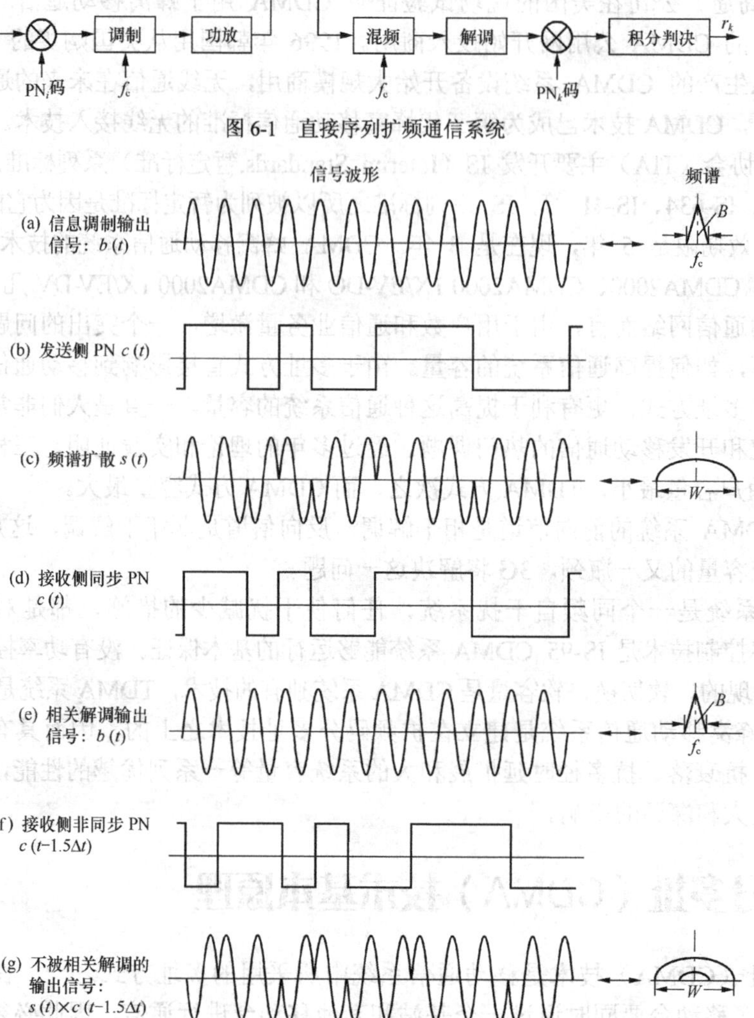

图 6-1 直接序列扩频通信系统

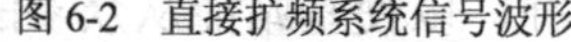

图 6-2 直接扩频系统信号波形

跳频扩频通信系统原理是载波频率受一组快速变化的 PN 控制而随机跳变，如图 6-3 所示。跳频扩频系统信号波形如图 6-4 所示。

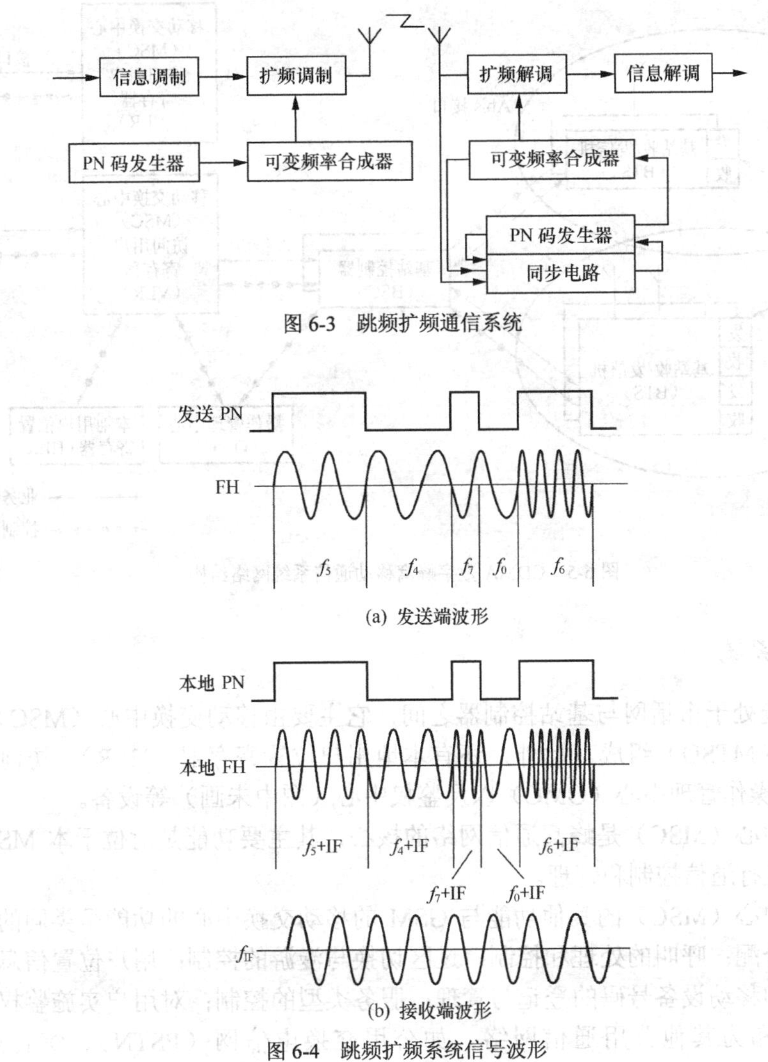

图 6-3 跳频扩频通信系统

(a) 发送端波形

(b) 接收端波形

图 6-4 跳频扩频系统信号波形

抗干扰能力上，直接序列扩频系统是通过展宽单频干扰和窄带干扰的频谱，降低干扰信号在单位频带的功率，来实现抗干扰性能的提高。跳频系统是靠中频滤波器抑制带外的频谱分量，减少单频干扰和窄带干扰进入接收机的概率，提高系统的抗干扰性能（该节内容已在第一章详细介绍）。

6.3 CDMA 数字蜂窝移动通信系统

6.3.1 CDMA 系统网络结构与组成

CDMA 数字蜂窝移动通信系统主要由网络子系统（NSS）、基站子系统（BSS）和移动

台（MS）组成，如图6-5所示。

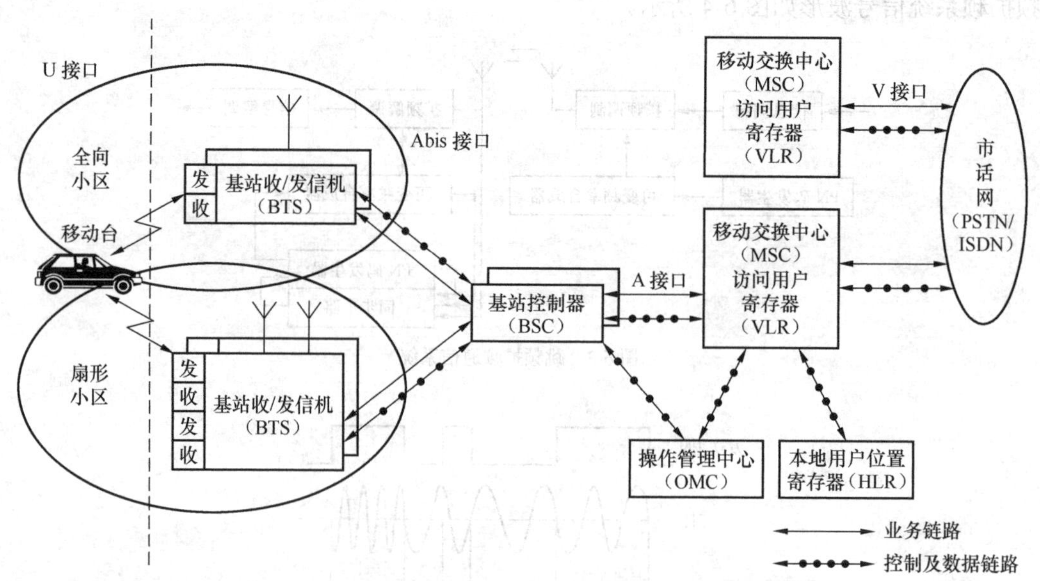

图6-5　CDMA数字蜂窝移动通信系统网络结构

1．网络子系统

网络子系统处于市话网与基站控制器之间，它主要由移动交换中心（MSC），或称为移动电话交换局（MTSO）组成。此外，还有本地用户位置寄存器（HLR）、访问用户位置寄存器（VLR）、操作管理中心（OMC）以及鉴权中心（图中未画）等设备。

移动交换中心（MSC）是蜂窝通信网络的核心，其主要功能是对位于本MSC控制区域内的移动用户进行通信控制和管理。

移动交换中心（MSC）的其他功能与GSM的移动交换中心的功能是类同的，主要有：信道的管理和分配；呼叫的处理和控制；过区切换与漫游的控制；用户位置信息的登记与管理；用户号码和移动设备号码的登记与管理；服务类型的控制；对用户实施鉴权；为系统连接别的MSC和为其他公用通信网络，如公用交换电信网（PSTN）、综合业务数字网（ISDN），提供链路接口。

2．基站子系统

基站子系统（BSS）包括基站控制器（BSC）和基站收发设备（BTS）。每个基站的有效覆盖范围为无线小区，简称小区。小区可分为全向小区（采用全向天线）和扇形小区（采用定向天线），常用的小区分为3个扇形区，分别用α、β和γ表示。一个基站控制器（BSC）可以控制多个基站，每个基站含有多部收发信机。

3．移动台

IS-95标准规定的双模式移动台，必须与原有的模拟蜂窝系统（AMPS）兼用，以便使CDMA系统的移动台也能用于所有的现有蜂窝系统的覆盖区，从而有利于发展CDMA蜂窝

系统。这一点非常有价值，也利于从模拟蜂窝平滑地过渡到数字蜂窝网。

6.3.2 CDMA 系统接口与信令协议

1. 系统接口

CDMA 系统有以下主要接口（见图 6-6）。

MS 与 BSS 间的接口——Um；MSC 与 EIR 间的接口——F；BSS 与 MSC 间的接口——A；VLR 与 VLR 间的接口——G；MSC 与 VLR 间的接口——B；HLR 与 AUC 间的接口——H；MSC 与 HLR 间的接口——C；MSC 与 PSTN 间的接口——Ai；VLR 与 HLR 间的接口——D；MSC 与 PSPDN 间的接口——Pi；MSC 与 MSC 间的接口——E；MSC 与 ISDN 间的接口——Di。

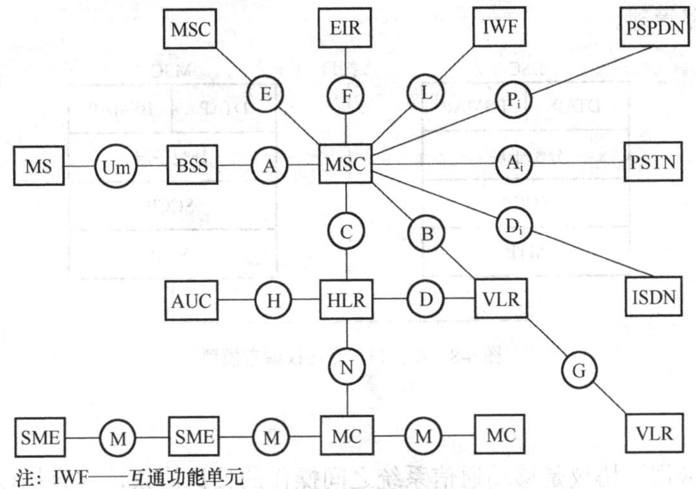

注：IWF——互通功能单元

图 6-6 CDMA 系统的接口

图中 MC 为短报文中心，是存储和转发短报文的实体。短报文实体（SME）是合成和分解短报文的实体。它们之间的接口为 M。

2. 空中接口的信令协议

在 CDMA 系统中，最重要的是空中接口（Um）标准，图 6-7 中定义了各层的结构关系。

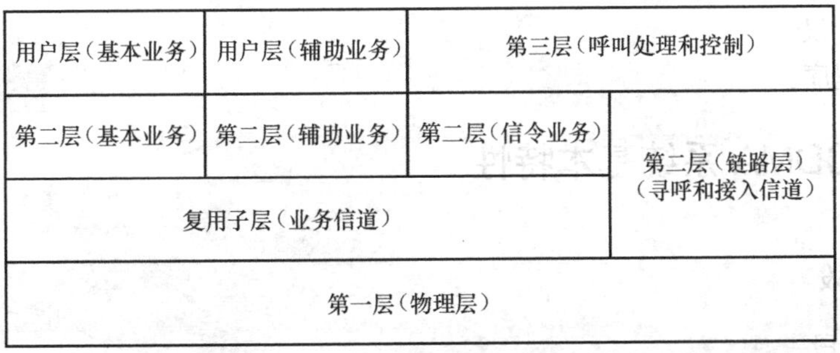

<table>
<tr><td>用户层（基本业务）</td><td>用户层（辅助业务）</td><td colspan="2">第三层（呼叫处理和控制）</td></tr>
<tr><td>第二层（基本业务）</td><td>第二层（辅助业务）</td><td>第二层（信令业务）</td><td rowspan="2">第二层（链路层）
（寻呼和接入信道）</td></tr>
<tr><td colspan="3">复用子层（业务信道）</td></tr>
<tr><td colspan="4">第一层（物理层）</td></tr>
</table>

图 6-7 Um 接口信令层结构

3. A接口的信令协议

A接口是BSS和MSC之间的接口，此接口中把BSS看作一体。A接口支持向CDMA用户提供的业务，同时允许在PLMN内分配无线资源及对这些资源的操作和维护，如图6-8所示。A接口内容包括如下。

（1）物理和电气参数。

（2）信道结构。

（3）网络操作程序。

（4）对操作和维护信息的支持。

A接口分层定义是，第一层：采用数字传输，速率为2048kbit/s，性能应符合国标GB7811—87；第二层，基于中国No.7信令系统的MTP；第三层，包括DTAP部分和BSMAP部分。DTAP消息不透明传输，可以支持多种空中接口，主要包括呼叫处理、无线资源管理、移动性管理和地面电路管理。

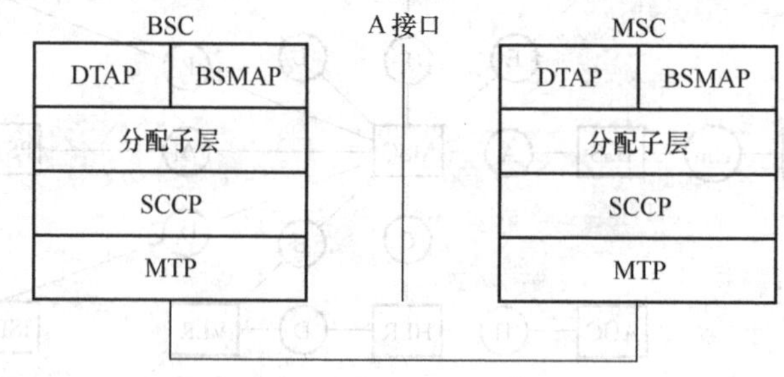

图6-8　A接口信令协议参考模型

4. MAP

MAP（移动应用）协议是移动通信系统之间操作的接口协议，它包括以MSC为中心，与其他系统模块的信令联系（例如，与另一系统的MSC、VLR、HLR、AC）以及各系统模块彼此的连接。在CDMA中，MAP采用北美EIA/TIA IS-41C标准。IS-41C标准支持AMPS、DAMPS、NAMPS和CDMA系统之间的操作，主要有以下6方面内容。

（1）功能概述。

（2）系统间切换信息流程。

（3）自动漫游信息流程。

（4）操作、维护管理信息。

（5）信令协议。

（6）信令程序。

6.3.3 CDMA系统基本特性

1. 工作频段

800MHz频段

下行链路：869～894MHz（基站发射）；824～849MHz（基站接收）。

上行链路：824～849MHz（移动台发射）；869～894MHz（移动台接收）。

1800MHz 频段

下行链路：1955～1980MHz（基站发射）；1875～1900MHz（基站接收）。

上行链路：1875～1900MHz（移动台发射）；1955～1980MHz（移动台接收）。

2．信道数

每一载频：64（码分信道）。

每一小区可分为 3 个扇形区，可共用一个载频。

每一网络分为 9 个载频，其中收、发各占 12.5MHz，共占 25MHz 频段（1.25MHz 的带宽是两个载波频率之间的最小中心频率间隔为 1.25MHz）。

3．射频带宽

第一频道：2 × 1.77MHz。

其他频道：2 × 1.23MHz。

4．调制方式

上行采用 OQPSK。移动台（MS）发送的所有数据以每 6 个码符号为一组传输调制符号，6 个码符号对应为 64 个调制符号中的一个进行发送，然后以固定码片（chip）速率 1.2288Mcps，用 PN 序列进行交错正交相移键（OQPSK）调制。

下行采用 QPSK。基站每个信道的信息经过适当的沃尔什（Walsh）函数调制，然后以固定码片（chip）速率 1.2288Mcps，用 PN 序列进行正交相移键控（QPSK）调制。

不同的码型由一个伪随机（PN）码系列生成的，PN 系列周期（长度）为 15 = 32768 个码片（chip）。将此周期系列的每 64 chip 移位系列作为一个码型，共可得到 32768/64 = 512 个码型；在 1.25MHz 带宽的 CDMA 蜂窝系统中，可建多达 512 个基站（或小区）。

5．编码

语音编码：QCELP 可变速声码器，数据速率有 9.6, 4.8, 2.4, 1.2 kb/s 四种，每帧时间为 20ms。

信道编码：下行卷积码（r = 1/2，k = 9），上行卷积码（r = 1/3，k = 9）。卷积编码的下行码率 $R = 1/2$，约束长度 $K = 9$；上行码串 $R = 1/3$，约束长度 $K = 9$。

交织编码：交织间距 20ms。

PN 码：码片的速率为 1.2288Mc/s；基站识别码为 m 序列，周期为 215 − 1；用户识别码 242−1。

6．扩频方式

DS（直接序列扩频）。

7．其他

接入方式：CDMA/FDD。

分集方式：RANK、天线分集。采用 RAKE 接收方式，移动台为 3 个，基站为 4 个（指 3 条路径、4 条路径）。

导频、同步信道：它们供移动台做载频和时间同步时使用。

8．IS-95（DS）CDMA 与蜂窝结构的关系

在 FDMA 和 TDMA 蜂窝系统中，频率复用与蜂窝区群结构具有密切关系。在 DS-CDMA 与蜂窝系统中，各个小区可以共享同一个频带，频率复用与蜂窝区群结构关系大为减弱。

FDMA 和 TDMA 系统内的小区和扇区都是靠频率来划分的，即每个小区或扇区都有它自己的频点。CDMA 蜂窝系统每个载频占用 1.25MHz 带宽，不同的 DS-CDMA 蜂窝系统可采用不同的载频区分。而对同一个 DS-CDMA 蜂窝系统的某一个载频，则是采用码分选择站址的，即对不同的小区和扇区基站分配不同的码型。

在 IS-95 CDMA 系统中，这些不同的码型是由一个 PN 码序列生成的，PN 序列周期为 32768 个码片（chip），并将此周期序列每隔 64 码片移位序列作为一个码，共可得到 32768/64 = 512 个码。也就是说在 1.25MHz 带宽的 CDMA 蜂窝系统中，可区分多达 512 个基站（或扇区站）。在一个小区（或扇区）内，基站（BS）与移动台（MS）之间的信道，是在 PN 序列上再采用正交序列进行码分的信道。

一般将基站到移动台方向的链路称作前向链路（Forward Link），将移动台到基站方向的链路称作反向链路（Reverse Link）。前向链路和反向链路均是由码分物理信道构成的。利用码分物理信道可以传送不同功能的信息。依据所传送的信息功能不同而分类的信道，称为逻辑信道。

6.3.4 CDMA 蜂窝系统无线链路信道组成

利用码分物理信道可以传送不同功能的信息。依据所传送的信息功能不同而分类的信道，称为逻辑信道，如图 6-9 所示。

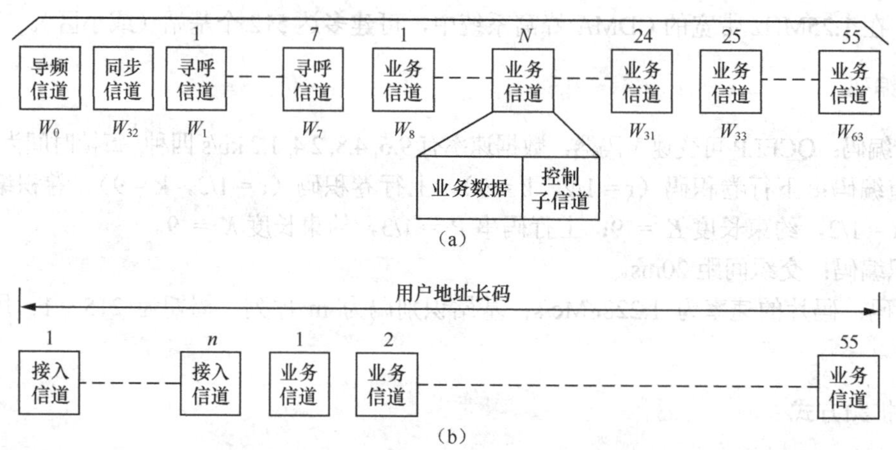

图 6-9　CDMA 蜂窝系统的逻辑信道示意图

在 CDMA 蜂窝系统中，上、下行链路使用不同载频（频率间隔为 45MHz），通信方式为 FDD（频分双工），一个载频包含 64 个逻辑信道，占用带宽约 1.23MHz。正向传输（下行）和反向传输（上行）的要求及条件不同，逻辑信道的构成及产生方式也不同；逻辑信道由前向传输逻辑信道和反向传输逻辑信道组成。

1．前向（链路）信道的组成

前向链路中的逻辑信道由导频信道（Pilot Channel）、同步信道（Synchronizing Channel）、寻呼信道（Paging Channel）和前向业务信道（Traffic Channel）等组成。64 个正交码分信道分配：W_0 导频信道；W_1～W_7 寻呼信道；W_{32} 同步信道；其余为前向业务信道。

（1）导频信道。基站使用导频信道发送导频信号（其信号功率比其他信道高 20dB）供移动台识别基站并引导移动台入网。主要功能包括，移动台用它来捕获系统；提供时间与相位跟踪的参数；用于使所有在基站覆盖区中的移动台进行同步和切换；导频相位的偏置用于扇区或基站的识别。

（2）同步信道。基站在此信道上发送同步信息供移动台建立于系统的定时和同步。同步信道消息包括以下信息：该同步信道对应的导频信道的 PN 偏置；系统时间；长码状态；系统标识；网络标识。

（3）寻呼信道。基站在此信道寻呼移动台、发送有关寻呼、指令及业务信道指配信息。寻呼信道用来向移动台发送控制信息。在呼叫接续阶段传输寻呼移动台的信息。移动台通常在建立同步后，接着就选择一个寻呼信道（也可以由基站指定）来监听系统发出的系统信息和指令；在移动台接入信道的接入请求完成之后可对信息进行确认。在需要时，寻呼信道可以改作业务信道使用，直至全部用完。寻呼信道信息的形式类似于同步信道信息。

（4）前向业务信道。基站与移动台之间通信，用于传送用户业务数据，同时也传送信令信息，这种信令信息的信道被称为随路信令信道（ASCH），例如，功率控制信令信道就是在 ASCH 中传送。业务信道包含业务数据和功率控制子信道，前者传送用户信息和随路信令信息，后者传送功率控制信息，如链路功率控制和过区切换指令等。

（5）前向信道信号的处理过程。导频信道无数据调制，为小区内的 MS 提供同步。速率 1.2288Mc/s 与扩频序列相同。同步信道工作在 1.2kbit/s，通过卷积编码、码元重复、交织、码的正交调制。寻呼信道工作在 9.6kbit/s 或 4.8kbit/s，通过卷积编码、码元重复、交织、数据扰码、码的正交调制。前向业务信道工作速率有 9.6kbit/s、4.8kbit/s、2.4kbit/s、1.2kbit/s 几种，通过卷积编码、码元重复、交织、数据扰码、功率控制子信道的复用、码的正交调制。

各前向信道的信息用对应信道的码调制后，进入正交扩频和正交调制电路进行扩频和射频调制，然后由天线发射出去。对信号的处理过程如图 6-10 所示。

2．反向信道（链路）的组成

反向链路中的逻辑信道由反向接入信道和反向业务信道等组成，如图 6-11 所示。

（1）反向接入信道。接入信道是一个随机接入信道，网内移动台可随机占用此信道发起呼叫及传送应答信息。移动台使用接入信道给基站发送控制信息；移动台也可以使用接入信道发送非业务信息，提供移动台到基站的传输通路；接入信道和正向传输中的寻呼信道相对应，以相应传送指令、应答和其他有关的信息；所有接入同一系统的移动台共用相同的频率分配，接入信道是一种分时隙的随机接入信道，允许多个用户同时抢占同一接入信道（竞争方式）。

每个寻呼信道所支撑的接入信道数最多可达 32 个，编号从 0 到 31。基站可通过每个移动台的接入代码序列信息来进行识别。

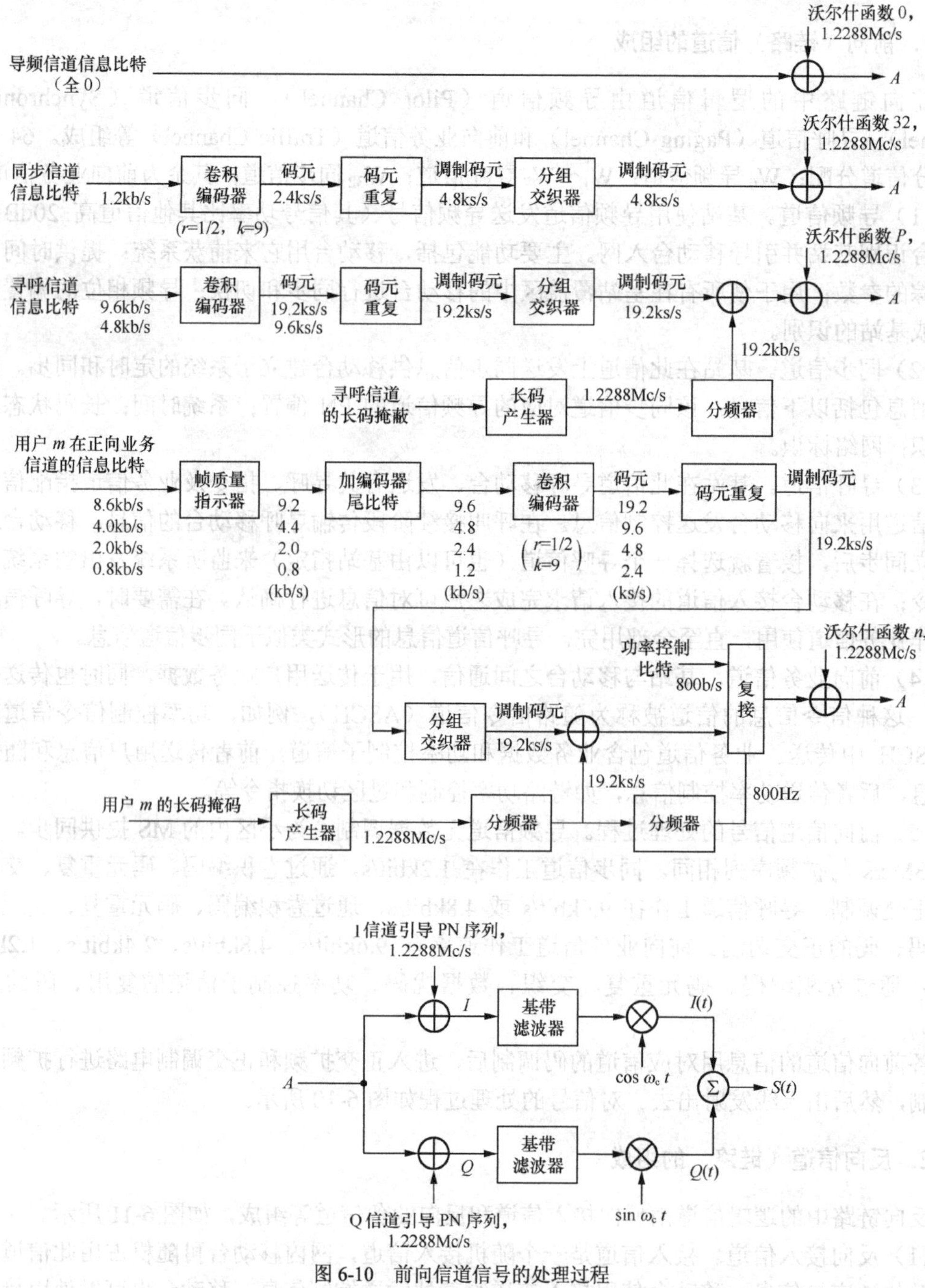

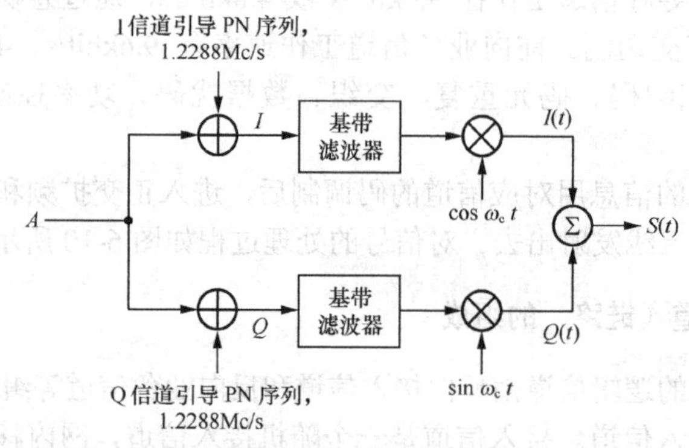

图 6-10 前向信道信号的处理过程

（2）反向业务信道（F-TCH）。即供移动台到基站之间通信，它与前向业务信道一样，用于传送用户业务数据，同时也传送信令信息，如功率控制信道。与正向业务信道的特点和作用基本相同，反向业务信道处理过程类似于接入信道，每个寻呼信道所支撑的接入信道数最多可达 32 个，编号从 0 到 31。基站可通过每个移动台的接入代码序列信息来进行识别。

（3）反向信道信号的处理过程。接入信道速率 4.8kbit/s，反向业务信道用 9600，4800，

2400 和 1200 b/s 的可变速，反向传输逻辑信道所传输的数据都要进行卷积编码（$r = 1/3$，$k = 9$）、码元重复、分组交织和正交多进制调制等处理后再传输，以保证通信的安全和可靠。两种信道的数据中均要加入编码器尾比特，用于把卷积编码器复位到规定的状态。反向业务信道上传送 9600 和 4800 b/s 数据时，也要加质量指示比特（CRC 校验比特）。反向业务信道中，交织后输出的码元用一个时间滤波器选通，只允许所需码元输出而删除其他重复码元，以减小移动台的功耗，并减少对其他移动台的干扰，如图 6-12 所示。

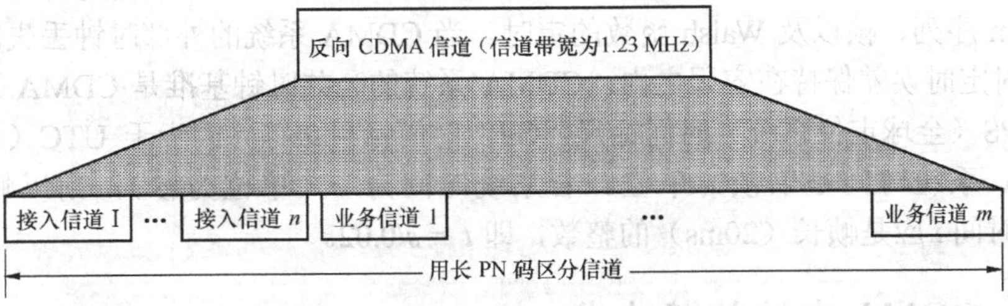

图 6-11　反向码分物理信道和逻辑信道配置

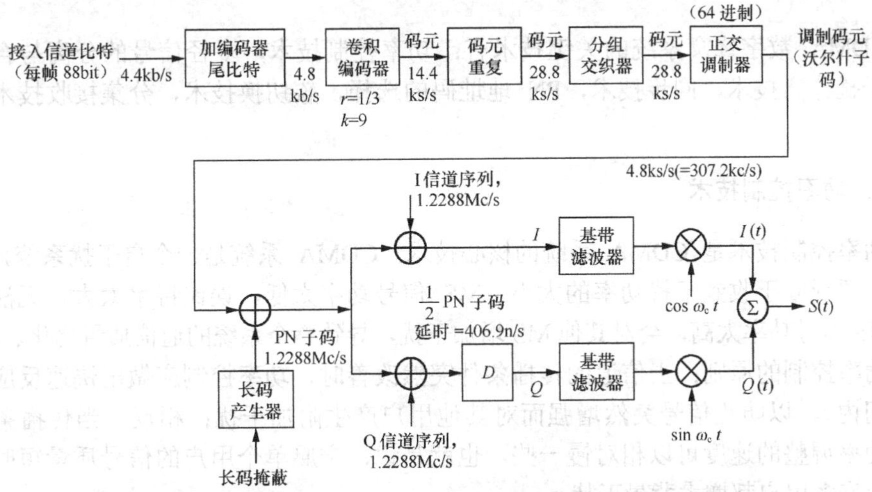

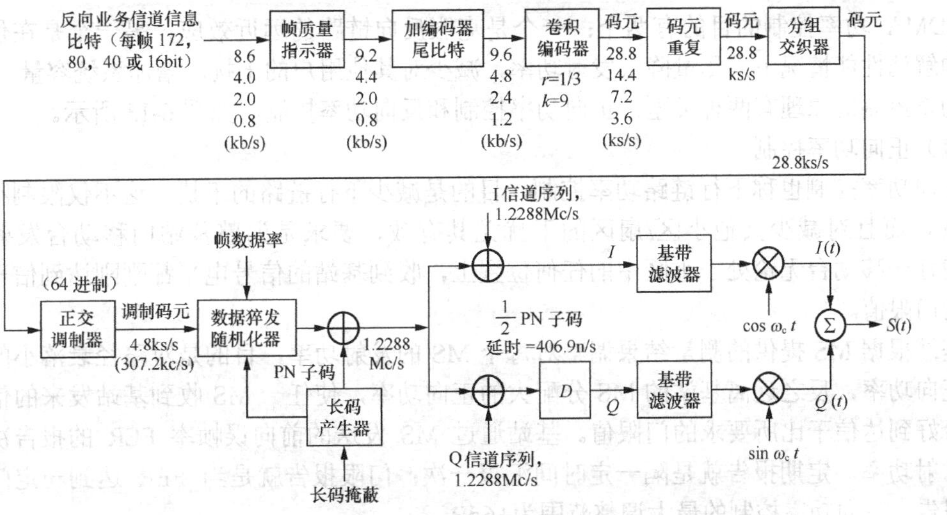

图 6-12　反向信道信号的处理过程

不同用户的反向信道的信号用不同的长码进行数据扰码后，进入正交扩频和正交调制电路进行扩频和射频调制，然后由天线发射出去。

6.3.5 CDMA 系统的同步与定时

在数字 CDMA 系统中，系统的同步与定时是十分重要的。除数字通信本身的同步定时外，CDMA 系统还需要建立同步。每个基站的标准时基与 CDMA 系统的时钟对准，它驱动导频信道的 m 序列、帧以及 Walsh 函数的定时。当 CDMA 系统的外部时钟丢失时，系统应能使基站发射定时误差保持在容限之内。CDMA 系统的公共时钟基准是 CDMA 系统时间，它是采用 GPS（全球定位系统）时间标尺，GPS 时间标尺跟踪并同步于 UTC（世界协调时间）。CDMA 系统时间是以帧为单位。若系统时间为 s（单位为秒），则以帧为单位的 CDMA 系统时间 t 应是帧长（20ms）的整数，即 $t = s/0.02$。

6.3.6 CDMA 中的关键技术

CDMA 数字蜂窝系统的关键技术有：功率控制技术，多径信号的分离与合并技术，多用户干扰分离技术，同步技术，PN 地址码的选择，软切换技术，分集接收技术，语音编码技术。

1．功率控制技术

功率控制技术是 CDMA 系统的核心技术。CDMA 系统是一个自干扰系统，通信质量和容量主要受限于收到干扰功率的大小。MS 信号功率太低，误比特率太大，无法保证通信质量。MS 信号功率太高，会对其他 MS 增加干扰，导致整个系统的通信质量恶化、容量减小。

功率控制的原则：当信道的传播条件突然改善时，功率控制应做出快速反应（如在几微秒时间内），以防止信号突然增强而对其他用户产生附加干扰；相反，当传播条件突然变坏时，功率调整的速度可以相对慢一些。也就是说，宁愿单个用户的信号质量短时间恶化，也要防止许多用户都增大背景干扰。

CDMA 功率控制的目的有两个：一个是克服反向链路的远近效应；另一个是在保证接收机的解调性能情况下，尽量降低发射功率，减少对其他用户的干扰，增加系统容量。

功率控制的原理有两种类型：正向功率控制和反向功率控制，如图 6-13 所示。

（1）正向功率控制。

正向功率控制也称下行链路功率控制，目的是减少下行链路的干扰。这不仅限制小区内的干扰，而且对减少其他小区/扇区的干扰尤其有效，要求是调整基站向移动台发射的功率，使任一移动台无论处于小区中的任何位置上，收到基站的信号电平都刚刚达到信干比所要求的门限值。

基站根据 MS 提供的测量结果调整对每个 MS 的发射功率，目的是对路径衰落小的分配小的正向功率，反之远离基站的 MS 分配大的正向功率，使任一 MS 收到基站发来的信号电平都恰好到达信干比所要求的门限值。基站通过 MS 发送的前向误帧率 FER 的报告决定增减小发射功率。定期报告就是隔一定时间汇报一次；门限报告就是当 FER 达到一定门限值时才报告。正向功率控制的最大调整范围为±6dB。

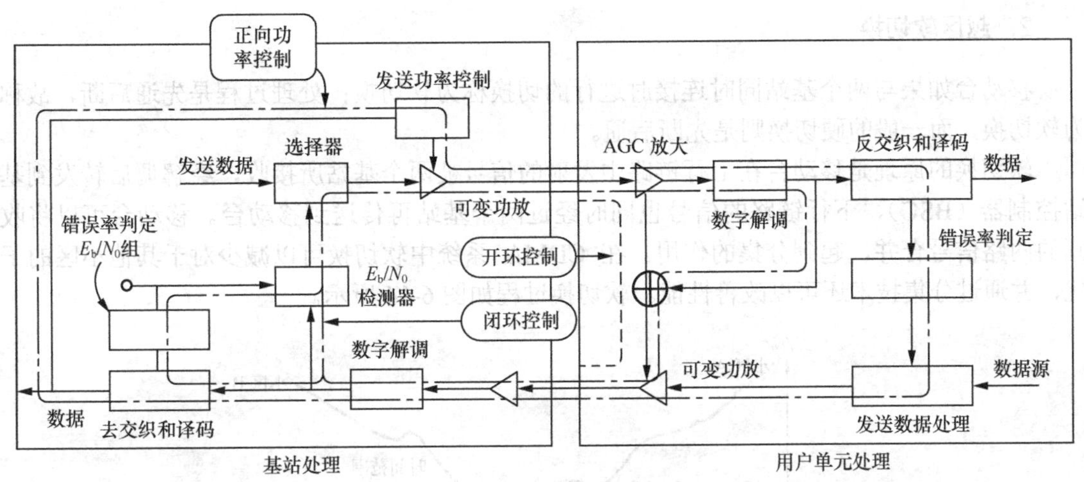

图 6-13　CDMA 中功率控制示意图

（2）反向功率控制。

反向功率控制是控制各移动台的发射功率大小，可分为反向开环功率控制、反向闭环功率控制。

① 反向开环功率控制。

前提条件是假设上、下行传输损耗相同，MS 接收并测量基站发来的信号强度，估计下行传输损耗，然后自行调整其发射功率。完全是 MS 自主进行的功率控制。开环功率控制只是对发送电平的粗略估计，反应时间不应太快或太慢。开环功率控制是为了补偿平均路径衰落的变化和阴影、拐弯等效应，它必须要有一个很大的动态范围，至少应达到±32dB。开环功率控制的优点是简单易行，不需在 MS 和 BTS 间交换控制信息，控制速度快，节省开销。

② 反向闭环功率控制。

上、下行传输衰落特性是独立的，开环功率控制的前提条件并不成立。闭环功率控制则由基站根据收到移动台发来的信号测量其信干比（SIR）发出指令，并通知 MS 调整其发射功率。对于下行链路的功率控制主要是用来减少对邻小区的干扰。目标是使基站对移动台的开环功率估计迅速做出纠正，以使移动台保持最理想的发射功率；对开环的迅速纠正，解决了前向链路和反向链路间增益容许度和传输损耗不一样的问题。

方法是基站测量所接收到的每一个移动台的信噪比，并与一个门限值相比较，其测量周期为 1.25ms，以决定发给移动台的功率控制指令的是增大或减少它的发射功率。移动台将接收到的功率控制指令与开环功率估算相结合，来确定移动台闭环控制应发射的功率。在反向闭环功率控制中，基站起着重要的作用。

功率控制比特要在正向业务信道的功率子信道上连续地进行传输。每个功率控制比特使移动台增加或降低功率 1dB。

功率控制是 CDMA 提高通信质量、增大系统容量的关键技术，也是实现这种通信系统的技术难题之一，CDMA 系统是一个同频自干扰系统，任何使干扰减少的措施，都是对系统容量的贡献。精确功率控制技术是 IS-95 CDMA 系统能够运行的基本保证。没有功率控制，CDMA 系统是不可能实现的。

2. 越区软切换

移动台如果与两个基站同时连接时进行的切换称为软切换；处理过程是先通后断，故称为软切换，而一般的硬切换则是先断后通。

软切换的原理是移动台在上行链路中发射的信号被两个基站所接收，经解调后转发到基站控制器（BSC），下行链路的信号也同时经过两个基站再传送到移动台。移动台可以将收到的两路信号合并，起到分集的作用。在 CDMA 系统中软切换可以减少对于其他小区的干扰，并通过分集技术还可以改善性能。软切换过程如图 6-14 所示。

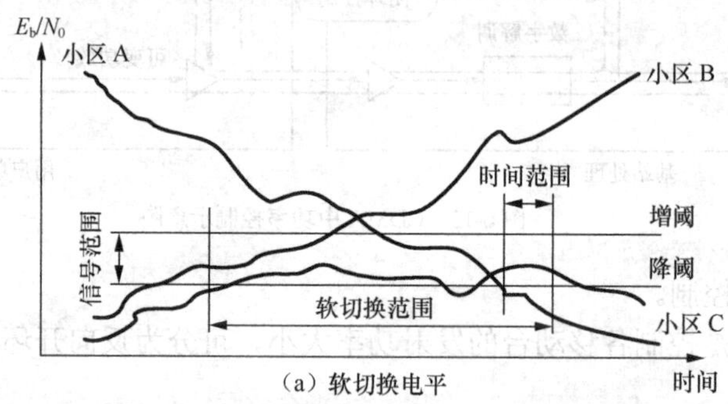

（a）软切换电平

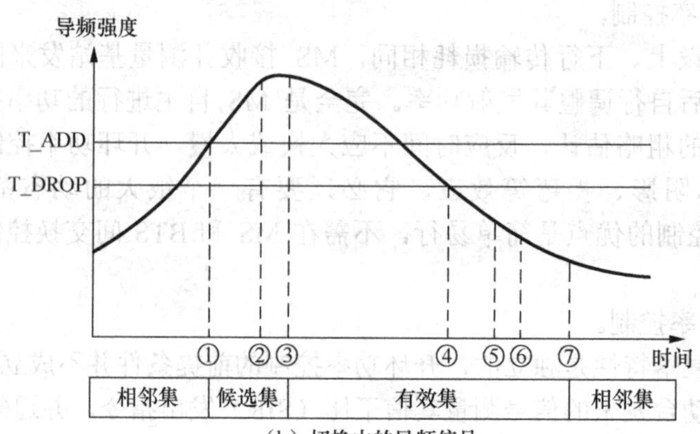

（b）切换中的导频信号

图 6-14　软切换过程

对于某一个小区基站的导频信号而言，在切换过程中其导频信号是处在不同的状态——相邻、候选、激活。因为处于这三种状态的导频信号不止一个，所以称它们为组。

根据图所示的序号表述过程如下。

（1）表示接入软切换时刻。

（2）表示基站在前向业务信道上向移动台发送一切换导向指示消息时刻。

（3）表示导频信号由候选变为激活状态时刻。

（4）表示当移动台启动定时器的时刻。

（5）表示定时器中止的时刻。

（6）表示移动台向基站发送切换导向消息时刻。

（7）表示软切换结束时刻。

切换类型有：同一载频的软切换；同一载频同一基站扇区间更软切换；不同载频间

的硬切换。在实际系统运行时，切换组合出现，可能同时既有软切换，又有更软切换。若处于三个基站交界处，可能发生三方软切换，若其中某一相邻基站的相同载频已经达到满负荷，MSC 就会让基站指示 MS 切换到相邻基站的另一载频上，执行硬切换。若相邻基站恰巧处于不同 MSC 范围，即使是同一载频，也只能是进行硬切换。系统优先进行软切换。

在 CDMA 系统中还有一种切换称为“更软切换”。它指发生在同一基站具有相同频率的不同扇区间的切换。另外，CDMA 系统中还可以提供导频引导（PilotBeacon）的不同载波间的切换，以及软件控制的一些切换。所有这些切换措施都为 CDMA 系统带来了更可靠的无线通路。

3．信号的衰落与分集接收

分集接收是指接收端对它收到的多个衰落特性互相独立（携带同一个信息数据流）的信号进行特定的处理。其中含义为：一是分散传输，使接收端能获得多个统计独立的、携带同一信息数据流的衰落信号;二是集中合并处理，接收机把收到的多个独立的衰落信号进行合并，以降低衰落的影响。

类型有宏分集（多基站分集）和微分集。宏分集是把多个基站设置在不同的地理位置上（如蜂窝小区的对角上）和不同方向上，同时和小区的一个移动台进行通信，移动台可以选用其中信号最好的一个基站进行通信。微分集是空间分集、频率分集、极化分集、场分量分集、角度分集、时间分集。

分集技术有空间分集、频率分集、极化分集、场分量分集、角度分集和时间分集。其中空间分集是在任意两个不同的位置上接收同一个信号，只要两个位置的距离大到一定程度，则两处所收信号的衰落不相关；频率分集是频率间隔大于相关带宽的两个信号所遭受的衰落不相关；极化分集是两不同极化的电磁波具有独立的衰落特性，极化分集是空间分集的一种特殊情况，二重分集情况下也要用两副天线，但仅仅是利用不同极化的电磁波所具有的不相关衰落特性，因而缩短了天线间的距离，在极化分集中，由于射频功率分给两个不同的极化天线，因此发射功率要损失一半（3dB）；场分量分集是 Ez、Hx 和 Hy 的分量互不相关，场分量分集不要求天线间有实体上的间隔，场分量分集和空间分集都不需降低 3dB 的辐射功率；角度分集是以不同的角度到达接收端的分量具有互相独立的衰落特性，角度分集在较高频率时容易实现；时间分集是同一信号在不同的时间、区间多次重发，各次发送的时间间隔足够大时，各次发送信号的衰落彼此独立。

合并技术选择不同的加权系数可构成不同的合并方式。选择式合并是检测所有分集支路的信号作为合并器的输出，加权系数只有一项为 1，其余均为 0；最大比值合并是一种最佳合并方式。等增益合并是无需对信号加权，各支路的信号是等增益相加，实现简单，性能接近于最大比值合并。在相同分集重数时，最大比值合并方式改善信噪比最多，其次是等增益合并方式，选择式合并所得到的信噪比改善量最少。在分集重数较少情况下（如 M＝2 或 3），等增益合并的信噪比改善接近最大比值合并。

4．正交调制与正交扩频

发端是先正交扩频，再正交调制；收端是先正交解调，再解扩。正交调制是 QPSK 调制，如图 6-15 所示。

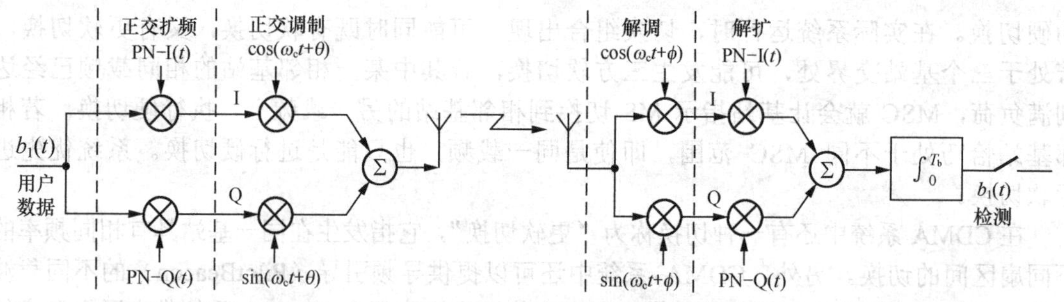

图 6-15　正交调制与正交扩频系统组成

5. RAKE 接收机

是利用多个并行相关器检测多径信号，按照一定的准则合成一路信号供解调用的接收机。RAKE 接收机利用多径现象来增强信号，如图 6-16 所示。例如，空间分集和等增益合并技术都用到 RAKE 接收机。

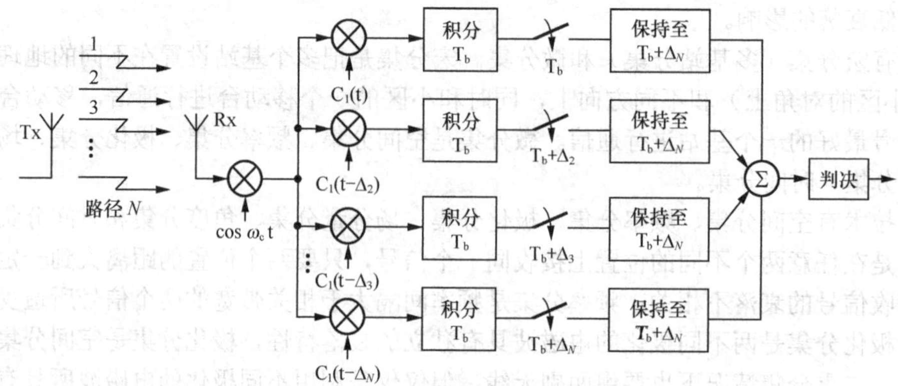

图 6-16　简化的 RAKE 接收机组成

6. 话音编码技术

采用码激励线性预测编码 QCELP。语音编码过程是先将语音按 8kHz 抽样，分成 20ms 长的帧，每一帧含 160 个抽样，再生成三参数子帧（线性预测编码滤波器参数、音调参数、码表参数）。发送端的编码器对输入的话音取样，产生编码的话音分组（packet）传输到接收端，接收端的解码器把收到的话音分组解码，再恢复成话音样点。每帧时间为 20ms。语音解码过程：从数据流中解包得到接收的参数，根据这些参数重组语音信号。速率可变。

6.3.7 呼叫处理

1. 移动台呼叫处理

（1）移动台初始化状态：移动台接通电源后就进入“初始化状态”。

（2）移动台空闲状态：移动台在完成同步和定时后，即由 初始化状态进入“空闲状态”。

（3）系统接入状态：在接入信道上发送消息，即接入尝试，只有当 MS 收到基站证实后，

接入尝试才结束，进入业务信道状态。

（4）移动台在业务信道控制状态：在此状态中，移动台和基站利用反向业务信道和正向业务信道进行信息交换。以上四个状态的转变如图 6-17 所示。

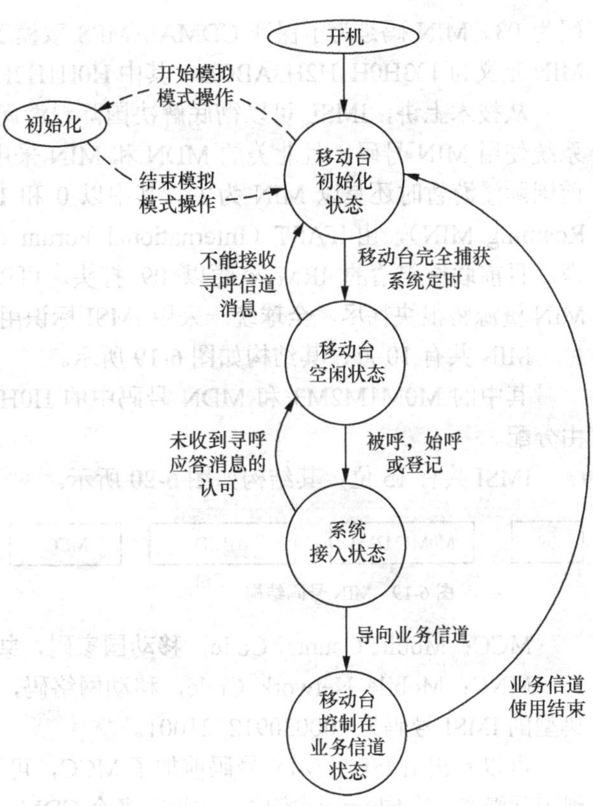

2．基站呼叫处理

（1）导频和同步信息处理。在此期间，基站发送导频信号和同步信号，使移动台捕获和同步到 CDMA 信道。同时移动台处于初始化状态。

（2）寻呼信道处理。在此期间，基站发送寻呼信号。同时移动台处于空闲状态，或系统接入状态。

（3）接入信道处理。在此期间，基站监听接入信道，以接收移动台发来的信息。同时移动台处于系统接入状态。

（4）业务信道处理。在此期间，基站用正向业务信道和反向业务信道与移动台交换信息。同时，移动台处于业务信道控制状态。

开机
开始模拟模式操作
初始化
结束模拟模式操作
移动台初始化状态
不能接收寻呼信道消息
移动台完全捕获系统定时
移动台空闲状态
未收到寻呼应答消息的认可
被呼，始呼或登记
系统接入状态
导向业务信道
业务信道使用结束
移动台控制在业务信道状态

图 6-17　移动台呼叫处理状态图

6.3.8　CDMA 系统号码

1．移动用户号码簿号码（MDN）

MDN 号码为个人用户号码，采取 E.164 编码方式，MDN 号码的结构如图 6-18 所示。

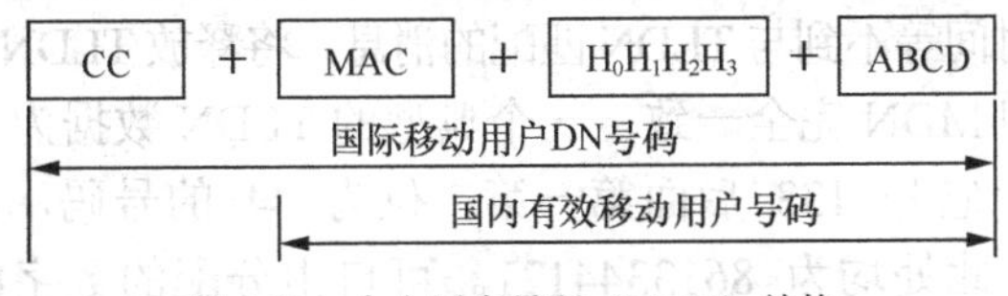

图 6-18　个人用户号码（MDN）结构

CC 为国家码，中国为 86。

MAC，移动接入码，中国联通为 133。

H0H1H2H2，可与 HLR 的片区规划关联。

ABCD，自由分配。一个典型的 MDN 号码为：8613312121001。

2．国际移动用户识别码（IMSI）与移动台识别码（MIN）

IMSI 是在 CDMA 网中唯一地识别一个移动用户的号码，由移动国家码、移动网络码和移动用户识别码三部分共 15 位号码组成。中国的移动国家码为 460，中国联通的移动网络码为 03。MIN 码是为了保证 CDMA/AMPS 双模工作而沿用 AMPS 标准定义的。中国联通的 MIN 定义为 133H0H1H2H3ABCD，其中 H0H1H2H3 为原籍位置寄存器（HLR）识别码。

从技术上讲，IMSI 可以彻底解决国际漫游问题。但是由于北美目前仍有大量的 AMPS 系统使用 MIN 号码，且北美的 MDN 和 MIN 采用相同的编号，系统已经无法更改，所以目前国际漫游暂时还是以 MIN 为主。其中以 0 和 1 打头的 MIN 资源称为 IRM（International Roaming MIN），由 IFAST（International Forum on ANSI-41 Standards Technology）统一管理。目前联通申请的 IRM 资源以 09 打头。可以看出，随着用户的增长，用于国际漫游的 MIN 资源将很快耗尽，全球统一采用 IMSI 标识用户势在必行。

MIN 共有 10 位，其结构如图 6-19 所示。

其中的 M0M1M2M3 和 MDN 号码中的 H0H1H2H3 可存在对应关系，ABCD 四位为自由分配。

IMSI 共有 15 位，其结构如图 6-20 所示。

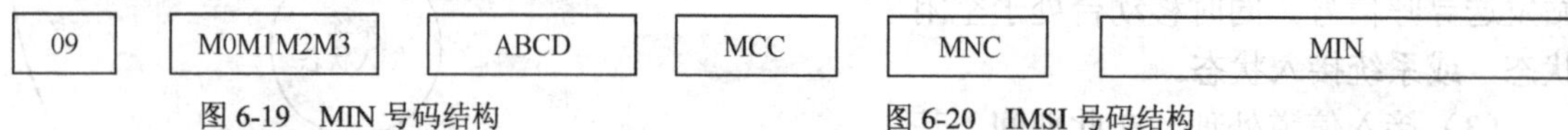

图 6-19 MIN 号码结构　　　图 6-20 IMSI 号码结构

MCC：Mobile Country Code，移动国家码，共 3 位，中国为 460。

MNC：Mobile Network Code，移动网络码，共 2 位，联通 CDMA 系统使用 03，一个典型的 IMSI 号码为 460030912121001。

可以看出 IMSI 在 MIN 号码前加了 MCC，可以区别出每个用户来自的国家，因此可以实现国际漫游。在同一个国家内，如果有多个 CDMA 运营商，可以通过 MNC 来进行区别。

3．临时本地用户号码（TLDN）

TLDN（Temporary Local Directory Number）临时本地号码是 CDMA 中另一个常见的号码。当 MS 漫游到一个新的 MSC 后，其所有的信息将下载在新的 MSC 下，HLR 也将记录用户新的位置信息。当用户做被叫时，GMSC 根据被叫用户的 MDN 号码到其归属的 HLR 查询被叫所在的 MSC，该 MSC 将为用户分配一个 TLDN 号码，返回给 GMSC，并做好被叫接续的准备工作，后续的业务处理，以 TLDN 作为索引。GMSC 根据 TLDN 可以判断出应该到哪个 MSC 去接续话路。当前服务的 MSC 长时间等不到与 TLDN 匹配的消息，将释放 TLDN，图 6-21 所示。

TLDN 号码的格式和 MDN 完全一致。一个典型的 TLDN 数据为 8613344121XXX，X

为自由分配的数字，它是 133 后面第一第二位为 44 的号码，对于该 MSC 下的所有 TLDN，其前缀应统一，此处均为 8613344121。可自由分配的数字的个数视 MSC 容量而定，容量越大，需要自由分配的数字越多，其结构如图 6-22 所示。

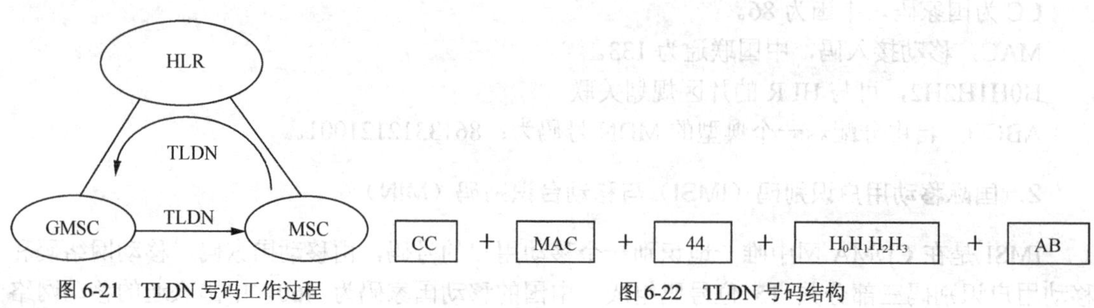

图 6-21 TLDN 号码工作过程　　　图 6-22 TLDN 号码结构

4．电子序列号（ESN）

ESN 是唯一地识别一个移动台设备的 32 比特的号码，每个双模移动台分配一个唯一的电子序号，由厂家编号和设备序号构成。空中接口、A 接口和 MAP 的信令消息都使用到 ESN。

5．系统识别码（SID）和网络识别码（NID）

SID 是 CDMA 网中唯一识别一个移动业务本地网的号码。SID 按省份分配；NID 是一个移动业务本地网中唯一识别一个网络的号码，可用于区别不同的 MSC。移动台可根据 SID 和 NID 判断其漫游状态。

6．登记区识别码（REG-ZONE）

在一个 SID 区或 NID 区中唯一识别一个位置区的号码，它包含 12 比特。由各本地网管理。

7．基站识别码（BSID）。

一个 16 比特的数，唯一地识别一个 NID 下属的基站。由各本地网管理。

本章小结

本章的主要内容包括。

（1）CDMA 的概念、标准和现状、特点和基本特征。着重介绍了 CDMA 系统的频段、信道数、调制方式、扩频、语音和信道编码、RANK 接收、软切换和功率控制技术的基本特征。

（2）CDMA 的基本工作原理是：利用自相关性很强、互相关性很弱的（准）正交码，在发端进行地址码调制，在收端用与发端完全相同的地址码进行相关检测提取所需的信息。

（3）构成 CDMA 系统的各部分功能、系统参数和特点，着重介绍了网络同步和 UIM 卡的功能及作用。

（4）介绍了 CDMA 系统的信道组成，导频信道、同步信道、寻呼信道、正向业务信道和接入信道、反向业务信道的特点、功能及作用。

（5）通过呼叫处理的流程，介绍了移动台、基站呼叫处理的过程，并对注册登记、漫游的控制管理的机理进行了介绍。

习题和思考题

1．简述 CDMA 扩频原理。
2．CDMA 信道数是如何区分的？
3．简述 CDMA 移动通信系统的特点及其原因。
4．为什么功率控制在 CDMA 系统中非常重要？
5．为什么 CDMA 手机能保持低的发射功率？
6．什么是 CDMA 软切换？它与硬切换有什么区别？
7．什么是 CDMA 的“更软切换”？
8．简述移动台呼叫处理的过程。

第7章 第三代移动通信系统

7.1 第三代移动通信系统概述

第三代移动通信系统最早是由国际电信联盟于 1985 年提出的，当时称为未来公众陆地移动通信系统（FPLMTS），后改为 IMT-2000，意指在 2000 年左右开始商用并工作在 2000MHz 频段上的国际移动通信系统。

1997 年 4 月，ITU 向各成员国征集 IMT-2000 的无线接口候选传输技术。这引发了长达近四年的 3G 技术标准之争和技术融合的进程。

CDMA 是第三代移动通信（3G）技术的首选，最终在 2001 年确定了 CDMA2000（也称为 CDMA Multi-Carrier）、WCDMA（Wideband CDMA，也称为 CDMA Direct Spread）、TD-SCDMA 这三种主流 3G 技术标准。主要标准及提案如表 7-1 所示。

表 7-1 第三代移动通信系统提案

序号	提交技术	双工方式	应用环境	提交者
1	J：W-CDMA	FDD、TDD	所有环境	日本：ARIB
2	ETSI-UTRA-UMTS	FDD、TDD	所有环境	欧洲：ETSI
3	WIMS W-CDMA	FDD	所有环境	美国：TIA
4	WCDMA/NA	FDD	所有环境	美国：T1P1
5	Global CDMA Ⅱ	FDD	所有环境	韩国：TTA
6	TD-SCDMA	TDD	所有环境	中国：CATT
7	CDMA2000	FDD、TDD	所有环境	美国：TIA
8	Global CDMA Ⅰ	FDD	所有环境	韩国：TTA
9	UWC-136	FDD	所有环境	美国：TIA
10	EP-DECT	TDD	室内、室外到室内	欧：ETSI DECT 计划

IMT-2000 的主要目标是全球一网，全球漫游；多层小区结构，适应多种环境；提供多媒体业务，有足够大的系统容量；高的保密性和高的服务质量。

IMT-2000 对无线传输技术的要求是：支持高速传输多媒体业务，室内至少 2Mbit/s，室外步行至少 384kbit/s，车辆行驶环境至少 144kbit/s；传输速率能根据业务按需分配。

后 3G（Beyond 3G）技术已显露端倪。由于人们希望能在移动环境中数据传输速率更高，即从 2Mbit/s 提高到 100Mbit/s，因此还需要研究更高传输速率的调制技术、软件无线电技术、智能天线技术和广带（Broad band）IP 网络技术，这就是 4G 移动通信技术研究。

7.1.1　IMT-2000 系统的特点

高速率：据速率可从几 kbit/s 到 2 Mbit/s；高速移动时为 144 kbit/s；慢速移动时为 384 kbit/s；静止时为 2 Mbit/s。

多媒体化：供高质量的多媒体业务，如话音、可变速率数据、活动视频和高清晰图像等多种业务，实现多种信息一体化。

全球性：用公用频段，全球漫游，是一个覆盖全球的、具有高度智能和个人服务特色的移动通信系统。

平滑过渡和演进：第二代系统的共存和互通，开放结构，易于引入新技术。

综合化、多环境、灵活性，能把现存的寻呼、无绳电话、蜂窝（宏蜂窝、微蜂窝、微微蜂窝）、移动卫星等通信系统综合在统一的系统中（具有从小于 50m 的微微小区到大于 500km 的卫星小区），与不同网络互通，提供无缝漫游和业务一致性。

业务终端具有多样化的特征：端既是通信工具，又是一个计算工具和娱乐工具。

智能化：要表现在优化网络结构方面（引入智能网概念）和收发信机的软件无线电化。

个人化：户可用唯一个人电信号码（PTN）在任何终端上获取所需要的电信业务，这就超越了传统的终端移动性，真正实现个人移动性。

7.1.2　IMT-2000 系统的结构

系统组成有四个功能子系统：核心网（CN）、无线接入网（RAN）、移动终端（MT）和用户识别模块（UIM），如图 7-1 所示。

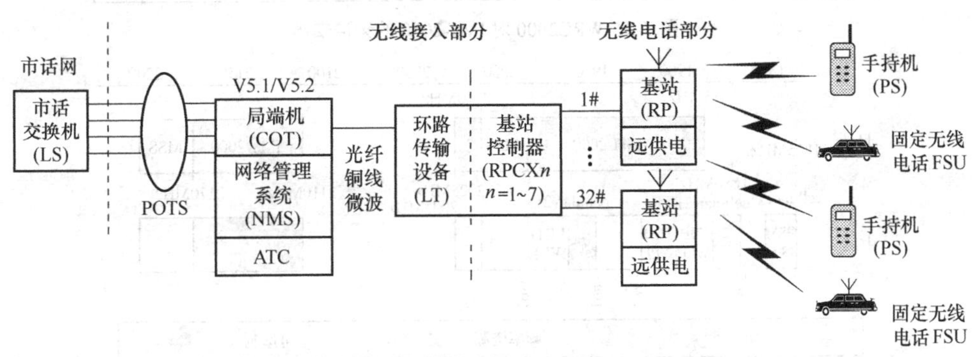

图 7-1　IMT-2000 系统结构

核心网络的主要作用是提供信息交换和传输，将采用分组交换或 ATM 网络，最终过渡到全 IP 网络，并且与当前的 2G 网络后向兼容。业务控制网络是为移动用户提供附加业务和控制逻辑，以基于增强型智能网来实现接入网络包括与无线技术有关的部分，主要实现无线传输功能。

系统标准接口是网络与网络接口 NNI；无线接入网与核心网之间的接口 RAN-CN；无线接口 UNI；用户识别模块和移动台之间的接口 UIM-MT。

结构分层为：①物理层。下行物理信道和上行物理信道组成。②链路层。AC 子层和链路接入控制 LAC 子层组成；MAC 子层根据 LAC 子层的要求对物理层资源管理与控制，并提供 LAC 子层所需的 QoS 级别；LAC 子层采用与物理层相对独立的链路管理与控制，并

通过 ARQ 等方式提供 MAC 子层所不能提供的更高级别的 QoS 控制，以满足高层业务实体的传输可靠性。③高层。OSI 模型中的网络层、传输层、会话层、表示层和应用层为一体；主要负责各种业务的呼叫信令处理，话音业务和数据业务的控制与处理等。

7.1.3　IMT-2000 的频带划分

1992 年世界无线电行政大会（WARC）根据 ITU-R 对 IMT-2000 的业务量和所需频谱的估计，划分了 230MHz 带宽给 IMT-2000。1885～2025MHz 及 2110～2200MHz 频带为全球基础上可用于 IMT-2000 的业务；1980～2010MHz 和 2170～2200MHz 为卫星移动业务频段共 60MHz；其余 170MHz 为陆地移动业务频段，其中对称频段是 2 × 60MHz，不对称的频段是 50MHz，如图 7-2、图 7-3 所示。

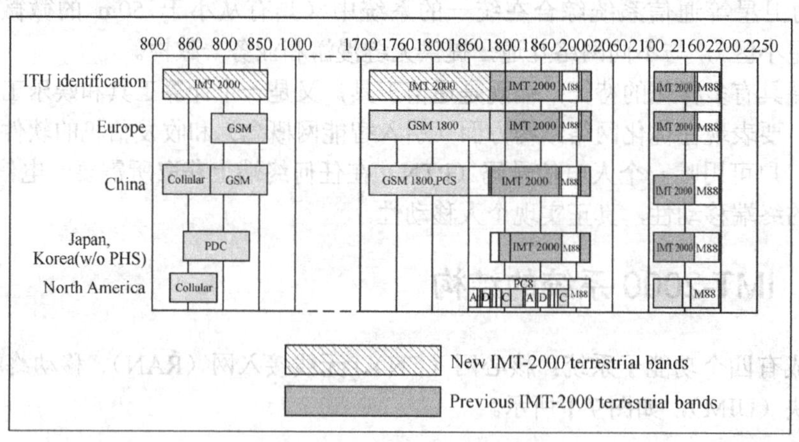

图 7-2　WRC2000 对 IMT-2000 的频谱安排

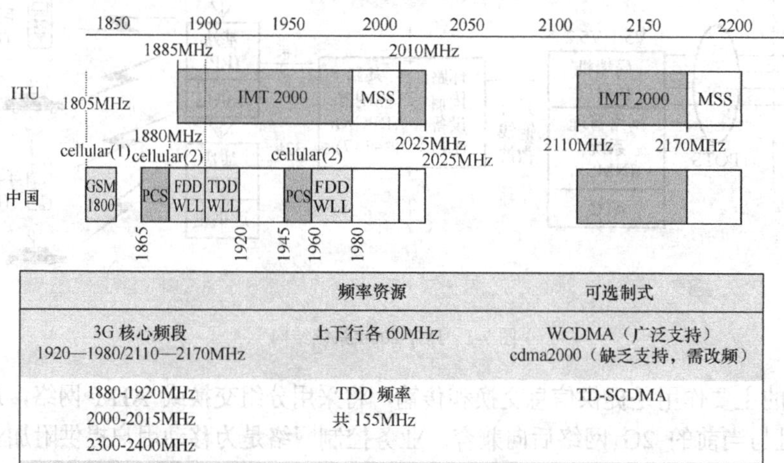

	频率资源	可选制式
3G 核心频段 1920—1980/2110—2170MHz	上下行各 60MHz	WCDMA（广泛支持） cdma2000（缺乏支持，需改频）
1880-1920MHz 2000-2015MHz 2300-2400MHz	TDD 频率 共 155MHz	TD-SCDMA
1800MHz 频段	剩余 55MHz	GSM 1800

图 7-3　IMT-2000 频谱分配

7.1.4　3G 网络的演进

3G 网络演进如图 7-4 所示。

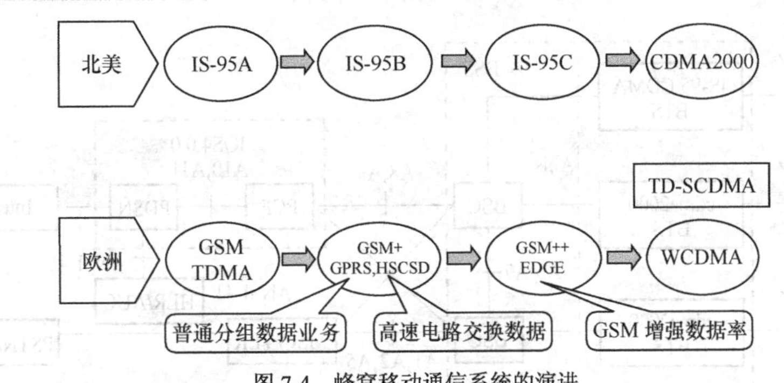

图 7-4　蜂窝移动通信系统的演进

1．GSM 网络向 WCDMA 的演进

如图 7-5 所示，建立在 GSM 和 GPRS 网络基础上，由经改造后的 MSC/VLR（3G MSC/VLR）支撑。3G MSC/VLR 与无线接入网 RAN 的接口被定义为 I_u-CS，其底层采用控制协议 Q2630，而不是传统 MSC 的七号信令（A 接口）。

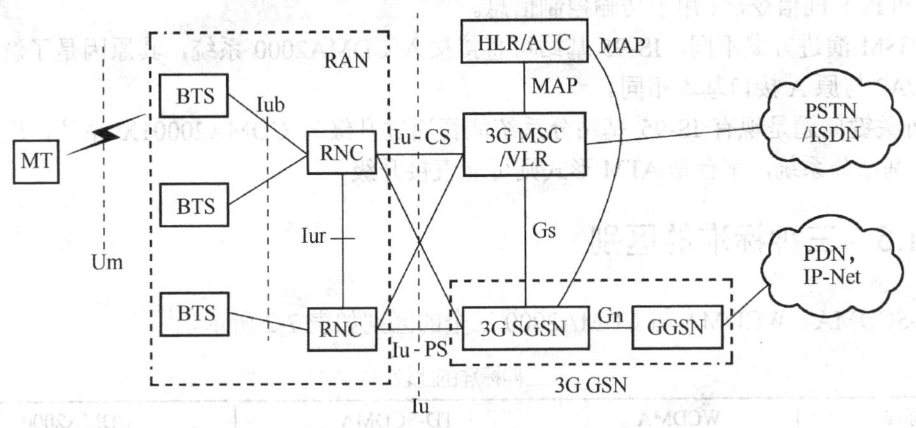

图 7-5　GSM 网络向 WCDMA 的演进

分组业务由演进型 GPRS 网关支持节点（3GGSN）所支撑，3GGSN 与 RAN 的接口被定义为 I_u-PS，其底层采用 ATM/STM1 的 Q2630，而不是 GPRS 所采用的帧中继协议（G_b）。

RNC 与 RNC 的接口 I_{ur} 支持软切换。

2G MSC/VLR 与 3G RAN 因为 I_u 接口与 A 接口差别太大，不能连接。对 2G MSC/VLR 改造使其适应 I_{ub} 是不可能。但使用 3G MSC/VLR 连接 2G 基站分系统则是可能的，仅需要在 3G MSC/VLR 上增加 A 接口和 G_b 接口。

2．IS-95 CDMA 网络向 CDMA2000 的演进

如图 7-6 所示，整个系统由移动终端（MT）、基站收发信机（BTS）、基站控制器（BSC）、移动交换机（MSC）、分组控制功能（PCF）及分组数据服务节点（PDSN）等组成。

与 IS-95 CDMA 相比，核心网的 PCF\PDSN 是新增加模块。通过支持移动 IP 的 A10/A11 接口互连，可支持分组业务传输。

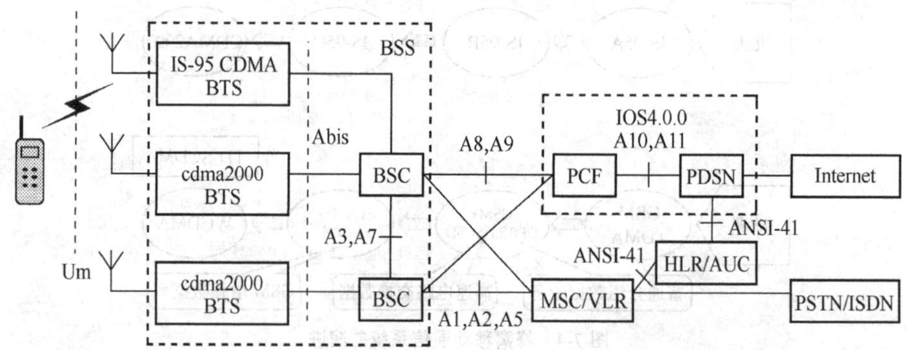

图 7-6　IS-95 CDMA 网络向 CDMA2000 的演进

A1 接口用于传输 MSC 与 BSC 间的信令；A2/A5 用于传输 MSC 与 BSC 间的语音信息；A3/A7 用于传输 BSC 间的信令与数据业务，以支持越区切换；以上接口与 IS-95CDMA 中的需要相同。

CDMA20001X 新增加接口为：A8 接口用于传输 BSC 和 PCF 间分组业务，A9 用于传输 BSC 和 PCF 间信令，1 用于传输控制信息。

与 GSM 演进方案不同，IS-95 基站可直接接入 CDMA2000 系统，其原因是了解两者的接口 A1/A2 与原 A 接口基本相同。

另外关键问题是现有 IS-95 基站分系统能否通过升级为 CDMA20001X 系统，取决于原有 IS-95 基站分系统，平台是 ATM 形式则可能直接升级。

7.1.5　三种标准的区别

TD-SCDMA、WCDMA 与 CDMA2000 三个的区别如表 7-2 所示。

表 7-2　三种标准的比较

标准	WCDMA	TD-SCDMA	CDMA2000
载波间隔（MHz）	5	1.6	1.25
码片速率（Mcps）	3.84	1.28	1.2288
帧长（ms）	10	10（分为两个子帧）	20
基站同步	不需要	需要	需要典型方法是 GPS
功率控制	快速功率控制： 上、下行 1500Hz	0～200Hz	前向：慢速、快速功率控制 反向：800Hz
下行发射分集	支持	支持	支持
频率间切换	支持，可用压缩模式进行测量	支持，可用空闲时隙进行测量	支持
信道估计	公共导频	DwPCH、UpPCH、Midamble	前向、反向导频
编码方式	卷积码 Turbo 码	卷积码 Turbo 码	卷积码 Turbo 码

其中基站同步方式：CDMA2000：用 GPS 使基站间严格同步；WCDMA：同步/异步相结合的方式。导频信道方式，CDMA2000：公共导频方式，WCDMA 专用时分导频上引入公共连续导频。

7.2　第三代移动通信新技术（关键技术）

1．高效信道编译码技术

在第三代移动通信系统中采用了卷积码和 Turbo 码两种纠错编码。

在高速率、对译码时延要求不高的数据链路中使用 Turbo 码以利于其优异的纠错性能；考虑到 Turbo 码译码的复杂度、时延的原因，在语音和低速率、对译码时延要求比较苛刻的数据链路中使用卷积码，在其他逻辑信道中也使用卷积码。

2．软件无线电技术

软件无线电技术的基本思想是高速模/数（A/D）和数/模（D/A）转换器尽可能靠天线处理，所有基带信号处理都用软件方式替代硬件实施。软件无线电系统的关键部分为宽带多频段天线、高速 A/D 和 D/A 转换器以及高速信号处理部分。

软件无线电技术最大的优点是基于同样的硬件环境，针对不同的功能采用不同的软件来实施，其系统升级、多种模式的运行可以自适应地完成。软件无线电能实现多模式通信系统的无缝连接。

3．智能天线技术

无线覆盖范围、系统容量、业务质量、阻塞和掉话等问题一直困扰着蜂窝移动通信系统。采用智能天线阵（Adaptive Antenna Arrays）技术可以提高第三代移动通信系统的容量及服务质量。智能天线阵技术是基于自适应天线阵列原理，利用天线阵列的波束合成和指向，产生多个独立的波束，自适应地调整其方向图以跟踪信号变化；对干扰方向调零以减少甚至抵消干扰信号，提高接收信号的载干比（C/I），以增加系统的容量和频谱效率。

其特点在于以较低的代价换得无线覆盖范围、系统容量、业务质量、抗阻塞和掉话等性能的显著提高。智能天线阵由 N 单元天线阵、A/D 转换器、波束形成器（Beam-former）、波束方向估计及跟踪器等几部分组成。

4．多用户检测和干扰消除技术

多用户检测的基本思想是把所有用户的信号都当作有用信号，而不是当作干扰信号。经过近 20 年的发展，CDMA 系统多址干扰抑制或多用户检测技术，已慢慢走向成熟及实用。

考虑到复杂度及成本等的原因，目前的多用户检测实用化研究，主要围绕基站进行。

5．初始同步与 Rake 多径分集接收技术

CDMA2000：通过对导频信道的捕获建立 PN 码同步和符号同步，通过同步信道的接收建立帧同步和扰码同步。

WCDMA：“三步捕获法”，通过对基本同步信道的捕获建立 PN 码同步和符号同步，通过对辅助同步信道的不同扩频码的非相干接收，确定扰码组号等。

WCDMA 系统采用用户专用的导频信号；在 CDMA2000 下行链路采用公用导频信号，上行信道采用用户专用的导频信道。

Rake 多径分集技术的另一种体现形式是宏分集及越区切换技术。

6. 向全 IP 网过渡

全 IP 网络可节约成本，提高可扩展性、灵活性和使网络运作更有效率等；支持 IPv6，解决 IP 地址的不足和移动 IP。由于 IP 技术在移动通信中的引入，将改变移动通信的业务模式和服务方式。基于移动 IP 技术，为用户快速、高效、方便地部署丰富的应用服务成为可能。

7. IMT-2000 无线协议分层模型

在 IMT-2000 中将 Um 接口分成 4 层：物理层、介质接入层、链路接入层和网络层（包括呼叫控制、移动性管理和无线电资源管理）。

7.3 WCDMA（FDD）系统

UMTS（Universal Mobile Telecommunications System，通用移动通信系统）是采用 WCDMA 空中接口技术的第三代移动通信系统，通常也把 UMTS 系统称为 WCDMA 通信系统。UMTS 是 IMT-2000 的重要成员，主要由欧洲和日本等国家和地区的移动通信设备供应商提出的，如图 7-7 所示。

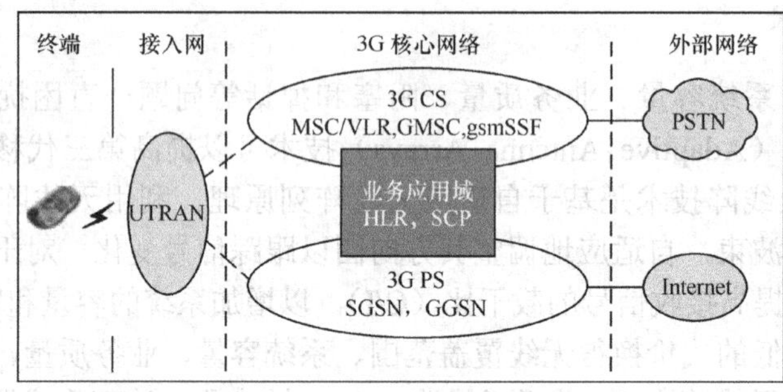

图 7-7　UMTS 的系统结构

7.3.1　WCDMA（FDD）技术

1. WCDMA 的语音演进

WCDMA 采用 AMR 语音编码，速率为 4.75～12.2kbit/s；采用软切换和发射分集；提高容量提供高保真的语音模式，并进行快速功率控制。

2. WCDMA 的数据演进

WCDMA 支持最高 2Mbit/s 的数据业务，支持包交换。目前采用 ATM 平台基站同步方式：支持异步和同步的基站运行；信号带宽是 5MHz；码片速率是 3.84Mc/s；发射分集方式是 TSTD、STTD、FBTD；信道编码是卷积码、Turbo 码；调制方式为 QPSK；功率控制是上下行闭环、开环功率控制；解调方式是导频辅助的相干解调方式；语音编码是 AMR。WCDMA（FDD）技术与 GSM 比较如表 7-3 所示。

表 7-3　　　　　　　　　WCDMA（FDD）与 GSM 比较

	WCDMA	GSM
载波间隔	5MHz	200kHz
频率重用系数	1	1～18
功率控制频率	1500Hz	2Hz 或更低
服务质量控制 QoS	无线资源管理算法	网络规划（频率规划）
频率分集	可采用 Rake 接收机进行多径分集	跳频
分组数据	基于负载的分组调度	GPRS 中基于时隙的调度
下行发分集	支持，以提高下行链路的容量	不支持，但可应用

3．无线接入网络（Radio Access Network，RAN）

用于处理所有与无线有关的功能。

4．核心网络（Core Network，CN）

处理 UMTS 系统内所有的话音呼叫和数据连接，并实现与外部网络的交换和路由功能。CN 从逻辑上分为电路交换域（Circuit Switched Domain，CS）和分组交换域（Packet Switched Domain，PS）。

5．用户设备（User Equipment，UE）

UE 和 UTRAN（UMTS 的陆地无线接入网络）由全新的协议构成，其设计基于 WCDMA 无线技术。而 CN 则采用了 GSM/GPRS 的定义，这样可以实现网络的平滑过度。

7.3.2　WCDMA 物理结构模型

物理结构模型如图 7-8 所示。

（1）用户设备域：用户用来接入 UMTS 业务的设备，用户设备通过无线接口与基本结构相连接。

① 移动设备域：功能是完成无线传输和应用。

② 用户业务识别单元域：包含清楚而安全地确定身份的数据和过程。

（2）基本结构域：由物理节点组成，这些物理节点完成终止无线接口和支持用户通信业务需要的各种功能。基本结构是共享的资源，它为其覆盖区域内的所有授权用户提供服务。

① 接入网域：由管理接入网资源的物理实体组成，并向用户提供接入到核心网域的机制。

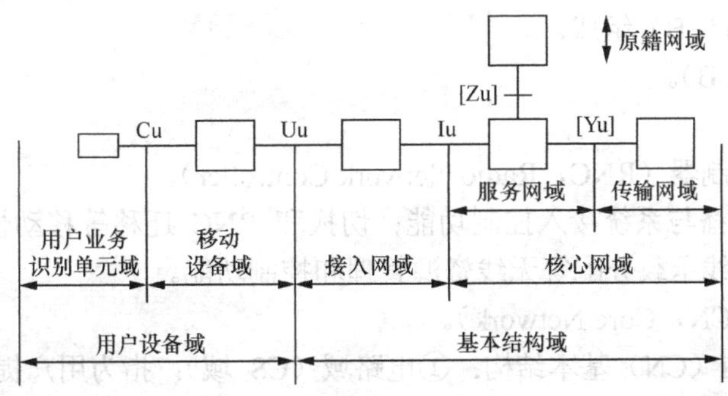

图 7-8　WCDMA 物理结构模型

② 核心网域：由提供网络支持特性和通信业务的物理实体组成。提供的功能包括用户位置信息的管理、网络特性和业务的控制、信令和用户信息的传输机制等。

a．服务网域：与接入网域相连接，其功能是呼叫的寻路和将用户数据与信息从源传输到目的。它既和原籍网域联系以获得和用户有关的数据与业务，也和传输网域联系以获得与用户无关的数据和业务。

b．原籍网域：管理用户永久的位置信息。用户业务识别单元和原籍网域有关；

c．传输网域：是服务网域和远端用户间的通信路径。

7.3.3 WCDMA 系统网络结构

系统网络结构如图 7-9 所示。

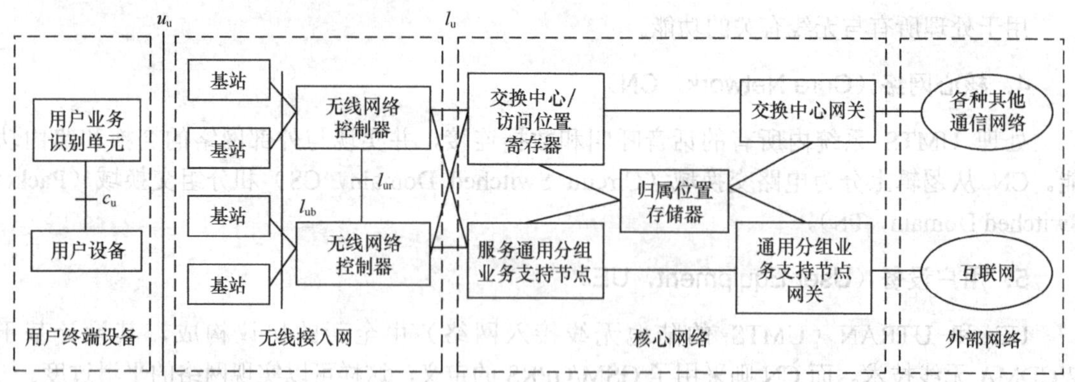

图 7-9 WCDMA 网络单元构成示意图

1．用户终端设备（UE，User Equipment）

用户终端设备主要包括射频处理单元、基带处理单元、协议栈模块以及应用层软件模块等；UE 通过 Uu 接口与网络设备进行数据交互，为用户提供电路域和分组域内的各种业务功能，包括普通语音、数据通信、移动多媒体、Internet 应用（如 E-mail、WWW 浏览、FTP 等）用户设备（ME，The Mobile Equipment），提供应用和服务；用户业务识别单元（USIM，The UMTS Subscriber Module），提供用户身份识别。

2．无线接入网（UTRAN，UMTS Terrestrial Radio Access Network，UMTS）

包含一个或几个无线网络子系统（RNS）。一个 RNS 由一个无线网络控制器（RNC）和一个或多个基站（Node B）组成。

（1）基站（Node B）。

如图 7-10 所示。

（2）无线网络控制器（RNC，Radio Network Controller）。

执行系统信息广播与系统接入控制功能；切换和 RNC 迁移等移动性管理功能；宏分集合并、功率控制、无线承载分配等无线资源管理和控制功能。

（3）核心网络（CN，Core Network）。

WCDMA 核心网（CN）基本结构：①电路域（CS 域）：指为用户提供“电路型业务”，或提供相关信令连接的实体。CS 域特有的实体包括：MSC、GMSC、VLR、IWF。② 组域

（PS 域）：为用户提供“分组型数据业务”，PS 域特有的实体包括：服务 GPRS 支持节点（SGSN）和网关 GPRS 支持节点（GGSN）。其他设备如 HLR（或 HSS）、AUC、EIR 等为 CS 域与 PS 域共用。

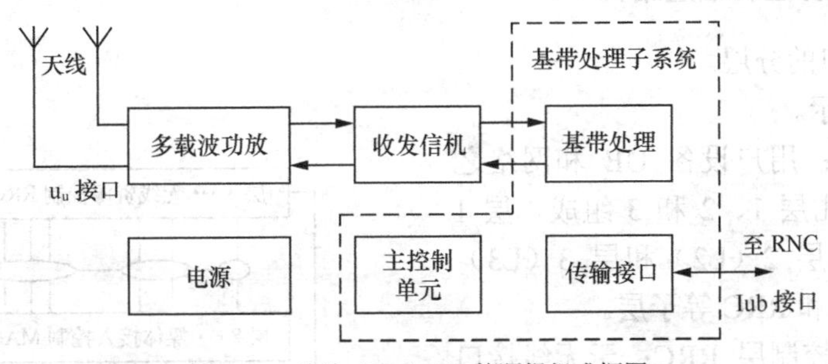

图 7-10　基站（Node B）的逻辑组成框图

移动交换中心/访问位置寄存器（MSC/VLR）。MSC/VLR 是 WCDMA 核心网 CS 域功能节点，主要功能是提供 CS 域的呼叫控制、移动性管理、鉴权和加密等功能。

网关 MSC 节点（GMSC）。GMSC 是 WCDMA 移动网 CS 域与外部网络之间的网关节点，主要功能是完成 VMSC 功能中的呼入呼叫的路由功能及与固定网等外部网络的网间结算功能。服务 GPRS 支持节点（SGSN）。SGSN 是 WCDMA 核心网 PS 域功能节点，主要功能是提供 PS 域的路由转发、移动性管理、会话管理、鉴权和加密等功能。网关 GPRS 支持节点（GGSN）。GGSN 是 WCDMA 核心网 PS 域功能节点，主要功能是同外部 IP 分组网络的接口功能。

原籍位置寄存器（HLR）。HLR 是 WCDMA 核心网 CS 域和 PS 域共有的功能节点，主要功能是提供用户的签约信息存放、新业务支持、增强的鉴权等功能。

操作维护中心（OMC）。OMC 功能实体包括设备管理系统和网络管理系统。

外部网络（External networks）：电路交换网络（CS networks），提供电路交换的连接，像通话服务。ISDN 和 PSTN 均属于电路交换网络。分组交换网络（PS networks），提供数据包的连接服务，Internet 属于分组数据交换网络。

（4）系统接口。

Cu 接口：u 接口是 USIM 卡和 ME 之间的电气接口，Cu 接口采用标准接口。

Uu 接口：u 接口是 WCDMA 的无线接口。UE 通过 Uu 接口接入到 UMTS 系统的固定网络部分，可以说 Uu 接口是 UMTS 系统中最重要的开放接口。

Iu 接口：u 接口是连接 UTRAN 和 CN 的接口。类似于 GSM 系统的 A 接口和 Gb 接口。Iu 接口是一个开放的标准接口。这也使通过 Iu 接口相连接的 UTRAN 与 CN 可以分别由不同的设备制造商提供。

Iur 接口：ur 接口是连接 RNC 之间的接口，Iur 接口是 WCDMA 系统特有的接口，用于对 RAN 中移动台的移动管理。例如，在不同的 RNC 之间进行软切换时，移动台所有数据都是通过 Iur 接口从正在工作的 RNC 传到候选 RNC。Iur 是开放的标准接口。

Iub 接口：ub 接口是连接 Node B 与 RNC 的接口，Iub 接口也是一个开放的标准接口。这也使通过 Iub 接口相连接的 RNC 与 Node B 可以分别由不同的设备制造商提供。

7.3.4 信道结构及功能

1. WCDMA分层和信道结构

（1）无线接口的分层。

如图7-11所示。

① 无线接口：用户设备UE和网络之间的Um接口，由层1、2和3组成，层1（L1）是物理层，层2（L2）和层3（L3）描述MAC、RLC和RRC等子层。

② 无线资源控制层RRC：于无线接口的第三层，处理UE和UTRAN的第三层控制平面之间的信令，处理连接管理功能、无线承载控制功能、RRC连接移动性管理和测量功能。

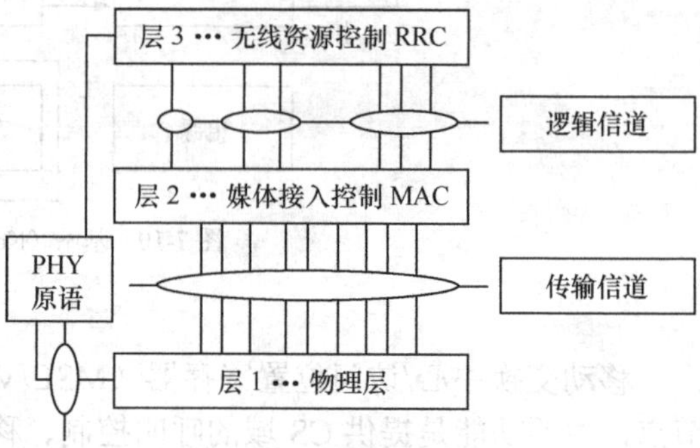

图7-11 WCDMA分层

③ 媒体接入控制层MAC：MAC层屏蔽了物理介质的特征，为高层提供了使用物理介质的手段，高层以逻辑信道的形式传输信息，MAC完成传输信息的变换，以信道形式将信息发向物理层。

④ 物理层：各移动通信系统基本区别在于无线接口的物理层；无线接口，用户设备UE和网络之间的Um接口，由层1、2和3组成。层1（L1）是物理层，层2（L2）和层3（L3）描述MAC、RLC和RRC等子层。高层以逻辑信道的形式传输信息，MAC完成传输信息的变换，以信道形式将信息发向物理层。

物理层是OSI参考模型的最底层，支持在物理介质上传输比特流所需的操作与层2的MAC子层和层3的RRC子层相连。物理层为MAC层提供不同的传送信道，传送信道定义了信息是如何在无线接口上进行传送的。MAC层为层2的无线链路控制RLC子层提供不同逻辑信道，逻辑信道定义了所传送的信息的类型。

物理信道在物理层进行定义，物理信道是承载信息的物理媒介物理层的数据处理过程，物理层接收来自MAC层的数据后，进行信道编码和复用，通过扩频和调制，送入天线发射。物理层技术的实现，如图7-12所示。

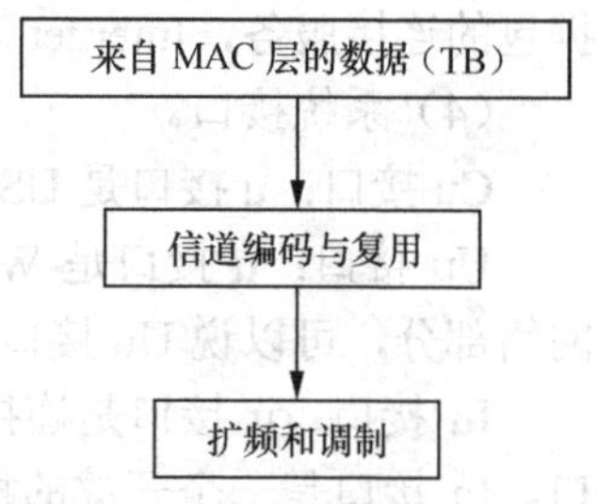

图7-12 物理层的数据处理过程

（2）信道结构。

从不同协议层次讲，承载用户各种业务的信道分为三类：逻辑信道，传输信道，物理信道。逻辑信道直接承载用户业务，分为控制信道和业务信道。传输信道是无线接口二层和物理层的接口，是物理层对MAC层提供的服务，分为专用信道和公共信道。物理信道是各种信息在无线接口传输时的最终体现形式。

逻辑信道：传输控制信息和传输用户信息内容的组合，它可能携带用户数据或者层3（L3）控制和信令。L3信令有时候是指如“移动性管理”，被使用于发送如测量报告和切换命令等信息。这些逻辑信道通过MAC（Medium Access Control）层影射到传输信道。

传输信道：由低层提供给高层的服务，是使用的传输方法的组合，定义无线接口数据传输的方式和特性，允许不同的 CRC 编码用于申请不同的应用。传输信道分为两类：专用信道和公共信道。专用信道（DCH）用于以某个移动台和网络之间传送用户信息或控制信息，DCH 包括上行和下行传输信道，用来传送网络和特定 UE 之间的数据信息或控制信息，DCH 可在整个小区中进行全向传输，也可采用智能天线技术进行波束成型，针对某用户进行传输，DCH 可进行快速信息速率改变、快速功率控制和宏分集、软切换等。专用信道分为三种：专用业务信道（DTCH）、独立专用控制信道（SDCCH）和辅助控制信道（ACCH）。DCH 可在整个小区内或仅限于小区的某个部分（如果使用波束成形天线）发送。

公共传输信道包括以下信道。广播信道（BCH）广播系统及小区的特定信息，是下行传输信道；前向接入信道（FACH）在系统知道 UE 所处小区时，用来给 UE 传送控制信息，FACH 同时也能传送短的用户分组。FACH 在整个小区中传输，或采用波束成型天线在小区进行波束传输，FACH 采用慢速功率控制，并要求带有 UE 的 ID，是下行传输信道；寻呼信道（PCH）是下行传输信道，系统不知 UE 所处小区时，用 PCH 给 UE 传送控制信息，PCH 总在整个小区中发送；随机接入信道（RACH）是上行传输信道，用来传送来自 UE 的控制信息，也可用来传送较短的用户分组数据。用户在 RACH 信道发送数据时，可能发生碰撞，RACH 采用开环功率控制；下行共享信道（DSCH），用来传送数据量较小的分组；公共分组信道（CPCH）是下行传输信道，几个传送专用控制或业务数据的 UE 共享一个 DSCH，DSCH 信道只包含数据信息，不包含控制信息，必须利用 DCH 中的控制信息。

传输信道的分类如图 7-13 所示。

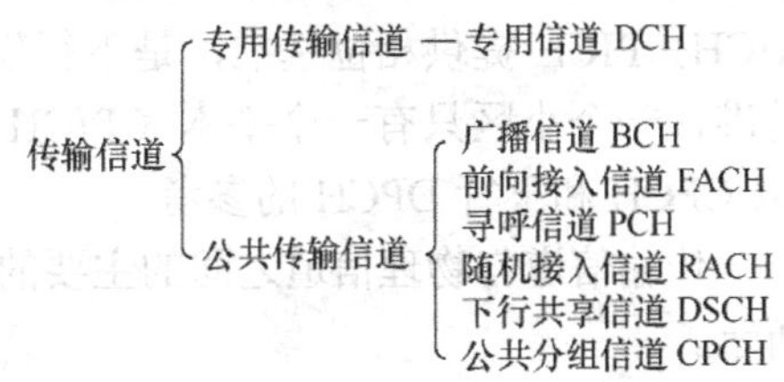

图 7-13　传输信道的分类

物理信道：通过频率，信道编码，扩频码，调制以及时隙（TDD）来区分的。这些信道提供实际数据位的传输。物理信道包括 3 层结构：超帧、无线帧和时隙。超帧长 720ms，包括 72 个无线帧。无线帧包括 15 个时隙的信息处理单元，时长 10ms。时隙包括一组信息符号的单元，每时隙符号数取决于物理信道。每个符号的码片数量与物理信道的扩频因子相同。物理信道的分类如图 7-14 所示。

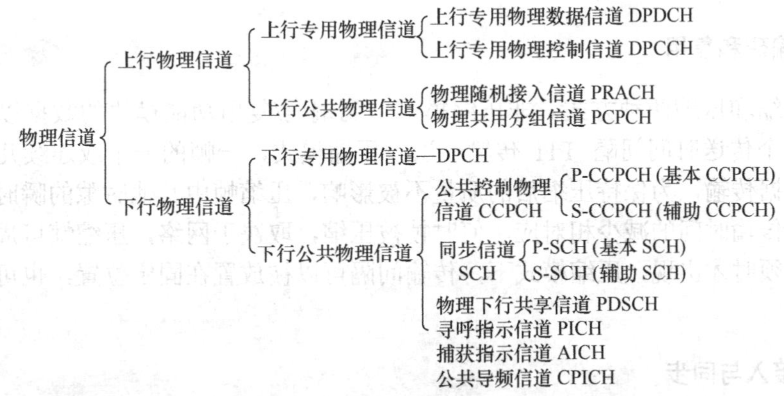

图 7-14　物理信道的分类

上行链路的专用物理信道分为两类：上行专用物理数据信道（上行 DPDCH）和上行专用物理控制信道（上行 DPCCH）。在 DPDCH 和 DPCCH 无线帧通过 I/Q 复用，DPDCH 用来传输层 2 及更高层产生的专用数据，DPCCH 用来传输层 1 的控制信息。物理分组信道 PCPCH，用来传送 CPCH，传输基于 CSMA-CD 方法。

上行链路的公共物理信道的物理随机接入信道（PRACH），用于承载 RACH，支持移动台随机接入，用来传送 RACH，传输基于快速捕获指示的时隙 ALOHA 方式。物理分组信道 PCPCH，用来传送 CPCH，传输基于 CSMA-CD 方法。

下行链路的专用物理信道仅有一种类型，即下行链路专用物理信道（下行 DPCH）。下行专用物理信道（DPCH）可看作下行 DPDCH 和下行 DPCCH 的时分复用，DPCH 包括专用的数据及控制信息，专用数据用于传输层 2 或更高层产生的数据控制信息，用于传输层 1 的控制信号。

下行链路的公共物理信道有：下行公共控制物理信道（CCPCH），分为 P-CCPCH（基本 CCPCH）和 S-CCPCH（辅助 CCPCH），S-CCPCH 用来传送 FACH 和 PCH；同步信道（SCH）是下行物理信道，用于小区搜索，向小区内的移动台提供同步信息，SCH 含有两个子信道，主 SCH 和辅助 SCH；物理下行共享信道（PDSCH），用于传送 DSCH 与一个 DPCH 相联系，所需控制信息在 DPCH 上传送捕获指示信道 AICH，用于传送捕获指示信号 AI；寻呼指示信道（PICH）固定速率（SF = 256）的物理信道，用来传送寻呼指示 PIPICH 总是与一个 S-CCPCH 相联系；公共导频信道（CPICH）分为基本 CPICH 和辅助 CPICH，为增加分集效果，一般采用两个天线分集发送基本 CPICH 为 SCH，P-CCPCH，AICH，PICH 提供相位基准，是下行物理信道的缺省相位基准，一个小区只有一个基本 CPICH 辅助 CPICH 作为 S-CCPCH 和下行 DPCH 的参考。

传输信道与物理信道之间的主要的映射关系如图 7-15 所示。

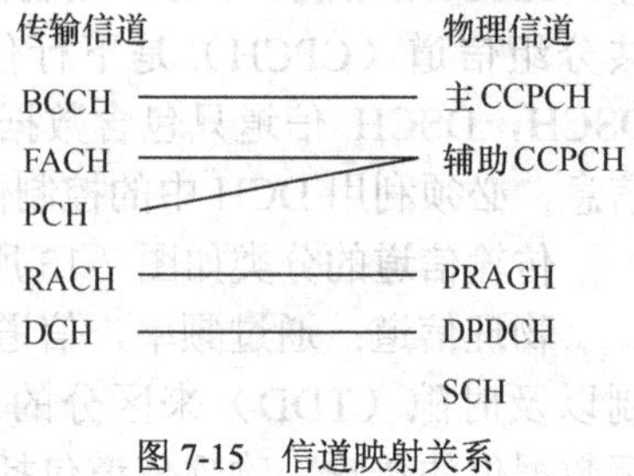

图 7-15 信道映射关系

2. WCDMA 有两种接入模式

FDD：上行和下行链路采用两个不同频率的载波工作的双工模式；TDD：上行和下行链路采用两个不同时隙来区分在相同的频段上工作的双工模式，即上、下行链路的信息是交替发送的。

3. 信道编码和复用

包括非压缩和压缩两种方式。非压缩模式，到编码/复用功能模块的数据以传送块集合形式传输，每个传送时间间隔 TTI 传输一次。压缩模式，一帧的一个或连续几个帧中某些时隙不用作数据传输，为保持压缩后的质量不被影响，压缩帧中其他时隙的瞬时传输功率增加，增加量与传输时间的减少相对应，何时帧被压缩，取决于网络，压缩帧可周期性出，压缩帧也可在必须时才出现，压缩模式下，传输间隔可以被放置在固定位置，也可放置在任何其他的位置。

4. 随机接入与同步

随机接入：初始化前，物理层需从高层 RRC 接收信息，并不断地被高层更新，初始化

阶段，物理层将从高层 MAC 接收信息。

同步过程：小区搜索，UE 搜索小区并判断下行链路的扰码及所在小区帧同步，典型情况下小区搜索步骤有时隙同步、帧同步和码组指示、扰码识别和公共信道同步。

5. 发射分集

方法：在基站方通过两根天线发射信号，每根天线被赋予不同的加权系数（包括幅度，相位等），使接收方增强接收效果，改进下行链路的性能包括开环发射分集和闭环发射分集。闭环模式发射分集用于 DPCH 和 PDSCH，关键是加权因子的计算。开环发射分集不需要 MS 的反馈，基站的发射先经空间时间块编码，再在 MS 中分集接收解码。

6. 功率控制

上行功率控制：包括 PRACH 的功率控制和 DPCCH 及 DPDCH 的功率控制。下行功率控制：P-CCPCH 和 S-CCPCH 不进行功率控制；下行 DPCCH/DPDCH 功率控制；站址选择分集发射功率控制 SSDT；DSCH 功率控制。

7. 切换

步骤：无线测量、网络判决和系统执行。

WCDMA 中具有与 IS-95 CDMA 中所具有的软切换、更软切换、硬切换，还有 CDMA 到其他系统的切换和空闲切换。CDMA 到其他系统的切换即 MS 从 CDMA 业务信道转到其他系统业务信道。空闲切换即 MS 处于空闲状态时所进行的切换。硬切换通常发生在不同频率的 CDMA 信道间。

7.4 TD-SCDMA 系统

TD-SCDMA 的中文含义为时分同步码分多址接入，该项通信技术也属于一种无线通信的技术标准，它是中国提出的 TD-SCDMA 全球 3G 标准之一。

TD-SCDMA 综合了 TDD 和 CDMA 的技术优势，具有灵活的空中接口，采用了智能天线、多用户联合检测、上行同步及软件无线电等先进技术，因而在系统容量、频谱利用率高和抗干扰能力等方面都具有很强的优势。

7.4.1 概述

TD-SCDMA 系统的设计参照了 TDD（时分双工）在不成对的频带上的时域模式。TDD 模式是基于在无线信道时域里周期地重复 TDMA 帧结构实现的。这个帧结构被再分为几个时隙。在 TDD 模式下，可以方便地实现上/下行链路间地灵活切换优势。在上/下行链路间的时隙分配可以被一个灵活的转换点改变，以满足不同的业务要求，可以实现所有 3G 对称和非对称业务，通过最佳自适应资源的分配和最佳频谱效率，可支持速率从 8kbit/s 到 2Mbit/s 的语音、互联网等所有的 3G 业务。

TD-SCDMA 的 TDD 模式特点：终端的移动速度受现有 DSP 运算速度的限制只能做到 240km/h；基站覆盖半径在 15km 以内时频谱利用率和系统容量可达最佳，在用户容量不是很大的区域，基站最大覆盖可达 4～30km；TD-SCDMA 适合在城市和城郊使用。在城市和城郊，小区半径一般都在 15km 以内。而在农村及大区全覆盖时，用 WCDMA FDD 方式也是合适的，因此 TDD 和 FDD 模式是互为补充的。

7.4.2 TD-SCDMA 系统技术特点

1．时分双工（TDD）模式

根据不同业务，上下行链路间转换点的位置可任意调整，可提供最佳频谱利用率和最佳业务容量；TD-SCDMA 采用不对称频段，无需成对频段。单个载频带宽为 1.6MHz，帧长为 5ms，每帧包含 7 个不同码型的突发脉冲同时传输，在频谱安排上有很大灵活性。

TDD 上下行工作于同一频率，对称的电波传播特性使之便于利用智能天线等新技术，可达到提高性能、降低成本的目的。TDD 系统设备成本低，无收发隔离的要求，其成本比 FDD 系统低 20%～50% 。TDD 系统的主要缺陷：采用多时隙不连续传输方式，抗快衰落和多普勒效应能力比连续传输的 FDD 方式差，因此 ITU 要求 TDD 系统用户终端移动速度为 120km / h，FDD 系统为 500km / h；TDD 系统平均功率与峰值功率之比随时隙数增加而增加，考虑到耗电和成本因素，用户终端的发射功率不可能很大，故通信距离（小区半径）较小，一般不超过 10km，而 FDD 系统的小区半径可达数 10km。

2．智能天线

智能天线采用波束成形技术，方向图随移动台的移动而动态跟踪（基站装配智能天线）。由于它的波束很窄，对其他用户的干扰很小，大大提高了系统容量。

智能天线技术能够提高系统的容量，扩大小区的最大覆盖范围，减少移动台的发射功率，提高信号的质量并增大传输数据速率。

3．上行同步（Uplink Synchronization）

移动台动态调整发往基站的发射时间，使上行信号到达基站时保持同步，保证了上行信道信号的不相关，降低了码间干扰，使系统的容量由于码间干扰的降低大大提高，提高了 CDMA 系统容量，提高了频谱利用率，同时基站接收机的复杂度也大为降低。

缺点是系统对同步的要求非常严格，上行的同步要求为 1 / 8 码片宽度。

4．联合检测（Joint Detection）

联合检测技术即“多用户干扰”抑制技术，是 TD-SCDMA 系统中使用的又一重要技术，是消除和减轻多用户干扰的主要技术，它把所有用户的信号都当作有用信号处理，这样可从而大幅度降低多径多址干扰，联合检测技术把同一时隙中多个用户的信号及多径信号一起处理，充分利用用户信号的拥护码、幅度、定时、延迟等信息，精确地解调出各个用户的信号，结合使用智能天线和多用户检测，可获得理想效果。

5．软件无线电（Software Radio）

软件无线电是利用数字信号处理软件实现无线功能的技术，能在同一硬件平台上利用软

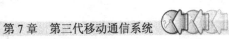

件处理基带信号，通过加载不同的软件，可实现不同的业务性能。其优点：通过软件方式，灵活完成硬件功能；良好的灵活性及可编程性；可代替昂贵的硬件电路，实现复杂的功能；对环境的适应性好，不会老化；便于系统升级，降低用户设备费用。

6．接力切换（Baton Handover）

TD-SCDMA 系统的基站和基站控制器可采用接力切换方式，根据用户的方位和距离信息，判断手机用户现在是否移动到应该切换给另一基站的临近区域。如果进入切换区，便可通过基站控制器通知另一基站做好切换准备，达到接力切换的目的。

接力切换可提高切换成功率，降低切换时对临近基站信道资源的占用，大大提高了系统容量。在切换时可根据系统需要，采用硬切换或软切换的机理

7．基站与终端技术

基站 ：高集成度、低成本设计，采用 TD-SCDMA 的物理层和基于修改的 GPRS 业务。基站采用 3 载波设计，每载波带宽 1.6MHz，其占用 5MHz 带宽；采用低中频数字合成技术，以解决多载波的有关问题；公用一套智能天线，达到增强所需信号，抑制干扰信号，成倍扩展通信系统容量的目的；公用射频收发信机单元；

基于软件无线数字信号处理技术；低功耗设计，每个载波基站耗电不超过 200W；

具有高可靠性、可维护性等特点。

用户设备（UE）：采用双频双模（GSM900 和 TD-SCDMA）用户设备，支持 TD-SCDMA 系统内切换支持 TD-SCDMA 系统到 GSM 系统的切换。在 TD-SCDMA 系统覆盖范围内优先选择 TD-SCDMA 系统，在 TD-SCDMA 系统覆盖范围以外，采用现有的 GSM 系统。TD-SCDMA 系统采用双频双模 UE，GSM-900MHz 和 TD-SCDMA-2000MHz；采用固定台和车载台，多载波工作，外接天线，提供速率 384kbit/s～2Mbit/s 数据业务；UE 有 6 个发射功率等级；使用 GSM 的 SIM 卡；语音编译码，GSM/3G，8kbit/s；用户设备数据接口或大尺寸 LCD 显示屏幕；TD-SCDMA 系统的价位，平均每户价格将比 GSM 扩容降低至少 20%，与 GSM 系统同基站安装不需另投资。

7.4.3　TD-SCDMA 技术

1．SDMA 方式

通过空间的分割来区分不同的用户，基本技术就是采用自适应阵列天线，在不同用户方向上形成不同的波束，扇形天线可被看作是 SDMA 的一个基本方式。其中 SDMA 原理是：SDMA 基站由多个天线和收发信机组成，用与多个收发信机相连的 DSP 来处理接收到的多路信号，精确算出每个 MS 相应无线链路的空间传播特性，可得上下行波束赋形矩阵，利用该矩阵通过多个天线对发往 MS 的下行链路信号空间合成，使 MS 所处位置接收信号最强，SDMA 技术可以大致估算出每个用户的距离和方位。

SDMA 方式与 CDMA 的性能互补，当几个用户靠得很近，SDMA 技术无法精确分辨用户位置，每个用户都受到了邻近其他用户的强干扰而无法正常工作，采用 CDMA 的扩频技术可轻松降低其他用户的干扰，SDMA 只需起到部分降低干扰的作用。

2．物理层的测量

物理层的测量分为：频率内测量、频率间测量、系统间测量、业务量测量、质量测量和内部测量。空闲模式下，基站广播的系统信息中包含测量控制消息测量的主要目的：进行小区选择与重选、切换、动态信道分配 DCA、为了定时/同步而对时间提前量的测量等。小区选择/重选的测量：小区选择的测量、小区重选的测量、切换测量、UE 端切换准备、UTRAN 端切换准备、功率控制的测量、UE 和基站不断进行信噪比和误码率测量、动态信道分配 DCA 的测量、正在连接的 TD-SCDMA 的 DCA 测量、已连接模式下的 TD-SCDMA 的 DCA 测量、邻近保护信道的测量、定位服务 LCS 的测量包括前向链路定位（多基站定位）和后向链路定位（单基站定位）。SCDMA 可采用最简化的波束赋形算法，加快运算速度，确保在 TDD 的上下行保护时间内完成所有信道估计和波束赋形计算。TD-SCDMA 中"S"表示空分多址（SMQRT ANTENNA 智能天线）、SOFT RADIO（软件无线电）和 SYSCHRONUS（同步）。

TD-SCDMA 的主要技术与参数如表 7-4 所示。

表 7-4　　TD-SCDMA 的主要参数

参数	内容
多址接入技术和双工方式	多址方式：TDMA/CDMA 双工方式：TDD
码片速率	1.28Mchip/s
帧长和结构	子帧长：5ms 每帧 7 个主时隙，每时隙长 675μs
占用带宽	小于 1.6MHz
相邻信道泄漏功率比 ACLR（发射端）	UE：（功率等级：+21dBm） ACLR（1.6MHz）= 33dB ACLR（3.2MHz）= 43dB BS：ACLR（1.6MHz）= 40dB ACLR（3.2MHz）= 50dB
相邻信道选择性 ACS（接收端）	UE：（功率等级：+21dBm），ACS = 33dB BS：ACS = 45dB
随机接入机制	在专用上行时隙的 RACH 突发
信道估计	训练序列
基站间的同步和非同步运行	同步

3．时隙帧结构

（1）帧结构。

以 10ms 为一个帧时间单位，每个帧分为了两个 5ms 的子帧，如图 7-16 所示。缩短每一次上下行周期的时间，在尽量短的时间内完成对用户的定位，子帧结构分为 7 个普通时隙（TS_0～TS_6）、一个下行导频时隙（DwPTS）、一个上行导频时隙（UpPTS）和一个保护间隔（GP）；切换点是上下行时隙之间的分界点，通过该分界点的移动，可调整上下行时隙的数

量比例，适应各种不对称分组业务，时隙上的箭头方向表示上行或下行。TS_0 必须是下行时隙，TS_1 一般是上行时隙。UpPTS 和 DwPTS：专门用于上行同步和小区搜索，如图 7-17 所示。

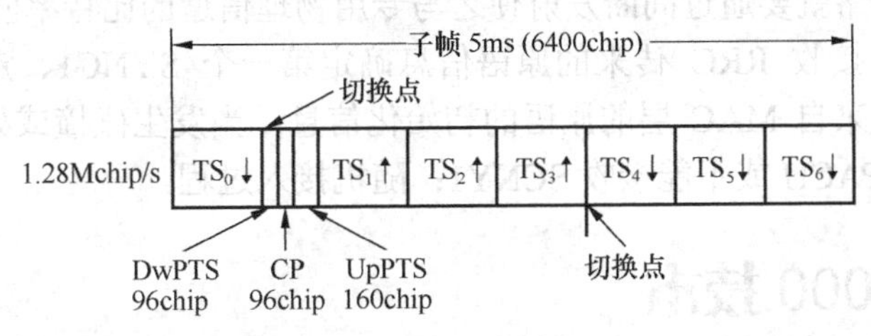

图 7-16　子帧结构

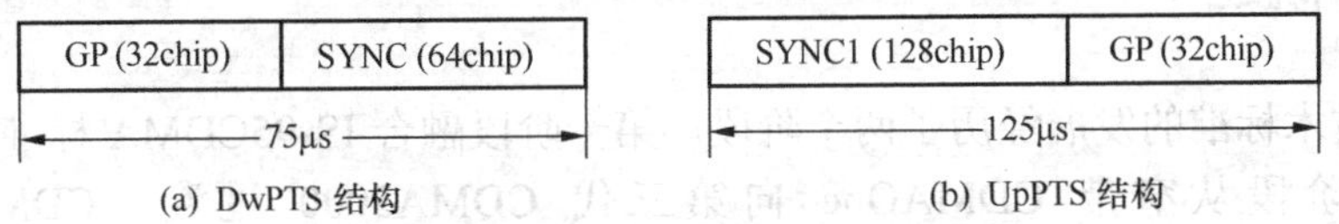

图 7-17　DwPTS 结构和 UpPTS 结构

（2）信息格式。

每个时隙的信息只有一种脉冲类型，数据信息块 1、数据信息块 2、同步控制 SS、TPC 符号、TFCI 符号、训练序列 Midamble 和保护间隔 GP，如图 7-18 所示，训练序列是用来区分相同小区、相同时隙内的不同用户的，TFCI 用于指示传输的格式，TPC 用于功率控制，SS 是 TD-SCDMA 特有的，用于实现上行同步。

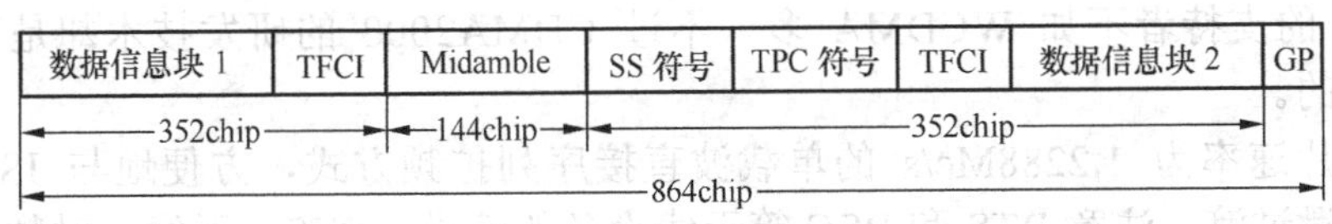

图 7-18　信息格式

4．物理层程序

（1）物理层程序：空中接口中通信连接中的处理程序包括以下几个部分：同步与小区搜索；功率控制；时间提前量；无线帧的间断发射 DTX；下行链路发射分集；随机接入等。

（2）同步与小区搜索：TD-SCDMA 小区搜索包括下行导频时隙 DwPTS 搜索；扰码和基本训练序列识别；实现复帧同步；读广播信道 BCH。TD-SCDMA 同步包括上行信道的初始传输同步是靠 UE 发送的上行导频时隙中的 SYNC1 实现；基站对 SYNC1 序列探测，估算接收功率和定时，将调整信息反馈给 UE，以修改下一发送上行导频的定时和功率。在接下来的四个子帧内，基站将继续对 UE 发送调整信息；上行信道的基本训练序列可帮助 UE 保持上行同步。

（3）功率控制：上行信道也需闭环功率控制；其他信道的功率控制方式与 WCDMA FDD 基本类似；由于 TD-SCDMA 采用波束赋形技术，对功率控制的速率要求降低。

（4）时间提前量：基站用时间提前量调整 UE 发射定时，初始值由基站测量 PRACH 的定时决定；TD-SCDMA 每子帧 5ms 测试一次，根据测量结果，调整 1/8chip 的整数倍，得到最接近的定时；切换时，需加入源小区和目标小区的相对时间差。

（5）无线帧间断发射：当传输信道复用后总比特速率和已分配专用物理信道的总比特速率不同时，上下行链路就要通过间断发射使之与专用物理信道的比特率匹配。

（6）随机接入：接收 RRC 传来的原语信息确定第一个 SYNC1、定时和发射功率等参数；被初始化时接收来自 MAC 层的原语的初始化信息；当发生碰撞或处于恶劣的传播环境中，基站不能发送 FPACH 或不能接收 SCNY1；随机接入过程。

7.5 CDMA2000 技术

7.5.1 概述

CDMA 技术标准的发展经历了两个阶段。第一阶段融合 IS-95CDMA 标准的 CDMAOne 系统；第二阶段从窄带 CDMAOne 向第三代 CDMA2000 过渡。CDMA2000-1x 是 CDMA2000 的第一个阶段，是 1999 年 6 月由 ITU 确立的标准，称之为 2.75G 移动通信系统。CDMA2000-1x-EV 的标准是在 CDMA2000-1x 基础上制定的演进技术。第一阶段：1x-EV-DO（Data Only）。第二阶段：1x-EV-DV（Data and Voice）。

CDMA2000 也称为 CDMA Multi-Carrier，由美国高通公司为主导提出，摩托罗拉、Lucent 和后来加入的韩国三星都有参与，韩国现在成为该标准的主导者。这套系统是从窄频 CDMA One 数字标准衍生出来的，可以从原有的 CDMA One 结构直接升级到 3G，建设成本低廉。但目前使用 CDMA 的地区只有日、韩和北美，所以 CDMA2000 的支持者不如 WCDMA 多。不过 CDMA2000 的研发技术却是目前各标准中进度最快的。

采用码片速率为 1.2288Mc/s 的单载波直接序列扩频方式，方便地与 IS-95 后向兼容，实现平滑过渡，注意 BTS 和 BSC 等无线设备的演进。BTS：天线、射频滤波器和功率放大器等射频部分可相同，而基带信号处理部分必须更换。BSC：必须具有分组交换功能。

无线接口上，功能上有了很大的增强。在软切换方面将原来的固定门限变为相对门限，增加了灵活性；前向快速寻呼信道可实现寻呼或睡眠状态的选择；前向链路发射分集技术可减少发射功率，抗瑞利衰落，增大系统容量；反向相干解调提高了反向链路的性能，降低了移动台发射功率，提高了系统容量；连续的反向空中接口波形可降低对发射功率的要求、增加系统容量；仅在前向辅助信道和反向辅助信道中使用 Turbo 码；支持多种帧长，不同的信道中采用不同的帧长，较短的帧可减少时延，但解调性能较低；较长的帧可降低发射功率要求；前向基本信道、前向专用控制信道、反向基本信道、反向专用控制信道采用 5ms 或 20ms 帧；前向辅助信道、反向辅助信道采用 20ms、40ms 或 80ms 帧；话音信道采用 20ms 帧。

增强的媒体接入控制功能控制多种业务接入物理层，保证多媒体的实现，采用了前向快速功控技术提高了前向信道的容量，减少了基站耗电。

CDMA2000 1X 比 IS-95 CDMA 系统性能提高，采用传输分集发射技术和前向快速功控

后，前向信道的容量约为 IS-95 CDMA 系统的 2 倍，业务信道采用 Turbo 码而具有 2dB 的增益，容量提高到未采用 Turbo 码时的 1.6 倍。从网络系统的仿真结果来看，传送语音：CDMA2000 1X 系统容量是 IS-95 CDMA 的 2 倍。传送数据：CDMA2000 1X 系统容量是 IS-95 CDMA 的 3.2 倍。CDMA2000 1X 中引入快速寻呼信道，减少了 MS 电源消耗，延长了 MS 待机时间，支持 CDMA2000 1X 的 MS 待机时间是 IS-95 CDMA 的 15 倍或更多，CDMA2000 新的接入方式，减少呼叫建立时间，减少 MS 在接入过程中对其他用户的干扰。

7.5.2　信道结构

1．信道类型

（1）反向信道。

① 反向导频信道：用于辅助基站进行相关检测。在增强接入信道、反向公用控制信道和反向业务信道的无线配置为 3 至 6 时发射。在增强接入信道前导、反向公用控制信道前导和反向业务信道前导也发射。

② 接入信道：用来发起与基站的通信或响应基站的寻呼。

③ 增强接入信道：用于 MS 初始接入或响应 MS 指令消息。可能用于三种接入模式：基本接入模式；功率控制接入模式和备用接入模式。

④ 反向公用控制信道：在不用反向业务信道时，MS 在基站指定时间段向基站发射用户控制信息和信令信息。可能用于两种接入模式，备用接入模式和指配接入模式。

⑤ 反向专用控制信道：用于某一 MS 在呼叫过程中向基站传送该用户的特定用户信息和信令信息。

⑥ 反向基本信道：用于 MS 在呼叫过程中向基站发射用户信息和信令信息。

⑦ 反向辅助码分信道：用于 MS 在呼叫过程中向基站发射用户信息和信令信息。仅在无线配置 RC 为 1 和 2，且反向分组数据量突发性增大时建立，并在基站指定的时间段内存在。

⑧ 反向辅助信道：用于 MS 在呼叫过程中向基站发射用户信息和信令信息。仅在无线配置 RC 为 3 到 6 时，且反向分组数据量突发性增大时建立，并在基站指定的时间段内存在。

反向信道结构如图 7-19 所示。

（2）前向信道。

① 导频信道：用于在基站覆盖区中 MS 捕获、同步和检测。包括前向导频信道、发射分集导频信道、辅助导频信道和辅助发射分集导频信道，需分集接收时可增加一个发射分集导频信道，需灵活的天线和波束赋形技术时可发射多个辅助导频信道，辅助导频信道需要发射分集的情况下，基站将增加一个辅助发射分集导频信道。

② 同步信道：用于使 MS 获得初始的时间同步。

③ 寻呼信道：发送基站系统信息和对 MS 的寻呼。

④ 广播信道：发送基站的系统广播控制信息。

⑤ 快速寻呼信道：用于基站和区域内的 MS 进行通信。通知空闲模式的 MS，是否在下个前向公用控制信道或寻呼信道接收前向公用控制信道或寻呼信道。

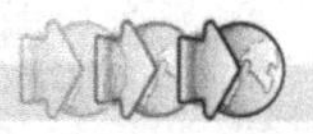

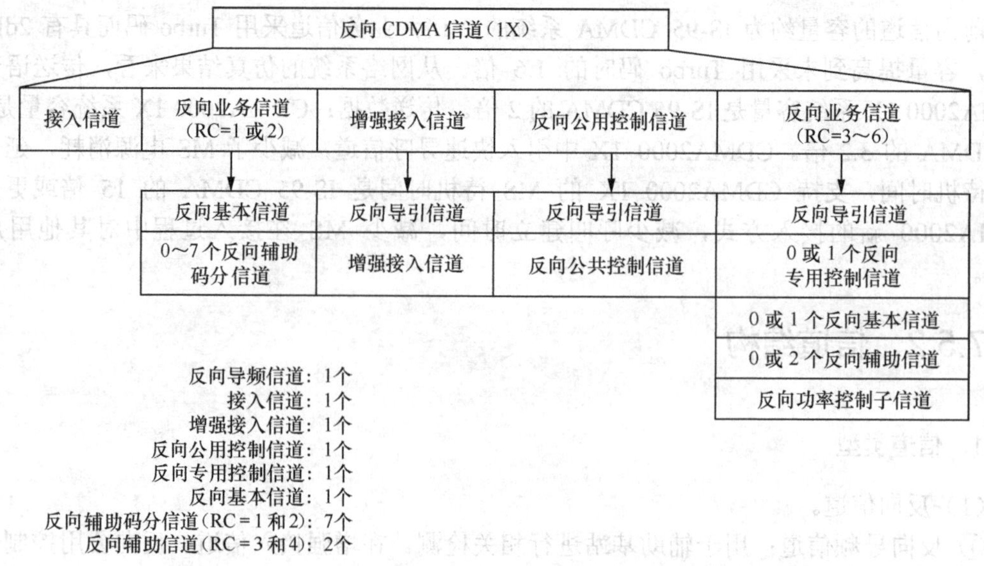

图 7-19　反向信道结构

⑥ 公用功率控制信道：用于基站进行多个反向公用控制信道和增强接入信道的功率控制。

⑦ 公用指配信道：提供对反向链路信道指配的快速响应，以支持反向链路的随机接入信息的传输。

⑧ 前向公用信道：在未建立呼叫连接时发射 MS 特定消息。

⑨ 前向专用控制信道：用于在呼叫过程中给某一特定 MS 发送用户信息和信令信息。

⑩ 前向辅助码分信道：用于在通话过程中给特定 MS 发送用户和信令消息。在无线配置 RC 为 1 和 2，且前向分组数据量突发性增大时建立，并在指定的时间段内存在。

⑪ 前向辅助信道：用于在通话过程中给特定 MS 发送用户和信令消息。在无线配置 RC 为 3 到 9，且前向分组数据量突发性增大时建立，并在指定的时间段内存在。

前向信道结构如图 7-20 所示。

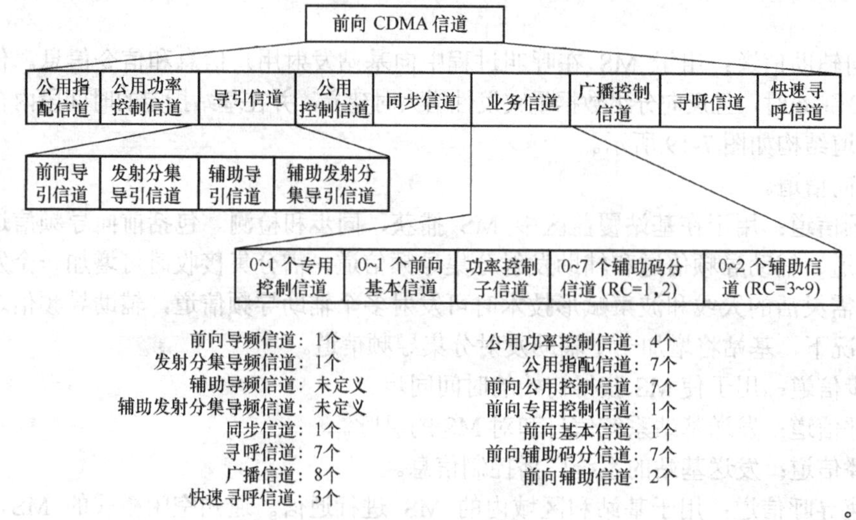

图 7-20　前向信道结构

2．CDMA2000 反向信道调制

反向信道的无线配置是通过无线配置 RC 来定义。反向信道共有六种无线配置不同的配置使用不同的扩频速率、不同的数据速率、前向纠错和调制特性。

前向信道和反向信道的无线配置是相互关联的。

反向信道的信号处理是前向纠错 FEC、码符号重复、打孔、块交织、正交调制、正交扩频、数据率和门控、直接序列扩频、正交序列扩频、基带滤波

3．CDMA2000 前向信道调制

前向信道配置了 9 种特性，不同的配置使用不同的扩频速率、不同的数据速率、前向纠错和调制特性，前向信道的打孔、正交调制、扩谱技术与反向信道类似。

7.5.3　CDMA2000-1X 基本工作过程

用户起呼过程：用户通过 MS 发起一个呼叫，生成初始化消息；基站收到初始化消息后，准备建立业务信道，并开始试探发送空业务信道数据；基站组成信道指配消息通过寻呼信道发送给 MS；MS 根据所指示的信道信息尝试接收基站发送的前向空业务信道数据；MS 接收到 N 个连续正确帧后，建立相对应的反向业务信道，发送业务的前导，基站探测到反向业务信道前导数据后，生成基站证实指令消息通过前向业务信道发送给 MS，MS 收到后开始发送反向空业务信道数据；基站生成业务选择响应指令通过前向业务信道发送给 MS；MS 处理基本业务信道和其他相应的信道，并发相应的业务连接完成消息；在 MS 和基站间交流振铃和去振铃等消息后，进入对话状态；分组业务，建立前向和反向基本业务信道建立相应的辅助码分信道，如前向需要传输很多的分组数据，基站通过发送辅助信道指配消息建立相应的前向辅助码分信道，如反向需要传输很多的分组数据，MS 通过发送辅助信道请求消息与基站建立相应的反向辅助码分信道；辅助性信道增强系统的功能、性能和灵活性，不一定涉及到每一个呼叫过程。

7.5.4　CDMA2000-1X-EV-DO 技术特点

CDMA2000-1X-EV - DO 技术是美国高通公司 CDMA2000 家族标准的一员，同时经 ITU 的批准，它还是 IMT-2000 标准系列的一部分。1X 表示该产品是 CDMA2000 家族的一员，EV 表示系统演进，DO 表示数据优化，以使分组通信达到最高性能。

1X-EV - DO 是 CDMA2000-1X 技术向提高分组数据传输能力方向的演进。它是在独立于 CDMA2000 1X 的载波上向移动终端提供高速无线数据业务，不支持话音业务。

CDMA2000-1X-EV-DO 与 CDMA2000-1X 不具有兼容性，CDMA2000-1X-EV-DO 可以单独组网，对于那些只需要分组数据业务的用户，核心网配置不需要基于 ANSI-41 的复杂结构，而是基于 IP 的网络结构，与 CDMA2000-1X 联合组网，同时提供语音与高速分组数据业务，CDMA2000-1X-EV-DO 与 CDMA2000-1X 彼此间几乎无任何影响。双模终端，当其工作在 Hybrid 模式时可以在两个系统间（CDMA2000-1X、1X-EV-DO）进行网络选择和切换。CDMA2000-1X-EV-DO 保持了与 CDMA2000-1X 在设计和网络结构上的兼容性。提

供高速数据服务，每个 CDMA 载波可以提供 2.4576Mbit/s/扇区的前向峰值吞吐量。前向链路的速率范围是 38.4kbit/s～2.4576Mbit/s，反向链路的速率范围是 9.6kbit/s～153.6kbit/s。反向链路数据速率与 CDMA2000-1X 基本一致，而前向链路的数据速率远远高于 CDMA2000-1X。

空中链路是专门为分组数据而优化设计的，它的一个关键的设计思想是数据和语音具有非常不同的需求，对语音和数据分别采用不同的优化策略，大大提高频谱利用率，大大降低了系统软件的开发难度，避免了复杂的载荷平衡（调度）任务。

CDMA2000-1X-EV-DO 主要关键技术：前向链路时分复用；速率控制；自适应调制编码技术；混合自动重传请求技术（H-ARQ）；调度程序使射频资源发挥最大效能。

本章小结

第三代移动通信系统标准中最受关注的是基于 GSM 系统的 WCDMA、基于 IS-95 CDMA 的 CDMA2000 和 TD-SCDMA。

WCDMA 的传输信道包括专用传输信道和公用传输信道，公用传输信道包括 BCH、FACH、PCH、RACH、CPCH、DSCH。传输信道必须映射到物理信道才能实行正常的通信联系。WCDMA 的信道编码/复用可采用压缩方式和非压缩方式。采用压缩方式时，传输间隔可用来进行其他频点的测量。WCDMA 在实现同步时，需先进行小区搜索，小区搜索执行三个步骤：时隙同步、帧同步及码组指示、扰码识别。

TD-SCDMA 中的“S”有多重含义，包括空分多址（智能天线技术）、软件无线电和同步。TD-SCDMA 标准由于采用智能天线技术，在很多方面进行了优化，尤其是时隙帧结构，但其信息只有一种脉冲结构。

CDMA2000 标准的反向信道和前向信道有不同的信道结构和无线配置，但信息的处理过程基本相同。CDMA2000 在反向信道结构中增设一些辅助信道以增强系统的功能和灵活性。

习题和思考题

1．简述 IMT-2000 所代表的含义。
2．简述 IMT-2000 系统结构。
3．WCDMA 与 GSM 的关系？
4．接力切换与硬、软切换相比有哪些优点？
5．什么是智能天线？
6．什么是多用户检测？3G 系统中采用多用户检测的目的是什么？
7．WCDMA 的传输信道包括哪些？
8．TD-SCDMA 的技术特点？
9．CDMA2000 标准演变过程是什么？
10．CDMA2000 标准的反向信道和前向信道有什么不同？

第 8 章
第四代移动通信系统

8.1 第四代移动通信网概述

第四代移动通信系统可称为广带接入和分布式网络，其网络结构将是一个采用全 IP 的网络结构。4G 网络采用许多关键技术来支撑，包括： 正交频率复用技术（Orthogonal Frequency Division Multiplexing，OFDM）；多载波调制技术，自适应调制和编码（Adaptive Modulation and Coding，AMC）技术；MIMO 和智能天线技术，基于 IP 的核心网，软件无线电技术以及网络优化和安全性等。另外，为了不使传统的网络互联需要用网关建立网络的互联，所以 4G 将是一个复杂的多协议网络。传输速率更快：对于中速移动用户（60km/h）数据速率为 20Mbit/s；对于低速移动用户（室内或步行者），数据速率为 100Mbit/s；频谱利用效率更高：1.8G/2.3G/2.6G。网络频谱更宽：每个 4G 信道将会占用 100MHz 或是更多的带宽，而 3G 网 络的带宽则在 5～20MHz 之间；容量更大：4G 将采用新的网络技术（如空分多址技术等）来极大地提高系 统容量，以满足未来大信息量的需求；灵活性更强：4G 系统采用智能技术，可自适应地进行资源分配。实现更高质量的多媒体通信：包括语音、数据、影像等，大量信息透过宽频信道传送出去，让用户可以在任何时间、任何地点接入到系统中； 兼容性更平滑：4G 系统应具备全球漫游，接口开放，能跟多种网络互联，终端多样化以及能使第二代平稳过渡等特点

3GPP 长期演进（LTE: Long Term Evolution）这种以 OFDM/FDMA 为核心的技术，可以被看作“准 4G”技术或 3.9G。3GPP LTE 项目的主要性能目标包括：在 20MHz 频谱带宽能够提供下行 100Mbit/s、上行 50Mbit/s 的峰值速率；支持 100km 半径的小区覆盖；能够为 350km/h 高速移动用户提供>100kbit/s 的接入服务；支持成对或非成对频谱，可灵活配置 1.25 MHz 到 20MHz 多种带宽。

LTE（Long Term Evolution）是新一代宽带无线移动通信技术。与 3G 采用的 CDMA 技术不同，LTE 以 OFDM（正交频分多址）和 MIMO（多输入多输出天线）技术为基础，频谱效率是 3G 增强技术的 2～3 倍。LTE 包括 FDD 和 TDD 两种制式，即频分双工（Frequency Division Duplexing, FDD）和时分双工（Time Division Duplexing, TDD）两种方式，其中 TD-LTE 等于 LTE 的 TDD 模式。LTE 的增强技术（LTE-Advanced）是国际电联认可的第四代移动通信标准。正因为 LTE 技术的整体设计都非常适合承载移动互联网业务，因此运营商都非常关注 LTE，并已成为全球运营商网络演进的主流技术。

LTE 的频段 FDD-LTE 主流频段为 1.8G/2.6G 及低频段 700MHz、800MHz。TD-LTE 主流频段为 2.6G/2.3GHz/1.9G。LTE 频带和频点如表 8-1 所示。LTE 的 FDD 和 TDD 技术比较

如表 8-2 所示。

表 8-1　　　　　　　　　　　　　　LTE 频带和频点

Band	Duplex	F_{DL_low} (MHz)	F_{DL_high} (MHz)	$N_{Off\text{-}DL}$	N_{DL}	F_{UL_low} (MHz)	F_{UL_high} (MHz)	$N_{Off\text{-}UL}$	N_{UL}
1	FDD	2110	2170	0	0-599	1920	1980	18000	18000-18599
2	FDD	1930	1990	600	600-1199	1850	1910	18600	18600-19199
3	FDD	1805	1880	1200	1200-1949	1710	1785	19200	19200-19949
4	FDD	2110	2155	1950	4950-2399	1710	1755	19950	19950-20399
5	FDD	869	894	2400	2400-2649	824	849	20400	20400-20649
6	FDD	875	885	2650	2650-2749	830	840	20650	20650-20749
7	FDD	2620	2690	2750	2750-3449	2500	2570	20750	20750-21449
8	FDD	925	960	3450	3450-3799	880	915	21450	21450-21799
9	FDD	1844.9	1879.9	3800	3800-4149	1749.9	1784.9	21800	21800-22149
10	FDD	2110	2170	4150	4150-4749	1710	1770	22150	22150-22479
11	FDD	1475.9	1500.9	4750	4750-4999	1427.9	1452.9	22750	22750-2299
……	……	……	……	……	……	……	……	……	……
33	TDD	1900	1920	36000	36000-36199	1900	1920	36000	36000-36199
34	TDD	2010	2025	36200	36200-36349	2010	2025	36200	36200-36349
35	TDD	1850	1910	36350	36350-36949	1850	1910	36350	36350-36949
36	TDD	1930	1990	36950	36950-37549	1930	1990	36950	36950-37549
37	TDD	1910	1930	37550	37550-37749	1910	1930	37550	37550-37749
38	TDD:D 频段	2570	2620	37750	37750-38249	2570	2620	37750	37750-38249
39	TDD:F 频段	1880	1920	38250	38250-38649	1880	1920	38250	38250-38649
40	TDD:E 频段	2300	2400	38650	38650-39649	2300	2400	38650	38650-39649

LTE 与以往移动通信系统的速率对比如表 8-2 所示。

表 8-2　　　　　　　　　　　　各代移动通信速率对比

无线蜂窝制式	上行速率	下行速率
GSM（EDGE）	118kbit/s	236kbit/s
CDMA2000（1X）	153kbit/s	153kbit/s
CDMA2000（EVDO RA）	1.8 Mbit/s	3.1 Mbit/s
TD-SCDMA（HSPA）	2.2 Mbit/s	2.8 Mbit/s
WCDMA（HSPA）	5.76 Mbit/s	14.4 Mbit/s
TD-LET	50 Mbit/s	100 Mbit/s
FDD-LET	40 Mbit/s	150 Mbit/s

4G 网络结构的概念如图 8-1 所示。其中，IP 核心网（CN，Core Network）：它不仅仅服务于移动通信，还作为一种统一的网络，支持有线和无线接入。主要功能是完成位置管理和控制、呼叫控制和业务控制。

4G 无线接入网（4G RAN）：主要完成无线传输和无线资源控制，移动性管理则是通过 CN 和 RAN 共同完成的。

移动的网络（MN，Movable Network）：当一个处于移动的 LAN 需要接入 4G 网络时，就需要通过 MN 进行接入。因此 MN 就像一个为小型网络提供接入的网关。

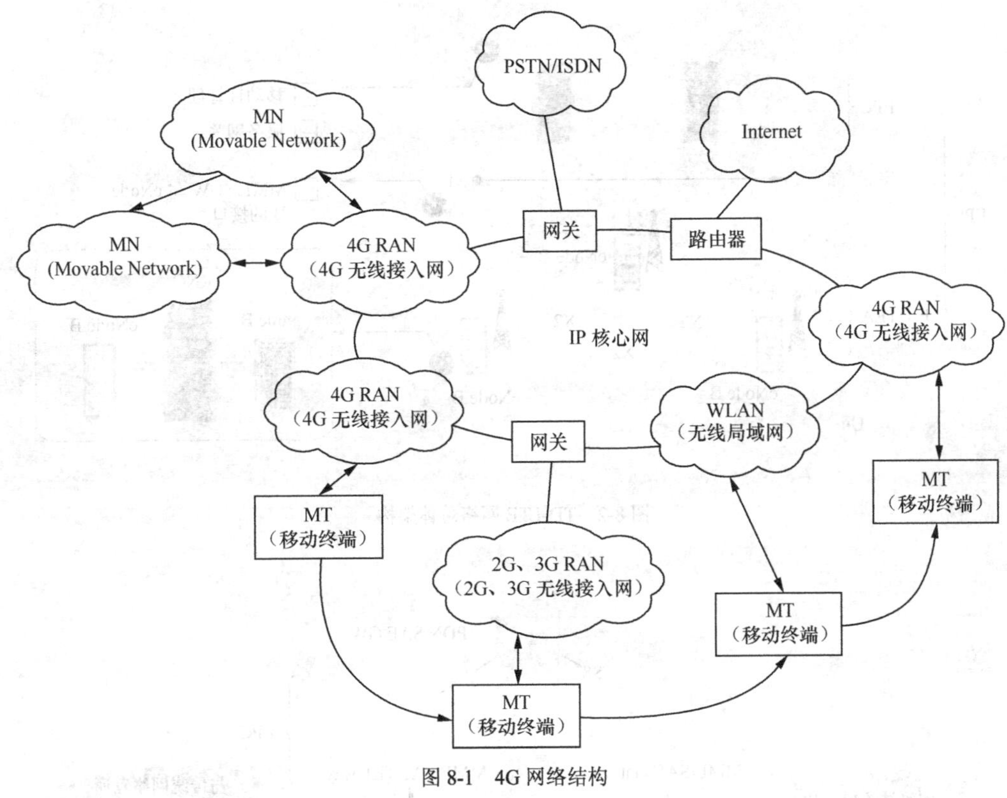

图 8-1　4G 网络结构

在 4G 系统中，网元间的协议是基于 IP 的，每一个 MT（移动终端）都有各自的 IP 地址。当 4G 网与其他网连接时，如 PSTN/ISDN 则需要网关进行连接。另外，与传统的 2G、3G 接入网连接时也需要相应的网关。

由上述结构我们可以看出，4G 的网络应该是一个无缝链接（Seamless Connection）的网络，也就是说各种无线和有线网都能以 IP 协议为基础连接到 IP 核心网。当然，为了与传统的网络互联，则需要用网关建立网络的互联。所以 4G 网络将是一个复杂的多协议的网络。

8.2　TD-LTE 基本原理及关键技术

8.2.1　TD-LTE 网络总体架构

网络架构更趋扁平化和简单化，减少网络节点，降低系统复杂度以及传输和无线接入时延，减小网络部署和维护成本。如图 8-2 所示。其中 E-UTRAN（Evolved Universal Terrestrial Radio Access Network）中只有一种网元——eNode B（Evolved Node B）；演进分组核心网——EPC（Evolved Packet Core）；演进分组系统——EPS（Evolved Packet System）。

LTE 全网架构扁平化，演进型通用陆地无线接入网络（E-UTRAN）只有一种网元——演进型基站（Evolved NodeB，E-Node B），全 IP，媒体面控制面分离，与传统网络互通，如图 8-3 所示。

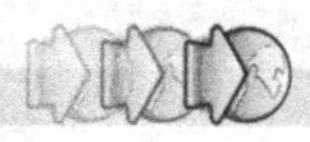

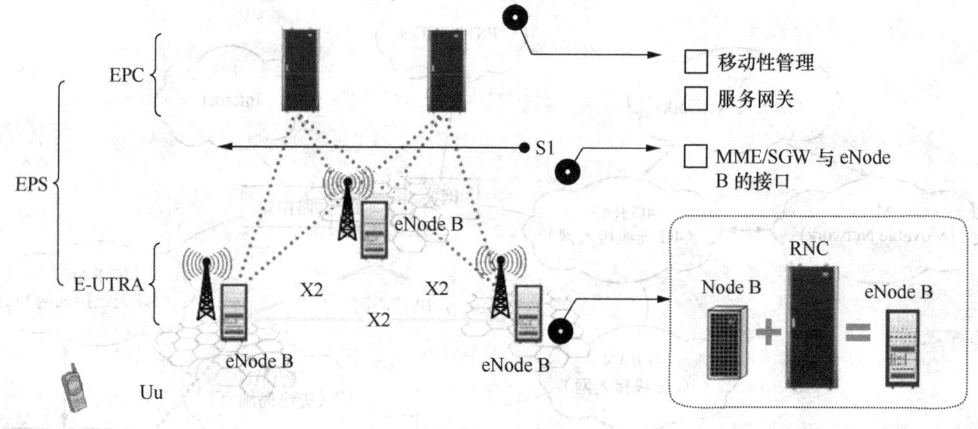

图 8-2　TD-LTE 网络总体架构

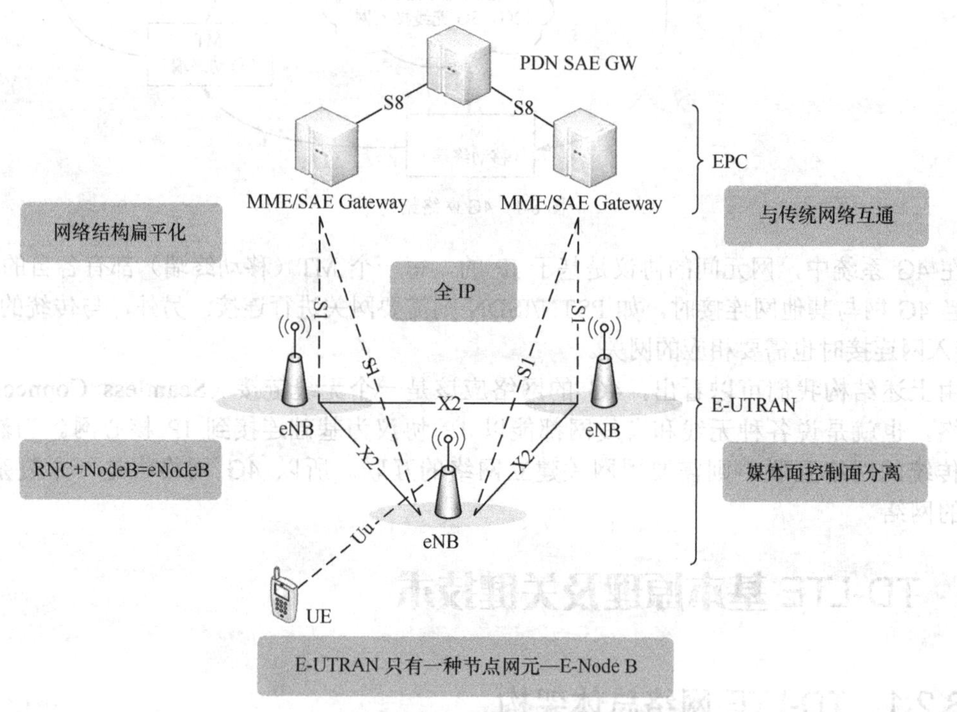

图 8-3　LTE 全网架构扁平图

其中 E-UTRAN 和演进型分组核心（Evolved Pocket Core, EPC）的功能划分如图 8-4 所示。

各网元功能如下。

演进型基站（E-Node B）功能：无线资源管理，IP 头压缩和用户数据流加密，UE 附着时的 MME 选择，用户面数据向 S-GW 的路由，寻呼消息和广播信息的调度和发送，移动性测量和测量报告的配置。

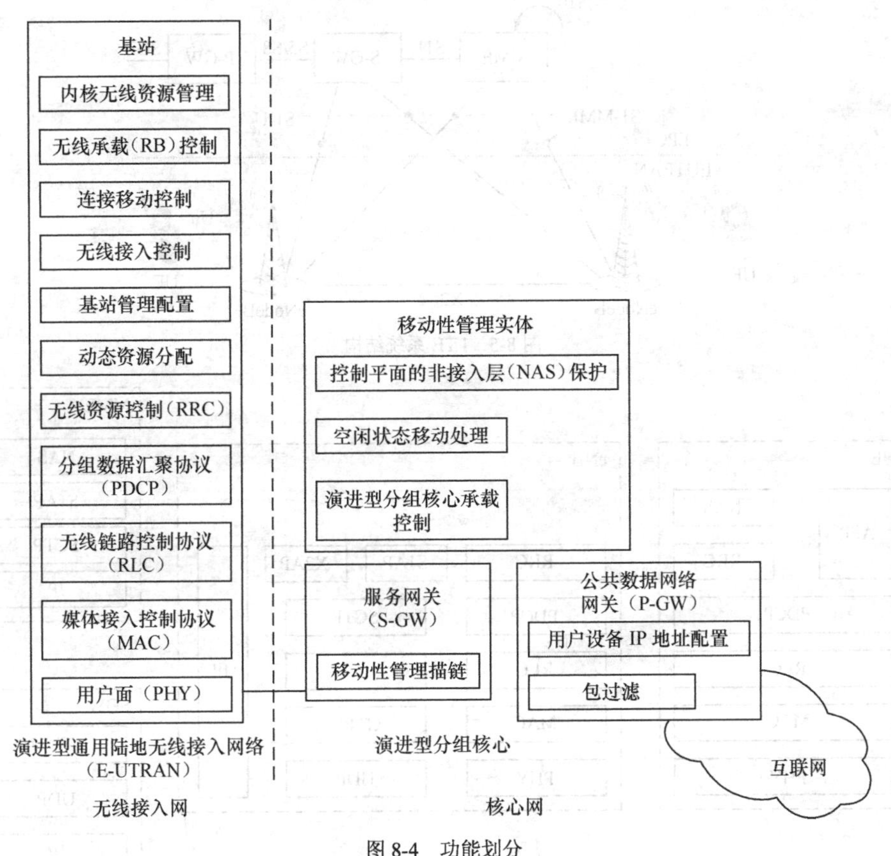

图 8-4　功能划分

移动性管理实体（Mobile Management Entity，MME）功能: 分发寻呼信息给 eNB，安全控制，空闲状态的移动性管理，SAE 承载控制，非接入层（NAS）信令的加密及完整性保护。

服务网关（Serving GateWay，S-GW）功能：终止由于寻呼原因产生的用户平面数据包，支持由于 UE 移动性产生的用户面切换。

公共数据网络网关（Public Data Network GateWay，PDN GW）功能: 基于用户的包过滤，合法监听，IP 地址分配，上下行传输层数据包标记，DHCPv4 和 DHCPv6（client、relay、server）。

8.2.2　系统结构和主要接口

如图 8-5 所示，主要接口为：Uu—e Node B 和 UE 之间的空中接口；X2— 相邻 e Node B 之间的接口；S1-MME—E-UTRAN 和 MME 之间的控制面接口；S1-U—E-UTRAN 和 Serving Gateway 之间的业务面接口；S10—MME 之间传递消息接口；S11—MME 和 Serving Gateway 之间 Session 管理的接口；S5—同网内 S-GW 和 P-GW 接口；S8—异网 S-GW 和 P-GW 接口；SGi—连接外部数据网络的接口。

LTE/SAE 的协议结构如图 8-6 所示。

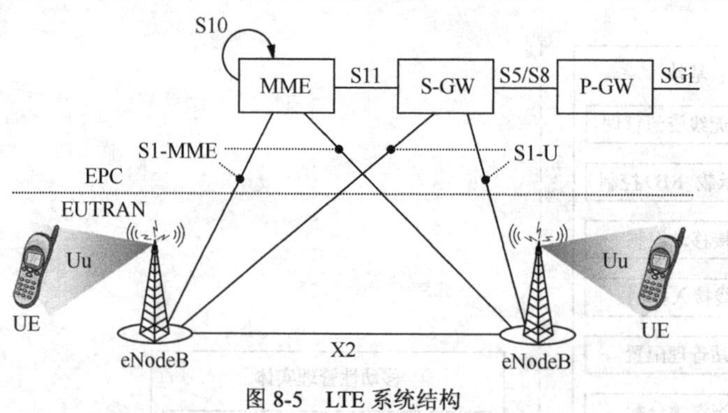

图 8-5　LTE 系统结构

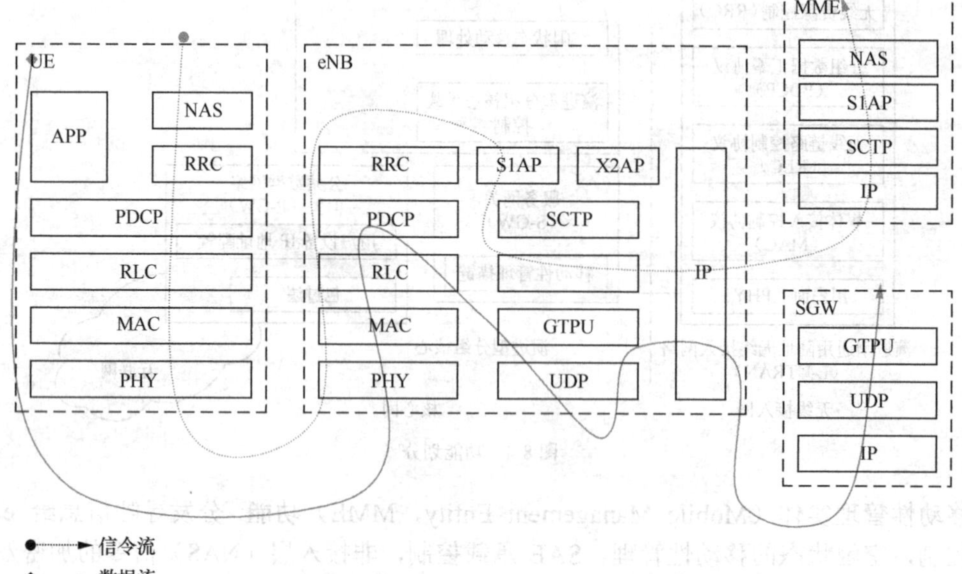

图 8-6　协议结构图

8.2.3　LTE 帧结构

LTE 无线帧结构分为 FDD LTE 和 TD-LTE 两种类型，分别如图 8-7、图 8-8 所示。

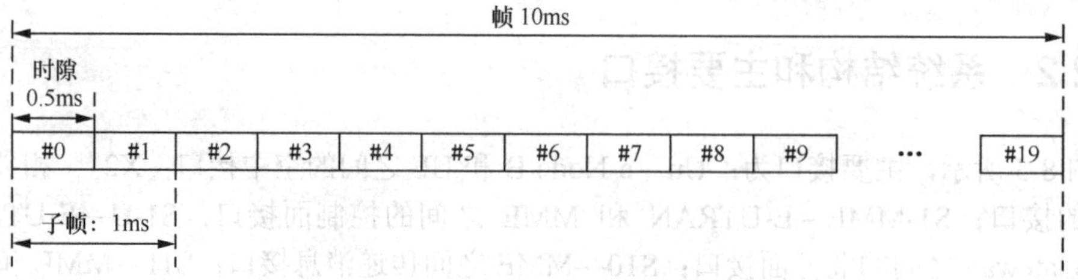

图 8-7　FDD LTE 帧结构

1．FDD LTE 帧结构

FDD LTE 无线帧的时长为 10ms，包含 20 个时隙，其中每个时隙的时长为 0.5ms。每个

10ms 无线帧被分为 10 个子帧，每个子帧包含两个时隙，每时隙长 0.5ms，Ts = 1/（15000*2048）是基本时间单元，任何一个子帧既可以作为上行，也可以作为下行。相邻的两个时隙组成一个子帧（1ms），为 LTE 调度的周期。

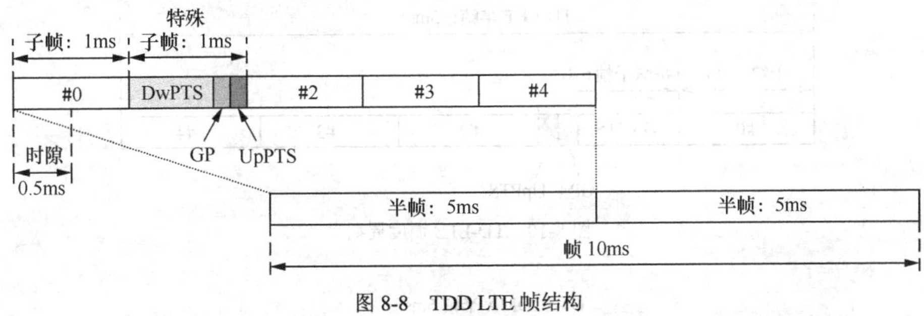

图 8-8　TDD LTE 帧结构

2. TD-LTE 帧结构

TD-LTE 帧结构特点：其 10 个子帧可配置：上行子帧，下行子帧，特殊子帧，每个 10ms 无线帧包括 2 个长度为 5ms 的半帧，每个半帧由 4 个数据子帧和 1 个特殊子帧组成。特殊子帧包括 3 个特殊时隙：特殊子帧包括下行导频时隙（DwPTS）、保护周期（GP）、上行导频时隙（UpPTS），总长度为 1ms。和 FDD LTE 的帧长一样，FDD 子帧长度也是 1ms。

转换周期为 5ms 表示每 5ms 有一个特殊时隙。这类配置因为 10ms 有两个上下行转换点，所以 HARQ 的反馈较为及时，适用于对时延要求较高的场景。

转换周期为 10ms 表示每 10ms 有一个特殊时隙。这种配置对时延的保证略差一些，但是好处是 10ms 只有一个特殊时隙，所以系统损失的容量相对较小

支持 5ms 和 10ms 上下行切换点，子帧 0、5 和 DwPTS 总是用于下行发送，“D”代表此子帧用于下行传输，“U” 代表此子帧用于上行传输，“S”是由 DwPTS、GP 和 UpPTS 组成的特殊子帧。特殊子帧中 DwPTS 和 UpPTS 的长度是可配置的，满足 DwPTS、GP 和 UpPTS 总长度为 1ms。TD-LTE 特殊子帧继承了 TD-SCDMA 的特殊子帧设计思路，由 DwPTS，GP 和 UpPTS 组成。TD-LTE 的特殊子帧可以有多种配置，用以改变 DwPTS，GP 和 UpPTS 的长度。但无论如何改变，DwPTS + GP + UpPTS 永远等于 1ms，如图 8-9 所示。

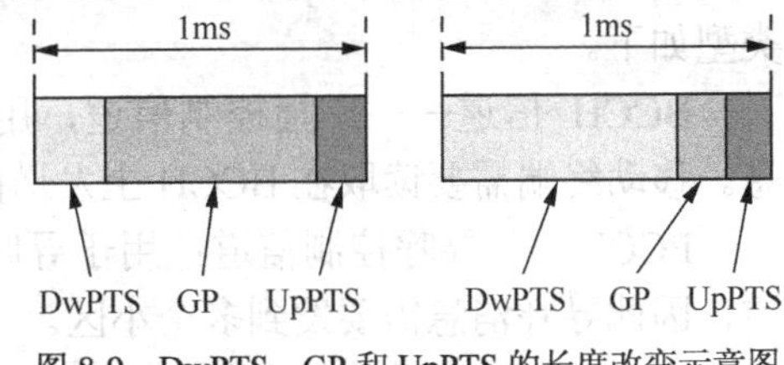

图 8-9　DwPTS，GP 和 UpPTS 的长度改变示意图

3. TD-LTE 帧结构和 TD-SCDMA 帧结构对比

TD-LTE 和 TD-SCDMA 帧结构主要区别：

① 时隙长度不同。TD-LTE 的子帧（相当于 TD-S 的时隙概念）长度和 FDD LTE 保持一致，有利于产品实现以及借助 FDD 的产业链。

② TD-LTE 的特殊时隙有多种配置方式，DwPTS,GP,UpPTS 可以改变长度，以适应覆盖、容量、干扰等不同场景的需要。

③ 在某些配置下，TD-LTE 的 DwPTS 可以传输数据，能够进一步增大小区容量。

④ TD-LTE 的调度周期为 1ms，即每 1ms 都可以指示终端接收或发送数据，保证更短的时延。而 TD-SCDMA 的调度周期为 5ms。

各自的帧结构如图 8-10、图 8-11 所示。

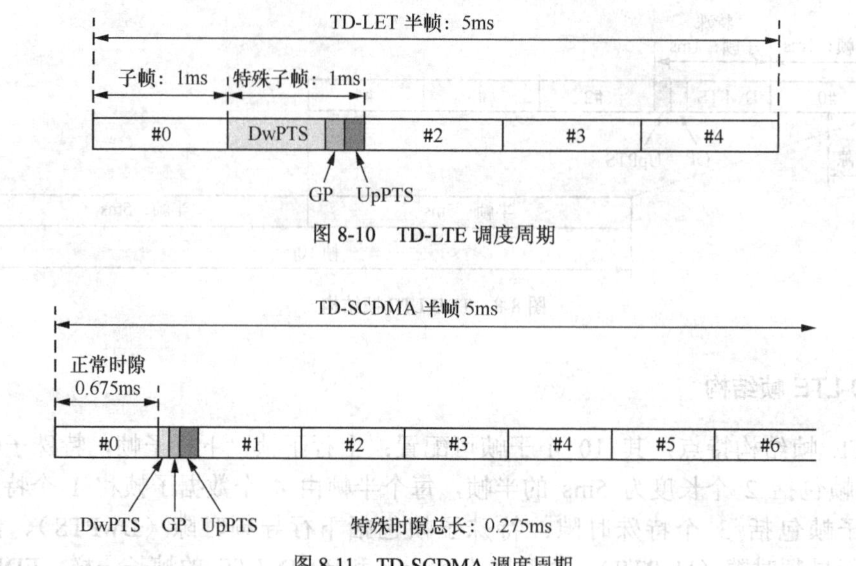

图 8-10　TD-LTE 调度周期

图 8-11　TD-SCDMA 调度周期

8.2.4　逻辑、传输、物理信道

1．逻辑信道

逻辑信道定义传送信息的类型，这些数据流是包括所有用户的数据。MAC 向 RLC 以逻辑信道的形式提供服务。逻辑信道由其承载的信息类型所定义，分为 CCH 和 TCH，前者用于传输 LTE 系统所必需的控制和配置信息，后者用于传输用户数据。LTE 规定的逻辑信道类型如下。

BCCH 信道——广播控制信道，用于传输从网络到小区中所有移动终端的系统控制信息。移动终端需要读取在 BCCH 上发送的系统信息，如系统带宽等。

PCCH——寻呼控制信道：用于寻呼位于小区级别中的移动终端，终端的位置网络不知道，因此寻呼消息需要发到多个小区。

DCCH——专用控制信道：用于传输来去于网络和移动终端之间的控制信息。该信道用于移动终端单独的配置，诸如不同的切换消息。

MCCH——多播控制信道：用于传输请求接收 MTCH 信息的控制信息。

DTCH——专用业务信道：用于传输来去于网络和移动终端之间的用户数据。这是用于传输所有上行链路和非 MBMS 下行用户数据的逻辑信道类型。

MTCH——多播业务信道：用于发送下行的 MBMS 业务。

2．传输信道

传输信道是在对逻辑信道信息进行特定处理后再加上传输格式等指示信息后的数据流。

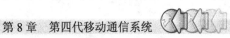

对物理层而言，MAC 以传输信道的形式使用物理层提供的服务。LTE 中规定的传输信道类型如下。

BCH：广播信道，用于传输 BCCH 逻辑信道上的信息。

PCH：寻呼信道，用于传输在 PCCH 逻辑信道上的寻呼信息。

DL-SCH：下行共享信道，用于在 LTE 中传输下行数据的传输信道。它支持诸如动态速率适配、时域和频域的依赖于信道的调度、HARQ 和空域复用等 LTE 的特性。类似于 HSPA 中的 CPC。DL-SCH 的 TTI 是 1ms。

MCH：多播信道，用于支持 MBMS。

UL-SCH：上行共享信道，它是和 DL-SCH 对应的上行信道。

3．物理信道和信号

物理信道是将属于不同用户、不同功用的传输信道数据流分别按照相应的规则确定其载频、扰码、扩频码、开始结束时间等进行相关的操作，并在最终调制为模拟射频信号发射出去；不同物理信道上的数据流分别属于不同的用户或者是不同的功用，如表 8-3 所示。

表 8-3　物理信道不同的功用

信道类型	信道名称	TD-S 类似信道	功能简介
控制信道	PBCH（物理广播信道）	PCCPCH	MIB
	PDCCH（下行物理控制信道）	HS-SCCH	传输上下行数据调度信令 上行功控命令 寻呼消息调度授权信令 RACH 响应调度授权信令
	PHICH（HARQ 指示信道）	HS-SICH	传输控制信息 HI（ACK/NACK）
	PCFICH（控制格式指示信道）	N/A	指示 PDCCH 长度的信息
	PRACH（随机接入信道）	PRACH	用户接入请求信息
	PUCCH（上行物理控制信道）	ADPCH	传输上行用户的控制信息，包括 CQI, ACK/NAK 反馈，调度请求等
业务信道	PDSCH（下行物理共享信道）	PDSCH	RRC 相关信令、SIB、paging 消息、下行用户数据
	PUSCH（上行物理控制信道）	PUSCH	上行用户数据，用户控制信息反馈，包括 CQI,PMI,RI

物理信道是一系列资源粒子（RE）的集合，用于承载源于高层的信息。物理信号是一系列资源粒子（RE）的集合，这些 RE 不承载任何源于高层的信息。

LTE 上行/下行信道如图 8-12 所示。

（1）下行物理信道。

下行物理信道有：PMCH——物理多播信道；PBCH——物理广播信道；PDCCH——物理下行控制信道；PDSCH——物理下行共享信道；PHICH——物理 HARQ 指示信道；PCFICH——物理控制格式指示信道。下行物理信道的基本处理过程是：

① 加扰：对将要在物理信道上传输的码字中的比特进行加扰。

② 调制：加扰后的比特变成了复值调制符号。

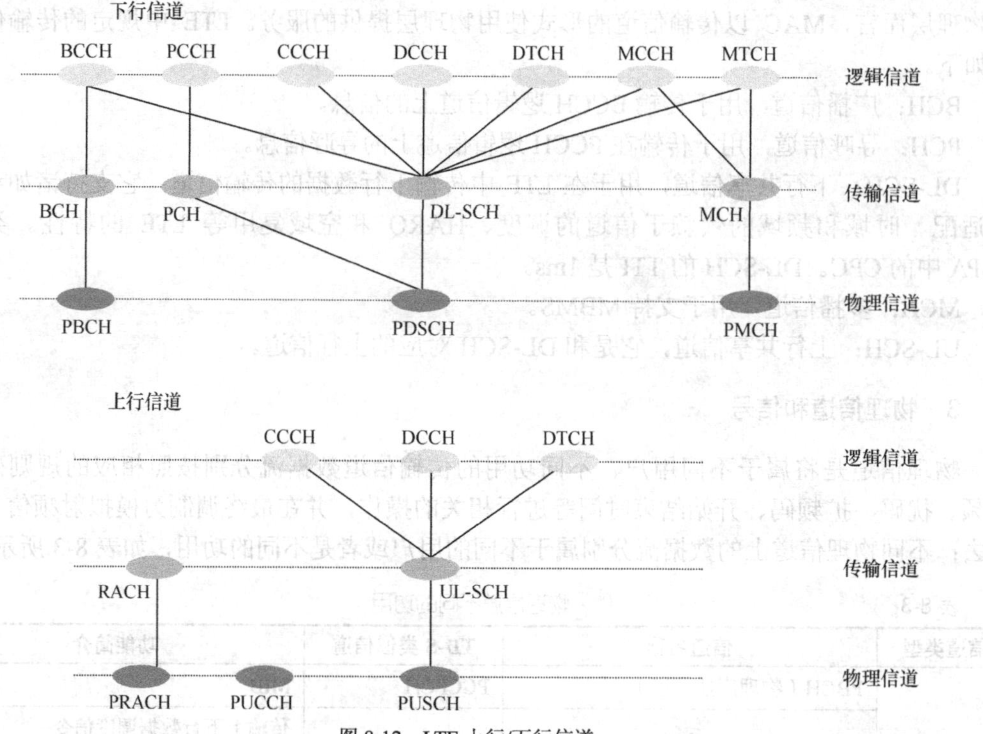

图 8-12　LTE 上行/下行信道

③ 层映射：将复值调制符号映射到一个或者多个传输层。

④ 预编码：对将要在各个天线端口上发送的每个传输层上的复制调制符号进行预编码。

⑤ 映射到资源元素：把每个天线端口的复值调制符号映射到资源元素上。

⑥ 生成 OFDM 信号：为每个天线端口生成复值时域的 OFDM 符号。

SCH（同步信道）是以不同的同步信号来区分不同的小区，包括 PSS 和 SSS。P-SCH（主同步信道）：符号同步，部分 Cell ID 检测,3 个小区 ID。S-SCH（辅同步信道）：帧同步，CP 长度检测和 Cell group ID 检测，168 个小区组 ID。

（2）下行物理信号。

① 参考信号（reference signal）。

a．小区专用参考信号：在不支持 MBSFN 的小区的所有下行子帧上传输；若子帧已用于传输 MBSFN，那么只有子帧的前两个 OFDM 符号可以用于传输小区专用参考信号；小区专用参考信号能在天线端口 0～3 中的一个或几个上传输。

b．MBSFN 参考信号：在分配给 MBSFN 传输的子帧上传送；使用天线端口 4。

c．UE 专用参考信号：仅适用于帧结构 Type 2；支持 PDSCH 的单天线传输；使用天线端口 5；由高层配置使用方法。

② 同步信号（synchronization signal）。

a．主同步信号（Primary Synchronized Signal，PSS）：FDD-LTE 在时隙 0 和 10 中发送，TDD-LTE 在第 1 和 11 个时隙的倒数第一个符号发送。主同步信号发送 3 种序列中的一种，由小区配置的 PCI（物理小区 ID）决定。

b．从同步信号（Secondary Synchronized Signal，SSS）：发送 168 种序列组合中的一种，也是由小区配置的 PCI 决定。从同步信号的接收依赖于主同步信号发送的序列。

同步信号用来使 UE 实现下行同步，同时识别物理小区 ID（PCI），从而对小区信号进行解扰。通过识别 PSS 和 SSS 的序列号，UE 可以计算出小区的 PCI，从而解扰小区的其他信道。PSS 位于 DwPTS 的第三个符号。SSS 位于 5ms 第一个子帧的最后一个符号，如图 8-13 所示。RB（Resource Block）业务信道的资源单位，时域上为 1 个时隙，频域上为 12 个子载波。

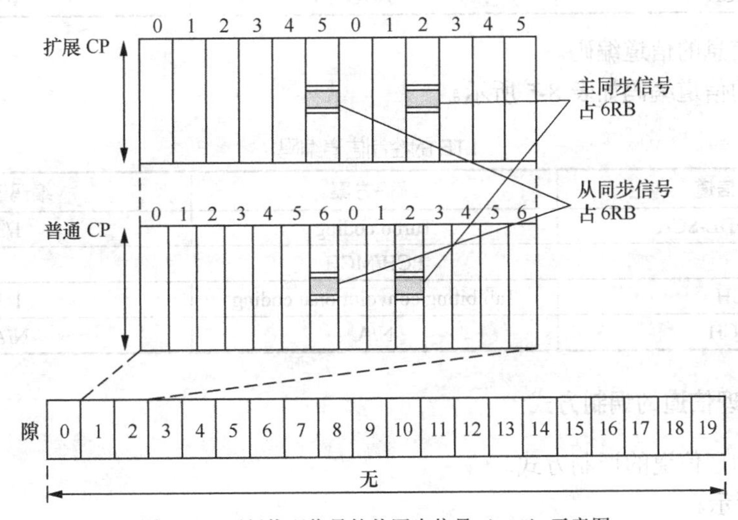

图 8-13 下行物理信号的从同步信号（SSS）示意图

（3）上行物理信道。

上行物理信道有 PUSCH，PUCCH，PRACH。上行物理信道的基本处理过程与下行基本相同。

加扰：对将要在物理信道上传输的码字中的比特进行加扰。

调制：加扰后的比特变成了复值调制符号。

层映射：将复值调制符号映射到一个或者多个传输层。

预编码：对将要在各个天线端口上发送的每个传输层上的复制调制符号进行预编码。

映射到资源元素：把每个天线端口的复值调制符号映射到资源元素上。

生成 SC-FDMA 信号：为每个天线端口生成复值时域的 SC-FDMA 符号。

（4）上行物理信号。

参考信号（reference signal），用于上行同步和信道估计，来解调上行共享信道（PUSCH）和上行控制信道（PUCCH）。该参考信号还可用于其他物理参数的测量如上行干扰和上行信噪比等。又分为解调参考信号，与 PUSCH 或 PUCCH 的传输相关；和声音（sounding）参考信号，是上行信道解调参考信号（DRS）。

上行信道测量参考信号（SRS）。用于基站对上行信道特性的测量，测量结果可用于基站对用户的资源调度以获取多用户分集增益。该参考信号的发送周期和子帧偏移需要配置。

4．LTE 物理信道的编码方式

（1）传输信道的信道编码。

传输信道的信道编码如表 8-4 所示。

表 8-4　LTE 的传输信道编码

传输信道	编码方案	编码速率
UL-SCH/DL-SCH	Turbo coding	1/3
	PCH/MCH	
BCH	Tail biting convolutional coding	1/3
RACH	N/A	N/A

（2）控制信息的信道编码。

控制信息的信道编码如表 8-5 所示。

表 8-5　LTE 的控制信道编码

传输信道	编码方案	编码速率
UL-SCH/DL-SCH	Turbo coding	1/3
	PCH/MCH	
BCH	Tail biting convolutional coding	1/3
RACH	N/A	N/A

5．LTE 物理信道的调制方式

（1）下行物理信道的调制方式。

如表 8-6 所示。

表 8-6　下行物理信道的调制方式

物理信道	调制方式
PDSCH	QPSK, 16QAM, 64QAM
PMCH	QPSK, 16QAM, 64QAM
PDCCH	QPSK
PBCH	QPSK
PCFICH	QPSK
PHICH	BPSK

（2）上行物理信道的调制方式。

如表 8-7 所示。

表 8-7　上行物理信道的调制方式

物理信道	调制方式
PDSCH	QPSK, 16QAM, 64QAM
PMCH	QPSK, 16QAM, 64QAM
PDCCH	QPSK
PBCH	QPSK
PCFICH	QPSK
PHICH	BPSK

6．PCI 概述

（1）基本概念。

LTE 系统提供物理层小区 ID（physical-layer Cell identity，PCI）有 504 个（即 PCI），

和 TD-SCDMA 系统的 128 个扰码概念类似。网管配置时，为小区配置 0～503 之间的一个号码即可。LTE 系统物理层小区 ID 组有 168 个（每组中有 3 个 ID）。

（2）小区 ID 获取方式。

在 TD-SCDMA 系统中，UE 解出小区扰码序列（共有 128 种可能性），即可获得该小区 ID。LTE 的方式类似，不同的是 UE 需要解出两个序列：主同步序列（PSS，共有 3 种可能性）和辅同步序列（SSS，共有 168 种可能性）。由两个序列的序号组合，即可获取该小区 ID。

（3）配置原则。

因为 PCI 直接决定了小区同步序列，并且多个物理信道的加扰方式也和 PCI 相关，所以相邻小区的 PCI 不能相同以避免干扰。

7. TD-LTE 的主要物理过程

UE 进入基站的主要过程是 UE 进入基站的第一步是小区搜索；UE 完成与基站同步

之后就可以接收小区的广播消息，从中获得系统消息；UE 的后续操作：小区重选、驻留、随机接入等。

（1）小区搜索。

小区搜索是 UE 接入网络，为用户提供各种业务的基础。其过程是：搜索 PSCH，确定 5ms 定时、获得小区 ID；解调 SSCH，取得 10ms 定时，获得小区 ID 组；检测下行参考信号，获取 BCH 的天线配置；UE 就可以读取 PBCH 的系统消息（PCH 配置、RACH 配置、邻区列表等）；SCH 结构基于 1.25MHz 固定带宽。UE 必需的小区信息有：小区总发射带宽、小区 ID、小区天线配置、CP 长度配置、BCH 带宽，如图 8-14 所示。

（2）随机接入。

在 UE 收取了小区广播信息之后，当需要接入系统时，UE 即在 PRACH 信道发送 Preamble 码，开始触发随机接入流程，如图 8-15 所示。

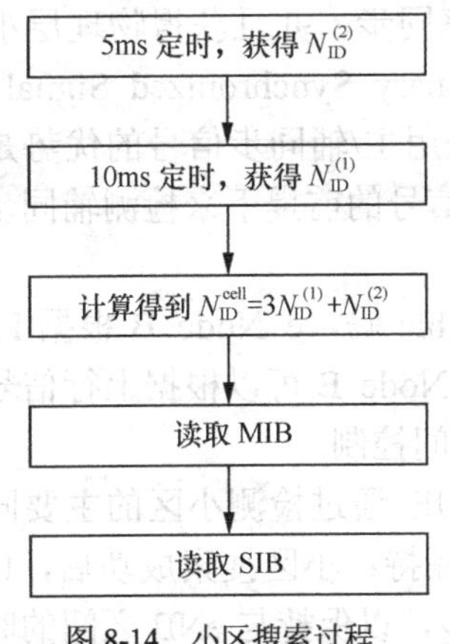

图 8-14　小区搜索过程

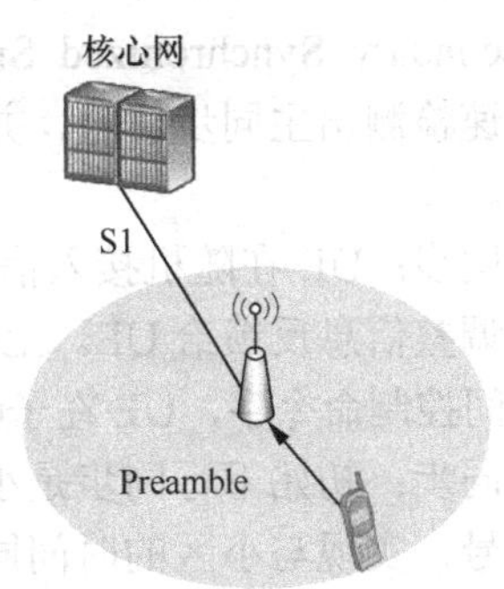

图 8-15　随机接入流程示意图

其过程是：通过 PRACH 发送 RACH preamble；UE 监控 PDCCH 获得相应的上下行资源配置；从相应的 PDSCH 获取随机接入响应，包含上行授权、定时消息和分配给 UE 的标识；UE 从 PUSCH 发送连接请求；eNB 从 PDSCH 发送冲突检测。

PRACH 信道可以承载在 UpPTS 上，但因为 UpPTS 较短，此时只能发射短 Preamble 码。短 Preamble 码能用在最多覆盖 1.4 公里的小区。PRACH 信道也可承载在正常的上行子

帧。这时可以发射长 Preamble 码。长 Preamble 码有 4 种可能的配置，对应的小区覆盖半径从 14 公里到 100 公里不等。PRACH 信道在每个子帧上只能配置一个。考虑到 LTE 中一共有 64 个 Preamble 码，在无冲突的情况下，每个子帧最多可支持 64 个 UE 同时接入。实际应用中，64 个 Preamble 码有部分会被分配为仅供切换用户使用（叫做：非竞争 Preamble 码），以提高切换用户的切换成功率，所以小区内用户用于初始随机接入的 Preamble 码可能会少于 64 个。

主同步信号 PSS 在 DwPTS 上进行传输。DwPTS 上最多能传两个 PDCCH OFDM 符号（正常时隙能传最多 3 个）。只要 DwPTS 的符号数大于等于 9，就能传输数据（参照上页特殊子帧配置），如图 8-16 所示。

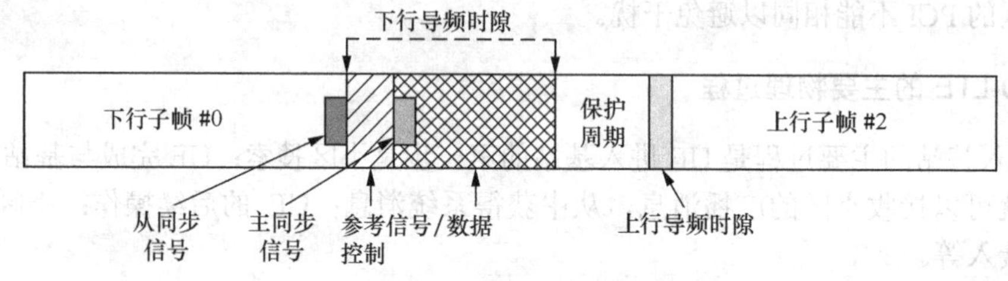

图 8-16　主同步信号 PSS 示意图

TD-SCDMA 的 DwPTS 承载下行同步信道 DwPCH，采用规定功率覆盖整个小区，UE 从 DwPTS 上获得与小区的同步。TD-SCDMA 的 DwPTS 无法传输数据，所以 TD-LTE 在这方面是有提高的。如果小区覆盖距离和远距离同频干扰不构成限制因素（在这种情况下应该采用较大的 GP 配置），推荐将 DwPTS 配置为能够传输数据。

UpPTS 可以发送短 RACH（作随机接入用）和 SRS。根据系统配置，是否发送短 RACH 或者 SRS 都可以用独立的开关控制。因为资源有限（最多仅占两个 OFDM 符号），UpPTS 不能传输上行信令或数据。TD-SCDMA 的 UpPTS 承载 UpPCH，用来进行随机接入。

（3）同步过程。

小区搜索就是 UE 获得与小区之间的时间和频率同步，并且获得物理层小区 ID 的过程；LTE 系统中，下行同步信号分为主同步信号（Primary Synchronized Signal，PSS）和辅同步信号（Secondary Synchronized Signal，SSS）；采用主/辅同步信号的优势是能够保证终端能准确并快速检测出主同步信号，并在已知主同步信号的前提下来检测辅同步信号，加快小区搜索速度。

上行初始同步：UE 在随机接入信道上发送 Preamble 码，e Node B 根据 Preamble 码的到达位置，将调整信息反馈给 UE。上行同步保持：e Node B 可以根据上行信号估计接收时间生成上行时间控制命令字，UE 在子帧 n 接收到的时间控制。

下行初始同步：初始下行同步是小区搜索过程。UE 通过检测小区的主要同步信号，以及辅助同步信号，实现与小区的时间同步。下行同步保持：小区搜索成功后，UE 周期性测量下行信号的到达时间点，并根据测量值调整下行同步，以保持与 eNB 之间的时间同步。

8.2.5 TD-LTE 关键技术

TD-LTE 关键技术是频域多址技术 —OFDM/SC-FDMA；MIMO 技术；高阶调制技术；HARQ 技术；链路自适应技术 —AMC；快速 MAC 调度技术。

LTE 多址技术的要求是更大的带宽和带宽灵活性；随着带宽的增加，OFDMA 信号仍将

保持正交，而 CDMA 的性能会受到多径的影响；在同一个系统，使用 OFDMA 可以灵活处理多个系统带宽；扁平化架构；当分组调度的功能位于基站时，可以利用快速调度、包括频域调度来提高小区容量。频域调度可通过 OFDMA 实现，而 CDMA 无法实现；便于上行功放的实现；SC-FDMA 相比较 OFDMA 可以实现更低的峰均比，有利于终端采用更高效率的功放；简化多天线操作；OFDMA 相比较 CDMA 实现 MIMO 容易。

1. OFDM 的概念

正交频分复用（Orthogonal Frequency Division Multiplexing，OFDM）是一种多载波传输方式。OFDM 基本思想是 OFDM 将频域划分为多个子信道，各相邻子信道相互重叠，但不同子信道相互正交。将高速的串行数据流分解成若干并行的子数据流同时传输。OFDM 子载波的带宽 < 信道“相干带宽”时，可以认为该信道是“非频率选择性信道”，所经历的衰落是“平坦衰落”。OFDM 符号持续时间 < 信道“相干时间”时，信道可以等效为“线性时不变”系统，降低信道时间选择性衰落对传输系统的影响，如图 8-17 所示。

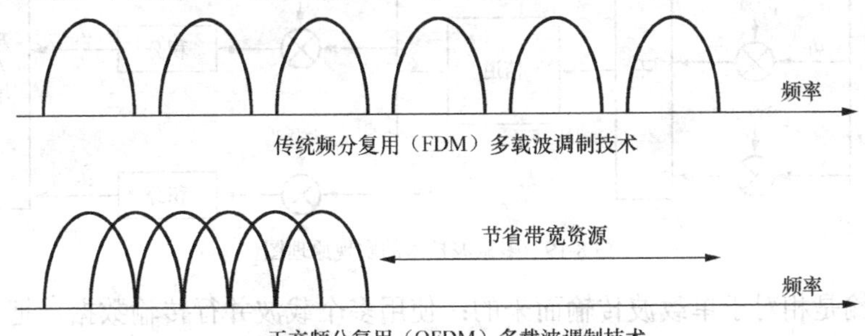

图 8-17 FDM 和 DFDM 带宽利用率比较示意图

什么是正交，就是两个波形正好差半个周期。目前是一个 OFDM 信号的前半个频率和上一个频点的信号复用，后半个频率和后一个频点的信号复用。那信号频率重叠了怎么区分，很简单，OFDM，O 就是正交的意思，正交就是能保证唯一性，举例子，A 和 B 重叠，但是 A*a + B*b，a 和 b 是不同的正交序列，如果要从同一个频率中只获取 A，那么通过计算，（A*a + B*b）*a = A*a*a + B*b*a = A + 0 = A（因为正交，a*a = 1，a*b = 0）。所以 OFDM 是允许频率重叠的，甚至理论上可以重叠到无限，但是为了增加解调的容易性，目前 LTE 支持 OFDM 重叠波长的一半。

OFDM 是一种特殊的多载波传输方案，它可以被看作一种调制技术，也可以被当作一种复用技术。OFDM 结合了多载波调制（MCM）和频移键控（FSK），把高速的数据流分成多个平行的低速数据流，把每个低速的数据流分到每个单子载波上,在每个子载波上进行 FSK。

正交频分复用技术，多载波调制的一种。将一个宽频信道分成若干正交子信道，将高速数据信号转换成并行的低速子数据流，调制到每个子信道上进行传输。

LTE 系统下行多址方式为正交频分多址（OFDMA），如图 8-18 所示。上行为基于正交频分复用（OFDM）传输技术的单载波频分多址（SC-FDMA）。

2. OFDM 系统实现原理

OFDM 系统实现原理也即多载波技术：多载波技术就是在原来的频带上划分更多的子

载波，有人会提出载波划得太细会产生干扰，为了避免这种干扰，两个子载波采用正交，每两个子载波是正交关系避免干扰。这就像双绞线一样。这样一是避免了 2 个子载波间的干扰，在下一个子载波间也有了一定的间隔距离。多载波技术的实现原理如图 8-19 所示。

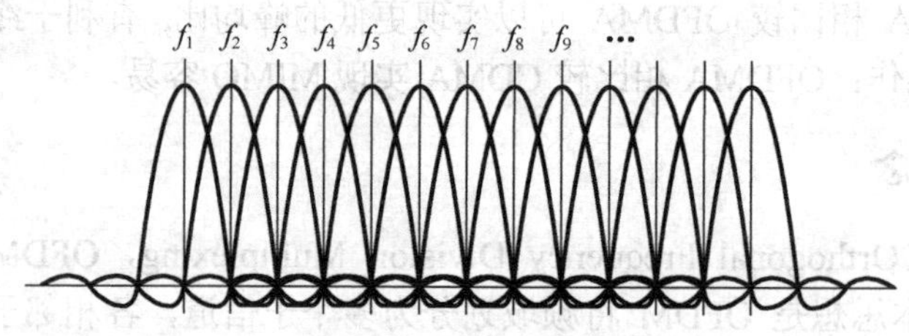

图 8-18　OFDMA 频谱

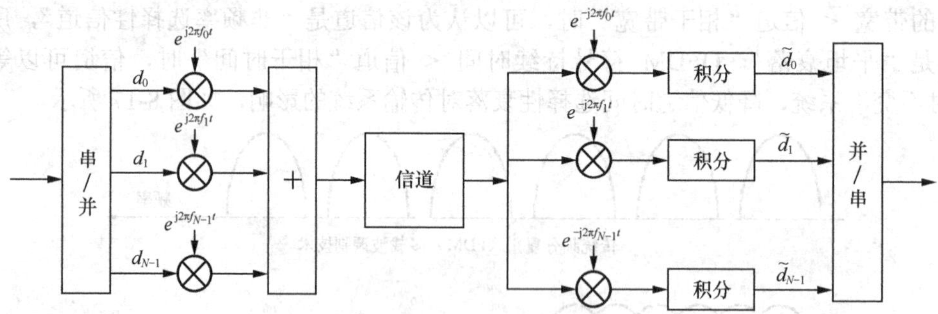

图 8-19　多载波技术的实现原理图

多载波传输是相对于单载波传输而来的：使用多个载波并行传输数据。把一串高速数据流分解为若干个低速的子数据流——每个子数据流将具有低得多的速率；将子数据流放置在对应的子载波上；将多个子载波合成，一起进行传输。

OFDM 原理图如图 8-20 所示。

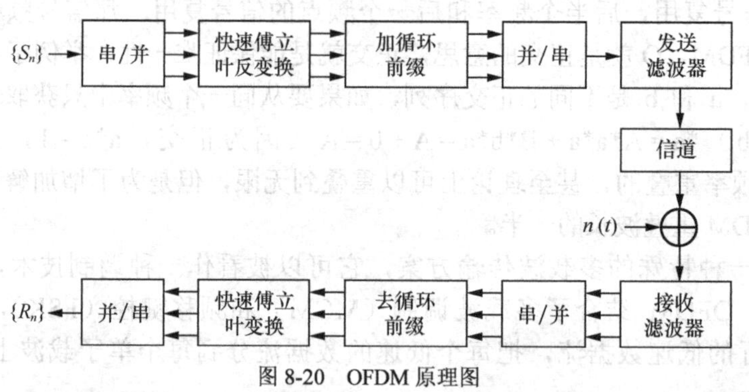

图 8-20　OFDM 原理图

OFDM 技术中各个子载波之间相互正交且相互重叠，可以最大限度地利用频谱资源。OFDM 是一种多载波并行调制方式，将符号周期扩大为原来的 N 倍，从而提高了抗多径衰落的能力。OFDM 可以通过 IFFT（快速傅里叶反变换）和 FFT（快速傅里叶变换）分别实现 OFDM 的调制和解调。

3．多天线技术-MIMO

多天线技术包括：多入多出 （Multiple Input Multiple Output，MIMO）；多入单出

（Multiple Input Single Output，MIMO）；单入单出（Single Input Single Output，SISO）；单入多出（Single Input Multiple Output，SIMO）。LTE 的基本配置是 DL 2*2 和 UL 1*2，最大支持 4*4，如图 8-21 所示。

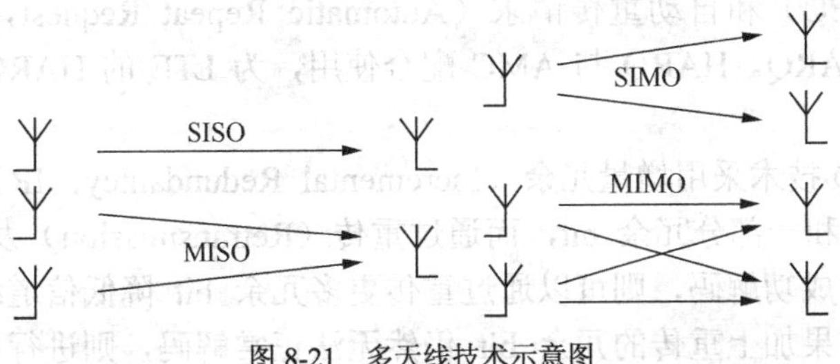

图 8-21　多天线技术示意图

MIMO 技术的基本出发点是将用户数据分解为多个并行的数据流，在指定的带宽内由多个发射天线上同时刻发射，经过无线信道后，由多个接收天线接收，并根据各个并行数据流的空间特性（Spatial Signature），利用解调技术，最终恢复出原数据流。

4．链路自适应技术

链路自适应技术可以通过两种方法实现：功率控制和速率控制。一般意义上的链路自适应都指速率控制，LTE 中即为自适应编码调制技术（Adaptive Modulation and Coding），应用 AMC 技术可以使得 eNode B 能够根据 UE 反馈的信道状况及时地调整不同的调制方式（QPSK、16QAM、64QAM）和编码速率，从而使得数据传输能及时地跟上信道的变化状况。这是一种较好的链路自适应技术。对于长时延的分组数据，AMC 可以在提高系统容量的同时不增加对邻区的干扰。

（1）功率控制。

通过动态调整发射功率，维持接收端一定的信噪比，从而保证链路的传输质量。当信道条件较差时需要增加发射功率，当信道条件较好时需要降低发射功率，从而保证了恒定的传输速率。功率控制可以很好地避免小区内用户间的干扰，如图 8-22 所示。

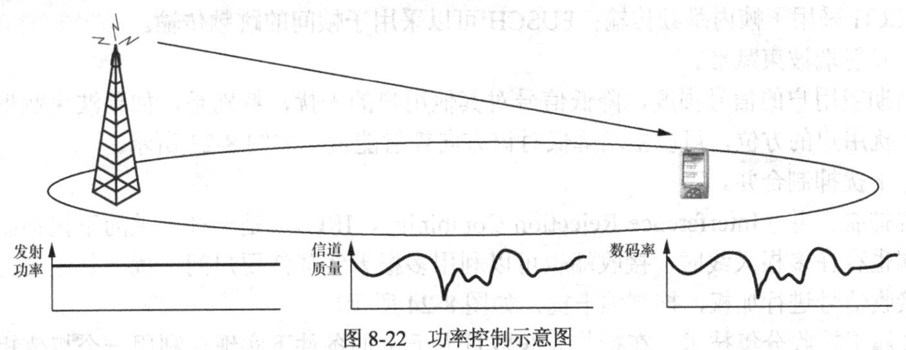

图 8-22　功率控制示意图

（2）速率控制（即 AMC）。

保证发送功率恒定的情况下，通过调整无线链路传输的调制方式与编码速率，确保链路的传输质量。当信道条件较差时选择较小的调制方式与编码速率，当信道条件较好时选择较大的调制方式，从而最大化了传输速率。传输速率控制可以充分利用所有的功率。

5．混合自动重传请求（HARQ）

混合自动重传请求（Hybrid Automatic Repeat Request，HARQ）是一种前向纠错（Forward Error Correction，FEC）和自动重传请求（Automatic Repeat Request，ARQ）相结合的技术。HARQ = FEC + ARQ。HARQ 与 AMC 配合使用，为 LTE 的 HARQ 进程提供精细的弹性速率调整。

LTE 中的 HARQ 技术采用增量冗余（Incremental Redundantcy，IR）HARQ,即通过第一次传输发送信息 bit 和一部分冗余 bit，而通过重传（Retransmission）发送额外的冗余 bit，如果第一次传输没有成功解码，则可以通过重传更多冗余 bit 降低信道编码率，从而实现更高的解码成功率。如果加上重传的冗余 bit 仍然无法正常解码，则进行再次重传。随着重传次数的增加，冗余 bit 不断积累，信道编码率不断降低，从而可以获得更好的解码效果。HARQ 针对每个传输块（TB）进行重传。

6．小区间干扰消除

小区间干扰消除技术方法包括：加扰；跳频传输；发射端波束赋形以及 IRC；小区间干扰协调；功率控制。

（1）加扰。

LTE 系统充分使用序列的随机化避免小区间干扰。. 一般情况下，加扰在信道编码之后、数据调制之前进行即比特级的加扰。PDSCH，PUCCH format 2/2a/2b，PUSCH：扰码序列与 UE id、小区 id 以及时隙起始位路有关；PMCH：扰码序列与 MBSFN id 和时隙起始位路有关；PBCH，PCFICH，PDCCH：扰码序列与小区 id 和时隙起始位路有关。

PHICH 物理信道的加扰是在调制之后，进行序列扩展时进行加扰，扰码序列与小区 id 和时隙起始位路有关。

（2）跳频传输。

目前 LTE 上下行都可以支持跳频传输，通过进行跳频传输可以随机化小区间的干扰。除了 PBCH 之外，其他下行物理控制信道的资源映射均与小区 id 有关；PDSCH、PUSCH 以及 PUCCH 采用子帧内跳频传输；PUSCH 可以采用子帧间的跳频传输。

（3）发射端波束赋形。

提高期望用户的信号强度，降低信号对其他用户的干扰，特别是，如果波束赋形时已经知道被干扰用户的方位，可以主动降低对该方向辐射能量，如图 8-23 所示。

（4）干扰抑制合并。

干扰抑制合并（Interference Rejection Combining，IRC），是一种先进的干扰抑制算法，当接收端也存在多根天线时，接收端也可以利用多根天线降低用户间干扰，其主要的原理是通过对接收信号进行加权，抑制强干扰，如图 8-24 所示。

IRC 属于接收分集技术，在接收天线数目大于 1 的条件下实现，利用一个权值矩阵对不同天线接收到的信号进行线性合并，抑制信道相关性导致的干扰，接收天线越多，其消除干扰的能力越强。

IRC 在很大程度上提高了上行信号的接收质量，特别是对于“掉话率”“指派成功率”等指标的改善明显。

从用户感知的角度来说，IRC 技术应用提升了上行质量，上行传输速率普遍得到提高，

特别是在进行大数据量上传时，用户体验感知明显得到改善。

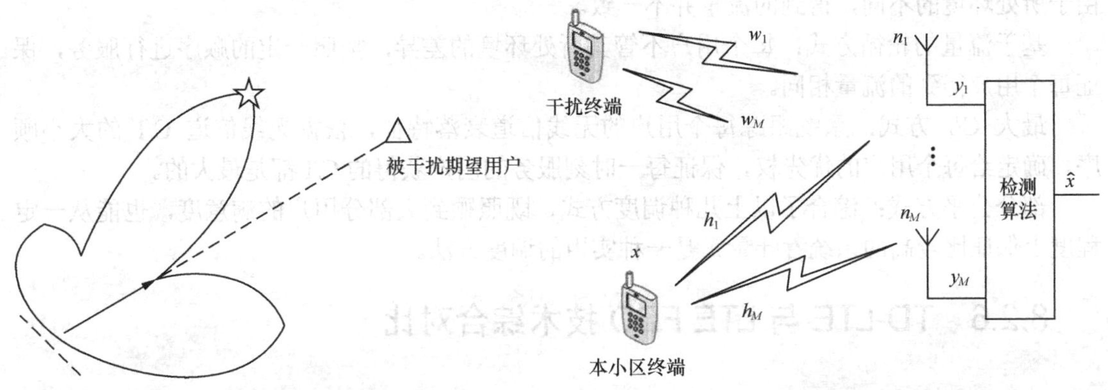

图 8-23 降低干扰波束赋形示意图　　　　图 8-24 干扰抑制合并

从运营商的角度来说，IRC 技术的应用可提升小区内平均数据的吞吐率，特别是对于小区边缘的改善，同时由于 IRC 技术基于直视径，因此 IRC 比较适合干扰用户相对集中、低速、建筑物相对简单的室外场景，而不太适合室内分布的场景。

（5）小区间干扰协调。

基本思想：以小区间协调的方式对资源的使用进行限制，包括限制哪些时频资源可用，或者在一定的时频资源上限制其发射功率。

静态的小区间干扰协调，不需要标准支持，分为频率资源协调和功率资源协调。

（6）功率控制。

小区间功率控制（Inter-Cell Power Control），一种通过告知其他小区本小区 IoT 信息，控制本小区 IoT 的方法。

小区内功率控制，补偿路损和阴影衰落，节省终端的发射功率，尽量降低对其他小区的干扰，使得 IoT 保持在一定的水平之下。

（7）信道调度。

基本思想：对于某一块资源，选择信道传输条件最好的用户进行调度，从而最大化系统吞吐量，如图 8-25 所示。

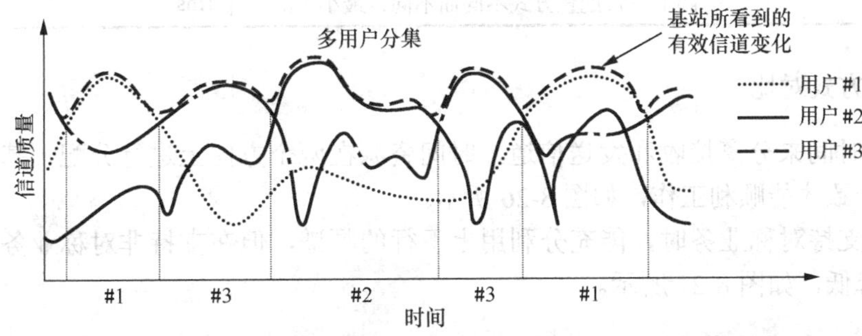

图 8-25 信道调度示意图

快速调度即为分组调度，其基本理念就是快速服务。调度原则有公平调度算法 Round Robin（RR）；最大 C/I 调度算法（Max C/I）；部分公平调度算法 （PF）。调度方法: TDM、FDM、SDM。

基于时间的轮循方式：每个用户被顺序地服务，得到同样的平均分配时间，但每个用户由于所处环境的不同，得到的流量并不一致。

基于流量的轮循方式：每个用户不管其所处环境的差异，按照一定的顺序进行服务，保证每个用户得到的流量相同。

最大 C/I 方式：系统跟踪每个用户的无线信道衰落特征，依据无线信道 C/I 的大小顺序，确定给每个用户的优先权，保证每一时刻服务的用户获得的 C/I 都是最大的。

部分公平方式：综合了以上几种调度方式，既照顾到大部分用户的满意度，也能从一定程度上保证比较高的系统吞吐量，是一种实用的调度方法。

8.2.6 TD-LTE 与 LTE FDD 技术综合对比

1．TD-LTE 与 LTE FDD 技术综合对比

如表 8-8 所示。

表 8-8 TD-LTE 与 LTE FDD 技术综合对比

技术体制	TD-LTE	LTE FDD
采用的相同的关键技术		
信道带宽灵活配置	1.4M，3M，5M，10M，15M，20M	1.4M，3M，5M，10M，15M，20M
帧长	10ms（半帧 5ms，子帧 1ms）	10ms（子帧 1ms）
信道编码	卷积码、Turbo 码	卷积码、Turbo 码
调制方式	QPSK，16QAM，64QAM	QPSK，16QAM，64QAM
功率控制	开环结合闭环	开环结合闭环
MIMO 多天线技术	支持	支持
技术差异		
双工方式	TDD	FDD
子帧上下行配置	无线帧中多种子帧上下行配置方式	无线帧全部上行或者下行配置
HARQ	个数与延时随上下行配置方式不同而不同	个数与延时固定
调度周期	随上下行配置方式不同而不同，最小 1ms	1ms

2．双工方式对比

TDD 用时间来分离接收和发送信道，时间资源在两个方向上进行分配，基站和移动台之间须协同一致才能顺利工作，如图 8-26 所示。

FDD 在支持对称业务时，能充分利用上下行的频谱，但在支持非对称业务时，频谱利用率将大大降低，如图 8-27 所示。

3．TD-LTE 特有技术

（1）上下行配比可调。

FDD 仅支持 1:1 上下行配比，而 TDD 可以根据不同的业务类型调整上下行时间配比，以满足上下行非对称业务需求，如表 8-9 所示。

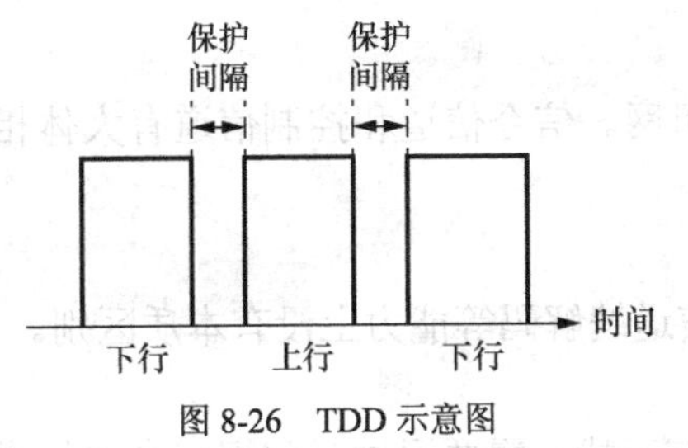

图 8-26　TDD 示意图

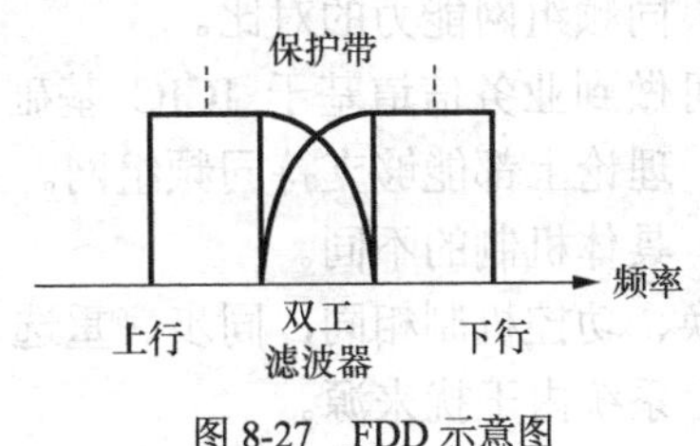

图 8-27　FDD 示意图

表 8-9　TDD 上下行配比可调

周期	上下行配比
5 ms	1DL:3UL，2DL:2UL，3DL:1UL
10 ms	6DL:3UL，7DL:2UL，8DL:1UL，3DL:5UL

（2）特殊时隙的应用。

为了节省网络开销，TD-LTE 允许利用特殊时隙 DwPTS 和 UpPTS 传输系统控制信息。TDD 系统中，上行 sounding RS 和 PRACH Preamble 可以在 UpPTS 上发送，DwPTS 可用于传输 PCFICH、PDCCH、PHICH、PDSCH 和 P-SCH 等控制信道和控制信息。

（3）多子帧调度/反馈。

TDD 当下行多于上行时，存在一个上行子帧反馈多个下行子帧，TD-LTE 提出的解决方案有：multi-ACK/NAK，ACK/NAK 捆绑（bundling）等。

当上行子帧多于下行子帧时，存在一个下行子帧调度多个上行子帧（多子帧调度）的情况。

4. TDD 与 FDD 同步信号设计差异

LTE 同步信号的周期是 5ms，分为主同步信号（PSS）和辅同步信号（SSS）。TD-LTE 和 LTE FDD 帧结构中，同步信号的位置/相对位置不同。利用主、辅同步信号相对位置的不同，终端可以在小区搜索的初始阶段识别系统是 TDD 还是 FDD，如图 8-28 所示。

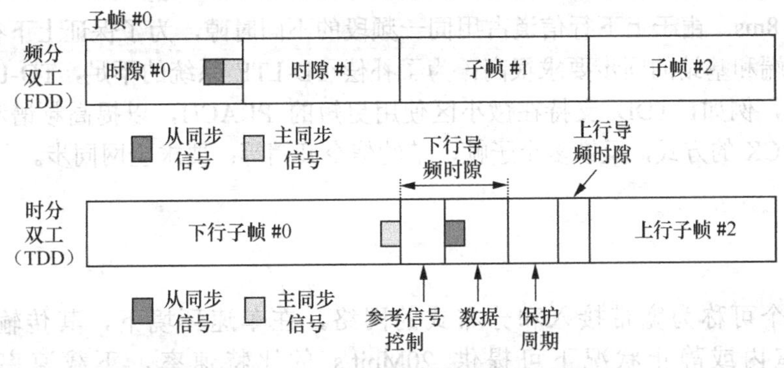

图 8-28　TDD 与 FDD 同步信号设计差异

5. TDD 与 FDD 组网对比

（1）覆盖方面的对比。

FDD 和 TDD 采用的链路级关键技术基本一致，解调性能相近。TDD 系统多天线技术的灵活运用，能够较好地抗干扰并提升性能和覆盖。

（2）同频组网能力的对比。

均可做到业务信道基于 ICIC 基础上的同频组网。信令信道和控制信道有大体相同的链路增益，理论上都能够支持同频组网。

（3）具体机制的不同。

切换、功控机制相同，同步、重选、物理层信道编解码等能力上没有本质区别。

（4）系统内干扰来源。

TDD 系统是时分系统，上下行时隙之间可能有干扰，需要通过时隙规划来进行协调。

（5）频率规划，时隙规划。

FDD 只有频率规划，结合 ICIC 来完成。TDD 系统有频率规划和时隙规划，频率规划结合 ICIC 来完成，时隙规划根据业务分布、干扰隔离等方面在组网中进行考虑。

6. TD-LTE 的优势

频谱配置更具优势，如图 8-29 所示。

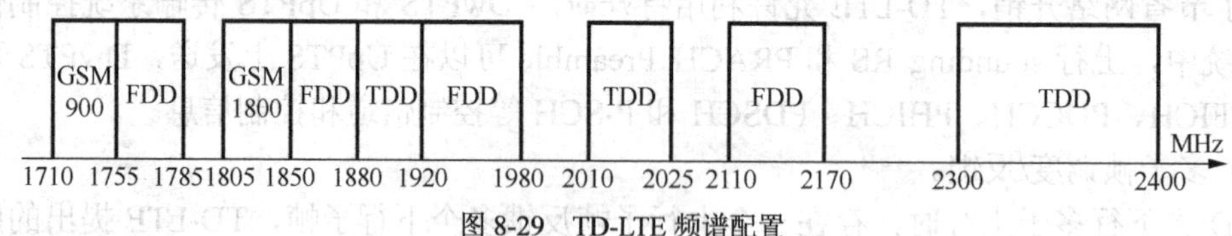

图 8-29 TD-LTE 频谱配置

支持非对称业务；智能天线的使用；TD-LTE 系统能有效地降低终端的处理复杂性；具有上下行信道互易性（Reciprocity），能够更好地采用发射端预处理技术，如预 RAKE 技术、联合传输（Joint Transmission）技术、智能天线技术等，能有效地降低终端接收机的处理复杂性。

7. TD-LTE 的不足

使用 HARQ 技术时，TD-LTE 使用的控制信令比 LTE FDD 更复杂，且平均 RTT 稍长于 LTE FDD 的 8ms。由于上下行信道占用同一频段的不同时隙，为了保证上下行帧的准确接收，系统对终端和基站的同步要求很高；为了补偿 TD-LTE 系统的不足，TD-LTE 系统采用了一些新技术，例如，TDD 支持在微小区使用更短的 PRACH，以提高频谱利用率；采用 multi-ACK/NACK 的方式，反馈多个子帧，节约信令开销等；要求全网同步。

本章小结

4G 是一个可称为宽带接入和分布式的网络，在车速环境下，其传输速率可大于 2Mbit/s，在室内或静止状况下可提供 20Mbit/s 的比特速率，下载速率可达 100～150Mbit/s。在这样的传输速率下，4G 所能提供的业务包括了高质量的影像多媒体业务在内的各种数据业务、话音业务。4G 的网络结构将是一个采用全 IP 的网络结构。4G 网络要采用许多新的技术和新的方法来支撑，包括：自适应调制和编码技术（AMC）、自适应混合（ARQ）技术、MIMO（多输入多输出）和正交频分复用（OFDM）技术、智能天线技术、软件无线电技术等。

本章主要具体描述了 TD-LTE 网络架构、系统结构和主要接口、LTETDD 和 LTEFDD 帧结构。解释了逻辑、传输、物理信道及信号的特点，TD-LTE 的几个关键技术含义。最后将 TD-LTE 与 LTE FDD 技术做一对比。

习题和思考题

1. LTE 包括哪两种制式？各种制式的含义是什么？
2. LTE 的主流频段是多少？有多少个频点？
3. 简述 TD-LTE 网络各网元功能。
4. 试述 FDD LTE 和 TD-LTE 帧结构的特点。
5. 试述物理信道的作用。
6. 物理小区 ID 基本概念是什么？
7. 简述 OFDM 技术。
8. 什么是多载波技术？
9. 试述 TD-LTE 与 LTE FDD 技术各自优缺点。

第9章 直放站及优化

9.1 直放站的概念

在移动网络中，“直放站”是这几年兴起的一个名词、一种设备。随着网络覆盖的不断增强和用户对网络要求的不断提高，直放站应用于很多适当的场合，得到了广泛地应用。可以说，直放站已成为移动网络设备中的一个重要部分。因此，直放站的运行状况已直接地影响到了网络质量。所以，在网络优化中，我们要注意直放站对网络的影响，要对直放站进行必要的检测，特别是网络变频之后，由于无线环境的改变，直放站出现的问题会更多。下面介绍直放站及其覆盖系统。

直放站，是用于对无线信号进行中继放大转发的设备。在移动网络中，直放站是对宏基站的信号进行放大，而不是放大微蜂窝之类的信号。在这里就存在一个“施主小区”的概念，所谓施主小区，即是信号被直放站进行放大的小区。

9.1.1 直放站的用途

在移动通信网络中，可以通过使用各类直放站解决边远道路、小住宅区以及室内覆盖盲区，扩大覆盖范围。特别是这一两年，直放站得到了迅速地发展。直放站应用的环境有：高楼电梯、酒吧、娱乐广场、商场、酒店、工厂、有小段盲区的公路、铁路或者隧道以及小住宅区。也有文章提出“偏远地区也可以通过直放站来解决网络覆盖”，这是不合实际的。因为，直放站放大信号的条件是它接收到的施主小区的信号大于−75dBm 以上，如果信号低于−80dBm 或更弱则无法进行再放大，即使可放大效果很差，而对于偏远村庄，连信号都没有或者信号很弱（小于−90dBm），这样，直放站根本就不起作用。而这里所讲的“小住宅区”，只是说刚好在小山凹或者被小山阻挡的十几户的小村以及市区中楼房密集的小住宅区。所以，在做网络普查提建议时，就要注意这点了。

9.1.2 直放站的分类

直放站可以室内安装，也可以室外安装。对于道路或者小村庄，直放站就是室外安装；而市区、城镇中的直放站基本是室内安装。直放站可分选频直放站和宽频直放站。选频直放站有 2 选频、4 选频、6 选频及 8 选频；而宽频直放站可以是整个 900MHz 频段的放大，也可以是 900MHz 频段中的某一频段。

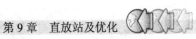

选频直放站的价格与多少选频是相关的，2 选频最便宜，选频数越多则越贵。所以，选取选频直放站时要考虑用户类型、话务量以及施主小区的频点数。

直放站的功率是不同的。对于高楼电梯、大商场或其他较大面积的室内覆盖，由于分布系统覆盖范围大、损耗大，一般需要 33dBm 满功率输出的直放站；而对于小酒吧之类，则可以选用低功率直放站。直放站具体分类如下。

1．室外型直放站

（1）室外型无线宽带射频式直放站。

（2）室外型无线载波选频式直放站。

（3）室外型光纤直放站。

2．室内型直放站

（1）室内型无线宽频直放站。

（2）室内型无线选频直放站。

9.1.3　各种直放站对比

1．无线直放站

无线直放站包括宽带和载波选频直放站，如图 9-1 所示。

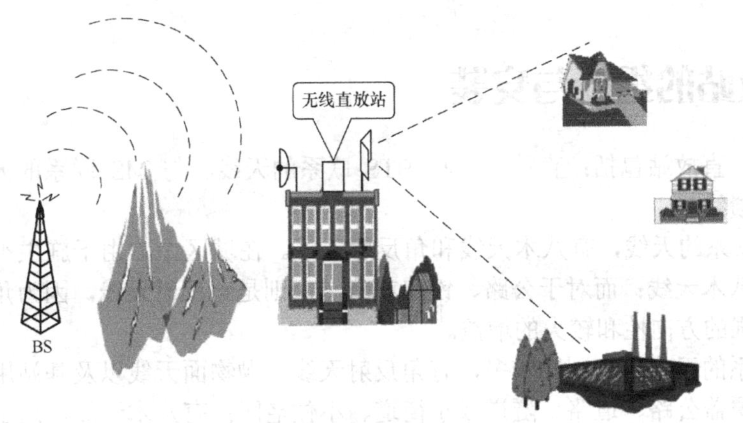

图 9-1　无线直放站

2．室外光纤直放站

如图 9-2 所示。

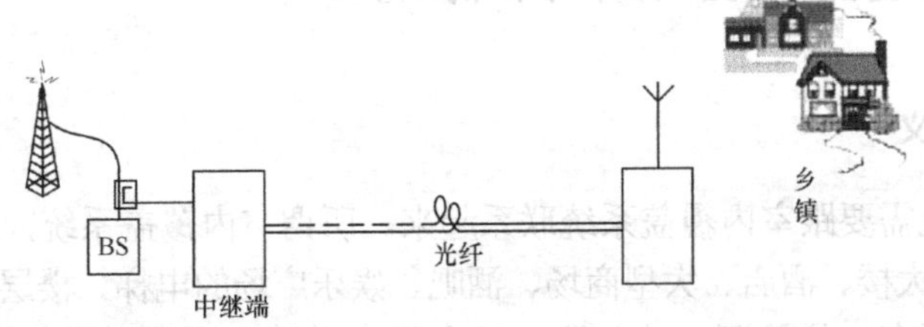

图 9-2　室外光纤直放站示意图

3．室内直放站

如图 9-3 所示。

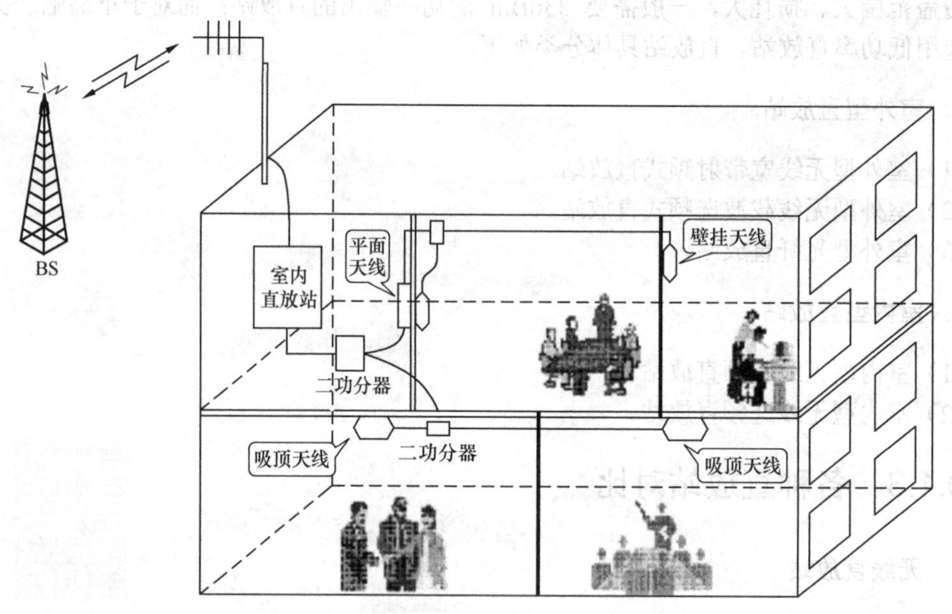

图 9-3　室内直放站示意图

9.2　直放站的组成与安装

一般来说，直放站包括：直放机、与 BTS 联系的天线、与 MS 联系的天线以及天线与直放机连接的馈线。

与 BTS 联系的天线，有八木天线和角反射天线。在城区中，由于施主小区信号较强，所以一般安装八木天线；而对于公路、铁路或隧道，则是角反射天线，因为角反射天线有两个好处：有较强的方向性和较大的增益。

与 MS 联系的天线种类则比较多，有角反射天线、抛物面天线以及基站用的板状定向天线，主要用于覆盖公路、道路、隧道或小街道、小住宅区；有八木天线，用于电梯覆盖；有吸顶全向天线，用于楼层覆盖；有挂墙定向天线，用于楼道覆盖。

另外，直放站的天线以及室内覆盖系统用的天线都是收/发共用的，并且不能采用分集接收。

9.2.1　室内覆盖系统的结构和原理

1．室内覆盖定义

讲到直放站，就需要跟室内覆盖系统联系起来。所谓室内覆盖系统，就是对高楼大厦、政府机关办公楼、住宅大楼、酒店、大型商场、酒吧、娱乐广场的电梯、楼层的室内进行覆盖。

其硬件构成主要有：信号源、功分器、耦合器、天线、馈线以及干线放大器等。

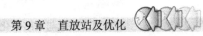

2．室内覆盖系统的信号源

信号源主要有三种，宏基站、微蜂窝和直放站，选择的原则是根据话务量、用户类型而定。

宏基站主要用于有住户、商业办公、娱乐场所、商场等为一体的高楼大厦，话务量非常大；微蜂窝多用于大型购物商场或大型娱乐场所等；直放站主要用于覆盖电梯和小酒吧之类话务量不高的地方。

采用宏基站或微蜂窝为信号源的室内覆盖系统，成本高、施工难、时间长，还要考虑传输问题；而直放站覆盖则较为简单、快捷、成本也低。

3．功分器

功分器有二功分、三功分、四功分等，如图 9-4 所示，主要功能是进行分路，即一路信号进、多路信号出，一般用于分路布线中。功分器是有插损的，以京信厂家的功分器为例，功分器插损为：二功分≤3.1dB；三功分≤5.1dB；四功分≤6.1dB。

耦合器是一路信号进、两路信号出，其中一路是直接通过，而另一路是进行耦合、衰减，主要用于主干布线中，如图 9-5 所示。耦合器有 3dB、6dB、10dB、15dB、30dB 耦合等，耦合器除了耦合、衰减外，自身还有插损，不过相对较小，以京信厂家的耦合器为例，耦合器插损为：6dB 耦合器≤1.3dB；10dB 耦合器≤0.6dB；15dB 耦合器≤0.5dB。

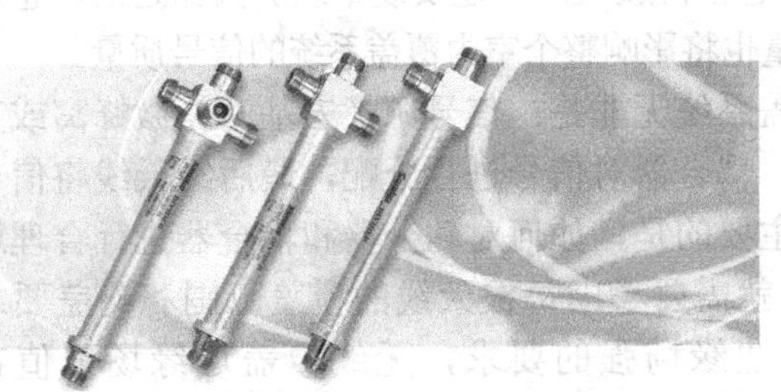

图 9-4　二功分、三功分、四功分的功分器实物图

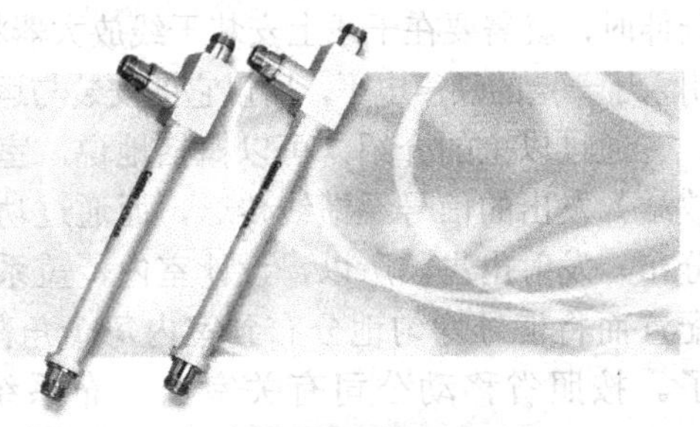

图 9-5　耦合器实物图

在室内覆盖系统中，使用最多的天线是吸顶全向天线，主要是进行楼层覆盖，如图 9-6 所示。室内覆盖中的天线增益很小，只有 2dBi 左右，所以覆盖范围也很小，一根吸顶全向天线大约可覆盖几间房或者一二百平方米内，如有阻挡则会更小。另外，为保证电梯门开/关时信号的稳定，一些电梯门口也安装吸顶全向天线。

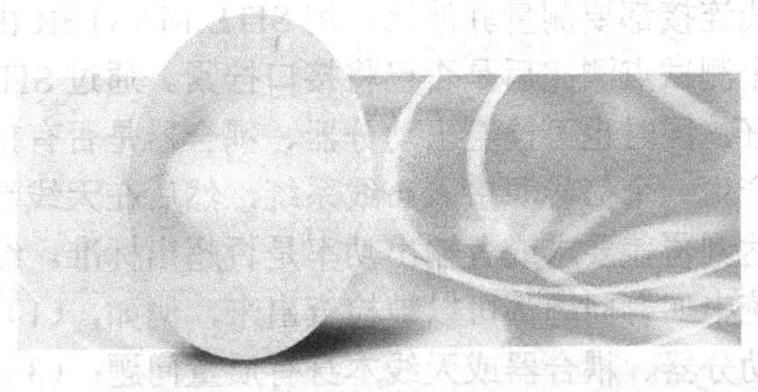

图 9-6　吸顶全向天线实物图

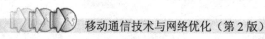

对于电梯，安装八木天线进行覆盖，如图 9-7 所示。八木天线的增益比吸顶全向天线的大，有 10dBi 以上，一根八木天线可覆盖七八个楼层左右的电梯。在这里需要说明的一点是，有的人以为八木天线是安装在电梯上与电梯同时升降的，其实不然，进行电梯覆盖的八木天线是安装在大楼电梯井内的墙壁上。八木天线也是定向天线，所以说，八木天线要么是向上安装要么是向下安装，而没有两根八木天线相向或背向安装的。例如，一栋楼有 12 层，那么一根八木天线就安装在 12 楼往下覆盖，而另外一根则是大约安装在 6 楼往下覆盖；或者是，一根安装在 1 楼往上覆盖，另外一根则安装在 6 楼往上覆盖；而不会是两根八木天线同时安装在 6 楼分别向上/向下覆盖。

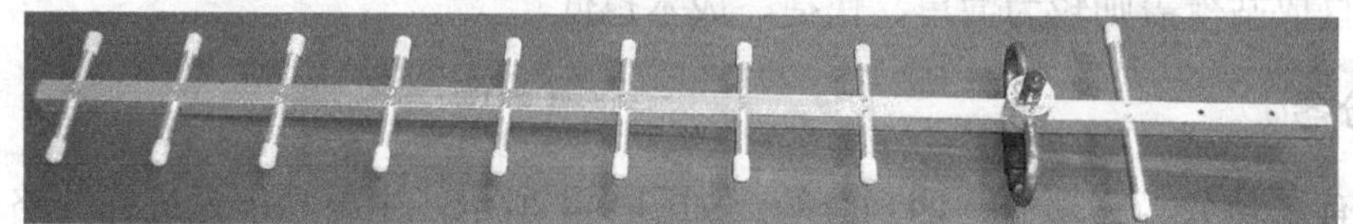

图 9-7　八木天线实物图

馈线分 7/8"硬馈线和 1/2"软馈线，武邮（厂家）还有细小的跳线。7/8"硬馈线用于长距离的主干布线，1/2"软馈线则用于分路布线，而细小跳线是用于连接室内天线和软馈线。京信、阿尔创（厂家）的 1/2"软馈线直接与吸顶全向天线相连；而武邮的 1/2"软馈线还需经一根细小的跳线再与天线相连；两种安装、连接方法都有各自的好处。

如果室内覆盖系统很大，功分器、耦合器很多，馈线很长，信号衰减很大，当将覆盖范围延伸时，就需要在干线上安装干线放大器将信号进行再放大。不过安装干线放大器之后，也就引入了一定的噪声电平，所以它的安装与运行质量也将影响整个室内覆盖系统的信号质量。

通过以上的介绍，可以概括地说，室内覆盖系统无非是：信号源（宏基站、微蜂窝或直放站）发出的信号经馈线传送，而通过功分器、耦合器对信号进行分配，最后经天线将信号分布、发射出去。所以，设计室内覆盖系统最主要的是，如何对功分器和耦合器进行合理地配置而将信号均匀地分布到室内每个角落，这就需要考虑每根天线的覆盖范围和覆盖要求了。按照省移动公司有关室内分布系统覆盖边缘场强的要求，无线覆盖边缘场强值在−85dBm 以上；而根据国家环境电磁波卫生标准，室内天线的发射功率要小于 15dBm。所以要结合这两点因素，来配置功分器、耦合器和室内天线。

室内覆盖主要指标：信号强度大于−85dBm，误码（信号质量）小于 3，全向天线 VSWR 小于 1.3，八木天线 VSWR 小于 1.4。在基站系统中，驻波比（VSWR）小于 1.2，但在室内覆盖系统中，由于接口较多，加上对天线的特别要求，所以，对驻波比的要求较低。

室内覆盖布线调测所需工具主要有 SITE MASTER 和频谱仪。整个布线系统有多个耦合器和功分器，每一段馈线连接都要测量驻波比。用 SITE MASTER 由天线侧开始逐段测试，这样也可以检查到前一个测试点测完后是否已将接口拧紧。通过 SITE MASTER 测量驻波比可检查各个接口是否接好，同时也可检查出功分器、耦合器是否有接反或接错；而频谱仪是用于开通测试，即模拟产生一个信号源接入布线系统，然后在天线端测试每根天线的输出功率是否符合设计、是否达到覆盖要求或者输出功率是否超出标准。经过 SITE MASTER 和频谱仪测试之后，布线系统中如有问题都可以被检查出来，例如，（1）耦合器容易被接反，即输入与输出接反；（2）功分器、耦合器或天线本身有质量问题；（3）接口没有拧紧，驻波比过高；（4）功分器、耦合器或馈线长度没有合理配置或不符合设计，造成信号分布不均匀或

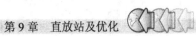

超出标准。在布线系统中主要是以上几种问题，因此，在网络优化中，如果检测室内覆盖的信号有问题时，若确认信号源本身没有问题，就可从以上几点查找故障原因了。

9.2.2 直放站的安装

对于公路、铁路和隧道，直放站的安装就比较简单，首先是安装直放机，然后是找到接收施主小区信号最好的“制高点”安装与 BTS 联系的天线，接着是安装与 MS 联系的天线以覆盖所要覆盖的地方。对于这种偏远的室外直放站，由于供电不方便，一般采用太阳能供电，所以还称为“太阳能直放站”。

对于城区中的高楼电梯、楼层或大型娱乐广场、商场，若直放站应用于室内覆盖系统中，就相对比较复杂。与 BTS 联系的天线安装在楼顶或楼的墙壁上，原则上是接收施主小区信号最理想的地方；而此时，直放机放大的信号是通过室内覆盖系统分布出去的，室内覆盖系统主要由馈线以及馈线相连的功分器、耦合器构成，而天线最终将直放机信号发射出去（同时接收信号）。

还要指出的一点是，安装与 BTS 联系的天线需要特别注意，它的安装位置是否理想和安装质量如何，很大程度上直接影响了直放机放大信号的强度和质量。一般来说，天线最好是正对施主小区的方向，这样才可接收到最强的信号。但有时也需要根据现场环境来确定，例如，某一方向有干扰小区，天线就往另一方向移一下，以减小或避免干扰。时常会碰到类似情况，在楼顶天线处，测到的施主小区信号较强并且质量也很好，但是经直放机放大、经室内天线发射之后，信号误码很高、通话质量很差，检查直放机模块和室内覆盖系统都无问题，而最后将楼顶室外天线的安装位置移动一下之后，问题就得到了解决。

9.2.3 直放站对网络的影响

在前面已讲过，直放站已成为移动网络的一个重要部分，所以，它的运行状况将很大程度上影响着网络的服务质量。

1．产生的问题

对于宽频直放站，室外天线安装位置不理想时，直放站接收、放大的小区信号就很多，干扰就大，信号质量差，这样就容易造成质差掉话，并且影响用户的通话质量。

如果室外天线安装过高，宽频直放站则可能放大的是整个 900MHz 频段的小区信号，即在电梯里，可以收到所有小区的信号，这样就造成掉话率高、接通率低以及不必要的话务拥塞或切换失败等。

如果宽频直放站没有控制好而放大多个小区的信号，就会对其他小区的故障定位造成很大麻烦，例如，某个直放站的设计施主小区是 A，但直放站其实同时放大了 B、C、D、E、…… 小区的信号，当话务统计为 C 小区出现掉话率高或出现拥塞之类问题时，就只能是从 BSC 参数与 C 小区基站硬件上检查，但是一般不会考虑到是直放站的问题。

对于选频直放站，直放机的调频与施主小区的频点要一致，如果施主小区的频点进行了修改，则直放机要及时做调频，否则会造成信号不稳定、突然性弱信号掉话或者无信号等。

采用选频直放站进行电梯覆盖，如果施主小区的不强而其他小区的较强，当手机占用其

他小区信号从门口进入电梯，电梯门关闭之后，信号马上变弱，如果来不及切换到直放站放大的施主小区时，则会产生突然性弱信号掉话。

直放机有上行衰减和下行衰减的设置，如里设置不合理就会造成上/下行信号的不平衡；如果下行衰减设置过大则会造成信号覆盖不足；如果上行衰减过小就会引起上行干扰。

随着系统运行时间的加长，直放机模块、功分器、耦合器、天线以及馈线则可能出现硬件故障，进而影响信号，如无信号或信号不稳定。

2. 信号检测与故障定位

在网络优化中，对直放站及其覆盖系统的信号进行检测是必要的，特别是全网变频之后，这项工作尤为重要。信号检测的内容包括以下几方面。

（1）直放站目前放大、占用的施主小区是否与设计施主小区一致。

（2）放大之后，施主小区的信号质量如何，是否达到覆盖要求。

（3）对于宽频直放站，是否只占用一个主的施主小区，或者是否同时放大、占用了多个不合理的小区。

（4）对于选频直放站，直放机调频是否与施主小区的频点一致，是否有没被调频而放大的频点，或者是否调频产生偏移而放大了其他个别的频点信号。

（5）目前的施主小区是否合理，即要考虑目前施主小区的话务是否有拥塞，周围是否有新增的更理想的小区。

（6）手机持续通话时，从电梯门口进入电梯内或从电梯里走出电梯外，小区信号占用是否合理或者小区之间切换是否及时。

在网络优化中，对于直放站及其覆盖系统的故障定位，需要做的工作是确保施主小区的信号正常，其他的就交给直放站厂家去处理。例如，某个直放站是电梯覆盖，当在电梯内测到信号不强或者信号误码很高时，就要查找到直放站的室外天线，在该处对施主小区的信号进行测试，检查施主小区信号是否正常，如果信号质量很干净并且每个频点信号都很稳定，就说明是直放站或覆盖系统的本身问题。

当然，也不能只依赖直放站厂家来解决问题。通过前面的介绍，已经知道在直放站及其覆盖系统中，有哪些参数、哪些部件会影响到信号质量，因此，就可以一步一步地检测并做出相应的判断。例如，室外天线安装位置是否合理，有没有广告牌或玻璃的阻挡或反射；直放机的选频模块或其他模块是否坏掉；直放机的调频与施主小区的频点是否一致；直放机的上/下行衰减设置是否合理；直放机的输出功率是否足够；馈线之间的连接是否正常；是否有功分器或耦合器坏掉；干线放大器是否工作；室内天线是否有质量问题等。一步一步地查，如果这些都查清楚了，故障问题自然就查出来了。例如，某个直放站系统覆盖电梯和地下停车场，对地下停车场进行测试发现信号正常，但测试电梯内的信号时发现较弱，就可以判断是电梯覆盖系统出了问题，可能是功分器、耦合器配置不合理或者装反，也可能是输出功率不足，或者是馈线布线问题；又如，某个直放站系统覆盖某个大型娱乐广场，测试结果为娱乐广场大厅的信号正常而有的包厢内无信号、无法通话、语音质量差或容易断线等，说明这是室内覆盖系统的问题，因为大厅、电梯的信号是正常的，说明直放机本身以及施主小区信号是没问题的，也可能是天线安装数量不够的原因，例如，某个电梯有十几个楼层，但只在最高楼层安装一根八木天线，若某个包厢没有安装天线进行覆盖，就可能造成部分覆盖问题。

前面也讲过，对于直放站系统，室外天线安装位置是很关键的，安装位置是否理想将直接影响直放机放大之后的信号质量。例如，某个直放站覆盖电梯，在室外天线处测到施主小区的信号较强并且质量很好，但是在电梯内测到的信号较弱并且有误码，经检查直放机没问题，后来将室外天线方向正对施主小区的方向之后电梯内的信号增强并且质量很好。另外，室外天线的安装位置不能靠近广告牌或玻璃，以避免受到反射干扰。

对于直放站室外天线的安装位置，建议采取“就低避高”原则。因为，如果直放站室外天线安装过高，则受网络无线环境的影响较大，特别是当全网变频后，街道的信号质量可以优化好，然而高楼层的频点干扰是很难克服、解决的。即使在安装直放站、选择施主小区的时候，小区的信号质量很好，但当网络频点变动时，直放站的施主小区的信号质量就很难控制了。如果室外天线安装在 10 楼以下或较低时，选择干净的信号源就较为容易。当然，有时会受到环境影响，如周围楼房阻挡等，这就需要进行综合考虑。

室内覆盖系统就是将信号源均匀、合理地分布出去，因此，如果直放机的输出功率不够或功分器和耦合器配置不合理时，就会造成有的角落覆盖不足的现象。例如，某个室内覆盖系统，某根室内天线的设计输出功率是 14dBm，但实际只有 6dBm，这就会影响原先设计的覆盖范围和覆盖要求。造成天线输出功率偏低的原因有三：

（1）可能是直放机的输出功率本身不够，或者是直放机的下行衰减过大；

（2）可能是功分器和耦合器配置不合理（主要是耦合器），如果配置不合理就会影响系统中较靠后的天线的输出功率，例如，某个接口应接 6dB 耦合器但接错为 15dB 耦合器，这样，这根分路出去的天线输出功率必然较弱；

（3）也可能是分线系统中馈线连接不良，驻波比较高，损耗较大，所以就造成天线的输入功率不足，发射出去的信号也就较弱。

根据以上分析可知，直放站及其覆盖系统的故障问题是多种多样的。但是，经常碰到的问题主要有：

（1）施主小区的信号不强或有干扰，需修改频点或改为其他更好的施主小区；

（2）直放站室外天线安装位置不合理，需做移动；

（3）施主小区的频点做了修改但直放机没有做及时的调频；

（4）直放机有模块坏掉（主要是选频模块）；

直放机的上/下行衰减设置不合理，造成覆盖信号不强或上行干扰。所以，在网络优化中，主要从以上这几个方面对直放站系统进行检测和整改。

9.3　直放站的优化

9.3.1　优化原则

厂家在选择直放站类型时应遵循的原则：在楼顶或墙壁安装室外天线的地方，如果测到某个小区的信号比其他小区的强于-10dBm，并且质量很好，则选择宽频直放站。

如果周围小区的信号强度都接近，并且很难找到信号质量很好的小区，则选择选频直放站，这样就可以选择一个信号相对不强但是质量很好的小区为施主小区。

宽频直放站的好处是它不易受频点修改的影响，而不像选频直放站那样，当施主小区的频点做了修改之后就需要马上进行调频。但是，如果它的室外天线安装过高或安装位置不理想时，由于接收、放大的小区信号很多，从而引起一系列的信号质量问题，进而影响网络质量。

如果选频选得好选频直放站就只会放大、占用唯一的施主小区，信号质量很好。但是，如果没做楼层覆盖，特别是电梯门口没装吸顶全向天线时，电梯门口占用的是其他小区而非直放站施主小区的信号，这样，持续通话进入电梯，当电梯门关闭之后，就会容易出现由于切换不及时而掉话。所以，对于选频直放站，要保证在电梯门口施主小区是主覆盖小区。

一个小区最好不要同时作为两个或多个直放站的施主小区，一是避免拥塞；二是避免共同影响。

在进行测试时，对于采用直放站进行覆盖的区域，应该注意室内外信号切换情况；进入电梯前后的信号占用情况；停车场、抹角处的信号占用问题等。

9.3.2 实测举例

为迎接某个时间 GMCC 巡检，我们与直放站厂家对广东某地级市的所有直放站进行了一次全面的测试，检查的内容主要有：施主小区与设计是否一致、施主小区是否合理、施主小区的信号质量如何、对所覆盖场所的信号强度是否足够、直放站所在的 CQT 点信号如何、是否需要增加室内天线等。以下是一些直放站点检测与处理的例子。

例 9-1 某市电信实业大楼

（1）说明：某市电信实业大楼高 8 层，采用宽频直放站进行电梯覆盖，设计施主小区为“市政府 1”。

（2）信号检测结果如下。

① 电梯：多数占用“市政府 1”，但有时容易切换到“市政府 2”，并且有时接着切到“某市 2”，不过很快就切出。“市政府 1”“市政府 2”的信号都在−72dBm 左右并且质量很好，而“某市 2”的信号也很强但是误码高；

② 9 楼层：只占用“市政府 1”，信号在−60dBm 左右并且质量很好。

（3）问题处理：对于电梯里容易切换问题，通过适当调整 KOFFST、调小“某市 2”功率，使设计施主小区“市政府 1”在电梯内是唯一的覆盖小区。

例 9-2 某市国税大厦

（1）说明：某市国税大厦高 18 层楼，有地下停车场，采用选频直放站对电梯和地下停车场进行覆盖，设计施主小区为“麦地 1”。

（2）信号检测结果如下。

① 电梯：只有“麦地 1”的小区信号，−68dBm 左右，但是有些误码，不过没有影响到语音质量；

② 一楼大厅：占用“麦兴路 3”“麦地 3”，信号在−68dBm 以上，质量很好；

③ 12 楼层：占用“麦兴路 3”“天悦 2”“竹树新村 1”，信号在−66dBm 左右并且质量也好；

④ 18 楼室外面：测试室外小区信号，结果发现“麦地 1”的频点信号也有误码，周围其他小区的信号也有，只是“花边岭 3”的信号较干净。

（3）问题处理。

“麦地 1”的小区信号有点误码但目前不会影响通话质量，如果要改善直放站的信号质量问题，则需要修改施主小区“麦地 1”的小区频点，但目前可通过将“麦地 1”的功率调

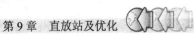

大、关掉功控、调整 CRO 和 KOFFSET 或 RXSRFF 等来进行改善。

例 9-3　某市市路桥办公大楼

（1）说明：某市市路桥办公大楼高 14 层楼，采用选频直放站进行电梯覆盖，设计施主小区为“莲塘坳 1”。

（2）信号检测结果如下。

① 由于“塘坳 1”有两个 TCH 频点改为 27、85，但还没有及时对直放机进行调频，所以造成有时信号突然变弱，进而引起信号乱，如图 9-8 所示。

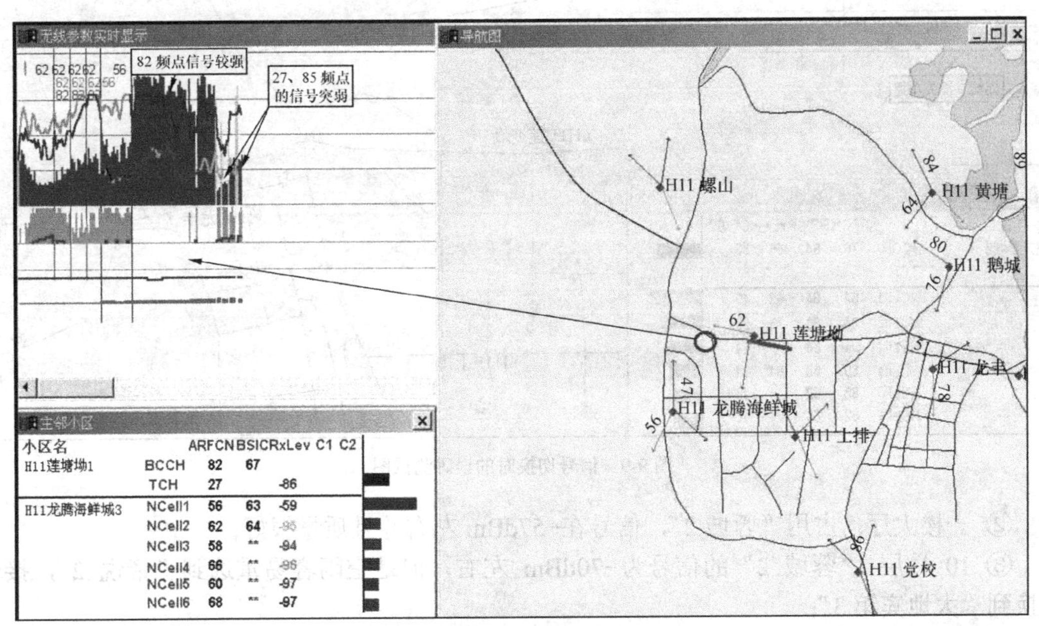

图 9-8　信号频点的调频测试图

② 14 楼室外天面：测试室外小区信号，结果发现由于“莲塘坳 1”小区方向是背对着路桥办公大楼，所以在室内、楼面上的信号都不强，反而周围其他小区如“海鲜城 1”“其山 2”“塘坳 3”，的信号较强，“海鲜城 1”的信号较为干净。

（3）问题处理。

① 某生产公司人员反映，之前该直放站的施主小区是“塘坳 3”，但是扩容之后，由于直放站是 4 载波选频直放站，所以后来施主小区改为“塘坳 1”；

② 后来将直放机进行调频，再进行测试，信号还是有些误码；

③ 由于室外天线处测到“海鲜城 1”的信号较强、质量也很好，并且它也是 4 个频点，所以，最后将施主小区改为“海鲜城 1”。首先将室外天线的安装位置进行移动，使天线指向“海鲜城 1”的小区方向，然后对直放机进行调频。

例 9-4　某市南方大酒店

（1）说明：某市南方大酒店高十几层楼，二、三楼为酒楼，采用宽频直放站对电梯和二、三楼进行覆盖，设计施主小区为“蓉城 2”。

（2）信号检测结果如下。

① 电梯：占用“鹅城 2”的小区信号，−60dBm 左右并且信号质量好，但出现一次往“亿塘 2”的切换，信号误码高，但可及时切换，如图 9-9 所示；

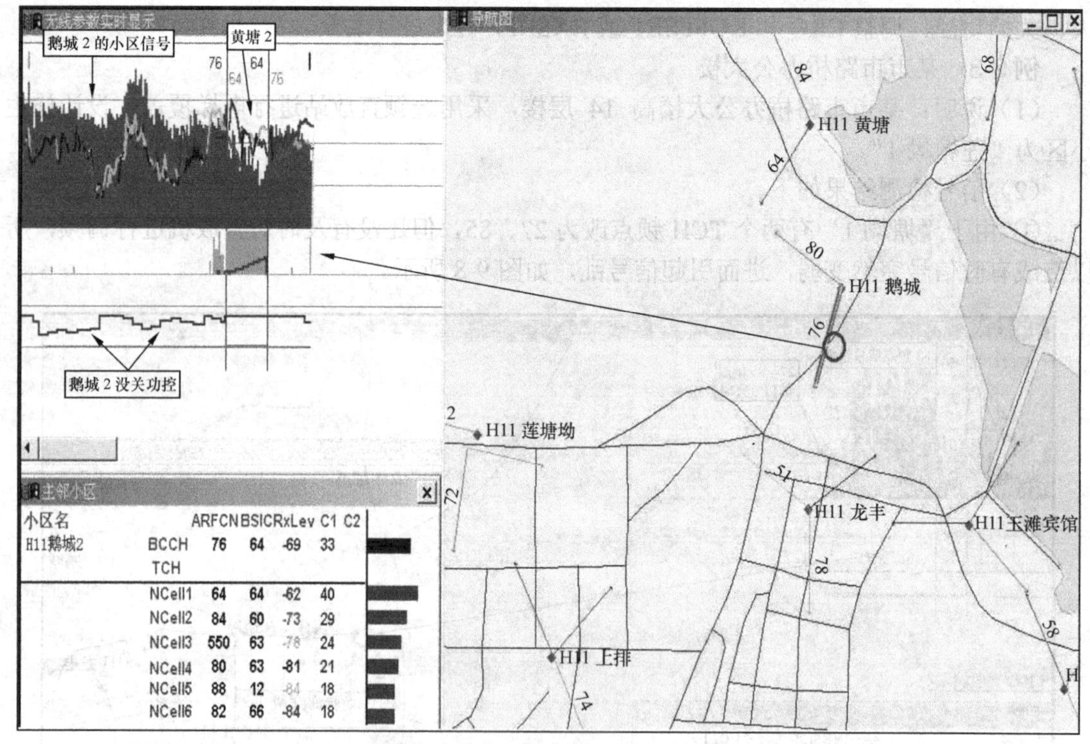

图 9-9　信号切换时的误码测试图

② 一楼大厅：占用“蓉城 2”，信号在−57dBm 左右并且质量很好；

③ 10 楼层：“蓉城 2”的信号为−70dBm 左右，但是空闲容易重选到“帝悦 2”，接着切换到“大地宾馆 3”；

④ 二、三楼酒楼：占用“蓉城 2”，信号在−55dBm 左右并且质量很好。

（3）问题处理。

现场通知 BSC 将“帝悦 2”的 CRO 调小、“蓉城 2”的 CRO 调大，并且关掉功控，之后测试时以上问题解决，信号正常。

例 9-5　某市银行（写字楼）

（1）说明：某市银行高 17 层，有 3 部电梯，采用选频直放站，主要覆盖电梯和两层地下停车场，设计施主小区是“下埔 1”。

（2）信号检测结果如下。

① 从室外到室内时信号都很正常，进入室内到电梯，占用到直放站放大的信号时，信号强度很强，但信号质量不行，有连续的误码，如图 9-10 所示；

② 将“下埔 1”关跳频后测试，发现有 TCH = 93 的频点信号较弱，而其他频点的信号较强，如图 9-11 所示。

（3）问题处理。

经查发现，原来是直放机的选频模块没有调频到 93 频点，将直放机的选频模块增加 93 频点后信号正常。

例 9-6　某高速公路的直放站

（1）说明：在某高速公路中的光辉工业园与十里水之间（靠近十里水）的路段，由于有

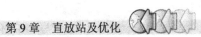

山的阻挡，所以该路段采用宽频直放站进行延伸覆盖，当时设计施主小区是“小石 3”，与 BTS 联系的天线采用角反射天线，而采用定向天线对十里水基站方向的路段进行覆盖，如图 9-12 所示。

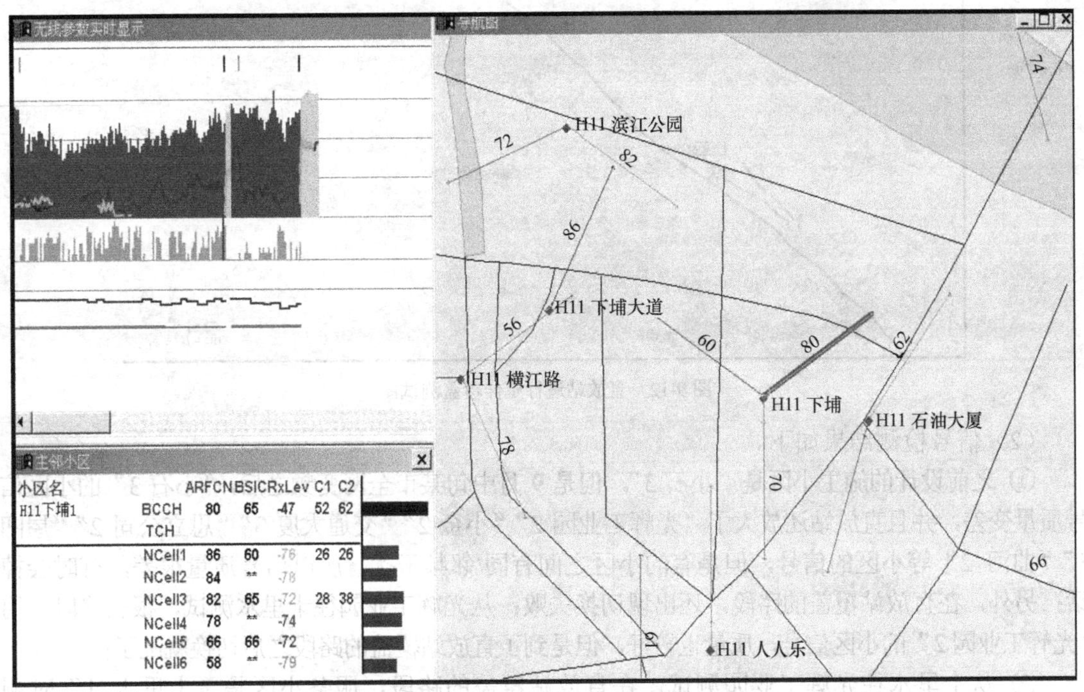

图 9-10　有连续的误码测试图

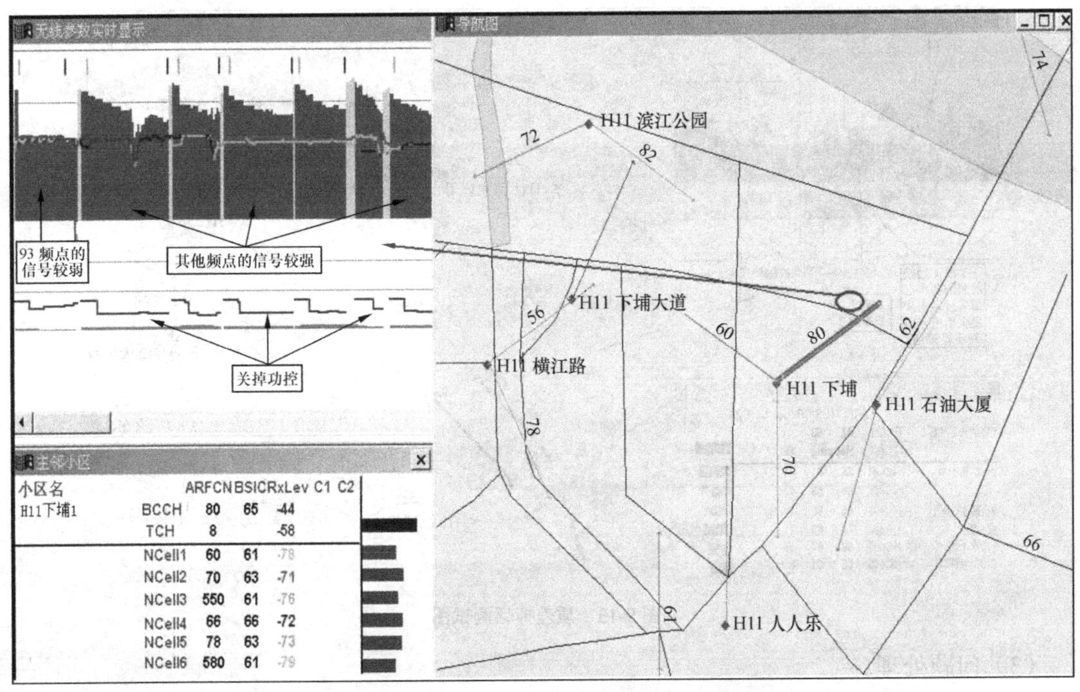

图 9-11　跳频后测试图

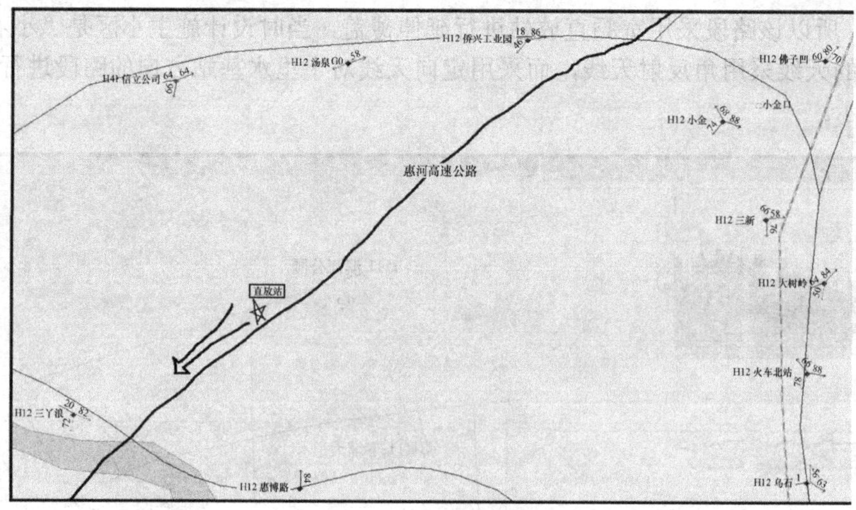

图 9-12 直放站进行延伸覆盖测试图

（2）信号检测结果如下。

① 之前设计的施主小区是“小石3”，但是9月中旬某市全网变频之后，“小石3”的小区信号质量变差，并且直放站还放大了“光辉工业园2”“小金2”“交通大厦3”“思立公司2”“屋凹3”“曲河 2”等小区的信号，但是有的小区之间有同/邻频干扰，所以信号质量很差，有时会掉话；另外，在直放站覆盖的路段，还出现切换失败；从光辉工业园往十里水测试，很长路段占用“光辉工业园2”的小区信号，质量也较好，但是到了直放站覆盖的路段之后切换就乱了；

② 从十里水往光辉工业园测试，在直放站覆盖的路段，服务小区是“十里水 1”时测到邻区信号很多，但没做切换而最终质差掉话，如图9-13所示。

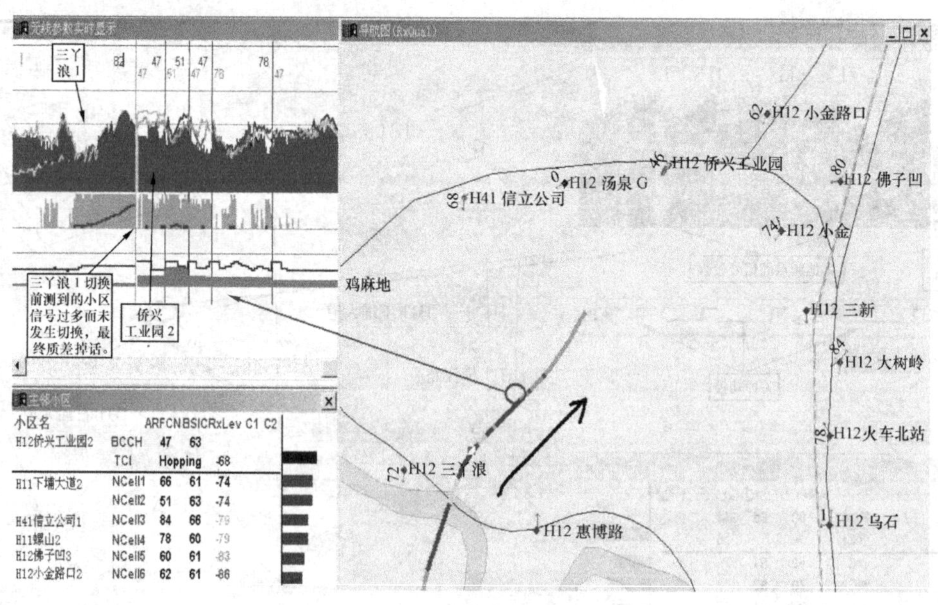

图 9-13 质差掉话测试图

（3）问题处理。

① 经查发现“光辉工业园 2”“小金 2”“交通大厦 3”“思立公司 2”“屋凹 3”“曲河

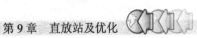

2”等小区之间有同/邻频干扰，所以，首先对一些小区的频点做了修改；

② 到直放站现场进行检查与调整，发现在天线处接收到的施主小区的信号质量较差，并且信号相对其他小区较弱；检查角反射天线，发现其天线方向正对市区方向，所以也就接收、放大了很多小区的信号；对“光辉工业园 2”的小区信号进行测试，该小区的频点信号都较好。根据此检查结果，决定将施主小区改为“光辉工业园 2”，这就需要将角反射天线的方向做改动，即正对“光辉工业园 2”的小区方向，而不再是往市区方向。这样，直放站放大的“光辉工业园 2”小区信号就相对较强，成为一个主覆盖小区；

③ 对于有的小区之间切换失败问题，经检查直放机发现，是由于之前直放机的频段设置在 56 频点以下，而其他小区如“小金 3”的 BCCH 频点为 74，所以，高于 56 频点以上的小区，在直放站覆盖的路段就会出现切换失败的现象。将直放机的频段设置在 74 以下，即那些低于 74 频点的小区都可切换、占用，之后测试就不会再有切换失败。因此，对于宽频直放站，还需注意频段设置；

④ 对于从十里水往光辉工业园测试时总是不进行切换的问题，经查发现“十里水 1”与“光辉工业园 2”“小金 2”“交通大厦 3”“思立公司 2”“屋凹 3”“曲河 2”等小区都定为邻区（如图 9-14 所示，粗线即为邻区），也就是说是邻区过多而造成混乱；后来，删掉了多余的邻区，“十里水 1”只与“光辉工业园 2”等几个小区为邻区，如图 9-15 所示。这样，从十里水往光辉工业园测试时，切换前只测到“光辉工业园 2”的 BCCH 频点 46 的信号，如图 9-16 所示，接着就顺利地由“十里水 1”切换至“光辉工业园 2”，如图 9-17 所示。

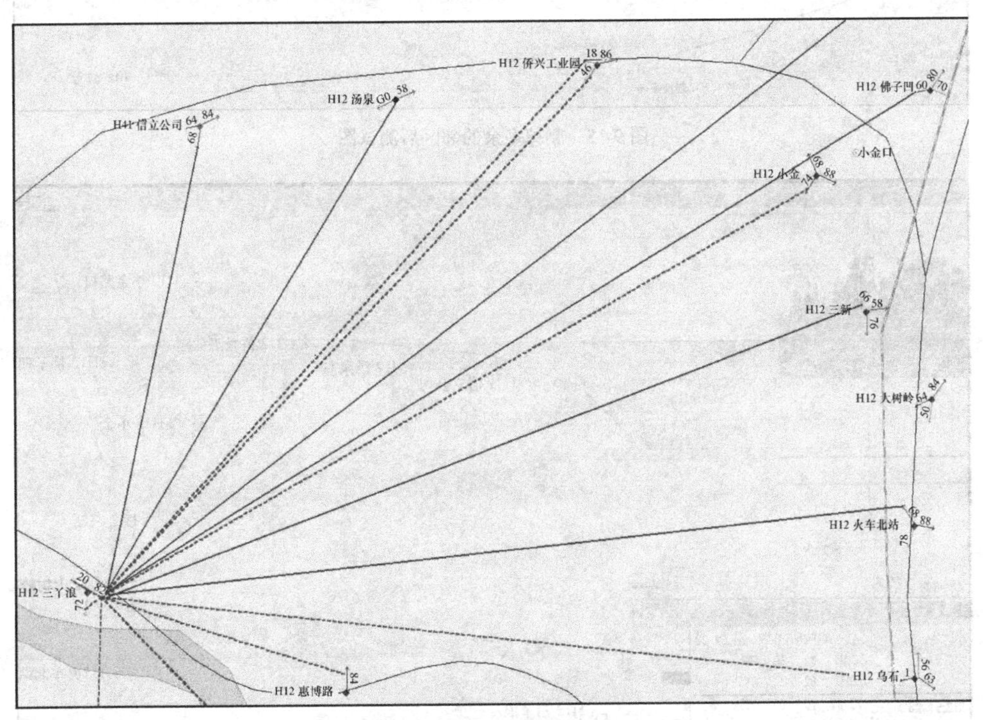

图 9-14　邻区测试图

另外，还对相关的切换参数和重选参数做了调整，即将“光辉工业园 2”的 CRO 调大，以保证在空闲时也尽量接入“光辉工业园 2”；并将“光辉工业园 2”向“屋凹 3”“曲河 2”“思立公司 2”“小金 2”“三新 3”切换的 KOFFSETP 调为 2，以尽量不向这些小区切换，从而也保证在直放站覆盖路段“光辉工业园 2”是主覆盖小区；另外，“十里水 1”与“光辉工业园 2”之间切换的 KHYST 由 3 调小为 2，这样，也就保证了“十里水”与“光辉工业园 2”之间顺利地切换。

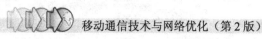

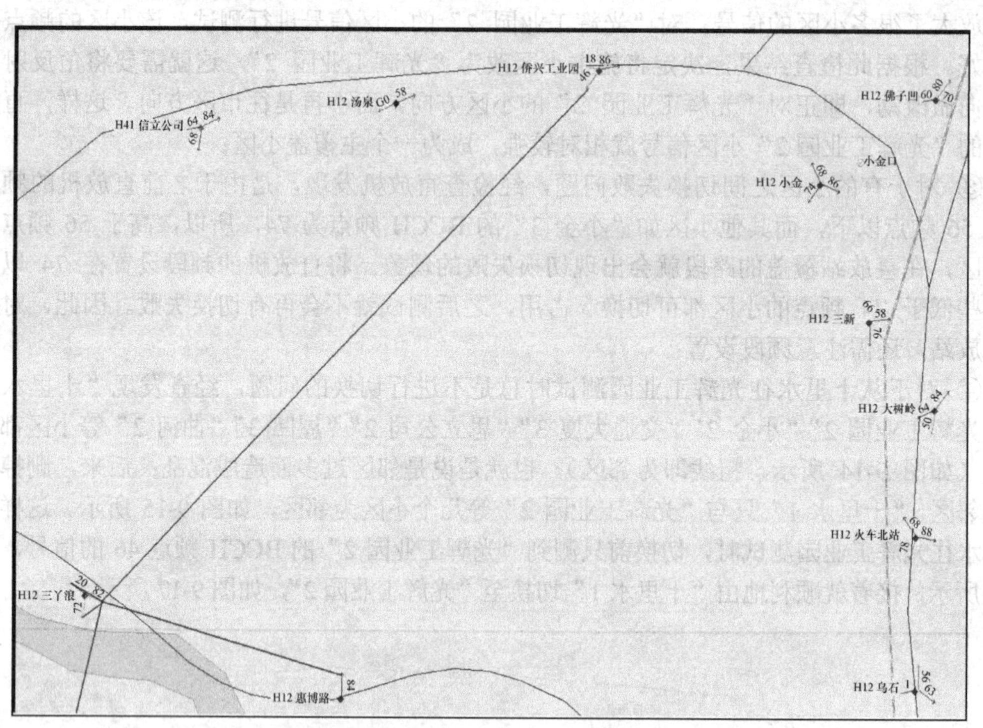

图 9-15　删掉多余的邻区后测试图

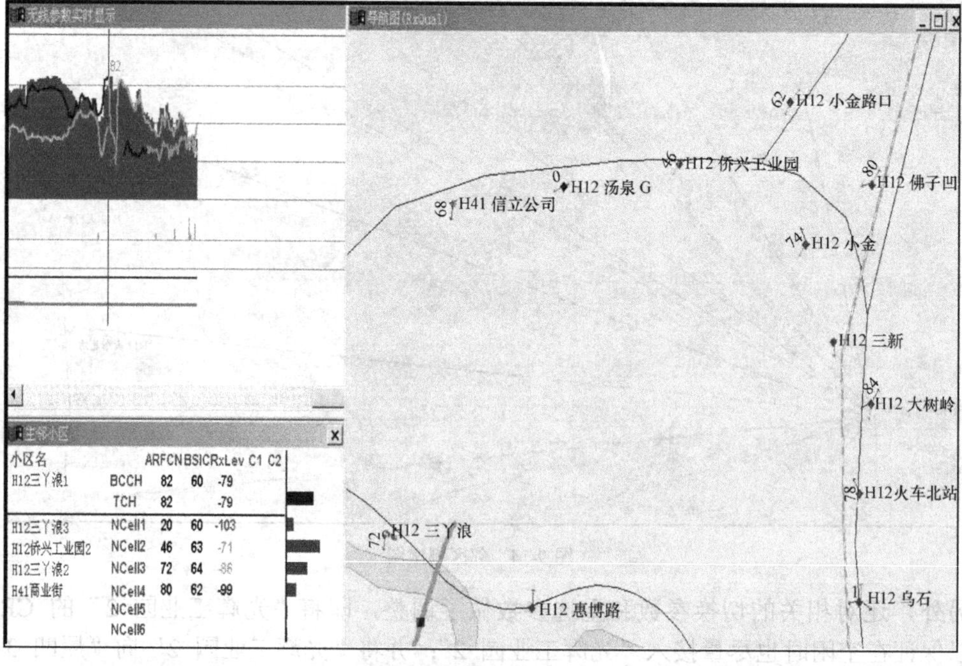

图 9-16　切换前的信号测试图

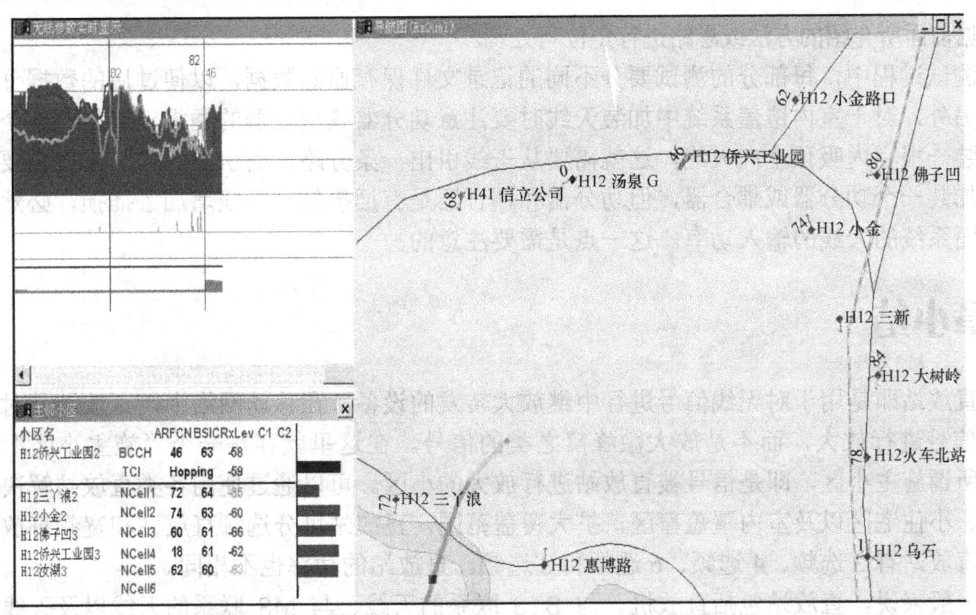

图 9-17　切换顺利测试图

通过以上实测例子可以知道，直放站覆盖的信号问题，可能是直放站系统本身的问题（包括硬件与设置），也可能是施主小区或 BSC 参数问题，这就需要综合考虑再做处理。另外，对于有些信号问题，可以通知厂家去处理，有时也可以在 BSC 通过修改参数来解决，如调整功率、关掉功控、修改频点、调整切换或重选参数等。

9.3.3　优化小结

一个小区最好不要同时作为 2 个或多个直放站的施主小区，一是避免拥塞；二是避免共同影响，例如，“龙丰 3”带了 2 个直放站 A、B，在直放站 A 测到施主小区“龙丰 3”的信号质量很好，但是在直放站 B 测到施主小区“龙丰 3”的信号有误码，受到邻近小区的频点干扰，如果要修改“龙丰 3”的小区频点，就要同时考虑直放站 A、B 两边邻近小区的频点，这样，就增加了很大的困难。

关于测试方法，例如，某个大酒店有 20 楼高，采用直放站系统对电梯、楼层和地下停车场进行覆盖，检测流程如下：首先，在大酒店的门口测试室外信号，以了解室外是占用哪个小区，而此时最好连接 GPS 测量经纬度，以确定测试点所在位置；接着，从门口开始通话测试进入一楼大厅，查看是否有切换或切换是否合理，并在一楼大厅进行空闲与通话测试，以检查空闲与通话时占用的小区是否不同或通话过程中切换是否正常；然后在电梯门口空闲停顿十几秒钟，接着通话进入电梯，注意查看小区信号变化情况，包括切换是否及时等；在电梯内，也进行空闲与通话的间断测试，检查呼叫、接通是否正常，是否只占用施主小区的信号；当电梯到 20 楼时，手机通话测试走出电梯，查看切换情况，并进行楼层的测试，包括到窗口，手机空闲十几秒钟，然后拨测，检查小区信号是否有不同；接着从 20 楼乘电梯到大约 14 楼和 8 楼进行通话测试，包括电梯进/出、楼层以及窗口的信号测试；最后测试地下停车场，从室外通话往停车场内进行测试，注意室外往室内、室内往室外的小区占用和切换情况，还需注意停车场内拐弯和角落的信号是否较弱。一个完整检测过程就是这样，在检测过程中如果发现信号问题时，

则根据前面所介绍的方法或思路进行定位与处理。

测试过程中，每部分的测试要分不同的记录文件保存原始数据，以便过后的数据分析。

另外，对于室内覆盖系统中加装天线时要注意功分器或耦合器的插损，例如，某个包厢要加装一根室内吸顶全向天线，这就需要从干线引出一条分路，而引出一条分路就需要在干线上加装一个功分器或耦合器，但功分器和耦合器是有插损的，干线增加了插损，必然会影响后面系统的天线的输入功率。这一点是需要注意的。

本章小结

直放站即是用于对无线信号进行中继放大转发的设备。在移动网络中，直放站是对宏基站的信号进行放大，而不是放大微蜂窝之类的信号。在这里就存在一个“施主小区”的概念，所谓施主小区，即是信号被直放站进行放大的小区。可以通过使用各类直放站解决边远道路、小住宅区以及室内覆盖盲区，扩大覆盖范围。直放站可分选频直放站和宽频直放站。选频直放站有 2 选频、4 选频、6 选频和 8 选频。直放站的功率也不相同。

一般来说，直放站包括直放机、与 BTS 联系的天线、与 MS 联系的天线以及天线与直放机连接的馈线。

所谓室内覆盖，就是对高楼大厦、政府机关办公楼、住宅大楼、酒店、大型商场、酒吧、娱乐广场的电梯、楼层的室内进行覆盖。室内覆盖系统是由以下几部分组成：信号源（宏基站、微蜂窝或直放站）发出的信号经馈线传送，再通过功分器、耦合器对信号进行分配，最后经天线将信号分布、发射出去。所以，设计室内覆盖系统最主要的是如何对功分器和耦合器进行合理地配置而将信号均匀地分布到室内每个角落，这就需要考虑每根天线的覆盖范围和覆盖要求了。

本章还介绍了直放站的安装，直放站对网络的影响，产生的问题，信号检测与故障定位。在网络优化中，对直放站及其覆盖系统的信号进行检测是必要的，特别是全网变频之后，这项工作尤为重要。最后是直放站的优化，根据优化原则，列举了一些实测举例。

习题和思考题

1. 直放站的概念是什么？
2. 直放站由哪几部分组成？
3. 什么是室内覆盖系统？
4. 室内覆盖主要指标有哪些？
5. 直放站会对网络产生哪些影响？
6. 直放站优化应该注意什么问题？

第 10 章 路测

10.1 路测概述

路测，又称 DT（Drive Test，DT），是无线网络优化的重要组成部分。它包括路测的准备、测试及调整、调整总结。实际上，路测工作是技术含量较高的工作，它要求技术人员懂得如 GSM 的基本原理、功能参数的调整、测试工具的熟练使用、基站硬件的一般知识，并拥有一定的话务分析能力及快速的应变能力。这显然与以前普查性的路测工作有很大不同（需要注意的是调整是应急的调整还是解决问题的调整）。

路测对 GSM 无线网络的下行信号，也就是 GSM 的空中接口（Um）进行测试，主要用于获得以下数据：服务小区信号强度、语音质量（误码率）、各相邻小区的信号强度与质量、切换及接入的信令过程（L3 层信息）、小区识别码（BSIC）、区域识别码（LAC）、手机所处的地理位置、呼叫管理（CM）、移动管理（MM）等。其作用主要在于网络质量的评估（如覆盖率、接通率和语音质量等）和无线网络的优化（如掉话分析、干扰分析等）。

10.2 路测数据采集和测试工具的要求

10.2.1 数据采集的要求

在移动通信中，信号的传送以直射、反射和散射的方式传播，在城市中，反射信号占大部分，这些信号呈现多径传播的特征。在传播过程中，将出现信号衰落的现象，通常情况下，我们将更加关心慢衰落信号，而忽略快衰落信号。在路测中，需要关注以下的数据特性：

1．采样长度

在路测工具性能固定的情况下，采样长度就是测试的时间。基本上，在进行数据分析时，都是取采样点数量和时间的平均值。如果采样长度太短，将不能消除快衰落的影响；如果采样长度太长，将丢失地理特征的信息。采样长度通常设定为 40 个波长。

2．采样数量

根据 William C．Y．Lee 的推导，在 40 个波长的间隔内，采用 36～50 个采样点比较合适。

3．采样速率

在确定了采样长度和采样数量的前提下，必须考虑测试的速度（测试车辆速度）、仪器的采样速率和同时测量的信道数。

通常只需要测试一个信道，目前市面上销售的测试硬件（如 SAGEM 测试手机、TEMS 测试手机等）都可以满足采样速率的要求。

10.2.2 测试工具的要求

通常用来路测的工具有测试手机、频谱分析仪、数字接收机等，配以相应的软件，达到各种测试要求。

1．测试手机

目前常用的 GSM 专用测试手机包括 SAGEM 和 TEMS。

SAGEM 手机有 GSM 的 OT75、OT76 和 OT160；GPRS 的 OT96 和 OT190。SAGEM OT96 以前的版本已经停产了（2003 年）。SAGEM 进入工程模式的指令是："上箭头"→"#"。使用 SAGEM 手机时需要注意手机速率的设置要与测试软件相对应，通常对于语音的速率是 9 600bit/s，数据业务（GPRS）的速率是 5 7600bit/s。

TEMS 手机是 ERICSSON 的专用测试手机，以前 TEMS888 测试手机已经停产，现在使用的是 TEMS R320（GSM）和 TEMS R520（GPRS）。TEMS 的价格比 SAGEM 要贵 5～6 倍，性能也要比 SAGEM 好。

基本上所有的测试手机在非通话状态下都能够进行扫频，但是只能对 GSM 系统的 124 个频点进行扫描，并将每个频点的信号强度和 BSIC 解析出来。

由于目前所有的 CDMA 设备都使用高通的芯片，所以几乎所有普通的 CDMA 手机都能够作为专用测试手机用，但是其信令上的解码程度不同。国内几乎没有卖手机连接软件的数据线。

2．频谱分析仪

频谱分析仪可以分析整个频段，包括 GSM 和 CDMA，它根据信号的波形、功率等数据，分析出干扰源的类型。如果配合八木天线一起使用，还可以追踪干扰源。

但是频谱仪使用复杂，通常只用来进行验证测试时或者追踪带外干扰时才使用，普通的频率问题，使用专用的测试手机和专用软件，就可以解决大部分问题。

3．数字接收机

数字接收机其实是手机扫频功能的扩充。测试手机毕竟只是设计工作在一个频点上，虽然具备扫频功能，但是逐个频点扫描的刷新速度太慢。如果是定点测试，这个问题还不突出，但是在移动测试时，测试手机将不能及时反映网络频点的变化。

数字接收机基本上也是对 GSM 的 124 个频点进行扫描，扫描原则上是同时进行的，配合高速的刷新速度，可以在移动测试时获得准确的数据。

在进行网络评估测试时，连接数字接收机是非常有用的，可以对网络的干扰进行准确地

分析。但是只根据数字接收机的测试数据而得出网络的干扰图，却是不准确的。因为网络中还会有跳频、不连续发射等辅助网络功能设置，所以，通常并不直接关心网络的干扰程度，而是关心语音质量、接通率、掉话率等指标。

10.2.3　测试的辅助工具

1．数字化电子地图

它是一种矢量化的电子地图，地图上有测试地点的地理信息和相应的经纬度信息。通常使用的是二维电子地图，其精度只有 100m 左右。利用电子地图，配合 GPS，可以直观地测试当时所处的地理位置。

2．GPS

利用“卫星定位系统”，可以将测试时的经纬度记录在测试数据中，经过后台分析，可以得出测试路线。GPS 的精度也只有 100m 左右，太高精度的 GPS（10m）在市面上很难买到。GPS 是通过卫星来定位的，原则上，三个卫星可以确定一个点，但为了校正，通常需要有 5 个卫星，定位才准确。在密闭的环境里面（如密闭的火车厢），将不能正常接收卫星信号；在乌云密布的天气下，其接收性能同样受到影响。

3．专用测试软件

目前常用的专用测试软件产家主要有：万禾、ERICSSON、AGILENT、鼎利、科旭、东方通信、WILTECH、创我等。各个测试软件都能够满足基本的测试要求，其区别只是在于使用上方便与否。

每个测试软件都附有详细的说明书，在这里就不一一罗列了。对于软件的功能，我们需要关注以下几个方面。

（1）软件的兼容性：某些软件对系统有严格的要求，例如，万禾的 ANTPILOT 在 WINDOWS/XP 下“生成测试报告”和“动态扫频”功能将无法使用；有些软件对杀毒软件有排斥等。

（2）可连接测试设备的种类和数量：需要明确软件能够连接测试手机的型号和数量，有的软件只能够连接指定型号的测试手机，例如，AGILENT 只能够连接 SAGEM 和 MOTOROLA 的测试手机；有的软件只支持两个连接口等。

（3）小区建库的建立和引用：软件要有很好的小区建库编辑功能，可以批量编辑小区建库；在使用过程中测试点最好能够自动指引到服务小区的天线上。

（4）电子地图的格式：最好是 MAPINFO 格式，因为这种格式比较通用，如果是其他格式，则需要软件产家提供转换工具，最好提供其支持格式的电子地图。

（5）记录文件的保存：如果能够使用多个设备，需要注意每个设备的测试数据是否可以独立分析，最好能够独立分开保存。文件要能够定时保存，在发生意外情况，例如，电脑死机、手机掉电的情况下也能够保持数据的完整性，不能因此而丢失数据，造成统计错误。

（6）统计报表的生成：要能够自动生成日常测试所需要的数据，最好能够直接生成报表，这样可以大大提高工作效率。

10.2.4 无线信号测试自动监测系统

分为自动路测系统和自动定点拨打测试系统，目前研究得比较多的是自动路测系统。

自动路测系统的原理就是把我们通常使用的路测工具，包括测试手机、GPS、电脑和软件等全部集成在一个硬件中，安装在车辆上（如公交车和出租车），在车辆行驶时，自动记录测试数据。这些数据可以定期收取（如每天下班后），也可以在测试过程中直接传到某个服务器上。

其好处是可以进行海量测试，测试基本不需要人工成本，网络问题也将从用户投诉量化到主动发现网络故障。以下是自动路测系统的性能指标。

1．测试数据采样的合理性

一般地，用来安装该系统车辆的行驶路线都不会包括所有的道路，并且其路段的重复率会非常高。所以，该系统数据采用的合理性一向是倍受关注和质疑的（当然，重复率高可以通过“栅格分析”来解决，也就是把网络分成很多小块，每块内的数据是比较平均的）。

2．设备的稳定性

设备的稳定性包括硬件的稳定性和软件的稳定性。一般该系统是安装在车辆的尾厢或者密闭的地方，需要耐高温、抗震，并且电源供应要稳定。而软件则需要在硬件发生某些临时故障时还能够保持各个模块的稳定。设备的稳定性是该系统最重要的因素，其实也是该系统一直不能很好发展的原因。

3．收集数据的准确性

包括交换机下载得到的小区参数、话务统计的原始数据和 AT 记录，小区参数的原始数据，电子地图、基站硬件资料、分析记录等。

4．统计结果的准确性

包括 OBJTYPE 定义（填写话务统计定义情况）；连续五个工作日话务统计收集及基本分析；小区参数一致性检查及合理性分析（填写小区参数基本问题）；结合话务统计及小区参数检查，得出需无线路测进行问题定位的小区及地段（填写无线路测）；电子地图（填写××移动基站分布导入表）等。

10.2.5 语音质量评估系统

其作用是对语音的单通、回声、乒乓声、串音等噪声进行自动地评估。一方面可以更加科学地评估语音质量，另一方面可以避免过多地人为因素造成语音质量评估的不一致。

语音质量的评估采用平均评价分（mean opinion score，MOS）一般可以分 5 级表示语音质量，5 是最好，1 是最差。我们通常使用 SQUAD 算法。

SQUAD 算法非常透明和模块化，可以客观地估算 MOS 值，也能深层次地说明语音质量下降的原因。其输出的结果包括时间修剪、频率偏移、迁移特性、质量、功率等。万禾和科旭等厂家的软件都已经包括语音质量评估系统，主要在 CQT 中使用。

10.3　路测数据的采集过程

10.3.1　路测数据采集的内容

路测中主要采集 Um 接口的数据，包括以下内容。

1．服务小区的数据

CGI、RXLEV、RXQUAL、TXPOWER、TIMING ADVANCE、DTX、C1、C2、BCCH、BSIC、FRFCN、HSN、MAIO、TIME SLOT NUMBER 等数据。

2．邻区的数据

NCELL1-6 BCCH/BSIC/RXLEV、CRH、CRO、PT、TO 等数据。

3．网络系统信息（LAYER2 和 LAYER3）

包括 MBCCH 和占用信道数据。

4．GPS 定位信息

LAT/LON、TIME 等数据。

10.3.2　路测采集的辅助资料

为了更好地进行分析，在路测过程中，还需要很多的网络资料，这些资料包括：电子地图、旅游交通地图、小区资料库、话务统计等。其中小区资料库是指交换机参数、基站硬参数等。话务统计是指相关小区的切换、拥塞、呼叫、掉话情况。在测试前有必要将相关小区的情况以表格的形式单独列出来，这有助于进行分析，如表 10-1 所示。

表 10-1　相关基站的频率安排

CELLID	RBSNAME	BCCHNO	BSIC	DCHNO	最近有干扰可能的同邻频小区名	同邻频	基站距离	备注

通过对表 10-1 的填写，初步找出可能的干扰源。这就能使实际干扰判断测试工作有的放矢，如换频、锁频、扫频、HALTED 站等。当然实测极有可能与事前的分析有出入，但这并不要紧，随着经验的不断积累，这种出入会越来越小。

表 10-2　相关小区的特殊参数的异常设置

小区名	参数名称	现时设置	一般设置	建议设置	备注
H11ZJJ1	BSPWRB/ BSPWRT	39	43	41	该站是市区宏基站
H11ZJJ1	ACCMIN	94	102	90	三日建呼制拥塞

所谓特殊参数，是指常见的功能参数，例如：BSPWRB/BSPWRT、CRO/PT、ACCMIN、RLINKT/RLINKUP、QLIMUL/QLIMDL、SSDESDL/QDESDL、SLENDL/QLENDL、INDES、SSDES/QDESUL、SSLEN/QLEN、KHYST/KOFFSET、AWOFFSET/QOFFSETT 等。一般来说，这些参数的特殊设置可能是话务统计的原因或解决某段道路的覆盖原因造成的，应该了解清楚。同时通过了解这些特殊设置，使调整方法没有“过界”，例如说提高小区功率，而实际小区是 200 站，功率已为 45/45 了，这就不能调整为 47/47 了。通过填写表 10-2，在一定程度上已知道不少交换机参数的调整方法或手段了。

表 10-3　相关基站硬参数情况

小区名	载波数目	近三日话务量	载波损坏情况	高度	方位角	下倾角	传播方向阻挡情况	备注

有时需要登上基站进行硬件的调整或进行硬参数的校正，如表 10-3 所示，目的是为了解决路测中的覆盖问题。因此需要事前了解基站的硬件资料。

如果路测的目的是为了解决话务统计问题，就要首先对话务统计进行分析。这部分内容将在其他章节中介绍。要强调的一点是，首先要解决小区拥塞问题再进行路测。

解决道路问题就是要保证一条理想切换路径的实现。所以在测试前就要勾画出一条理想的切换路径，并就此检查相关的切换数据。

10.4　路测的准备

路测的准备，其实可以细分为：相关资料的收集、基本情况的分析及预测、路测仪器的

准备。下面以解决某段道路的覆盖为例进行阐述。

10.4.1 准备设备

进行 DT 测试一般需要以下设备：笔记本电脑 1 台；车载 12 伏转 220 伏的变压器；GPS 全球卫星定位系统；GPS 外接天线；GPS 连接电脑的数据线；GPS 用的 5 号电池 4 个；OT76 测试手机 1 部；OT76 测试手机电池两块；测试 SIM 卡 1 张；OT76 测试手机连接电脑的数据线；串口扩展卡 1 张。

10.4.2 检查设备

（1）笔记本电脑内是否已安装 ANTPilot 最新的版本（到现时为止 8.0.6 版）。

（2）笔记本电脑内是否已有最新小区库（请向 BSC 话务分析人员取得最新小区库）。

（3）笔记本电脑内是否已安装串口扩展卡驱动程序。

（4）笔记本电脑安装的 ANTPilot 所在的盘是否有约 200MB 的硬盘空间。

（5）GPS 设备是否正常（包括连线、主机）。

（6）GPS 电池是否满格。

（7）手机是否正常、数据口有没有坏、能否正常通信。

（8）手机数据线是否正常、能否正常通信。

（9）手机电池是否满格。

（10）逆变器是否工作正常。

（11）测试 SIM 卡是否已超话费（拨打 1860/1001 查询话费情况）。

（12）需要登记的表格是否齐全。

（13）是否与 BSC 组人员了解网络情况。

（14）是否因为机房人员的操作导致用户投诉。

（15）必要的时候准备相关的身份证明资料，如通行证等。

10.4.3 进行测试

做好以上准备后，请按以下步骤进行测试。

（1）将串口扩展卡插入到笔记本电脑中。

（2）将 GPS 数据线连接到串口扩展卡或笔记本电脑串口（COM 口）。

（3）将 GPS 连接到 GPS 数据线。

（4）将 GPS 外接天线与 GPS 连接。

（5）将 GPS 外接天线挂到窗外。

（6）打开 GPS（注意 GPS 显示的电池使用情况）。

（7）将 OT76 测试手机的数据线连到串口扩展卡。

（8）将 OT76 测试手机与 OT76 的数据线相连。

（9）打开 OT76 测试手机。

（10）如果是第一次使用 OT76，请按以下步骤设置手机。在主屏幕下，按方向键“下”，再按“#”号键，然后按方向键“下”直至选择到“Serial Link Setup”，按“OK”键；选择

“Trace MODE”，按“OK”键；在主屏幕下，按方向键“下”直至选择到“Accessories”，按“OK”键；按方向键“下”，直至选择到“Data parameters”，按“OK”键。选择“Speed”，将速率设为9 600bit/s。

（11）打开笔记本电脑，如果装有瑞星杀毒软件，请关闭其实时监控程序。

（12）运行ANTPilot程序。

（13）如果需要更新小区数据，请选择系统→小区建库，弹出小区建库窗体后，单击提取，弹出打开文件的窗体后，选择在ANTPilot的安装目录的子目录MAP中的文件CELL．DEF，按确定（如果不需要更新小区数据请跳过本步骤）。

（14）单击系统设置，按以下要求设置，然后按确定。

① 接口设置：一般是COM3、COM4或COM5、COM6，具体要与电脑的系统属性→设备管理器→端口的一致。

② 测试设置：MS1通话。

③ 网络类型：DUAL。

④ MS1测试：OT76。

⑤ 记录设置：6MB。

⑥ 拨号设置：手动拨号。

⑦ 其他设置：用默认设置。

⑧ 单击拨号簿，按以下要求设置后，按确定。

a．MS1：主叫。

b．拨打号码：DT测试按规定是不能拨打112、1860、1861。

c．总拨打时长：999。

d．通话时长：（根据省公司对不同地段的测试要求）。

e．间隔时长：（根据省公司对不同地段的测试要求）。

f．MS2不要设置。

（15）单击通话测试，弹出拨号簿窗体后，按确定，弹出保存文件窗体后，输入保存文件名称（一般用默认）后，按确定。测试就自动可以开始了。

（16）需要注意的是，如果单击通话测试，只弹出端口设置错误的信息窗体，应按停止测试。同时检查端口设置是否正确（替换法逐个COM口检查确认），并更正。如果由于手机线损坏、手机损坏或串口扩展卡导致以上异常情况，应立即更换相关设备。

（17）在测试中，应注意窗体右下角有关GPS和MS1的状态，如果出现绿灯和黄灯交替即表示正常；否则，要检查各接口连接是否有松脱。（特别注意，由于GPS不连接电脑，是不会影响程序的运行，所以更应该注意GPS的状态。）

（18）在测试中，为了保证通话信令记录的完整性，拨号设置应为手动拨号。当弹出无线实时显示的窗体后，等待出现IDLEMODE状态后，再按自动拨号。

（19）在测试中，尽量少用或不用菜单测试记录中的功能。主要原因是由于停止记录和开始记录的时机不好控制。

（20）在测试中，为了保证通话信令记录的完整性，每次停止测试应选在测试手机处于IDLEMODE（可以用人工挂断的方法）；同理，在人工更换文件名（一般是程序自动更换文件名）时，也要让测试手机处于IDLEMODE（用人工挂断的方法）。

（21）在测试中，如果出现鼠标乱跳现象，请停止测试，并关闭程序，拔出串口扩展

卡，重启电脑。

（22）在测试中，如果发现第三层信息中的信令没有向下滚动，请停止测试，并关闭程序，拔出串口扩展卡，重启电脑。

10.4.4　测试中的调整

测试的方法有多种，如短拔打测试、长通话测试、扫频测试、待机测试、锁频测试等。按照要求一般都会首先做短拨打测试（105 秒通话 15 秒间隔，号码不要选用 112 和 1861）。以下就是我们在测试中要注意的：

1．掉话

记录产生掉话的小区名、BCCHNO、BSIC、CGI；记录这时的接收场强及接收质量。从邻区列表的邻区接收场强判断是否有更好的信号而没有切换掉话。或者从附近基站的地理位置判断有没有漏做的相邻关系。

2．切换失败（连续切换失败）

记录源小区的 BCCHNO、BSIC、CGI；记录目的小区的 BCCHNO、BSIC、CGI；记录切换前的源小区的接收场强、接收质量；记录切换前的目的小区的接收场强；从而初步确定切换的原因。

3．频繁切换

记录频繁切换的相关小区。注意切换路径，了解是两小区之间的乒乓切换还是几个小区的相互切换。此时要结合切换参数进行分析。

4．接收场强

当接收场强较小时，要结合该基站的位置、高度、方位角等因素，判断其覆盖的合理性，观察是否存在有更好的信号覆盖源。

5．接收质量

如果接收质量出现持续低于 3 级的情况，应更换测试方法，找出干扰源及其干扰的频点。

6．邻区 BSIC 的解码情况

注意测量频点一般不宜多于 16 个，否则会对测量的准确性及效率有负面的影响。

7．邻区列表中的邻区场强

这主要是用于判断在切换带时相关小区的切换参数是否合理及调整幅度。

8．参数调整

重点是调整前后的效果比较。解决问题的办法有多种。但要注意以下几点：

（1）方位角，下倾角的调整，要首先核对是否与设计相符，如果不符，请先校正，再测试。如果已校正，就要站在天线的后面目测，并判断调整的幅度。另外，由于老式的天线可能已固定，是不能调整的。

（2）功率的调整，一般不宜用来解决拥塞问题和切换问题。

（3）频点更换要注意被频的是否对其他小区产生干扰（当然，应急时也只能考虑本小区覆盖情况了）。

（4）切换带的参数调整，要考虑到话务情况，否则小区拥塞的话，切换是不能发生的，调了也白调。

（5）C1、C2 值的调整要同时考虑 ACTIVEMODE 的情况。

（6）有关切换的调整一定要考虑回程的情况。

（7）调整一定要做好记录。

9. 调整总结

这个总结主要是调整的原因分析及效果对比，也就是技术总结。当然，由于技术水平的参差，不可能每个技术人员都能一次路测就能把问题解决；由于某些客观原因，不可能所有调整方案都能充分实施。此时，就要准备下一次的路测方案了。另外，也要将调整记录进行归档处理。

10.5 路测和核心质量测试

本节介绍路测和核心质量测试（Core Quality Testing，CQT）。

10.5.1 DT 整体流程图

DT 整体流程图如图 10-1 所示。

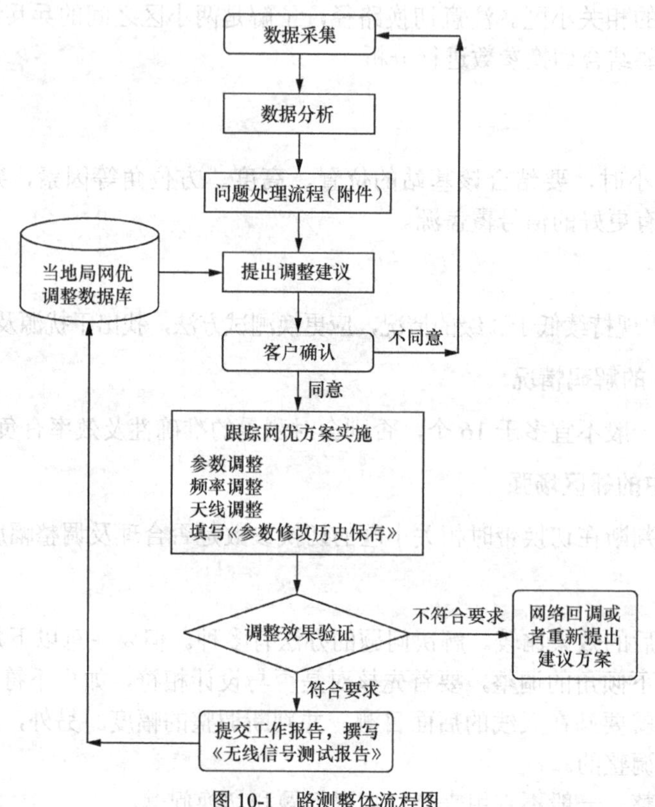

图 10-1 路测整体流程图

10.5.2 CQT（Call Quality Test）测试流程

系统的无线信号分布情况，如信号的场强和质量也是影响系统性能的重要因素。信号强度决定了小区的覆盖范围，也就决定了该小区的业务量，业务量会直接或间接地反映到随机接入失败率、SDCCH、TCH 拥塞率和接通率等无线指标上；而信号质量直接影响掉话率。因此一个完整的优化需要对系统的无线状态做全面的调查，这主要通过 CQT 和 DT 来进行。

1. CQT 测试区域的选取

选取基于以下几个方面考虑。

（1）用户投诉较多的区域。

（2）话务统计分析中存在较明显问题，如高掉话率的区域。

（3）尽可能选择重要地区，如繁华路段。

（4）切换较多的区域。

2. CQT 测试流程

CQT 测试流程如图 10-2 所示。

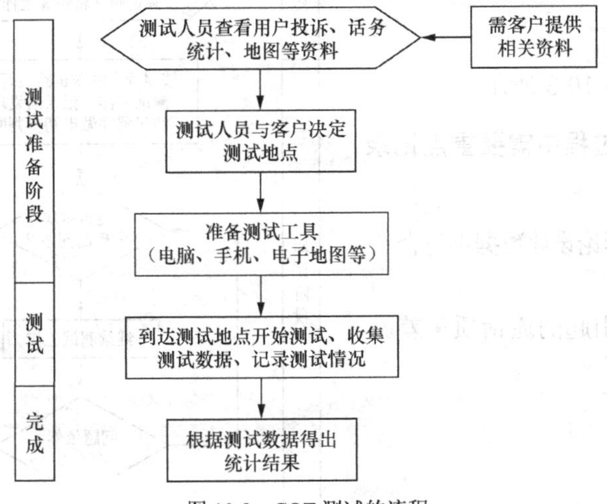

图 10-2 CQT 测试的流程

3. CQT 的测试要点

在网优中，CQT 的优化工作首先就是要学会如何测试及如何发现问题，这有别于一般的只拨几个电话取数据就 OK 的低端工作。下面是 CQT 的测试要点。

（1）拨测的号码不要选用 112、1860、1861 等号码，可采用两部手机互拨的方式进行。

（2）拨测时，一定要听一听语音质量，尤其是在接收质量高或频繁切换的时候。另外，由于传输问题会出现单通情况，这就一定要上报情况。

（3）在电梯中（电梯内有直放站）进行 CQT 测试时，要注意：在 IDLEMODE，电梯口的信号是否与直放站的信号一致。如果不一致，是否可通过调整 C1、C2 值，使电梯口的信号与直放站的信号保持一致；在 ACTIVEMODE，电梯口的信号是否与直放站的信号一致，如果不一致，是否可通过调整切换参数、功率参数，使电梯口的信号与直放站的信号保持一

致，即提早切换。

（4）同理，在高层（有室内覆盖）进行 CQT 测试时，要注意：在靠窗边时，注意 IDLEMODE 的信号是否是较远的小区。如果是，可以调整 C1、C2 值或调整远端的小区天线方位角、下倾角，使 IDLEMODE 不用较远的小区；在 ACTIVEMODE，也要检查在窗边使用的小区与室内覆盖小区的切换情况，如有必要，也要调整切换参数、功率参数，来尽量保证信号一致。

10.5.3 DT 测试流程

DT 是在 GSM 无线网络覆盖区域内进行乘车拨打测试，收集无线接口信号，进行统计分析，做出相应的调整。由于这种测试是模拟用户打电话的情况，收集到的信号真实地反映了实际无线网络的情况，在此基础上再进行无线网络的调整，所收到的效果是最佳的。通过无线网络通信质量测试的结果，使现有的无线网络资源得到优化，硬件问题得以发现和解决，合理调整小区设计数据，从而使移动用户的利益得到保障，达到移动用户和运营商双赢的目的。

1. DT 测试流程

DT 测试流程如图 10-3 所示。

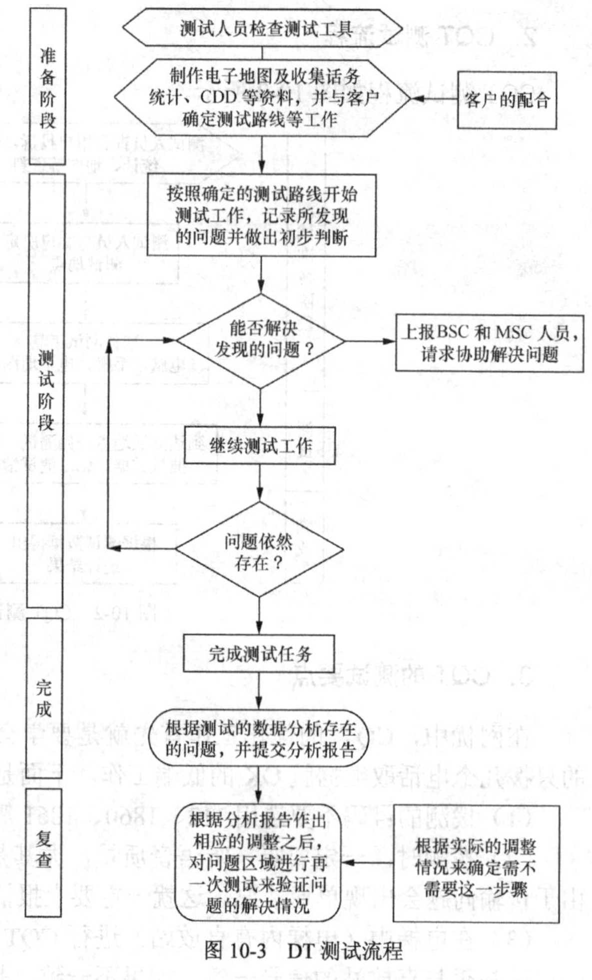

图 10-3　DT 测试流程

2. 在 DT 测试过程中需要重点记录和分析的问题

（1）所测数据与理论设计数据不符合。

（2）掉话。

（3）非信号强度引起的通话质量差。

（4）拥塞。

（5）不正常切换。

（6）信号电平低。

（7）TA 过大。

（8）信号盲区。

3. 弱信号覆盖的处理流程

处理流程如图 10-4 所示。一般认为接收场强低于−94dBm 的区域就是弱信号覆盖。但实际上，要结合环境来分析是否为弱信号。市区中基站分布密集，在道路上接收场强低于−85dBm 时，就可认为是弱信号覆盖；郊区的基站分布稀疏，在道路上接收场强低于−94dBm 时，就可认为是弱信号覆盖。

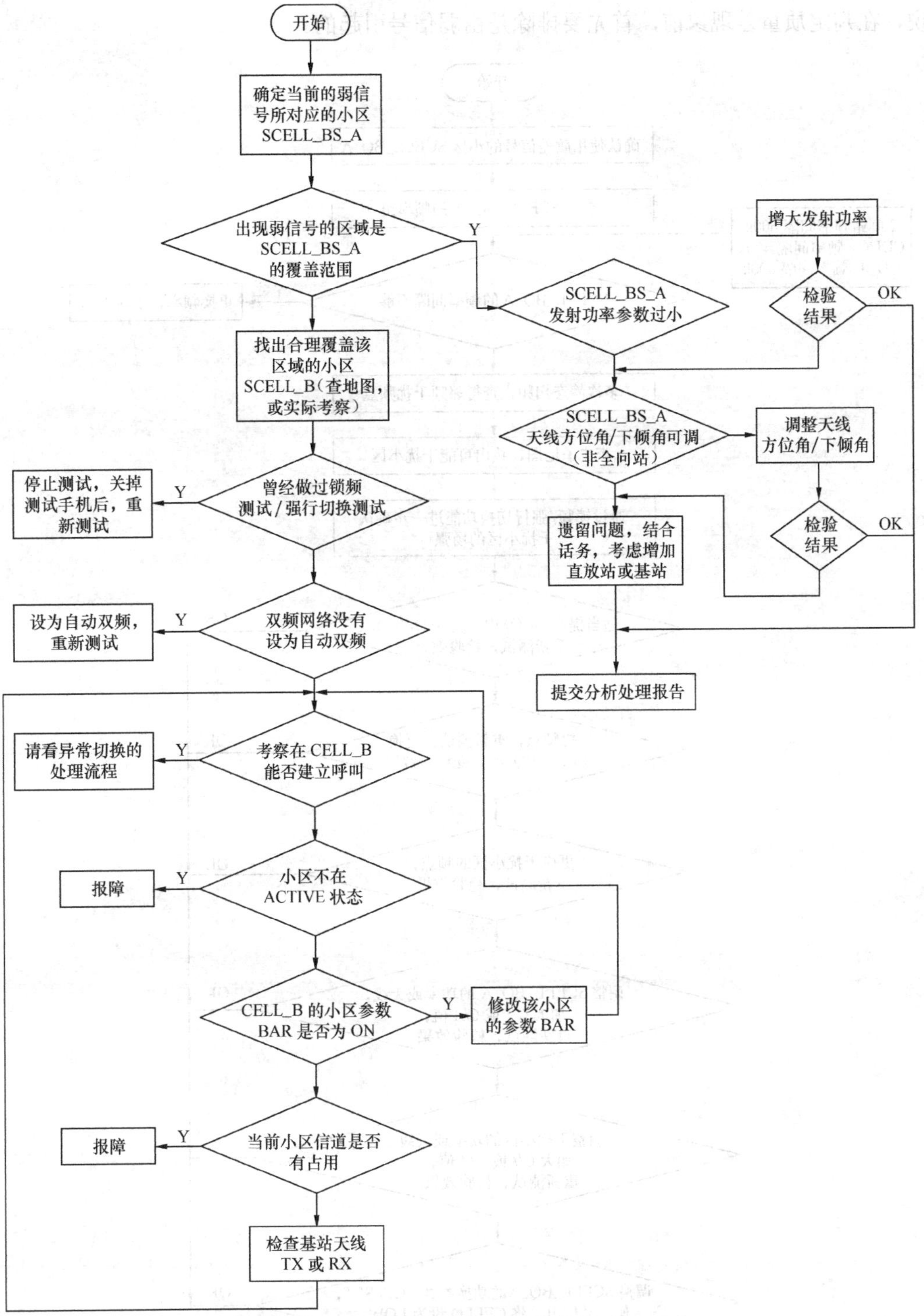

开始

确定当前的弱信号所对应的小区 SCELL_BS_A

出现弱信号的区域是 SCELL_BS_A 的覆盖范围

Y

SCELL_BS_A 发射功率参数过小

增大发射功率

检验结果

OK

找出合理覆盖该区域的小区 SCELL_B（查地图，或实际考察）

SCELL_BS_A 天线方位角/下倾角可调（非全向站）

调整天线方位角/下倾角

检验结果

OK

停止测试，关掉测试手机后，重新测试

Y

曾经做过锁频测试/强行切换测试

遗留问题，结合话务，考虑增加直放站或基站

设为自动双频，重新测试

Y

双频网络没有设为自动双频

提交分析处理报告

请看异常切换的处理流程

Y

考察在 CELL_B 能否建立呼叫

报障

Y

小区不在 ACTIVE 状态

CELL_B 的小区参数 BAR 是否为 ON

Y

修改该小区的参数 BAR

报障

Y

当前小区信道是否有占用

检查基站天线 TX 或 RX

图 10-4 弱信号覆盖的处理流程

4. 质量差的处理流程

处理流程如图 10-5 所示。质量差，在测试中是指下行的接收质量长期在 3～7 级。一般

来说，在判定质量差现象前，首先要排除是由弱信号引起的。

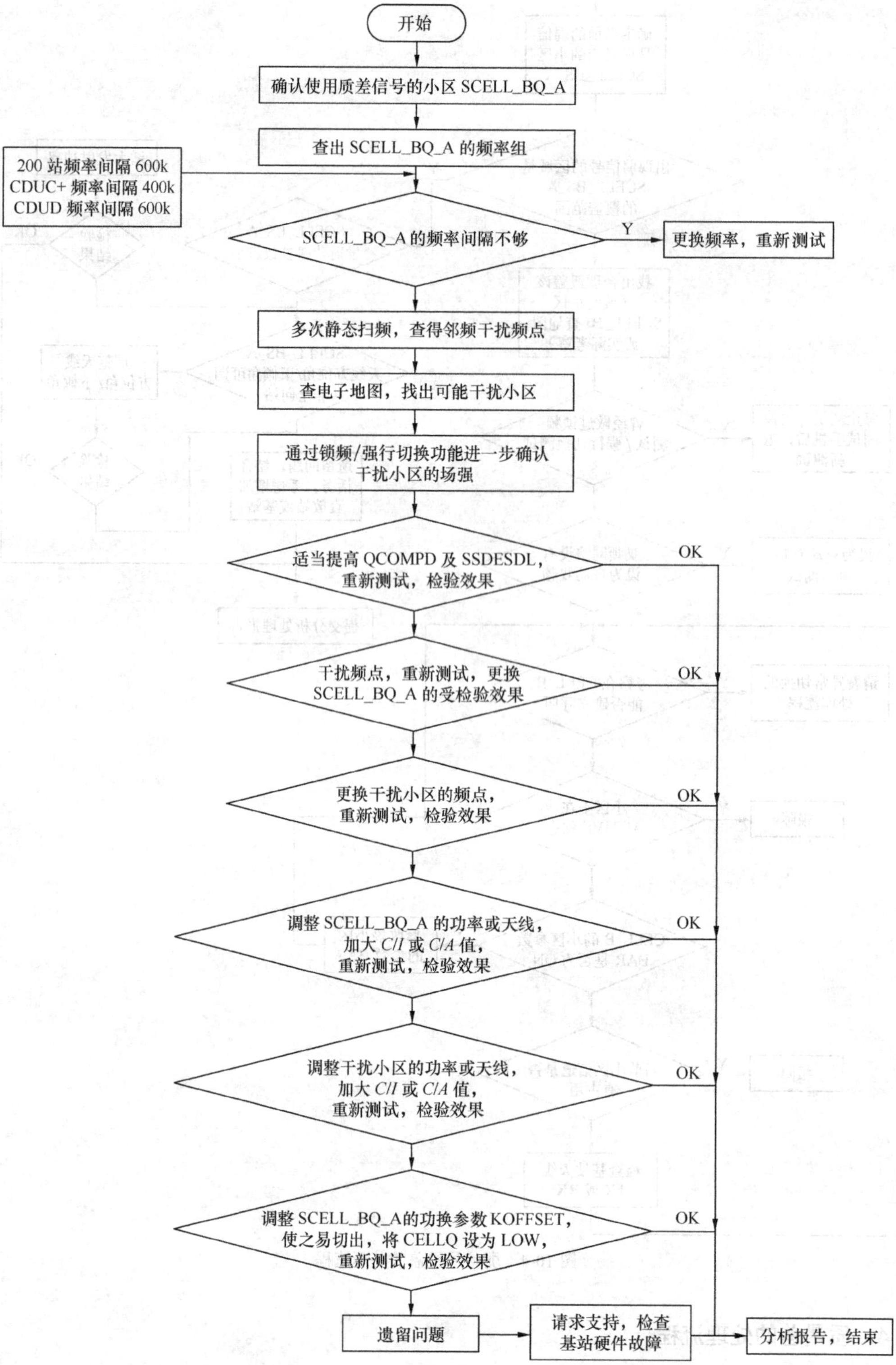

开始

确认使用质差信号的小区 SCELL_BQ_A

查出 SCELL_BQ_A 的频率组

200 站频率间隔 600k
CDUC+ 频率间隔 400k
CDUD 频率间隔 600k

SCELL_BQ_A 的频率间隔不够 —Y→ 更换频率，重新测试

多次静态扫频，查得邻频干扰频点

查电子地图，找出可能干扰小区

通过锁频/强行切换功能进一步确认干扰小区的场强

适当提高 QCOMPD 及 SSDESDL，重新测试，检验效果 —OK→

干扰频点，重新测试，更换 SCELL_BQ_A 的受检验效果 —OK→

更换干扰小区的频点，重新测试，检验效果 —OK→

调整 SCELL_BQ_A 的功率或天线，加大 *C/I* 或 *C/A* 值，重新测试，检验效果 —OK→

调整干扰小区的功率或天线，加大 *C/I* 或 *C/A* 值，重新测试，检验效果 —OK→

调整 SCELL_BQ_A的功换参数 KOFFSET，使之易切出，将 CELLQ 设为 LOW，重新测试，检验效果 —OK→

遗留问题 → 请求支持，检查基站硬件故障 → 分析报告，结束

图 10-5　质量差的处理流程

5．异常切换的处理流程

处理流程如图 10-6 所示。

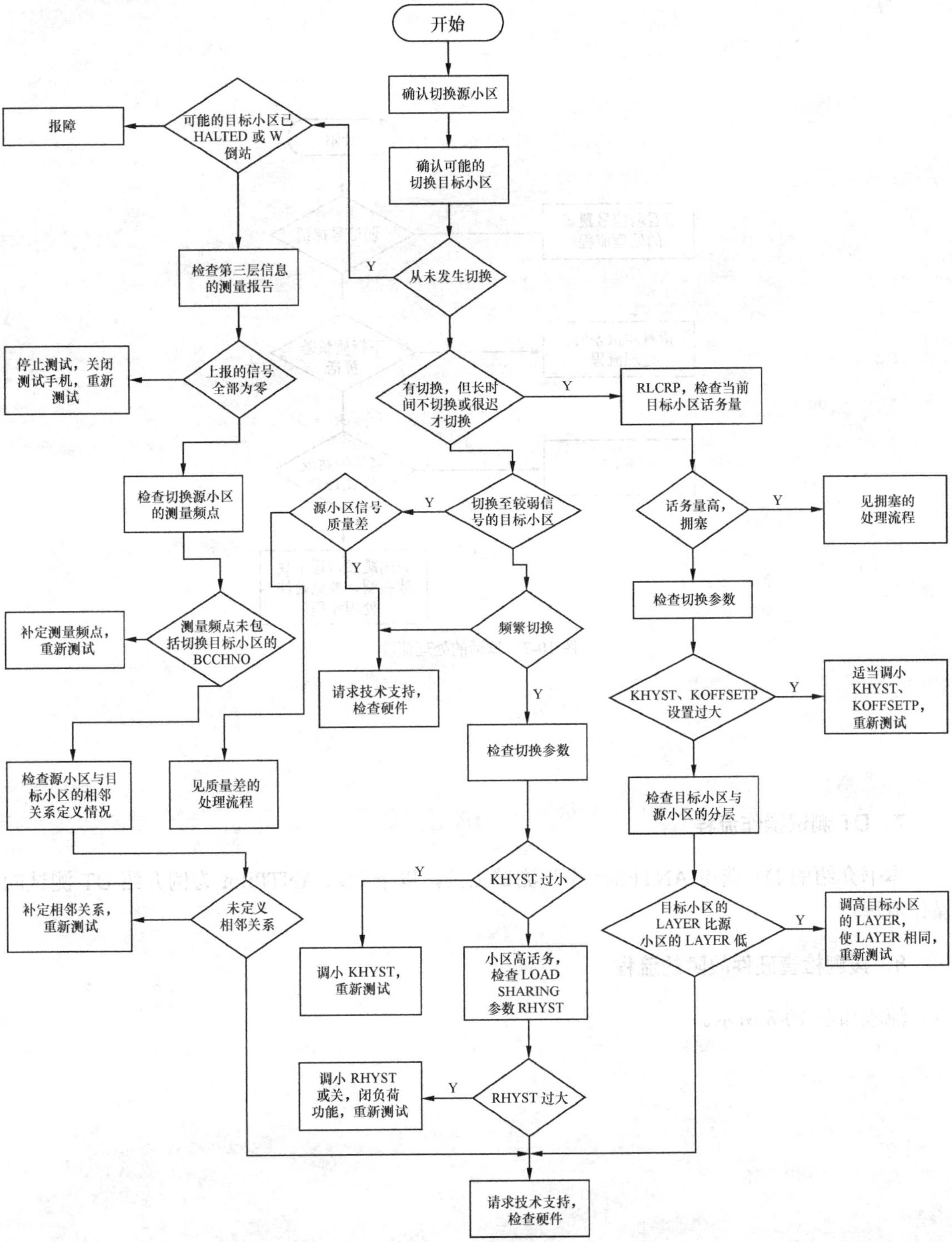

图 10-6　异常切换的处理流程

6．掉话的处理流程

处理流程如图10-7所示。

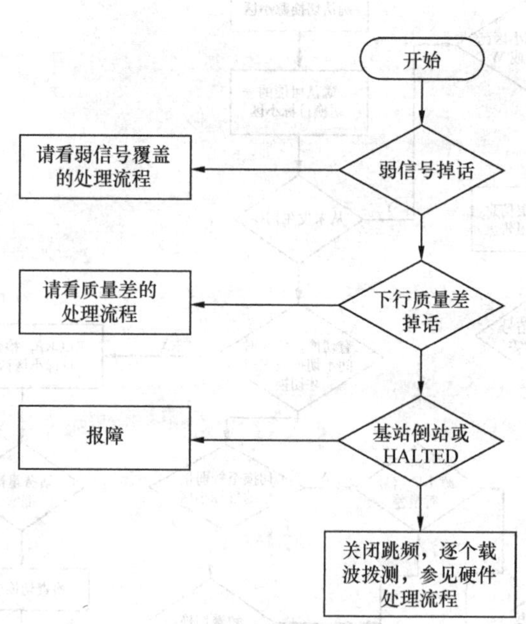

图10-7　掉话的处理流程

7．DT测试操作流程

本书介绍的DT选用ANTPilot作为测试工具，以下就以ANTPilot为例介绍DT测试的操作流程。

8．拨测检查硬件故障的流程

流程如图10-8所示。

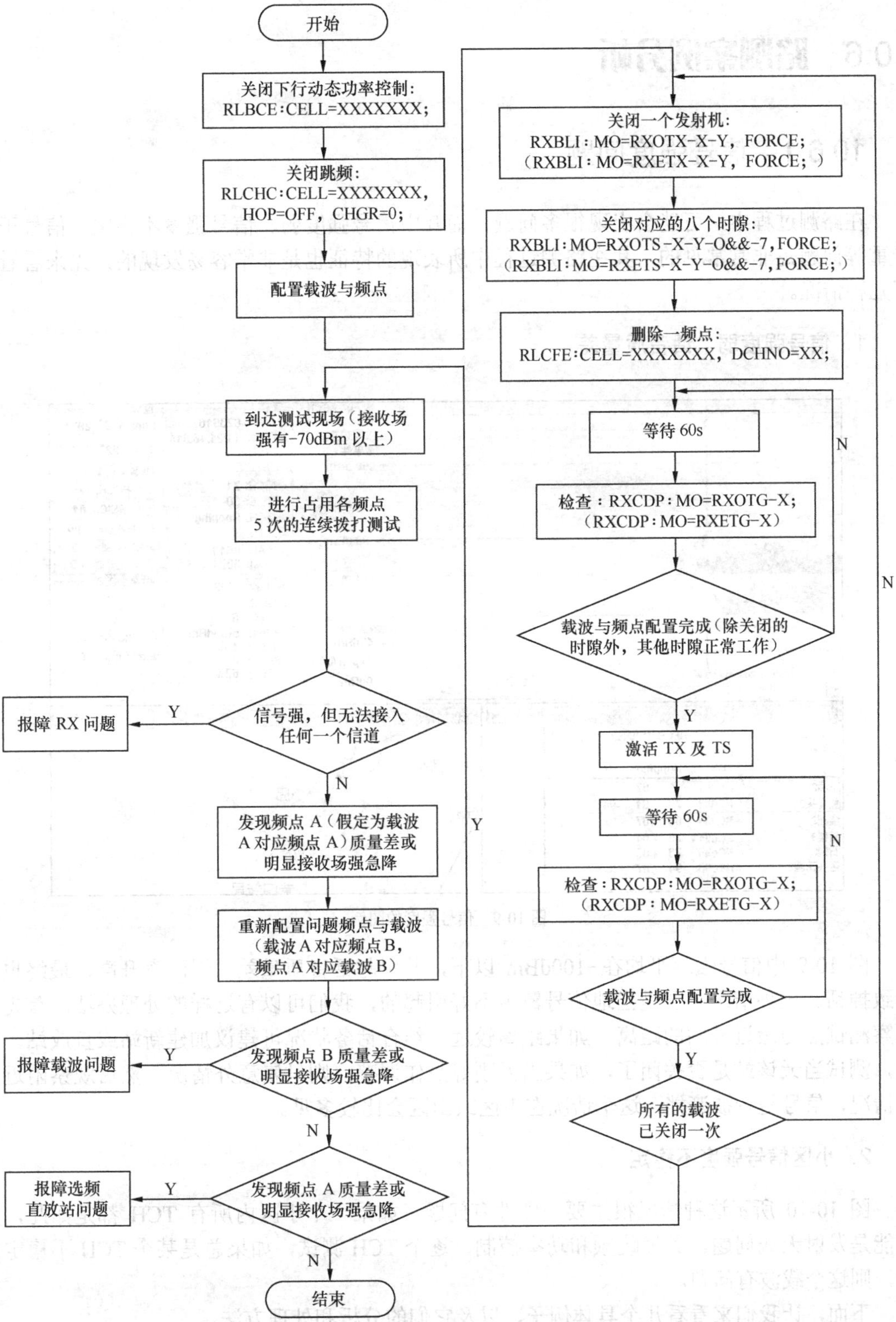

开始

关闭下行动态功率控制：
RLBCE：CELL=XXXXXXX；

关闭跳频：
RLCHC：CELL=XXXXXXX，
HOP=OFF，CHGR=0；

配置载波与频点

关闭一个发射机：
RXBLI：MO=RXOTX-X-Y，FORCE；
（RXBLI：MO=RXETX-X-Y，FORCE；）

关闭对应的八个时隙：
RXBLI：MO=RXOTS-X-Y-O&&-7，FORCE；
（RXBLI：MO=RXETS-X-Y-O&&-7，FORCE；）

删除一频点：
RLCFE：CELL=XXXXXXX，DCHNO=XX；

等待 60s

检查：RXCDP：MO=RXOTG-X；
（RXCDP：MO=RXETG-X）

载波与频点配置完成（除关闭的时隙外，其他时隙正常工作）

N

Y

激活 TX 及 TS

等待 60s

检查：RXCDP：MO=RXOTG-X；
（RXCDP：MO=RXETG-X）

载波与频点配置完成

N

Y

所有的载波已关闭一次

N

Y

到达测试现场（接收场强有-70dBm 以上）

进行占用各频点 5 次的连续拨打测试

信号强，但无法接入任何一个信道

Y

报障 RX 问题

N

发现频点 A（假定为载波 A 对应频点 A）质量差或明显接收场强急降

重新配置问题频点与载波（载波 A 对应频点 B，频点 A 对应载波 B）

发现频点 B 质量差或明显接收场强急降

Y

报障载波问题

N

发现频点 A 质量差或明显接收场强急降

Y

报障选频直放站问题

N

结束

图 10-8 拨测检查硬件故障的流程

10.6 路测案例分析

10.6.1 信号强度问题

在路测过程中，可能会出现很多问题，而其中信号强度弱、信号强度不稳定、信号干扰严重等问题是非常常见的，其在路测过程中所表现的特征也是非常容易发现的，先来看看以下几种情况。

1. 信号强度弱，话音质量差

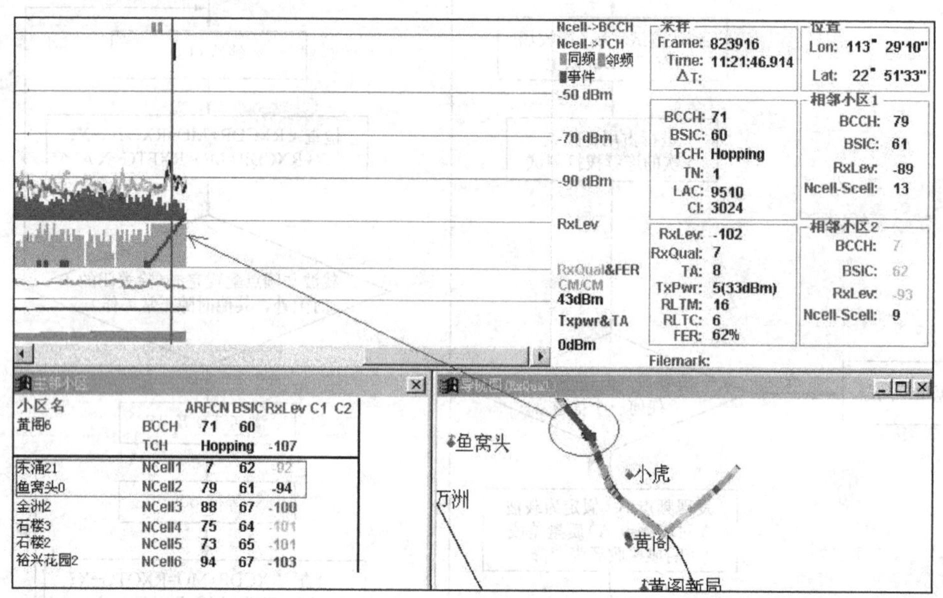

图 10-9 信号强度的图例

图 10-9 中信号强度平均在-100dBm 以下，并引起话音质量差，误码率升高，最终也会导致掉话。这种情况主要是当地信号覆盖不好引起的，我们可以有这样的处理办法。首先要观察测试点与最近基站的距离，如果距离较远，结合话务状况可建议加建新站或直放站。其次，测试当天该站是否关闭了，如果当天刚好是作调整，则只属意外情况。然后观察附近地理情况，信号是否被遮挡，这个情况在市区或山区会比较多见。

2. 小区信号强度不稳定

图 10-10 所示这种情况很主要是硬件有问题，如果一个小区内所有 TCH 都是如此，则可能是发射天线问题。关掉跳频和功率控制，逐个 TCH 测试，如果总是某个 TCH 不稳定的话，则这个载波有问题。

下面，让我们来看看几个具体例子，以及它们的分析和处理方法。

例 10-1 选用较远小区的信号

如图 10-11 所示，在小虎 6 附近，占用黄阁 6（LAC = 9510，CI = 3024，BSIC = 60，

BCCH＝71）信号通话时，弱信号掉话。由于附近山比较多，小虎 6 无法覆盖，在这一区域一直占用较远的黄阁 6 的信号（TA 为 8，约 4km）而不是小虎 6 的信号，信号较弱，质量较差。结果是弱信号掉话。

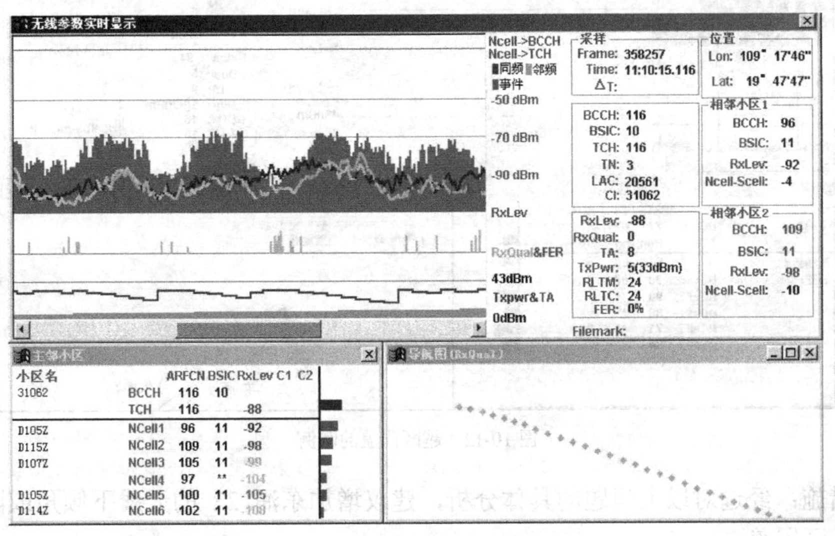

图 10-10 信号强度不稳定图例

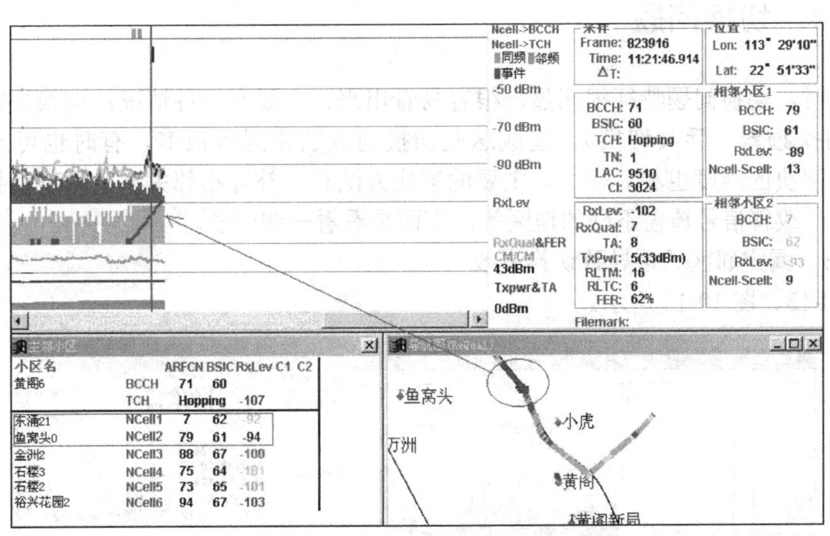

图 10-11 远小区的图例

解决措施：经过对以上问题的具体分析，建议检查并调整黄阁紧急切换参数 QLIMUL/QLIMDL。

例 10-2 越区覆盖

如图 10-12 所示，红色区域用到东涌 2（LAC＝9512，CI＝3282，BSIC＝62，BCCH＝77）的信号，导致误码较高，从图中可以看出东涌 22 的信号越过东涌新局覆盖，是造成该区域 RXQUAL 高的原因。

占用东涌 2 信号通话质差。

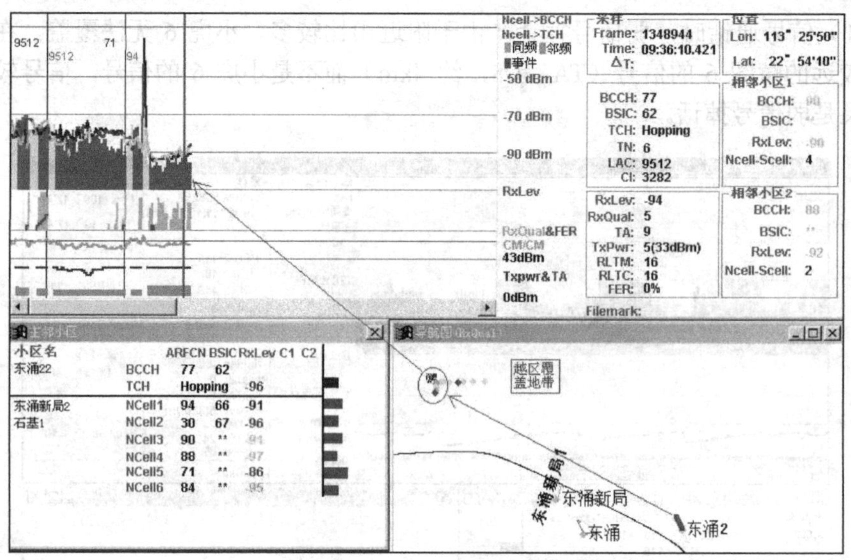

图 10-12　越区覆盖的图例

解决措施：经过对以上问题的具体分析，建议增加东涌 22 的天线下倾角或降低发射功率来消除越区覆盖。

10.6.2　切换问题

在路测时，切换问题特征很明显，很容易看出来，主要有三种情况：切换失败，强信号不切换，切换频繁（乒乓切换）。造成这些切换问题的原因有很多，有时也可能是偶然情况，所以要解决的难度也相对较大，主要的解决方法有：补订相邻关系，调整切换参数，改正天线装反，改善信号覆盖不好的地区等。下面来看看一些例子。

例 10-3　漏定邻区关系导致切换失败

如图 10-13、图 10-14 所示。

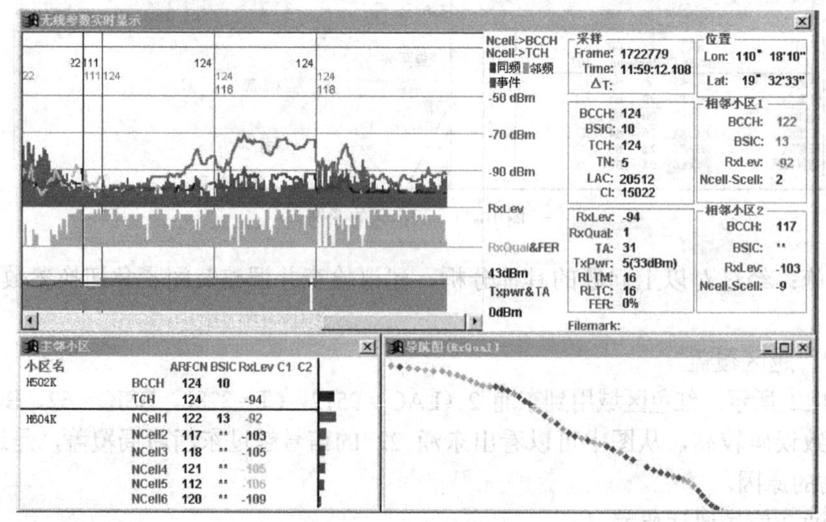

图 10-13　ANTPilot 回放图

502B/124 与 505C/111 补定义邻区关系，双边，见定安路测 0215-3。

在这个例子中，由于 124 与 111 没有定相邻关系，在 124 的六个临区表里并没有 111 这个小区，124 无法正常切换到 111，只能选择切换到 118，由于 118 话音质量较差，BSIC 无法解，导致了切换失败。只需补订相邻关系就可以解决。

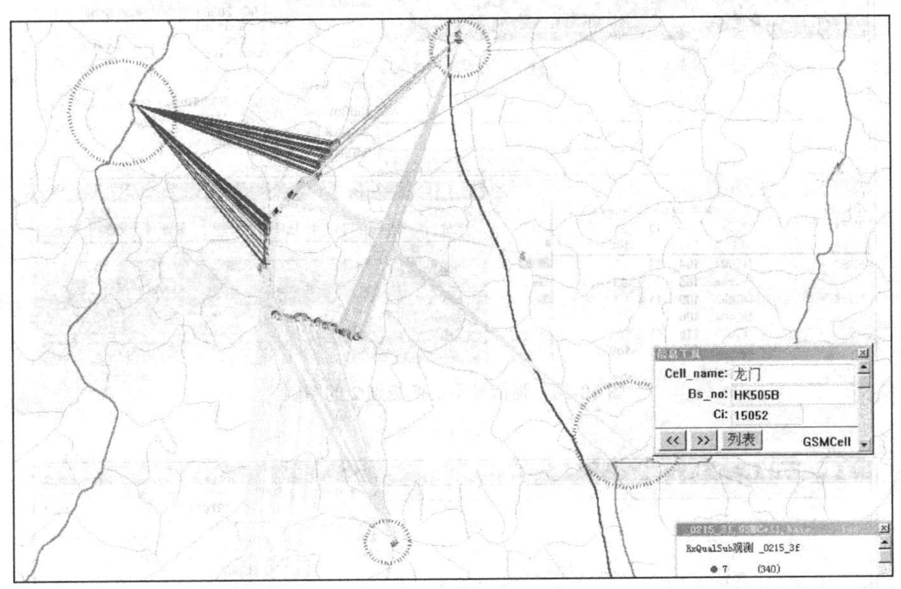

图 10-14　ANT 后台处理图

例 10-4　强信号不切换

如图 10-15、图 10-16、图 10-17 所示。

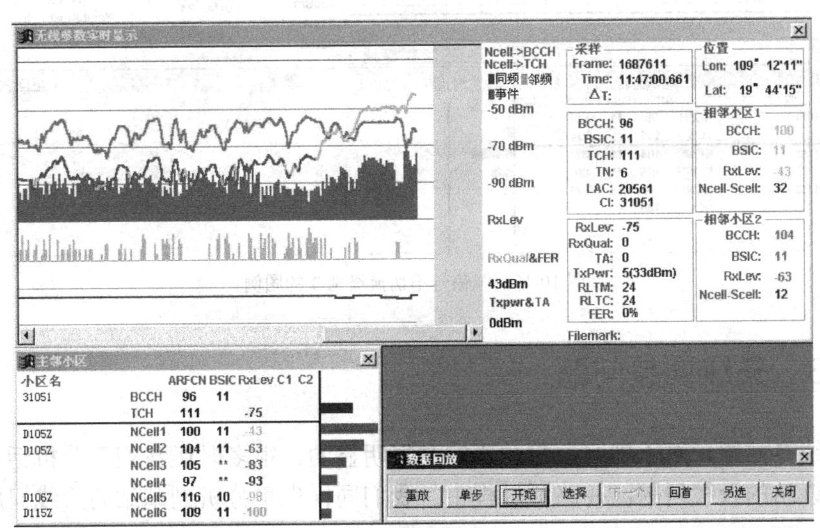

图 10-15　强信号不切换级别 1 的图例

对于强信号不切换这种情况，我们首先检查该小区的 LEVEL 与相邻小区的 LEVEL 值，是否处于不同级别，如不同，可调为相同的 LEVEL。另外，我们可通过调整切换门限值（KOFFSET），滞后值（KHYST）等参数来改善。

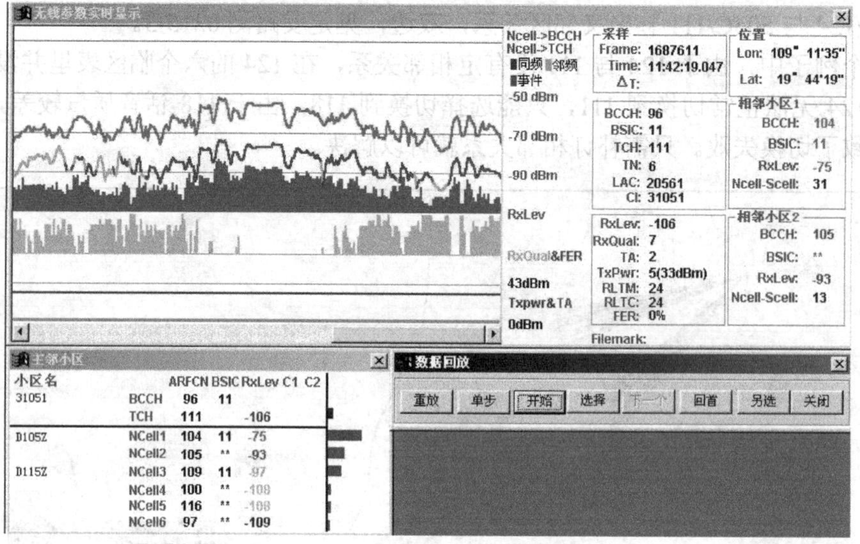

图 10-16　强信号不切换级别 2 的图例

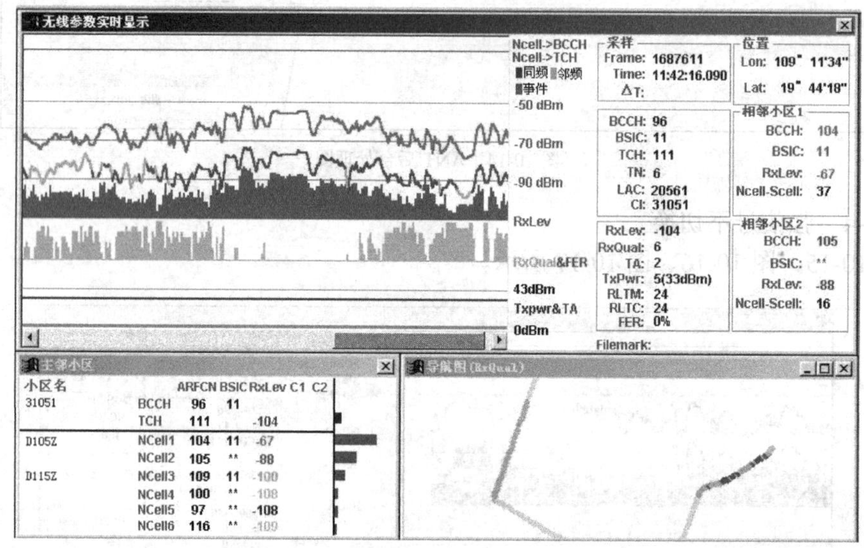

图 10-17　强信号不切换级别 3 的图例

10.6.3　天线调整问题

基站天线有问题，对于网络质量的影响是很明显的，很多时候我们靠分析话务统计就能大致判断到该站的天线问题。在路测过程中，我们同样也可分析到基站的天线问题，常见的问题有：

1. 天线驻波比过高

在话务统计中表现为接通率和掉话率增高，路测时发现在基站底下信号强度也不高或信号强度波动较大，解决方法先测量驻波比，如果确实过高，可重点检查天线跳线接头是否进

水，重新做头即可改善。

2．覆盖范围太大或太小

我们可通过调整天线下倾角来改善。

3．天线覆盖范围不合理

为了改善某一地区的信号情况，我们可调整小区天线方向来覆盖该地区。也可将全向站改为定向站来改善覆盖。

4．两小区的天线方向接反

这种情况所表现的特征和解决方法在下面的例子里有详细的分析。

很多时候，天线的问题我们需要结合很多其他相关资料来一起分析的，如话务统计、基站位置、天线方向等，难度相对会大一些，下面来看看一些实际例子。

例 10-5　过覆盖引起的质差

南大桥出现严重干扰。120A 的 110、112，分别受 107A、145A 的干扰，本来应占用 119B 的信号，但是可能是因为 119B 受阻，所以占用了 120A 的信号，这一点是频率规划所无法估测的，所以处理方案是 145A 的下倾角加大，从 3 度加大至 8 度。119B 小区在 N230 度方向上有一微波天线阻挡，于是当时安装时将另一天线偏为 N250-，总之受阻。另外前面 400 米处有一高楼阻挡，主轴方向严重受阻。如果要解决主轴方向上的质差掉话，必须让此小区信号突出，避开占用 120A 或 107A 的信号，因此两小区正好同 BCCH＝112。另外将 135C、119A、120A、139C 做适当调整后，结果见市区故障 0228-2。

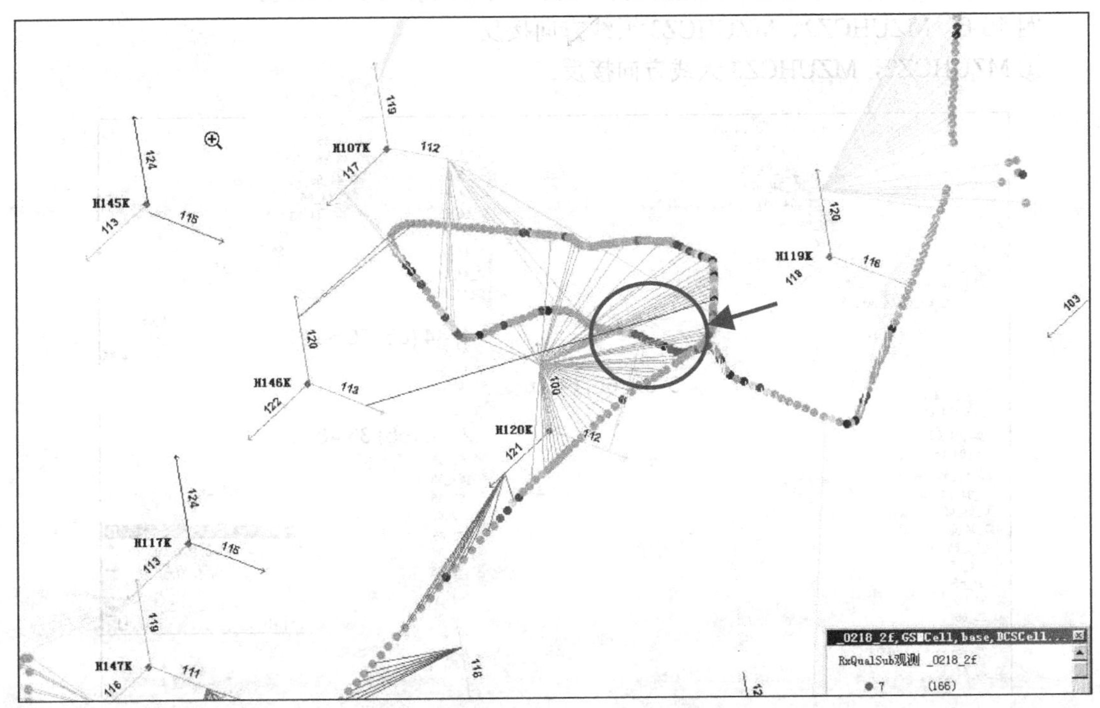

图 10-18　过覆盖引起干扰图例

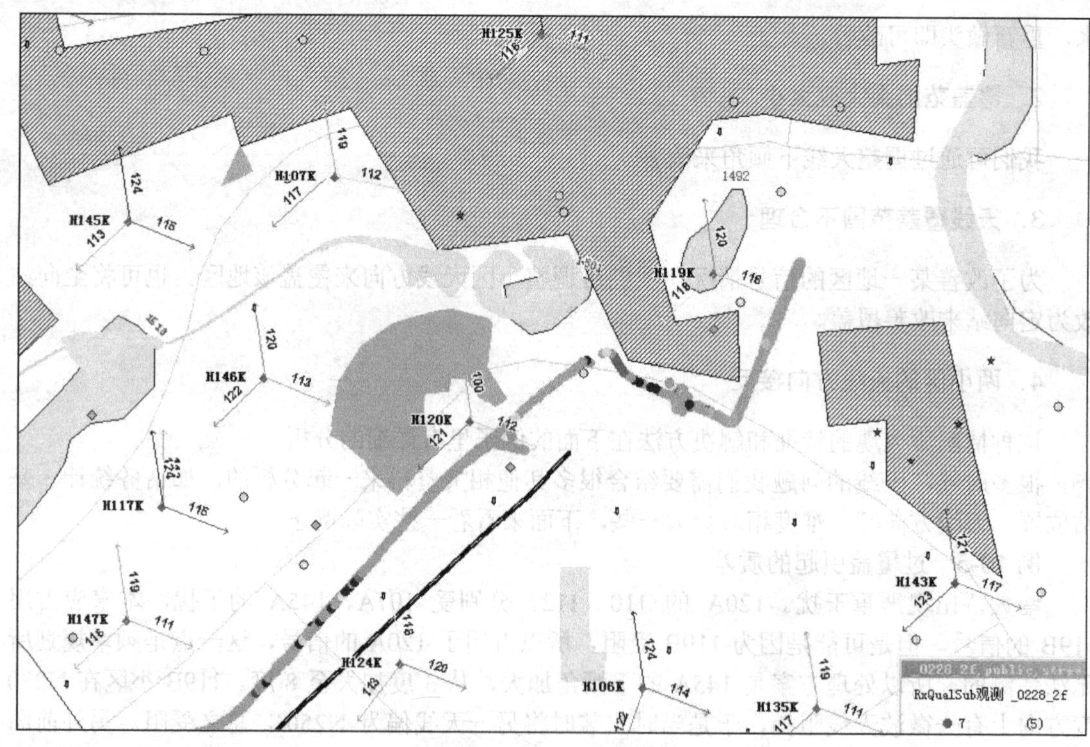

图 10-19　过覆盖引起掉话图例

由图 10-18、图 10-19 可见，上述处理后情况略有改善，但无法彻底解决问题，基本的方法是处理 119B 的阻挡问题，如重新安装天线，避开微波天线的影响。

例 10-6　MZUHCZ2、MZUHCZ3 天线方向接反

① MZUHCZ2，MZUHCZ3 天线方向接反。

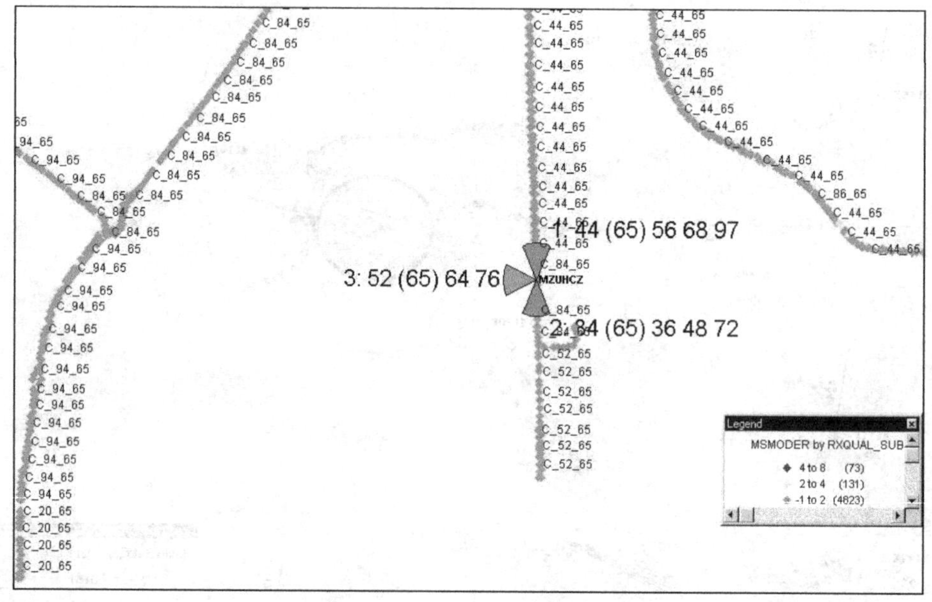

图 10-20　天线方向接反分析图

图 10-20 为路测结果分析图，它清晰表明 MZUHCZ2 与 MZUHCZ3 天线方向相反，经过基站现场勘查证实天线安装错误如表 10-4 所示。

表 10-4　　天线安装错误

基站名称	阶段	CELL ID	基站设备类型	天线	天线方向（≡）
火车站	设计值	MZUHCZ2	RBS200	RXA，RXB，TX	180
		MZUHCZ3	RBS200	RXA，RXB，TX	270
	网优调整前值	MZUHCZ2	RBS200	RXA，RXB，TX	270
		MZUHCZ3	RBS200	RXA，RXB，TX	180
	网优调整后值	MZUHCZ2	RBS200	RXA，RXB，TX	180
		MZUHCZ3	RBS200	RXA，RXB，TX	270

② 通过路测发现定子桥基站扇区 2 与扇区 3 天线反向装反，路测结果如图 10-21 所示。

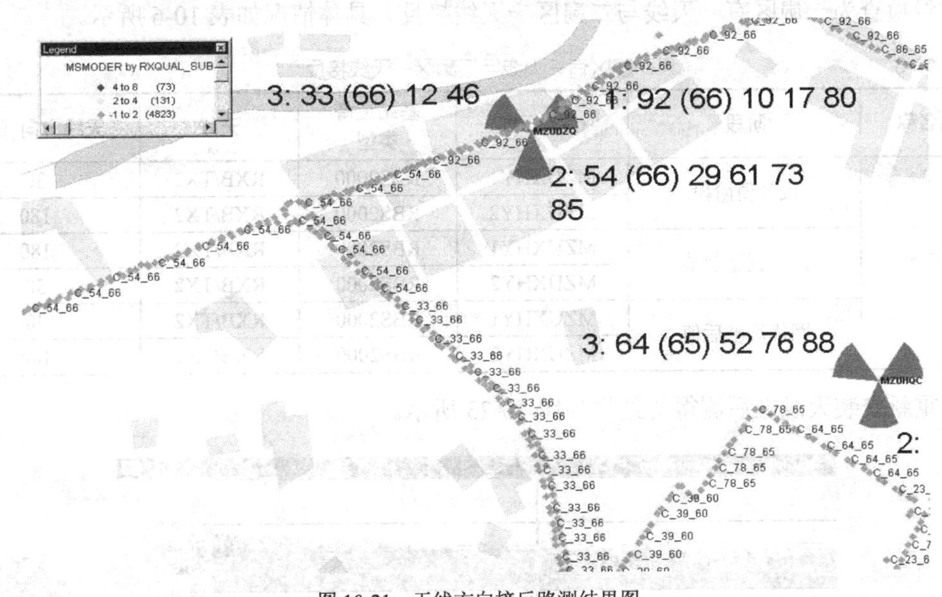

图 10-21　天线方向接反路测结果图

天线方向装反情况如表 10-5 所示。

表 10-5　　天线方向装反情况

基站名称	阶段	CELL ID	基站设备类型	天线	天线方向（≡）
锭子桥	设计值	MZUDZQ2	RBS200	RXA，RXB，TX	180
		MZUDZQ3	RBS200	RXA，RXB，TX	300
	网优调整前值	MZUDZQ2	RBS200	RXA，RXB，TX	300
		MZUDZQ3	RBS200	RXA，RXB，TX	180
	网优调整后值	MZUDZQ2	RBS200	RXA，RXB，TX	180
		MZUDZQ3	RBS200	RXA，RXB，TX	300

③ 当 MS 占上 MZUXHY1 时出现频繁切换且话音质量极差，当时信号状况如图 10-22 所示。

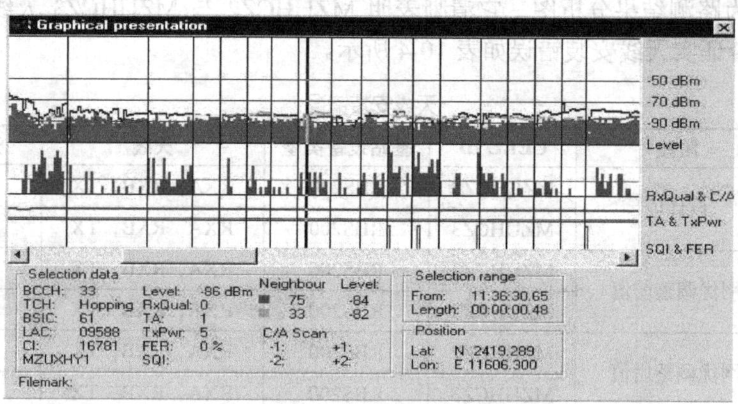

图 10-22 频繁切换引起语音质量差图例

后经检查为一扇区有一天线与二扇区一天线接反，具体情况如表 10-6 所示。

表 10-6 一扇区有一天线与二扇区一天线接反

基站名称	阶段	CELL ID	基站设备类型	天线	天线方向（≡）
小花园	设计值阶段	MZUXHY1	RBS2000	RXB/TX2	30
		MZUXHY2	RBS2000	RXB/TX2	180
	网优调整前值	MZUXHY1	RBS2000	RXB/TX2	180
		MZUXHY2	RBS2000	RXB/TX2	30
	网优调整后值	MZUXHY1	RBS2000	RXB/TX2	30
		MZUXHY2	RBS2000	RXB/TX2	180

经重新安装天线之后测得的结果如图 10-23 所示。

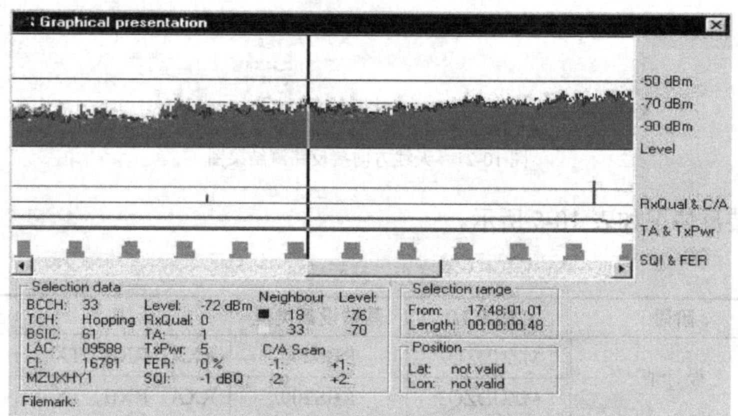

图 10-23 新安装天线后路测得结果图

还有像频率干扰问题、基站硬件问题等。

10.7 WCDMA 网络路测

第三代移动通信技术不仅带来了丰富的业务类型，更高的速率，同时也带来了网络规划

和优化的复杂性。如何评价和衡量网络性能是否达到了设计的要求，如何最佳地规划和优化一个网络，不仅需要技术，还必须有工具来辅助实现。

3G 路测是网络优化的重要手段，它对反映网络状况，体现网络性能指标起到直接的测量评估作用，并能指出网络问题所在。目前华为公司主要通过使用自主开发的路测系统和后台分析系统进行网络优化，已经取得了良好的应用。本篇首先介绍了网络优化中路测的作用，其次介绍了路测工具 GENEX Probe 的特点和应用实例。

10.7.1　路测在 WCDMA 网络优化中的作用

1．路测的内容和参数

3G 网络优化包含多个方面，需要对网络性能数据和优化路测同时进行分析。建网初期，使用路测进行网络情况的掌握和了解是最主要的。路测数据有小区导频的强度和质量，测试手机在重选、接入、连接等的上报数据等。通过分析，产生有关诊断网络问题，体现网络性能的最终报告。

路测参数一般包含导频覆盖测试，切换指标，数据业务性能测试，业务功能测试等。在测试过程中，通常需要采集的无线参数，表 10-7 为WCDMA路测采集的基本内容。

表 10-7　WCDMA路测采集

参数	单位	测试 1		测试 2		测试 3	
		小区 1	小区 2	小区 1	小区 2	小区 1	小区 2
UTRARF 信道号	dB	信道 1		信道 1		信道 1	
CPICH_Ec/lor	dB	−10		−10		−10	
PCCPCH_Ec/lor	dB	−12		−12		−12	
SCH_Ec/lor	dB	−12		−12		−12	
PICH_Ec/lor	dB	−15		−15		−15	
DPCH_Ec/lor	dB	−15		−15	–	−15	-
OCNS_Ec/lor	dB	−1.11	−0.94	−1.11	−0.94	−1.11	0.94
loc	dB m/3.84MHz	−74.54		−61.6		−96.47	
lor_loc	dB	4.3	0.3	9.3	0.3	0.3	−6.23
CPICHTSCP．注 1	dBm	−80.2	−84.2	−62.3	−71.3	−106.17	−112.7
lo．注 2	dB m-3.84MHz	−67.8		−51.4		−92.8	
传播条件	-	AWGN		AWGN		AWGN	

注 1．CPICHTSCP 和 lo 电平由其他参数计算得出。

注 2．测试应该按顺序进行，首先测试 1，测试 1 完成后测试 2 和测试 3 的参数应该在 5 秒之内进行设置，以保证 UE 在测试中间不丢失与小区 2 的链接。

2．3G/2G 互操作优化

WCDMA 和 GSM 网络的共规划是目前拥有 2G 网络运营商以及通信设备厂商共同关注的问题。使用 GENEX Probe 可以进行异系统互操作的测试和优化。GENEX Probe 通过控制测试手机，进行系统间切换和漫游的能力，同时对 WCDMA 和 GSM 网络的测量参数和信

令进行实时测量和解析。图 10-24 显示了 3G/2G 切换区内，当 3G 信号质量降低到异系统切换门限以下时，手机没有能及时切换造成掉话的情形。

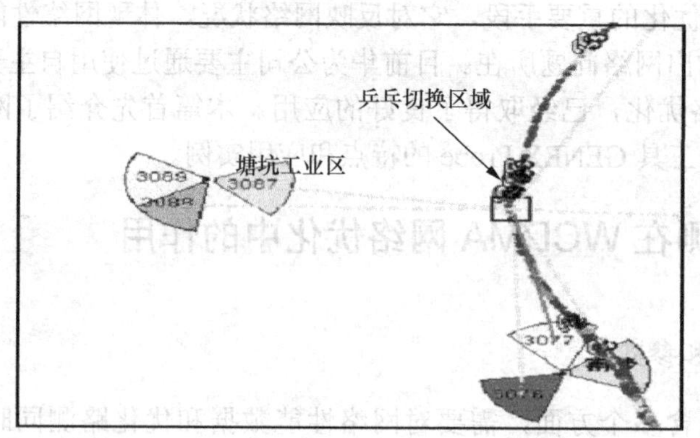

图 10-24　异系统乒乓切换调整前

手机从 3G 漫游到 2G，回放中的暂停和联动，可以使得所有数据以某一时刻同步，便于观察瞬时的网络参数。可以观察到从通话建立（NAS Connect）、RRC 测量报告、到掉话的过程。网络在整个过程中没有发切换命令。在激活集（标记 3）处可以看到接收手机在切换区的信号 3G 质量已完全不可接受。由于掉话后信号质量同样不好，手机重选到了 GSM 小区，并发起位置更新。通过进一步网络数据核查和后台数据分析，可以得到网络没有正常方法切换命令的原因并进行优化。

如果原因是 3G 小区相应的 2G 小区邻区参数没有配置，那么进行正常配置后，网络应该可以执行切换，再次测试。如图 10-25 所示，网络接收到手机的异系统测量报告后，网络下发了切换命令，手机成功执行切换。切换成功时，手机的发射功率和图的功率逐渐不断增大最后消失明显不同，是平稳的发射，然后在切换发生时瞬时将发射功率转移到 2G 上去的。从而验证了网络参数配置的问题，系统问题得以解决。

对于异频切换和系统间切换，在切换前需要进行异频或者异系统测量，测量启动太迟，可能导致手机来不及测量目标小区的信号，从而产生掉话，也可能手机完成了测量，但下发的异频或者异系统切换请求手机不能正常接收而导致掉话。

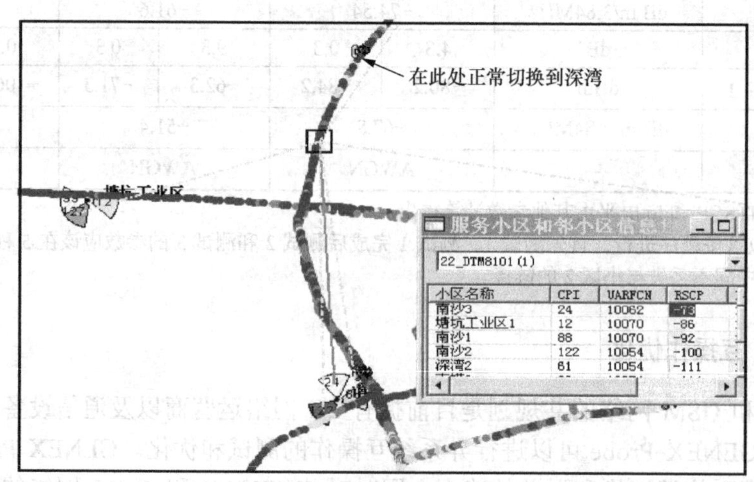

图 10-25　乒乓切换调整后

对于 3G 和 2G 系统间切换掉话的常见原因如下。

（1）邻区漏配置，可以通过配置邻区解决。

（2）信号变化太快导致掉话。

（3）手机问题，如 UE 回切换失败或者 UE 没有上报异系统测量报告导致掉话等。

（4）物理信道重配置时发生最优小区发生变更导致掉话，需要产品算法进行优化。

（5）异系统小区配置过多导致掉话，可以通过优化邻区数目解决。

（6）LAC 区配置错误导致的掉话，可以通过数据配置检查解决。

10.7.2 并发业务的诊断与优化

3G 在丰富的数据业务提供能力的条件下，数据业务的应用将会十分广泛，就如同目前的Internet一样。而同时电话仍然是其必不可少的最主要的业务之一。这就涉及到了一种特殊的应用形态:并发业务。并发业务测试能力是 3G 网络业务测试的必要内容。GENEX Probe 具备提供对每种数据业务和掉话业务进行分析的能力，并能给出单独的分析报告。同时在测试计划中，支持这种业务的自动测试。

1. 并发业务测试计划建立

手机在并发业务情况下的数据被系统采集，供保存和分析。并发业务信令流程如图 10-26 所示。其中 CM Service Request 为 CS 域的业务请求，Service Request 为 PS 域的业务请求。PS 业务建立成功后仍然可以不断进行 CS 业务的拨打测试等，验证在 PS 业务执行情况下的 CS 接入性能。同时，对数据业务的吞吐率、下行误块率、发射功率等指标仍可以进一步研究。

Probe 提供的这种自动执行并发业务的方法对研究并发业务提供了便利的手段，并可以继续针对不同业务类型进行定制。在业务发生过程中，如果检测到某项指标的异常，如数据传输、误块率、信令异常等，可以继续使用和网络配合调整参数和验证的方法进行优化。

路测分析和性能指标统计样例如图 10-26 所示。

2. 智能分析报告

测试数据以及性能指标的分析最终决定了优化的质量。目前的 Probe 支持多种事件的分析，数据业务，语音，VP，流业务，W、G 网的事件，并通过内部的自动分析和判断，可以自动输出。

（1）PDP 激活成功率。

（2）RRC 建立成功率。

（3）语音接续时间。

（4）数据业务接受反应时间。

（5）掉话具体原因分析。

（6）软切换频率。

（7）导频污染事件。

终端设备	测试目录	统计结果
手机1	SC Call	CS Call Call Count: 5 Call Fall Count: 0 Call Setup Suc Count: 30 Drop Count: 0 Call Setup Suc Rate: 100% Drop Drop Rate: 0. 00%
手机2	SC Call	CS Call Call Count: 5 Call Fall Count: 0 Call Setup Suc Count: 5 Drop Count: 0 Call Setup Suc Rate: 100% Drop Drop Rate: 0. 00%
	Ping	Ping 测试结果 # IP 响应量（bytes）时间（ms） 1 10.9.4.50 0 无 2 10.9.4.50 32 187 3 10.9.4.50 32 156 4 10.9.4.50 32 141 5 10.9.4.50 32 188 6 10.9.4.50 32 156 7 10.9.4.50 32 187 8 10.9.4.50 32 141 Ping 统计结果 总响应量 224 bytes 总时间 1156ms

图 10-26 测试数据以及性能指标的分析

本章小结

路测，又称 DT（Drive Test），是无线网络优化的重要组成部分。它包括：路测的准备、测试及调整、调整总结等。数据采集需要关注以下数据特性：采样长度、采样数量、采样速率。用来路测的工具有测试手机、频谱分析仪、数字接收机等，配以相应的软件，达到各种测试要求。本章介绍了测试的辅助工具，无线信号测试自动监测系统，分为自动路测系统和自动定点拨打测试系统，目前研究得比较多的是自动路测系统。

语音质量评估系统的作用是对语音的单通、回声、乒乓声、串音等噪声进行自动评估。一方面可以更加科学地评估语音质量，另一方面可以避免过多地人为因素造成语音质量评估的不一致。

路测数据的采集过程，是指采集的数据内容，路测中主要采集 Um 接口的数据，包括服务小区的数据，邻区的数据。在路测过程中，还需要很多的网络资料，这些资料包括：电子

地图、旅游交通地图、小区资料库、话务统计等。其中小区资料库是指交换机参数、基站硬参数等。话务统计是指相关小区的切换、拥塞、呼叫、掉话情况。

路测的准备其实可以细分为：相关资料的收集、基本情况分析及预测、路测仪器的准备。以解决某段道路的覆盖为例，路测包括准备设备，进行测试，测试中的调整。测试的方法有多种，如短拨打测试、长通话测试、扫频测试、待机测试、锁频测试等。最后给出了路测整体流程。

以上主要是 GSM 路测方法等。最后介绍了 WCDMA 路测的概念方法。

习题和思考题

1. 什么是路测?
2. 数据采集的要求是什么?
3. 对测试工具的要求有哪些?
4. 列举几种专用测试软件。
5. 自动路测系统的性能指标有哪些?
6. 路测采集的数据内容是什么？
7. 路测采集的辅助资料指什么？
8. 什么是路测的准备？
9. 测试中的调整应注意什么问题？
10. CQT 测试的流程是什么?
11. CQT 测试要点有哪些?
12. DT 测试的流程是什么？
13. 在 DT 测试的过程中需要重点记录和分析的问题是哪些？
14. 简述掉话的处理流程。

第11章 各种网络优化

11.1 GSM 网络优化

随着 GSM 移动通信网络用户数量的迅速增长，GSM900 频段的有限资源已明显不够用，有必要引入另一个频段以满足 GSM 网络容量增长的需求。1800MHz 频段与 900 MHz 频段的传播特征基本相似，利用 1800 MHz 频段比较宽松的资源，采用 GSM900/1800 双频段操作，会极大缓解 GSM900 系统的容量压力。同时，由于 GSM1800 系统与 GSM900 系统在系统组网、工程实施、网络维护及支持的业务等方面比较一致，因此，采用 GSM900/1800 双频段操作，能经济有效地解决网络容量需求的问题。

双频网的建设必须合理规划，使 GSM900 系统与 GSM1800 系统良好配合，满足网络覆盖与容量需求。在网络投入运营后，需要根据实际运行情况，针对双频网的特点进行网络调整与优化。网络优化的目的是分析系统的实际运行状况，找出现有网络可能存在的问题，确定解决方案，提高网络性能，保证网络稳定、良好运行，此外通过网络数据，可进一步预测网络容量发展需求。网络优化一般从 OMC 话务统计分析和路测两方面展开。

11.1.1 操作维护中心的话务统计分析

操作维护中心（operation maintenance center，OMC）话务统计是为了解网络性能指标的一个重要途径。OMC 话务统计报告具有全面的网络运行数据。通过话务统计，可以了解各小区的话务量、信道可用率、TCH 掉话率、SDCCH 射频丢失率、拥塞率、切换成功率、接通率等各项指标。了解 TCH、SDCCH、RACH 等的信道占用和信令承载情况，掌握全网的话务分布和信令流量，对存在的问题和潜在的问题进行分析，为网络优化提供依据。

OMC 话务统计结果一般具有原始数据结果、统计分析结果、图表形式等几种表现方式。优化工作一般应根据所需检查的指标项及分析需求，选择合适的数据显示方式，对各项指标进行分析。

1. TCH 掉话率高

如 TCH 掉话率高，可从以下几个方面展开。

（1）信号覆盖差、RxLev 低。

（2）干扰大、RxQual 高。

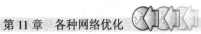

（3）邻区关系不全，结合数据配置及路测进行检查。

（4）切换原因。

（5）设备故障。

2．出现 SDCCH 拥塞

出现 SDCCH 拥塞则可从以下方面考虑。

（1）与信令流量联系较紧的各项设置：周期位置更新、最大重发次数、寻呼次数等；

（2）是否需要增加 SDCCH 的配置数量。

GSM900 系统的 TCH 信道拥塞时，可检查 GSM1800 系统的话务量及话务分担效果。以上各参数之间的设置是相互关联的，必须综合考虑。

11.1.2　路测

路测的目的在于评估网络整体服务质量，了解小区场强分布、通话质量等是否满足要求。

测试时，路测设备报告提供了用户所在位置、基站距离、接收信号强度、接收信号质量、切换点、6 个邻小区状况、整个频段的扫频结果等，并可完整记录各项测试数据，便于进行后台分析。测试数据可按地理统计分布，有效地反映无线小区的覆盖范围及干扰区，便于分析干扰源位置、确定频率配置是否合理，检查邻区关系和观察切换、掉话等事件的发生；此外，还能检查天馈系统的实际安装和性能是否达到预期的设计要求；结合 MA10 等信令分析仪，可以同时了解网络的上行信号质量，观察完整的信令接续过程，全面了解网络的实际运行状态。

测试方法可以采用持续通话方式测试检查切换和邻区关系；Idle 模式测试衡量各小区的话务承载量；扫频方式测试邻频干扰、自动重拨呼叫测试方式评估整网性能，各种测试方法依据需要结合使用。

根据测试结果，对系统参数、天线状态进行相应调整。其中系统参数的调整主要包括：调整发射功率、改变频率配置方案、切换电平调整、相邻小区参数设置调整、话务负荷调整以及 SDCCH 和 TCH 信道的配置数量调整等。调整天线状态对改善覆盖、降低干扰具有重要作用。调整天线状态包括调整天线挂高、选择天线主瓣方向和倾角等。

通过对路测及 OMC 数据分析，能全面了解网络状况，对网络优化进行指导。

11.1.3　GSM900/1800 小区参数调整

GSM1800 网络主要作为 GSM900 网络的补充，吸收话务量是双频网优化中考虑的重点。因此，双频网的优化工作，除了以上各项指标的测试及相应的调整外，还必须特别考虑小区选择、小区重选、切换等与频段之间的选择有关的行为上。运用小区选择、重选和切换过程中的相关参数，根据网络覆盖及容量要求控制手机在保证通话质量的前提下使通话保持在 GSM1800 上，分担 GSM900 网络负荷。即在 Idle 模式下，手机能驻留在 GSM1800 小区；在 Active 模式下，在保证通话质量的前提下手机保持在 GSM1800 小区。

下面举例说明在双频网网络优化过程中，通过参数调整，使 GSM1800 尽可能吸收话务量，发挥双频网优势。

1．小区选择的优化设置

手机开机后会与公用 GSM 网进行联系，选择一个合适的小区，从中提取控制信道的参数和其他系统消息，完成小区选择过程。在 GSM 规范中，规定了小区选择的依据参数即路径损耗准则 C1。C1 与允许的最低接入电平（RXLV_ACCESS_MIN）有关。

C1 = A-Max(B,0)

A= Received Level Average - RXLEV_ACCESS_MIN

B= MS_TXPWR_MAX_CCH - P

其中：

Received Level Average 为手机实际接收到的电平。

RXLEV_ACCESS_MIN 为手机接入系统时所需的最小接入电平。

MS_TXPWR_MAX_CCH 为手机接入系统时可使用的最大发射功率。

P 为手机所具有的最大输出功率。

对 GSM1800 Class 3 手机而言，B= MS_TXPWR_MAX_CCH + POWER OFFSET - P，其中: POWER OFFSET 为与 MS_TXPWR_MAX_CCH 相关的功率偏移。

手机所选择的小区的 C1 必须大于 0，同时还要判断该小区是否被禁止接入、小区的优先级等因素。在满足 C1 标准的前提下，手机将选择优先级高的小区。

若手机中存有 BA 表，则在该表中的 BCCH 载频上进行搜索，若检测到一个小区，其级别为高，且 C1>0，则选择该小区，否则在所有频点中搜索。

由于 GSM1800 频段的信号衰耗较大，在 GSM900 系统与 GSM1800 系统共存的情况下，为了使双频手机能够尽可能接入 GSM1800 系统，可以通过设置小区的 CBQ（CELL_BAR_QUALIFY）和 CBA（CELL_BAR_ACCESS）值，来控制小区选择的优先级。鉴于 GSM1800 小区的信号强度通常低于 GSM900，因此设置 GSM1800 小区的优先级为“正常”，GSM900 为“低”，这样在小区信号满足 C1 准则的前提下，通过该参数的设置，使双频手机优先选择 GSM1800 小区。表 11-1 是实际运行的双频网中该参数配置情况。

表 11-1　　小区选择参数设置

	CBQ	CBA	RXLEV_ACCESS_MIN（dBm）
GSM900 小区	Low（1）	No（0）	-102
DCS1800 小区	High（0）	No（0）	-102

按表 11-1 进行设置后，通过实际的网络运行及测试表明，在 GSM900 与 GSM1800 的共同覆盖区内，手机优先选择 1800MHz 小区。

2．小区重选的优化设置

在空闲模式时，手机停留在所选的小区中，通过接收该小区的系统消息，检测 BA1 列表，测量该列表中邻近小区的 BCCH 载频的信号电平，记录其中信号电平最大的 6 个相邻小区，并从中提取出每个相邻小区的各类系统消息和控制信息。在满足一定的条件时，手机将从当前小区转移到另一个小区，即小区重选。对 phase2 手机而言，由无线信道质量引起的小区重选以参数 C2 作为标准，C2 是基于参数 C1 及经验值而形成的。

当 PENALTY_TIME≠11111 时

C2= C1+ CELL_RESELECT_OFFSET–TEMPORARY OFFSET * H(PENALTY_TIME - T)

当 PENALTY_TIME = 11111 时

C2= C1- CELL_RESELECT_OFFSET

其中，CRO（CELL_RESELECT_OFFSET）用于设置经验值修正重选参数 C2。

TO（TEMPORARY OFFSET）是临时偏移，在 PT（PENALTY_TIME）规定的时间内起作用，T 是计数器。

对非服务小区，当 X<0 时 H(X)= 0；

当 X> = 0 时 H(X)= 1。

对服务小区，H(X)= 0。

小区重选不分优先级，在合适条件下，手机重选 C2 值大的小区。根据 C2 算法，通过设置 CRO、TO、PT 等参数调整 C2 值，使 GSM1800 的 C2 值大于 GSM900，使 GSM1800 小区信号强度低于 GSM900 情况下，通过参数设置仍可以使双频手机重新选择到 GSM1800 小区。

下面是一个实际运行的双频网中的部分小区相关参数配置。在建网初期，部分 1800MHz 小区的 CRO 等参数与 900MHz 小区一致，对话务吸收效不明显。在网络优化过程中，结合网络运行情况对该参数进行了调整，设置 1800MHz 小区的 C2 值比 900MHz 小区高约 20dB，如表 11-2 所示。

表 11-2　选参数设置

	CRO	TO	PT
GSM900 小区	0	0	
GSM1800 小区	10	0	

各小区的参数均经过实际运行测试，根据网络话务分布、场强覆盖、相邻小区之间的关系等因素，进行相应调整和进一步验证。图 11-1，图 11-2 是双频网经过参数调整前后的测试路径上小区重选示意图（右边三个站为 GSM900/1800 共站址）。

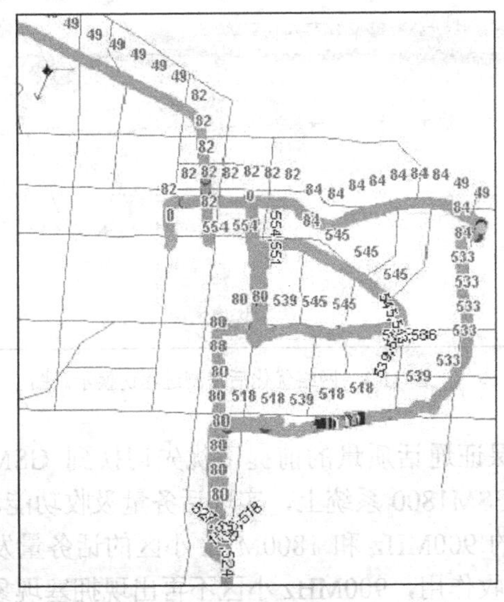

图 11-1　优化前的小区重选结果示意图

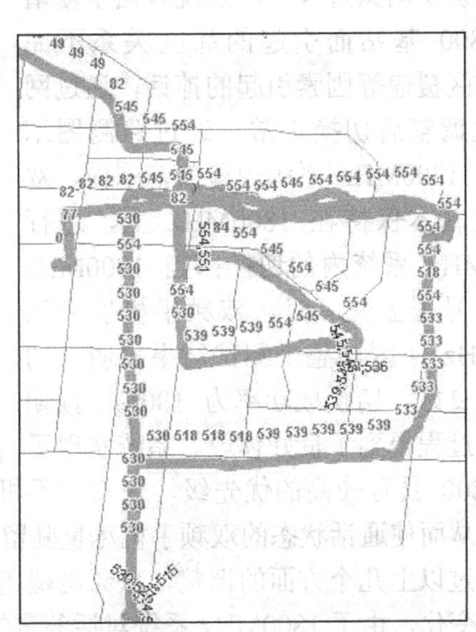

图 11-2　优化后的小区重选结果示意图

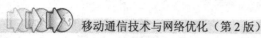

由图 11-1，图 11-2 得出，在 GSM1800 系统与 GSM900 系统的共同覆盖区，当手机进行小区重选时，双频手机大多会重选 GSM1800 系统，使双频手机守侯在 GSM1800 系统上，尽可能在 GSM1800 系统上建立通话。

3．切换优先级的设置

在通话过程中，当有更合适的小区出现时，手机会切换到该小区，以保持良好的通话质量。在双频网中，测试并改善系统的切换性能是网络优化的一个重点。由于各个厂家的设备其切换算法有差异，因此该项优化应紧密结合网上运行设备的实现机制来进行，但总的思路是一致的。

根据目前网上运行的设备来看，双频网络多采用分层小区结构，基于该类结构的切换算法，一般根据 GSM900/1800 双频组网的复杂情况，在处理方式上考虑了小区优先级、失败惩罚、乒乓效应的消除、小区内连续切换的防止、速度敏感性、流量控制等问题。在双频分层网络中让 GSM1800 系统具有比 GSM900 系统更高的优先级，使手机更容易切换到 GSM1800 系统。通话也尽可能将手机保持在 GSM1800 小区，实现负荷分担。优化工作必须结合实际网络特点和运行情况正确地设置相关参数，使网络达到预期的性能。这些参数主要有：小区所在层的设置、小区优先级的设置、层间切换门限、层间切换迟滞等参数设置。

下面是一个实际运行的双频网的实例。该网络采用分层分级结构，GSM1800 为第 1 层，具有高的优先级，GSM900 小区为第 2 层，采用了分层分级的切换算法，使双频手机尽可能停留在 1800MHz 小区上。各层也分不同的优先级，可以根据实际话务的分布，对每个小区进行更完善的话务负荷分布调整。在该双频网优化过程中，通过多次测试和参数调整后，其层间切换门限为−90dBm，为防止乒乓切换，将层间切换迟滞设为 5dBm。

图 11-3 是该双频网在参数调整后，测试路径上的切换示意图。

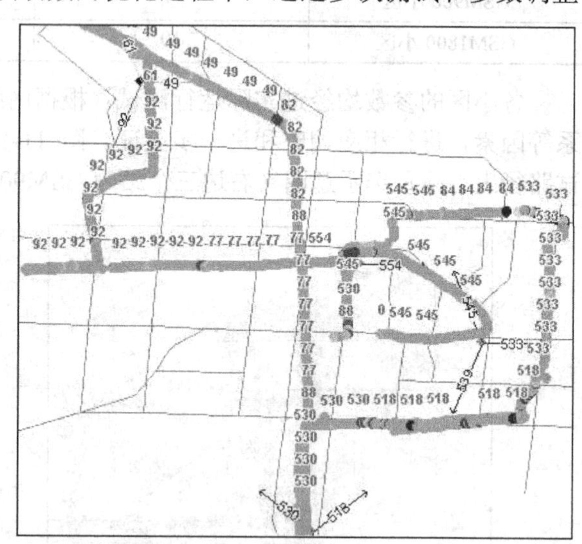
图 11-3　网络优化后路测过程切换示意图

在切换测试过程中，发现有由于新增 GSM1800 基站而引起的邻区关系不完全、越区覆盖等因素引起的掉话，通过网络优化调整后切换正常。通过路测图示看，在 1800MHz 系统的覆盖范围内，双频手机基本保持在 1800MHz 上，进行 1800 MHz 系统内的切换；当 1800MHz 小区信号覆盖变差时，双频手机切换到 900 MHz 小区。整个测试结果表明，切换性能良好，切换成功率为 100%，预期的切换过程得到了良好体现。系统实现了 GSM1800 具有较高的优先级，使双频手机在保证通话质量的前提下优先切换到 GSM1800 系统，从而使通话状态的双频手机尽量驻留在 GSM1800 系统上，实现话务量吸收功能。

通过以上几个方面的调整，双频网覆盖区的 900MHz 和 1800MHz 小区的话务量发生了明显的变化，由于 1800MHz 系统对话务量的吸收作用，900MHz 小区不再出现拥塞现象。

这里只是讨论了 GSM900/1800 双频网优化的几个方面，在网络运行中，还会涉及到许

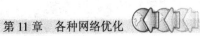

多相关的参数、测试方法、网络指标评估等因素，必须针对具体的网络环境综合考虑。

GSM 双频网的运作有其特殊性和复杂性，应在实际运行中不断地跟踪网络质量和双频用户的增长速度，进行优化调整。通过网络优化，使 GSM1800 尽量吸收双频用户，起到话务负荷分担的作用，缓解 GSM900 的压力，提高网络的整体性能。

11.2 CDMA 网络优化

11.2.1　概述

CDMA 系统是一个自干扰系统。某个用户相对于其他用户来说就是干扰，每个小区也会对其他小区构成干扰，尤其是同载频的邻区。同时，小区具有呼吸功能，网络负载越高，干扰越大，覆盖范围越小；反之网络负载越小，干扰越小，覆盖范围越广，网络的覆盖范围与容量都是随时变化的，每个扇区的容量是一种软容量。因此基于 CDMA 技术的网规网优相比基于 GSM 技术的网规网优要复杂得多，不是增加几个基站就可以提高系统性能。因此，功率控制在 CDMA 网络中显得尤为重要，也是 CDMA 的核心，通过功控，有效地解决“远近效应”。因此从另外一个概念来讲，CDMA 系统本身就是一个功率控制的系统，链路性能和系统容量取决于干扰功率的控制程度。因此，干扰分析、功率配置和切换规划等工作显得非常必要。但是由于各种因素相互制约，往往牵一发而动全身。例如，软切换虽然能够降低用户切换过程中的掉话率，但是当某个用户在进行软切换时，同时可以与激活集中的多个基站建立业务信道，这样也就占用了多个基站的资源，即浪费了网络容量。因此在网络规划优化过程中，众多特性需要综合考虑。

无线网络优化分为两个阶段，一是工程优化，即建网时的优化，主要是网络建设初期以及扩容后的初期的优化，它注重全网的整体性能；二是运维优化，是在网络运行的过程中的优化，即日常优化，通过整合 OMC、现场测试、投诉等各方面的信息，综合分析定位影响网络质量的各种问题和原因，着重于局部地区的故障排除和单站性能的提高。

CDMA 工程优化的目的是扩大的网络覆盖区域，降低掉话率，减少起呼和被叫失败率，提供稳定的切换，减少不必要的软切换，提高系统资源的使用率，扩大系统容量，满足 RF 测试性能要求等。

11.2.2　工程优化的主要方法

1. 射频数据检查

主要是核实基站位置、RF 设计参数、采用的天线、覆盖地图等。验证 PN 码设定与设计参数是否一致、验证系统的邻区关系表以及验证其他系统参数是否与设计一致。

2. 基站群划分

定义基站群的目的是将大规模的网络划分为几个相对独立的区域，便于路测、资源的分配以及路测时间控制、网络的微观研究，当然也是配合网络实施有先后的现状。定义基站群

的方法一般为：站址数量为 20～30 个，具体情况可加以调整。规模过大，即覆盖区域过大，这样会对数据采集及数据分析造成一定的不便。规模过小，则不能满足覆盖区域的相对独立性，从而影响优化的准确性；覆盖区域保持连续（一些站距远，覆盖区域相对独立的乡村站不应包含在其中），此外还要考虑行政地域的分割，如一般中等城市市区部分及邻近郊区站可划分为一个基站群。后续基站群的优化应考虑与先前优化完毕的基站群在边界上的相互影响。基站群的选择可通过电子地图、规划软件的结合来预测覆盖，为基站群的划分提供依据。基站群的实际划分与其原则相辅相成，互为补充。

3. 路测线路选择

路测线路的确定主要考虑市区、市郊的主要道路，同时经过道路呈网格状，并包含所有基站的覆盖范围。郊区、农村的路测相对简单，主要是在结果分析的时候剔除无覆盖的区域。路测线路的实际选择与选择原则也相辅相成，互为补充。

11.2.3 WCDMA 无线网络优化

众所周知，网络优化是一个改善移动用户所享有的整个网络质量且确保有效利用网络资源的过程。GSM 基于 TDMA 多址方式，由于工程建设模式成熟，目前的网络建设可以采用滚动开站的方式，只需对小区域的网络进行无线参数调整，通过调整频率规划使新建设基站设备能平滑入网，从而解决容量问题；但是，WCDMA 系统是干扰受限的通信系统，不能通过简单地增加基站的方式来实现容量的扩容，网络优化在 WCDMA 网络的建设中有着更加重要的作用。

11.2.4 WCDMA 技术对网络优化的影响

WCDMA 是一个自干扰系统，同时具有呼吸效应、远近效应特点，存在导频污染、数据业务传输等与 GSM 完全不同的网络问题。

1. 干扰受限的特点

WCDMA 和 GSM 最大的不同是具有干扰受限的特点，也就是说干扰的大小决定了系统的容量。然而 WCDMA 的重要特点是自干扰性，而且相邻小区都使用相同的载频，任一个周围的小区对该小区都是干扰源，因此不但 WCDMA 各小区之间存在相互干扰，同小区内不同用户之间也会相互干扰。除此以外，影响干扰强弱的因素很多，例如，干扰源的多少，干扰源到接收机路径上的地形、地物，干扰源到接收机的距离，干扰源的移动速度，干扰源的发射功率大小，干扰源的位置高低等。这样纷繁复杂的情况是无法通过数学建模方法来准确分析的，只能通过无线网络优化，通过路测等手段分析解决。

2. 呼吸效应

WCDMA 另一个特点是小区的呼吸效应。当小区的负载较大时，小区的覆盖范围会收缩；反之当小区的负载变小时，小区的覆盖范围将增大。这是 GSM 所没有的特点，GSM 的覆盖范围和网络的容量是没有直接关系的，是由基站的发射功率决定的。而 WCDMA 网

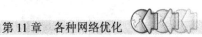

络的覆盖和容量紧密相连，同时相邻的小区覆盖范围通常不一样而且不会同时达到高负载，这样某个小区因为负载增加而收缩的覆盖范围可以由周围负载较低的小区来覆盖，因此整个系统处在一个动态平衡的状态。然而无论哪一种静态分析只能假设整个区域单一的负载，无法准确地模拟 WCDMA 网络的这种特点，无法准确地估计各个区域在特定话务密度情况下的真实容量和覆盖情况。这也只能通过网络优化的手段予以验证和调整。

3．远近效应

WCDMA 系统还有“远近效应”的特点，也就是在上行链路中，如果小区中的所有用户均以相同的功率发射，则靠近基站的终端到达基站的信号强，远离基站的终端到达基站的信号弱，导致强信号掩盖弱信号。为了克服“远近效应”，最大化系统容量，在 WCDMA 系统中采用了快速功率控制，使得所有相同业务信号的信噪比在其服务小区接收机处保持基本恒定。

这一优点的代价是系统负载非线性增加，以及由此可能带来的正反馈效应。当某一用户的干扰增大时，自然会增加信号功率来维持其承载业务的信噪比。该用户信号的增加也就是对其他用户干扰的增加，其他用户也会试图增加功率来维持各自所需的信噪比。这种情形也会扩展到更广的范围——1 个小区的干扰增加，它所控制的终端都会试图增加功率。结果对周围小区的干扰增加，周围小区的终端同样需要增加功率，这种情形像波浪一样向四周扩散出去；更为复杂的是受干扰的小区又会反过来影响最初引起干扰增加的小区。由此可见，即使一点干扰的效果也会波及到很远的地方，从而引发更多的干扰源。这也是 WCDMA 网络规划的复杂、难度大的体现之一。同样，这种效果难以用传统的数学方法来分析，也难以用经验来估计，需要通过无线网络优化分析解决。

4．切换问题

在 WCDMA 中，为了降低阴影衰落的影响以提高通信概率和降低掉话率，WCDMA 引入了软切换技术。由于引入了软切换、更软切换，手机与网络之间的链路不再只是一条，可以是两条，甚至三条。充分利用无线资源的同时，也保证了手机与网络的连接，减少了掉话。WCDMA 网络保障切换带内有两个至三个主控小区，这与 GSM 切换优化大大的不一样。当然，减少了切换掉话是以牺牲一定的资源为代价。不过，由于 WCDMA 手机的 RAKE 接收机只允许同时链接三路信号，于是，当有第四路信号与前三路信号相当的时候，第四路信号将被认作为是干扰信号，就会产生导频污染。在 WCDMA 切换优化中，避免导频污染是重点。

另外，不同的组网方式，将导致第三代的手机极有可能是双模手机（GSM、WCMDA），甚至三模手机（GSM、WCDMA、TD-SCDMA）。那么，手机在不同网络中的切换问题，也是无线网络优化的重要问题。如何通过网络的参数设置顺利完成网络间的切换，这个问题在 WCDMA 的优化中是不可忽视的。

11.2.5　WCDMA 网络规划对网络优化的影响

在 WCDMA 网络建设规划中，容量、覆盖规划网络优化采用相应的仿真技术。WCDMA 规划工具通常采用静态仿真的方法进行蒙特卡罗仿真，这与实际的 WCDMA 网络

是有差别的。仿真结果与实际结果存在一定误差的主要原因包括以下几个方面。

1. 数字地图精度

数字地图是 WCDMA 网络规划工具的基础，完备准确的数字地图是取得可信仿真结果的重要保障。

2. 业务分布预测

3G 网络数据业务占有相当的比重，以不同包长和突发为特征，业务模型复杂。网络资源动态分配，一方面差异化服务成为可能，另一方面业务分布的预测值与实际值的差异难以避免。

3. 传播模型校正

无线信道的电波传播特性与电波传播环境密切相关。不同环境确定不同的传播模型，模型的选择是要根据实际的环境确定。传播模型非常重要，它是整个网络规划和优化工作的基础，WCDMA 网络规划工具通过传播模型进行基站信号覆盖预测，生成话务量地图进行蒙特卡罗容量仿真。如果传播模型不准确，那么规划工具所预测的规划结果会因为误差太大而失去实际意义。因此，在 WCDMA 系统的网络规划过程中必须重视传播模型与本地区环境的匹配问题，在进行网络规划之前根据本地的地形特点对传播模型进行校正。

4. 系统外干扰

在仿真的时候无法列举和预料所有的系统外干扰。

5. 仿真算法的准确性

不同的仿真软件使用的内部算法都不尽相同。经验证，即便软件所支持的传播模型相同，但其预测结果却有所区别。因此，各仿真算法与实际环境也存在一定的偏差。

6. 实际站址环境

各种规划软件根据现网参数条件对现网进行模拟，而实际现网中的许多参数测量本身是不可避免地存在误差的。例如，现网中各基站的馈线长度等。这些参数的误差也会造成预测结果的偏差。

从以上的分析可以看到，无线网络优化是网络规划工作的自然延续。由于 WCDMA 要提供可变速率的多业务能力，又要考虑网络的兼容性和可扩展性，和 GSM 相比，其网络复杂程度大为增加。规划软件的使用提高了网络规划的效率和精度，可以帮助我们预测可能出现的部分问题，但是不能期望通过使用规划工具解决所有问题，如传播环境的改变、用户业务量的改变以及业务质量要求的改变等，这就需要在建网后对网络进行优化。

11.2.6 WCDMA 无线网络优化手段

WCDMA 网络优化是个渐进的过程，它贯穿于网络实施的整个阶段。网络优化是指网络设备运行正常、配置基本满足话务分布需要的前提下，通过数据采集、数据分析、拨打测

试和路测，结合用户群的动态变化，无线环境的变化，发现网络中存在的隐形故障和问题，找出影响网络质量的原因，并通过技术、工程手段进行频率/PN、参数、覆盖、网络配置及网络路由的调整，使网络质量保持较高的水平，提高网络资源的利用率，以创造最大的经济效益，提高用户的满意度。

1．无线网络优化的工作内容

无线网络优化的工作内容主要包括：

（1）基站隐形故障检查。

（2）路测及 CQT（Cell Quality Test）测试。

（3）网络覆盖优化。

（4）掉话率优化。

（5）接通率优化。

（6）切换优化。

（7）室内覆盖系统的设置等。

无线网络优化的基本实施流程如图 11-4 所示。在图 11-4 的左侧是无线网络优化的各个实施步骤，右侧为每个步骤相关的一些文档。在无线网络优化的准备阶段，需要准备网优性能指标规划文档、仿真报告、设计文件、网络组成与结构图、站点及天馈资料、单站验证报告；然后制定相应的路测路线，通过路测或者话务统计进行数据采集；进行数据分析和问题定位；根据分析结果形成网络评估与优化方案，并实施；然后进行优化验证，若达到性能要求，则进行优化总结，形成无线网络优化报告，完成该阶段网络优化。

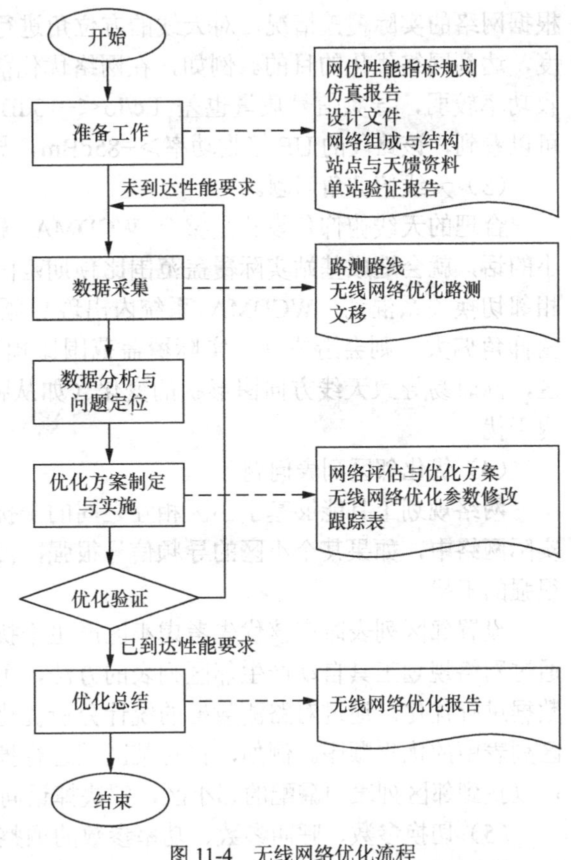

图 11-4　无线网络优化流程

2．需要调整的网优问题

在 WCDMA 系统中，需要调整的常见网优问题有以下几类。

（1）天线高度问题。

在 WCDMA 中常见的网优问题是高站带来的问题。高站会导致负荷不均衡带来的严重后果，如覆盖的概率大幅下降。拿某个高站为例，在优化前覆盖概率只有 78.6%（较理想的覆盖概率为 98.7%），而且，在高站覆盖区域内 Noise Rise Failure 的概率特别高，针对高站在 WCDMA 网络中产生的影响，有下面 3 种解决措施。

① 方案一：通过增加高站天线的下倾角减少多余的覆盖面积；从仿真结果来看，覆盖概率从调整下倾角前的 78%上升到 95.1%，但未能达到理想状态。

② 方案二：不调整天线下倾角，将高站的 Pilot Power 降低 10dB，从而使高站的服务范围与周围其他站点相等。从仿真结果来看，问题变得更糟，分析发现：即使终端不在连接状态也会引起 Noise Rise；高站服务范围的减小导致移动台发射功率的抬升，使问题更加恶化。

③ 方案三：将高站的 Noise Rise Limit 提高 10dB，同时将基站小区最大发射功率、公共信道功率和 Pilot 功率降低 10dB。从仿真结果来看，问题得到显著改善，网络性能满足理想情况。

根据仿真结果，我们选择了方案三。在 GSM 网络建设中，天线高度的调整是常用的手段之一。但是在 WCDMA 系统，通过调整天线高度来调整覆盖范围很容易影响到整个网络的系统，造成整个系统的大幅度调整。因此，常常采用结合调整相关参数的方式进行优化的。

（2）天线方位角问题。

天线方位角对移动通信的网络质量非常重要。准确的方位角能保证基站的实际覆盖与所预期的相同，保证整个网络的运行质量。在实际网络中，由于地形的原因，如大楼、高山、水面等，往往引起信号的折射或反射，会导致实际覆盖与理想结果存在较大的出入，这时可根据网络的实际覆盖情况，对天线的方位角进行适当的调整，以保证信号较弱区域的信号强度，达到网络优化的目的。例如，在网络优化前，某个区域上因建筑密集阻挡严重，UE 接收功率较弱，导频信号质量也差 Ec/lo＜−13dB，经调整天线方向角后，从路测数据的分析可以看到，该路段的 UE 接收功率＞−85dBm，导频 Ec/lo＞−13dB，达到优化目标。

（3）天线俯仰角问题。

合理的天线俯仰角设置是整个 WCDMA 无线网络质量的基本保证。如果天线俯仰角偏小的话，就会造成基站实际覆盖范围比预期范围偏大，从而导致小区与小区之间交叉覆盖，相邻切换关系混乱，WCDMA 系统内出现导频污染等现象，甚至严重的干扰；如果天线的俯仰角偏大，则会造成基站实际覆盖范围比预期范围偏小，导致小区之间的信号盲区或弱区，同时易导致天线方向图形状的变化（如从鸭梨形变为纺锤形），也可能造成严重的系统内干扰。

（4）优化邻区列表问题。

网络规划工具能够基于小区相互之间的干扰使用合适的算法自动地规划邻区列表。但在实际网络中，如果某个小区的导频信号很强，没有加入激活集，这个小区的信号将成为一个很强的干扰。

设置邻区列表时应该优先考虑小区产生干扰的情况和成为移动台主服务小区的可能性。通过网络规划工具自动产生邻区列表的方法，可以看成邻区列表的初始参考，然后利用路测数据进行优化。通过对路测数据的统计分析优化邻区列表，如果有必要的话，也可以定义邻区列表中的优先顺序。例如，在对某区域进行掉话率优化的过程中，通过路测数据的分析还可以找到邻区列表中漏配的邻小区，解决掉话问题。

（5）切换参数、呼叫参数、功率参数的调整。

通过调整切换参数、呼叫参数、功率参数等，可以解决切换区域较小引起的掉话，也可以解决切换成功率较低等优化工程中常见的问题。

需要特别指出的是，无线资源的管理与控制在 WCDMA 移动通信系统的设计和规划中居于中心地位，对系统的整体性能产生重要的影响。WCDMA 系统的无线资源管理包括信道资源分配、功率控制、接纳控制、分组调度、负荷控制、切换；其次，还需要配置小区选择与小区重选参数、网络识别参数、系统控制参数、网络功能参数、系统参数等，它们与无

线网络性能密切相关。这些都要通过无线网络优化对网络质量进行进一步的确认和调整。

目前，国际上已有不少运营商已纷纷推出正式商用的 WCDMA 网络。在正式商用前，这些运营商都花了不少时间用在无线网络的优化上，甚至有专家指出，WCDMA 的成败在于网络优化，可以看到无线网络工程优化的重要性。

需要强调的是，无线网络优化工作是一种持续性的工作，是不断地对正在运行的网络参数以及硬件设备进行动态调整的过程。在网络运行初期，由于用户数较少，需要通过路测进行优化，这种过程一般需要重复多次。随着用户数的增加，可以通过话务统计的结果和运行维护数据对网络进行优化。而且优化技术也将不断发展和变化，运营商需在优化中不断引入自动测试系统和数据综合分析技术，以期业务发展与网络服务质量匹配，提升网络服务质量。

11.3　TD-SCDMA 网络优化

TD-SCDMA 是国际电联公布的第三代移动通信技术中的三大标准之一，我国从 2006 年开始推进 TD-SCDMA 试验网络建设。本章就是 TD-SCDMA 网络优化的一些研究和经验总结并对典型的案例进行了分析。

网络优化在 TD-SCDMA 商业化进程中扮演着十分重要的角色，其既不同于固定通信系统，也不同于其他 2G 和 3G 系统，需要投入大量的人力和时间。TD-SCDMA 在传播条件、用户移动性、业务等方面的变化会对网络中各个小区产生不同的影响，因此 TD-SCDMA 运营商为了确保各参数的最佳值，充分发挥网络的最大能力，需要对网络进行定期的、循环式的、渐进的动态优化。

11.3.1　TD-SCDMA 网络优化实施的步骤

1. 网络优化目标

TD-SCDMA 的网络优化目标主要包括覆盖率、导频区域优化、接通率、掉话率、寻呼成功率、切换成功率等。现就网络初建阶段，用户数不是很多的情况，给出一组优化目标参考值。当网络建设已经完成，用户数逐渐增多之后的优化目标还需要根据客观环境进行适当的调整。

（1）覆盖率：不小于 95%的区域内 PCCPCH RSCP 大于−95dBm；不小于 75%的区域内 PCCPCH Ec/Io 大于−3dB。

（2）导频区域优化：不大于 7%的区域存在 3 个以上导频，且这些导频的强度大于−85dB，互相之间的差值小于 6dB；不存在无主导频现象。

（3）接通率：大于 90%。

（4）掉话率：小于 10%。

（5）寻呼成功率：大于 80%。

（6）切换成功率：大于 85%。

2. 组织团队

网络优化的团队构成如图 11-5 所示。

其中测试组主要负责网络评估测试以及初步定位问题；信令及无线网管（OMCR）组主要负责抓取网络侧的信令、监视硬件告警以及配合网优组进行参数调整；技术支持组由各网络部门的技术专家组成，负责发现和解决问题；网络优化组主要根据测试组反馈的问题进行优化调整。

3. 制定优化流程

图 11-6 所示为优化流程框图。

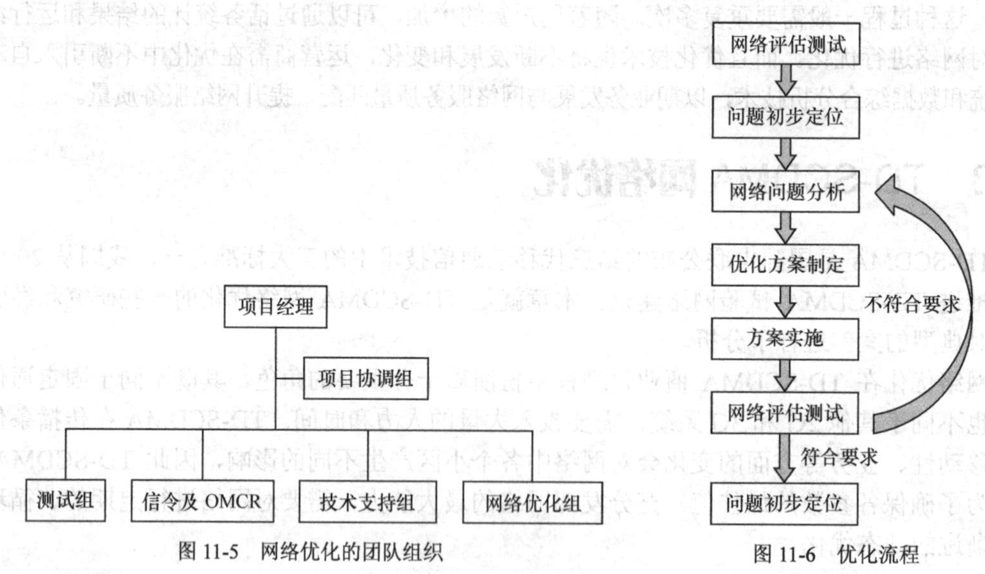

图 11-5　网络优化的团队组织

图 11-6　优化流程

良好的优化流程可以协调各项目小组之间的分工和合作关系，提高优化工作的效率。网络优化不是一个短期的任务，而是日常网络维护工作的一部分，优化流程、提高工作效率就是一个首要的目标。

网络优化前先要了解网络的实际情况，需对优化区域进行网络评估测试，由测试组主要负责，测试组将测试结果反馈给技术支持组，技术支持组分析测试结果，定位需优化的问题并制定优化方案，而后反馈给网络优化组，并由网络优化组到现场实施。之后测试组再对问题区域进行网络评估测试，进入第二轮的优化。直到优化后的效果达到指标要求，则本次优化结束并进行总结。

在优化流程中，网络评估测试是整个优化的基础。测试项目的选择要求尽可能全面反映整个优化区域的无线性能指标，一般情况下对优化区域进行以下 5 组测试即可基本了解本区域的无线性能。

（1）空闲状态（Idle）测试：本项测试用来采集 PCCPCH 的覆盖性能。

（2）短呼测试：采用呼叫间隔 15s，呼叫保持 60s；本项测试用来测试网络的接入性能和掉话性能（CS 业务和 PS 业务）。

（3）长呼测试：长时间保持呼叫状态，测试终端尽量遍历优化区域；本项测试用来测试网络切换性能。

（4）PS 业务 PDP 激活测试：激活间隔 10s，激活保持 20s；本项测试用来测试网络 PDP 激活成功率性能。

（5）寻呼测试（MMC）：用固定电话呼叫测试终端，被叫测试终端处于空闲模式；本项

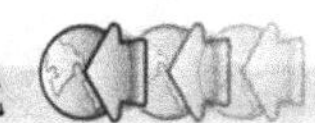

测试用来测试网络的寻呼性能指标。

11.3.2 TD-SCDMA 网络优化实施

根据优化工作经验，在实施优化之前，还需要对优化内容排列好先后顺序，把影响面广的内容先期进行优化。这样做可以减少循环往复的调整，达到更快更好地完成优化的目标。图 11-7 所示是网络优化的一般步骤：先进行清频测试，以排除设备的硬件问题；再进行 Idle 状态的优化；最后进行拨打状态的优化。

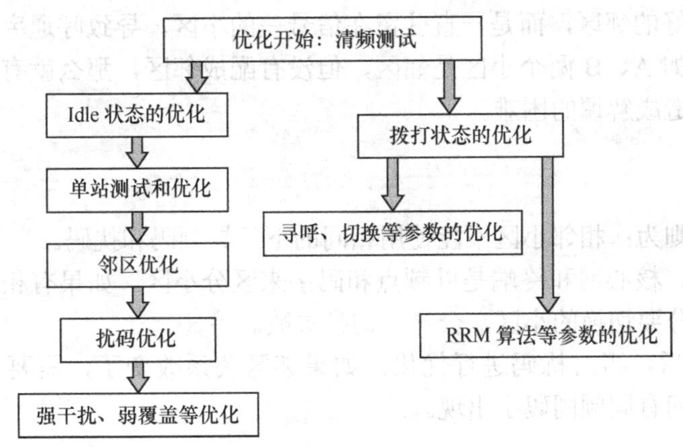

图 11-7 优化的顺序

在 Idle 状态的优化中，先进行单站测试和优化，再做邻区优化和扰码优化，最后可以进行弱覆盖、强干扰等优化。当然覆盖优化后，也有可能再进行扰码的优化，这要视调整后的网络情况来决定。在 Idle 状态的优化中，可以分区域来进行，当一块区域优化好之后，可以进行拨打状态的优化。

在拨打状态优化中，对各个信道配置优化，切换、寻呼等参数优化和 RRM 算法优化等先后顺序关系不大，可同时进行。

1．清频测试

在开始其他测试之前，首先需要确认网络的整体干扰情况，了解周围无线基站使用的频谱情况，避免与其他系统或者其他运营商发生干扰。否则在后期的问题定位上会浪费时间和人力，甚至需要进行大的调整。

2．Idle 状态的优化

清频测试后，首先让手机在 Idle 状态进行覆盖测试，然后再做拨打测试，可以提高优化的效率。在 Idle 状态下，测试手机只进行小区选择和重选、位置更新等，状态比较稳定。测试的参数主要是 PCCPCH RSCP 和 PCCPCH C/I。

3．单站测试与优化

由于每个基站周围的地物环境（如建筑物平均高度、建筑物的密集程度）都是十分复杂的，这就需要对每个基站的方位角和下倾角进行合理的设置。在网络规划阶段设置的方位角

和下倾角还需要在实际的优化中进行调整，争取达到每个基站的均匀覆盖。

先对单个基站进行优化，很容易发现基站和扇区过覆盖或弱覆盖的情况。过覆盖的情况在全网优化时，常会造成邻区漏配，对服务区形成干扰。如果在单站阶段不能发现，到全网优化时是很难发现并解决的。

4．邻区优化

邻区优化主要是排查是否有邻区漏配的情况发生。

如发生邻区漏配的情况，主要会对网络产生两方面的影响：一是在小区重选时终端不会重选到本来信号较好的邻区，而是一直驻留在信号差的小区，导致呼通率等指标降低；二是影响扰码的优化，如 A、B 两个小区是邻区，但没有配成邻区，那么就有可能把这两个小区的扰码配成一样，造成解调的困难。

5．扰码优化

扰码配置的原则为：相邻小区不能使用相同的下行导频码和扰码。

在切换过程中，核心网和终端是以频点和码字来区分小区。如果有相同的码字出现，核心网和终端无法区分要切换的小区，会导致切换失败。

邻区优化完成后，再对扰码进行优化。如果邻区关系改变了，需要再次对扰码进行排查，避免相邻小区间有同频同码字出现。

6．强干扰区域

对于发现的强干扰区域，可以采取下调下倾角或减小基站发射功率等手段来降低干扰基站的信号电平。

7．弱覆盖区域

对弱覆盖区域可以采取上调下倾角、增大发射功率、改变方位角、使天线主瓣避免正对高大建筑物等手段来达到增强覆盖的目的。但在改变方位角时，还需要注意网络对称与天线交叠。

网络对称：目前网络采用三叶草站型（三个扇区的方位角分别是 0°、120°、240°），为尽可能保证理想的蜂窝形状，应尽量保持三个扇区的相对位置，否则会带来相邻扇区（包括本基站和相邻基站）的交叠，使有些区域的干扰增大而有些区域则覆盖减弱。

天线交叠：三扇区没有交叠时（三个扇区间距 120°，即 0°、120°、240°），交界区的信号衰减 10dB，如果发生的交叠达到 20°（三个扇区的方位角分别是 0°、120°、220°），则交叠区的信号衰减只有 6dB，交叠区会出现较强的同频干扰，因此天线交叠一般应控制在 10°左右。

11.3.3 TD-SCDMA 网络优化案例分析

1．弱覆盖

由图 11-8 所示的路测结果可看到，某基站覆盖半径只有 250m，与周围基站无法形成连续覆盖，造成覆盖区域内有大片的空洞（图 6.6 中深色区域）。根据系统链路预算，室外覆

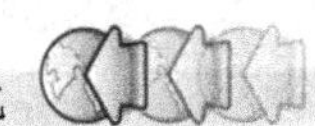

盖半径应该在 600～800m，与实际情况有较大差异。

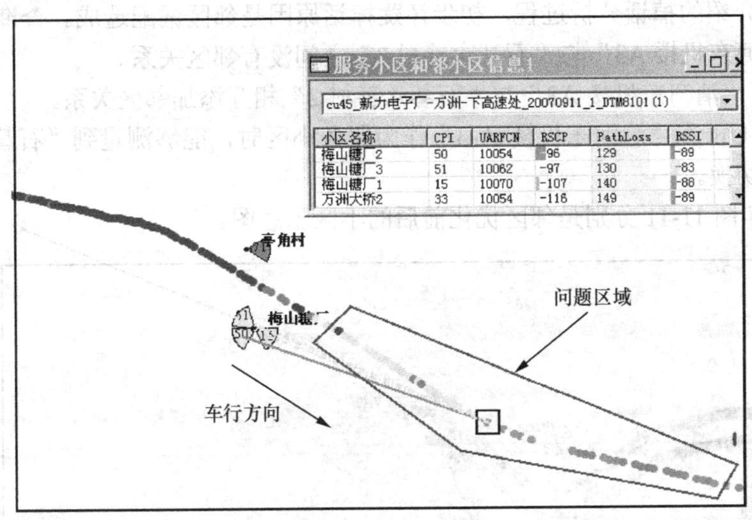

图 11-8　弱覆盖调整前

从路测数据分析，覆盖区域内信号强度衰落过快。在距离天线 200m 处 P-CCPCH 信号电平为−75dBm，到 300m 处 P-CCPCH 信号电平快速衰落到−100dBm，可能与天线下倾角设置有关。

天线下倾角规划为 5°，经实地检查发现由于天线挂扣松脱的制作工艺问题，使天线实际下倾角达到 8°，造成覆盖半径过小。更换部件后，覆盖半径达到 600m，与系统仿真结果基本吻合。

调整后结果如图 11-9 所示。

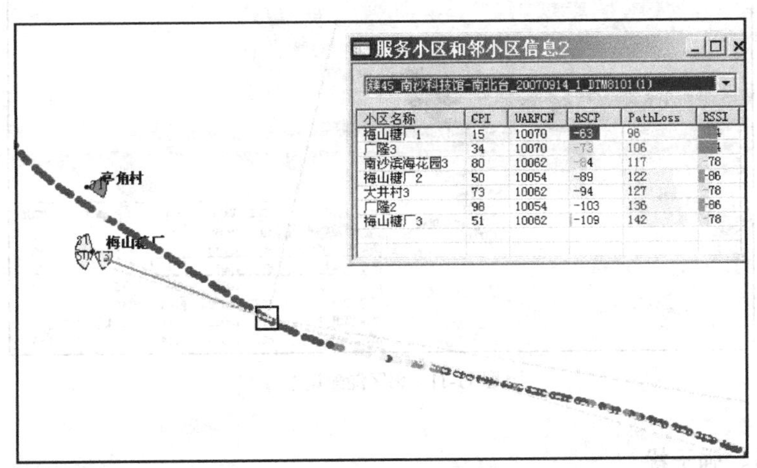

图 11-9　弱覆盖调整后

2．邻区漏配

测试车辆由“清河东机楼”向“石碁永善村”行驶时，发现“清河东机楼-3”的信号逐渐变差，但没有出现理应更好的“石碁永善村-2”信号，始终不能切换，最终掉话。掉话后，手机重选到“石碁永善村 2”，信号证实该小区信号很强。

按照前面介绍的掉话分析过程，初步怀疑掉话原因是邻区漏配造成。查询 RNC 配置数据，发现“清河东机楼 A3”与“石碁永善村 2”之间没有邻区关系。

解决方法：“清河东机楼 A3”与“石碁永善村 2”相互添加邻区关系。

复测结果 UE 在“清河东机楼 A-3”作为服务小区时，能够测量到“石碁永善村-2”的信号，并顺利切换。

图 11-10 和图 11-11 分别是邻区优化前后的小区示意图。

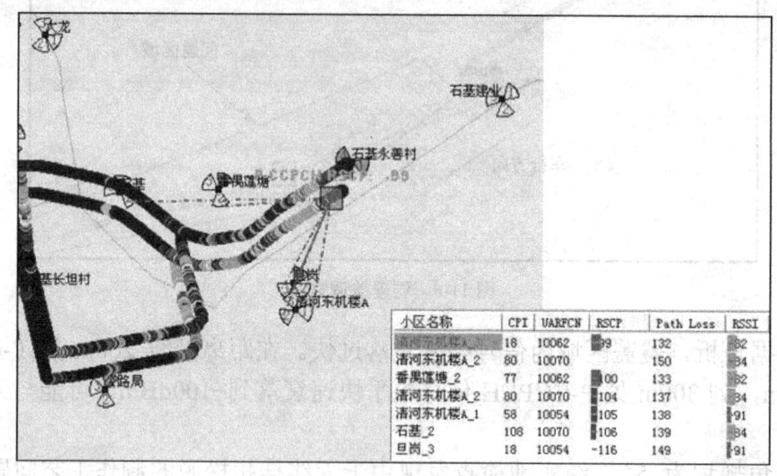

图 11-10　邻区漏配调整前

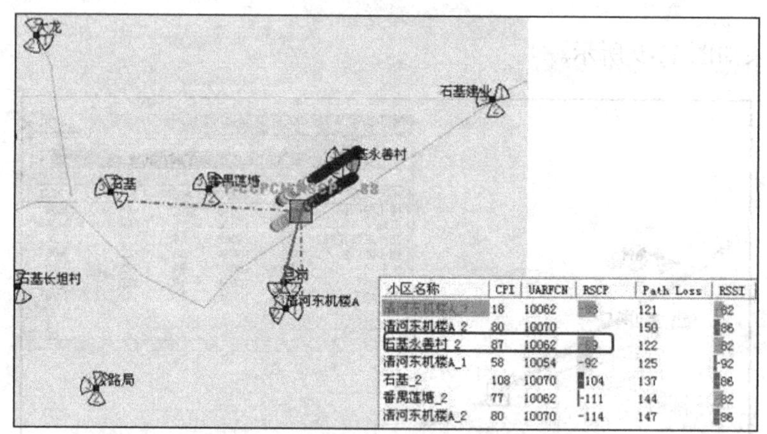

图 11-11　邻区漏配调整后

3．弱覆盖、强干扰

从图 11-12 所示的拉线图（路测点与服务小区的连线图）可以看到，区域 3 由扰码为 45 的小区越区覆盖。经过查找终端上报的邻区列表，始终没有扰码为 25 和 112 的小区，因此怀疑是扰码为 45 的小区的邻区关系表中漏配了 25 和 112 这两个小区。再去查看邻区关系表，果然漏配，将 25 和 112 加入 45 小区的邻区列表，即可解决图 11-12 所示区域 3 的强干扰问题。

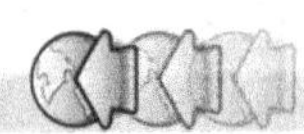

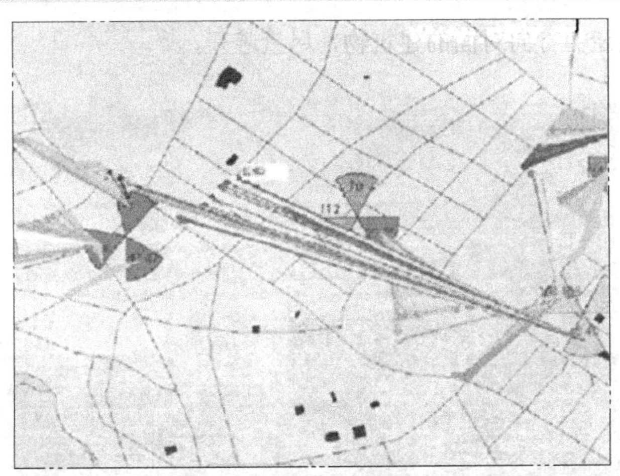

图 11-12　邻区优化前拉线图

4．扰码优化

如图 11-13 所示，基站 1 与基站 3 都有一个扰码为 2 的小区，站间距只有 1.2km，且基站 1 与基站 3 之间只隔了一个基站 2。在扰码规划阶段，认为基站 1 与基站 3 不存在邻小区，所以使用了相同的码字。

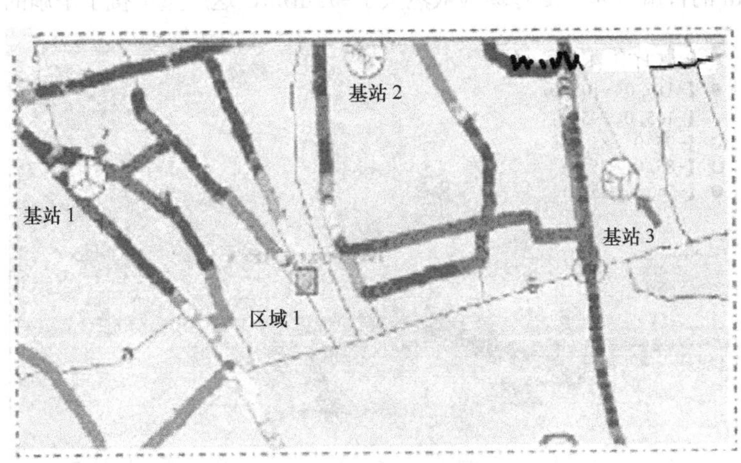

图 11-13　扰码优化

但是，在实际的路测中却发现，由于基站 2 的 3 扇有高大建筑物遮挡，到达区域 1 的信号强度很弱，反而是基站 1 与基站 3 的信号比较强。这样就造成了在区域 1 存在同码字的干扰，系统在此处解调失败。

优化方案：重新进行扰码规划，站间距在 2km 以内的基站都避免使用相同的码字，而不管是否是相邻的基站。优化后没有再次出现扰码干扰的情况。

5．天线朝向的优化

在正常的无线环境下，天线的主瓣方向要避免正对高大建筑物，尤其是玻璃幕墙外立面。玻璃幕墙会对无线电波产生很强的反射效应，造成背向覆盖、越区覆盖等。如图 11-14

所示，天线的主瓣要避免打向对面的建筑物，尽量避开。

图 11-14　天线主瓣要避开高大建筑物

（1）天线背向覆盖优化一

由图 11-15 中可以看到，扰码为 18 的 3 扇主瓣的覆盖距离只有 343m，而背瓣却有 289m。在距离天线 289m 的背瓣方向，信号场强依然大于−75dBm，这严重干扰了 1 扇的主瓣方向。

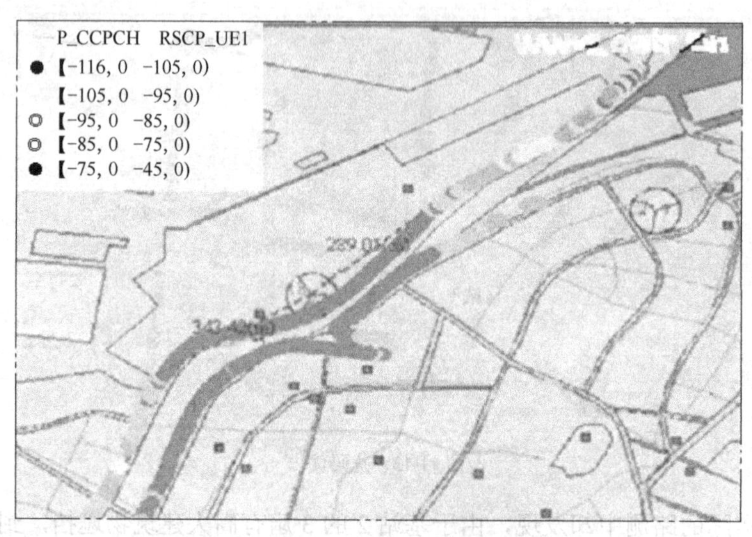

图 11-15　天线背向优化前

优化方案：减小 3 扇天线的发射功率，并减小下倾角。优化后路测图如图 11-16 所示，减小了背瓣的覆盖距离为 133m，同时加大了主瓣的覆盖距离为 387m，结果比较理想。

（2）天线背向覆盖优化二

在正常的无线环境下，天线的主瓣方向要避免正对高大建筑物。但在特殊环境下，也可以利用建筑物的反射弥补背向覆盖的不足。如图 11-15 和图 11-16 所示，3 扇的北面有高大建筑物遮挡，对街道 1 的覆盖很差。使用其他优化方法都无法解决问题，短时间内又不具备加站的条件。只好利用 2 扇的背向覆盖帮助解决 3 扇的覆盖问题。让 2 扇打向主瓣内的高大

建筑物上，使其反射的信号覆盖 3 扇无法覆盖的区域。

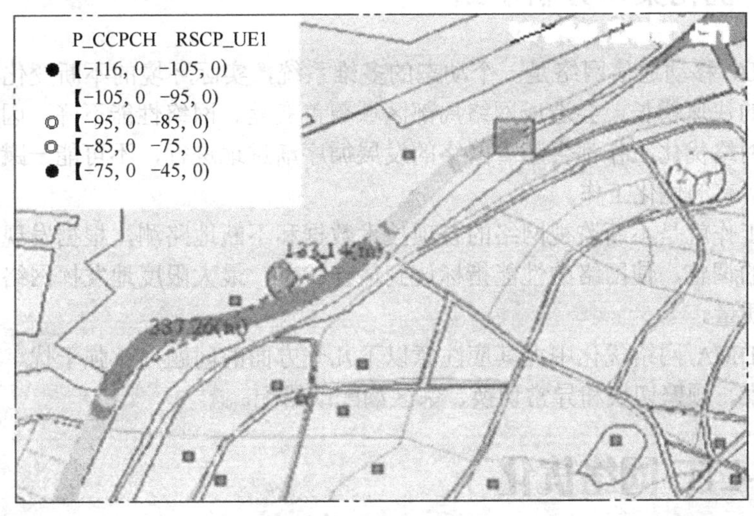

图 11-16　天线背向优化后

优化过程中，不要拘泥于是否是背向覆盖，有时背向覆盖也是可以利用的。但是这种方法只是临时的权宜之计，当条件具备之后还是要通过加站来解决。

6．切换区的优化

切换区位于基站覆盖的边缘，信号不会很强。如果同时切换区又位于街道的拐弯处或十字路口，切换区就会成为掉话的高发区。

在路口的两边，信号通常会差 20dB 左右，如果同时又进行切换，会造成本小区与目标小区都低于切换门限，造成切换失败。

因此在优化过程中，要尽量使切换区避开街道的拐弯处或十字路口。可通过减小发射功率、更改天线方位角或下倾角来前后移动切换区，使切换区位于直路上，这样在切换前后本小区与目标小区的信号强度变化不会太大（见图 11-17）。

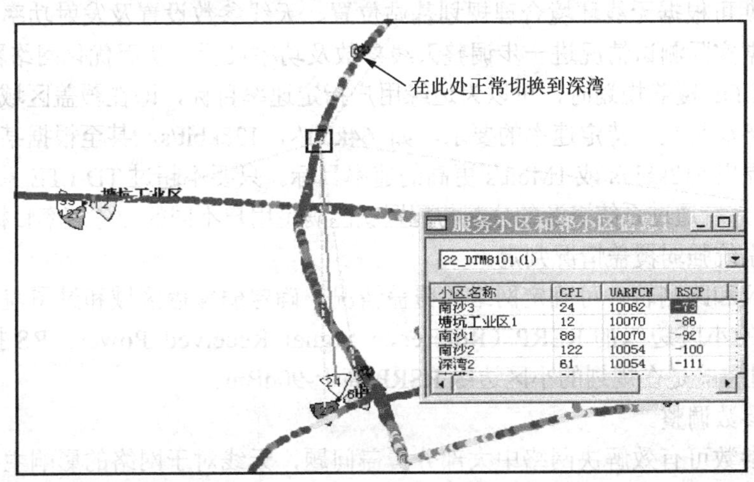

图 11-17　切换区的优化

11.3.4 优化案例分析小结

TD-SCDMA 移动通信网络是一个动态的多维系统，实际环境的不断变化以及语音、数据业务和用户的快速增长，会造成网络局部区域覆盖变差、网络性能下降，因此对网络的相关监测工作及网络优化工作都会随着网络的发展循序渐进地进行，不可能一蹴而就，也不可能一次就完成所有的优化工作。

网络优化工作就是不断监视网络的各项技术数据和不断地路测，根据发现的问题，通过对设备、参数的调整，使网络的性能指标达到最佳状态，最大限度地发挥网络能力，提高网络的平均服务质量。

在 TD-SCDMA 网络优化中尤其应注意以下几个方面的问题——强干扰、弱覆盖、越区覆盖、导频污染、频繁切换和异常切换、邻区漏配或错配。

11.4 TD-LTE 网络优化

11.4.1 LTE 网络优化指导思想与原则

LTE 网络优化的基本原则是在一定的成本下，在满足网络服务质量的前提下，建设一个容量覆盖范围都尽可能大的网络，并适应未来网络发展和扩容的要求。LTE 网络优化的工作思路是首先做好覆盖优化，在覆盖能够保证的基础上进行业务性能优化最后进行整体优化。整体网络优化的原则包含以下 4 个方面。

1．最佳的系统覆盖

覆盖是优化环节中极其重要的一环。在系统的覆盖区域内，通过调整天线，功率等手段使最多地方的信号满足业务所需的最低电平的要求，尽可能利用有限的功率实现最优的覆盖，减少由于系统弱覆盖带来的用户无法接入网络或掉话、切换失败等。

工程建设期可根据无线环境合理规划基站位置、天线参数设置及发射功率设置，后续网络优化中可根据实际测试情况进一步调整天线参数及功率设置，从而优化网络覆盖。

在对 TD-LTE 覆盖规划时，可以为边缘用户指定速率目标，即在覆盖区域的边缘，要求用户的数据业务满足某一特定速率的要求，如 64kbit/s，128kbit/s，甚至根据某些场景下的业务需要，可以提出 512kbit/s 或 1Mbit/s 更高的速率目标。只要不超过 TD-LTE 系统的实际峰值速率，TD-LTE 系统通过系统资源的分配与配置就能满足用户不同的业务速率目标要求。

（1）LTE 系统强弱覆盖情况判定。

通过扫频仪和路测软件可确定网络的覆盖情况，确定弱覆盖区域和过覆盖区域。弱覆盖区域指在规划的小区边缘的 RSRP（Reference Signal Received Power，RS 接收功率）小于-110dBm；过覆盖是在规划的小区边缘 RSRP 高于-90dBm。

（2）天线参数调整。

调整天线参数可有效解决网络中大部分覆盖问题，天线对于网络的影响主要包括以下性能参数和工程参数两方面。

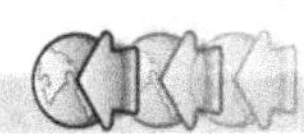

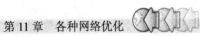

① 天线性能参数：天线增益、天线极化方式、天线波束宽度。

② 天线工程参数：天线高度、天线下倾角、天线方位角。

一般在网络规划设计时已根据组网需求确定选择合适的天线，因此天线性能参数一般不调整，只在后期覆盖无法满足要求，且无法增设基站，通过常规网络优化手段无法解决时，才考虑更换合适的天线，如选用增益较高的天线以增大网络覆盖。因此，在网络优化中，天线调整主要是根据无线网络情况调整天线的挂高、下倾角和方位角等工程参数。

例如，弱覆盖和过覆盖主要通过调整天线的俯仰角以及方位角来解决，弱覆盖可通过减小俯仰角，过覆盖可通过增大俯仰角来改善。

（3）天线参数调整方法。

在单站和簇优化时，需要保证对每个基站的天馈参数都进行现场核实，后续在不断优化的过程中，对天馈进行调整，同时也要注意对基站数据资料的更新。同时，随着新加站的开启，仍需要对覆盖的合理性进行全方位的评估和优化调整。

2. 合理的邻区优化

邻区过多会影响到终端的测量性能，容易导致终端测量不准确，引起切换不及时、误切换及重选慢等；邻区过少，同样会引起误切换、孤岛效应等；邻区信息错误则直接影响到网络正常的切换。这两类现象都会对网络的接通、掉话和切换指标产生不利的影响。因此，要保证稳定的网络性能，就需要很好地来规划邻区。

（1）合理制定邻区规划原则。

做好邻区规划可使在小区服务边界的手机能及时切换到信号最佳的邻小区，以保证通话质量和整网的性能。合理制定邻区规划原则是做好邻区规划的基础。TD-LTE 与 3G 邻区规划原理基本一致，规划时需综合考虑各小区的覆盖范围及站间距、方位角等因素。TD-LTE 邻区关系配置时应尽量遵循以下原则：

① 距离原则：地理位置上直接相邻的小区一般要作为邻区；

② 强度原则：对网络做过优化的前提下，信号强度达到了要求的门限，就需要考虑配置为邻小区；

③ 交叠覆盖原则：需要考虑本小区和邻小区的交叠覆盖面积；

④ 互含原则：邻区一般都要求互为邻区，即 A 扇区载频把 B 作为邻区，B 也要把 A 作为邻区；

在一些特殊场合，可能需要配置单向邻区。

（2）系统内邻区设置。

① 宏站系统内邻区设置原则：添加本站所有小区互为邻区；添加第一圈小区为邻区；添加第二圈小区为邻区（需根据周围站址密度和站间距来判断）;宏站邻区数量建议控制在 8 条左右。

② 室分系统内邻区设置原则：添加有交叠区域的室分小区为邻区（如电梯和各层之间）；将低层小区和宏站小区添加为邻区，保证覆盖连续性；高层如果窗户边宏站信号很强，可以考虑添加宏站小区到室分小区的单向邻小区。

（3）异系统邻区设置。

除 TD-LTE 系统内部邻区规划，还需做好 TD-LTE 与 TD-SCDMA、GSM 等异系统间的邻区规划。由于目前 LTE 主要针对热点进行覆盖，存在覆盖盲区，添加异系统邻区可保证业务连续，异系统邻区设置时一般优先考虑添加 TDS 邻区，其次考虑 GSM900 邻区。

① 宏站异系统邻区设置原则：同向 TDS/GSM 小区为邻区；添加正对 TDS/GSM 小区为邻区，弥补覆盖盲区；处于规划区边缘的 LTE 宏站，可考虑添加相应的 TDS/GSM 小区为邻区，保证业务连续；宏站异系统邻区数量建议控制在3条左右。

② 室分异系统邻区设置原则：建议不添加异系统室分邻区，除非处于高业务量保障点，可以考虑添加同覆盖异系统邻区，达到负荷均衡效果；建议不添加异系统宏站邻区，除非是孤立室分点，添加周围 TDS/GSM 小区为邻区，弥补覆盖盲区，保证业务连续。

（4）LTE 试验网邻区优化方法。

邻区校正优化主要参考以下几个来源来做判断：通过实际的路测；扫频数据；报表统计的分析；网络设计数据。目前的邻区优化包括修改邻小区、设置黑名单、优化邻区覆盖范围。

① 增加邻小区。

根据路测情况以及邻区的分布情况，增加用户移动路线上的邻小区关系；由于 LTE 中支持 UE（User Equipment，用户终端设备）对指定频点的测量，对于没有配置邻区关系的邻区，UE 也可以自动发现和测量到，并在满足测量事件（如 A3）的情况下上报测量报告，此时如果基站侧没有配置邻区关系且没有开启 ANR 算法，则切换就会失败。对这种没有邻区关系而 UE 自动上报的测量报告进行分析，结合覆盖图，确认该邻区是否应该属于合理的邻区，如合理则增加邻区关系，如不合理，则可以设置为黑名单或调整该小区的覆盖范围。

② 设置黑名单。

为了避免 UE 测量到规划不期望的邻区，并导致切换失败的情况，会根据覆盖情况以及 UE 自动上报的测量报告，对非预期的邻小区设置为黑名单，这样 UE 将不再对此邻区进行测量和上报。这种方式主要用于切换带区域存在该邻区的信号，但该邻区不是直接地理上相邻的小区且信号不稳定。

实际网络优化中，黑名单的设置需要综合考虑周围基站邻区切换的各种情况后再行设置。

③ 优化邻区覆盖范围。

这一点是在切换的优化过程中，根据测试情况结合之前的覆盖优化情况，通过调整邻区的方位角、俯仰角以及发射功率等调整邻区的覆盖范围，调整切换带，保证连续切换。

现网优化，其中一个重要步骤即进行邻区核查工作，保证邻区的准确性。同样，一般在升级与割接后，需要对邻区关系进行核查，避免出现割接后数据与现网数据不匹配的情况。

3. 系统干扰最小化

一般干扰分为2大类，一是系统内引起的干扰，如参数配置不合适，GPS 跑偏，RRU（Radio Remote Unit，无线拉远单元）工作不正常等；另一类是系统外干扰。这2类干扰均会直接影响网络质量。

通过调整各种业务的功率参数、功率控制参数、算法参数等、尽可能将系统内干扰最小化；通过外部干扰排查定位，尽可能将系统外干扰最小化。

（1）系统内干扰最小化。

LTE 有6种信道带宽配置，其中设备规范将 5M，10M，15M，20M 作为配置选项，配置大系统带宽优势明显，既可以获得更高的峰值速率，也可以获得更多的传输资源块，这样需要考虑选择同频组网方式。

相对异频组网，同频组网最明显的优势在于可以高效率地利用频率资源，但小区之间的干扰造成小区载干比环境恶化，使得 LTE 覆盖范围收缩，边缘用户速率下降，控制信令无

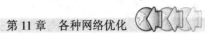

法正确接收等。

对此，可采用 ICIC（Inter Cell Interference Coordination，小区间干扰协调）、功率控制、波束赋形及 IRC（Interference Rejection Combining，干扰抑制合并）等措施，可以有效解决系统内同频干扰问题。

（2）系统外干扰最小化。

对于系统外引发的干扰，一旦发现后，应该及时通知客户协调解决。在无法明确干扰源的情况下，在网络初期优化的过程中，可先通过逐个关闭受干扰基站附近 1～2 圈的站点，逐个进行排查。

外部干扰可通过使用八木天线，进行测试位置选取，天线方向，以及极化方向进行定位，过程周期较长，需要优化人员的细心耐心排查。

4．均匀合理的基站负荷

通过调整基站的覆盖范围，合理控制基站的负荷，使其负荷尽量均匀。

11.4.2　LTE 网络优化的两个阶段

1．网络开通前的优化

网络开通前的优化，是指在网络建设期的优化工作。依据网络规划，在网络建设过程中，进行信息搜集，完成单站点验证、RF 优化、干扰排查、邻区优化、无线参数优化。

一般顺序是：单站优化，簇优化，片区优化，不同厂家交界优化和全网优化。

网络开通前，需要对整网进行一次全面测试，掌握整网在用户入网前的网络情况，并对重点区域进行优化调整。

网络开通前的典型过程一般是路测加信令分析，准确定位问题；RF 调整加无线参数优化，解决优化问题。

2．网络开通后的优化

网络开通后的优化工作，是指通过不断的网络优化工作，使得网络 KPI 逐步提升，通信质量不断改善，网络具有较高的可用性和可靠性，减少用户投诉，使 LTE 网络达到最佳运行状态。

11.4.3　LTE 网络优化重要指标

先重点描述这几个概念，然后介绍根据不同的应用场景优化这些参数的原理。重要指标是：

1．RSRP（Reference Signal Received Power，参考信号接收功率）：小区下行公共导频在测量带宽内功率的线性值（每个 RE 上的功率），当存在多根接收天线时，需要对多根天线上的测量结果进行比较，上报值不低于任何一个分支对应的 RSRP 值，max（RSRP00,RSRP01），即为信号功率 S，反映当前信道的路径损耗强度，用于小区覆盖的测量和小区选择/重选和切换。在覆盖区域内，TD-LTE 无线网络覆盖率应满足 RSRP＞-105dBm 的概率大于 95%。

2．RSSI（Received Signal Strength Indicator，接收信号强度指示）：UE 探测带宽内一个 OFDM 符号所有 RE 上的总接收功率（若是 20M 的系统带宽，当没有下行数据时，则为

200个导频RE上接收功率总和，当有下行数据时，则为1200个RE上接收功率总和），包括服务小区和非服务小区信号、相邻信道干扰、系统内部热噪声等，即为总功率 S+I+N，其中I为干扰功率，N为噪声功率，反映当前信道的接收信号强度和干扰程度。

3．RSRQ（Reference Signal Received Quality，参考信号接收质量）：M*RSRP/RSSI，其中M为RSSI测量带宽内的RB数，即为系统带宽内的RB总数，反映和指示当前信道质量的信噪比和干扰水平。为了使测量得到的RSRQ为负值，与RSRP保持一致，因此RSRP定义的是单个RE上的信号功率，RSSI定义的是一个OFDM符号上所有RE的总接收功率。在覆盖区域内，TD-LTE无线网络覆盖率应满足RSRQ＞-13．8dB的概率大于95%。

4．RS-SINR（Signal to Interference Noise Ratio，信干噪比）：UE探测带宽内的参考信号功率与干扰噪声功率的比值，即为S/（I+N），其中信号功率为CRS的接收功率，I+N为参考信号上非服务小区、相邻信道干扰和系统内部热噪声功率总和，反映当前信道的链路质量，是衡量UE性能参数的一个重要指标。TD-LTE无线网络覆盖率应满足SINR＞-1.6dB的概率大于95%。

在LTE网络中，决定用户平均吞吐量和性能的参数为根据CRS计算得到的SINR值，SINR值越高，则UE的性能越好，该值主要与下行的RSRP和RSSI值相关，因此下行的优化主要体现提升下行的SINR值；决定基站侧平均吞吐量和性能的参数为上行的SINR值，该值与UE的发送功率、路径损耗和平均IoT水平相关，由于UE的发送功率和IoT水平都是不可控的，只有路损可以根据基站的发送功率和RSRP值推导得到，因此上行的优化主要体现在当基站的发送功率一定时，提高下行的RSRP值。

11.4.4 TD-LTE覆盖特性分析

覆盖规划主要内容是通过链路预算得出各类型业务的覆盖半径和覆盖面积，再根据运营商的无线网络覆盖策略，得出在目标覆盖区域内的基站需求数目。

由于无线信道环境的复杂性，TD-LTE系统标准的实际覆盖半径从几百米至几公里不等。在进行无线网络规划和设计时都需要进行链路预算以得到合理的无线覆盖预测结果。影响LTE覆盖的因素主要有以下几个方面。

1．功率因素对下行覆盖的影响

TD-LTE系统下行信道由于不采用功率控制，增加发射机功率可以直接地扩大下行控制信道和业务信道的覆盖半径。

TD-LTE系统功率提升与下行覆盖距离扩大的关系如表11-3所示。

表11-3　系统功率提升与下行覆盖距离扩大的关系

功率提升幅度（dBm）	覆盖距离扩大比例（%）
1	6.84
2	14.15
3	22
4	30.3
5	39.2
6	48.74
9	81.4
10	93.8

功率提升与覆盖距离扩大，表 11-3 依据典型的市区传播模型。实际网络中，一个基站的有效覆盖取决于多个因素，如在 TD-LTE 系统室外覆盖场景中，需要考虑上行信道受限的情况，因此，单纯的提高基站功率不意味着小区实际覆盖面积的扩大。

2．天线技术对覆盖的影响

LTE 系统采用多天线技术，一方面是性能的需要，另一方面是后续标准演进的需要。多天线技术提出了一些指标，在多天线运用上可以提供空间复用和传输分集。

在 LTE 中进行多天线的配置，下行可以支持单天线、两天线、四天线的发送，同时支持智能天线的应用，可以超过四个天线，如八天线的应用。MIMO（(Multiple-Input Multiple-Output，多输入多输出系统）是一个一般的定义，包含了 SIMO（Single-Input Multiple-Output，单输入多输出）和 MISO（Multiple -Input Single–Output 多输入单输出）。MIMO 传输方案，基本思想可简单表述为：通过设计发送信号的相关阵最大化信道容量的上界。

当基站发射天线数目为 1，我们考察 1 种 MIMO 发射模式 SIMO；当基站发射天线数目为不超过 2，我们考察 2 种 MIMO 发射模式，2 × 2 传输分集（SFBC），2 × 2 空间复用（SDM）；当基站发射天线数目为 8 天线，我们考察 Beamforming 的发射模式，8 × 2 Beamforming。在同等的 64kbit/s 覆盖速率覆盖目标下，经链路预算：4 种天线模式下，8 × 2Beamforming 覆盖距离最大，可见 Beamforming 技术的干扰消除效果对于覆盖有良好的作用。2 × 2 传输分集（SFBC）覆盖距离大于 2 × 2MIMO 空间复用（SDM）覆盖，SFBC 不仅采用单流传输，而且可以获得一定的分集增益，较之 SIMO 和 SDM 方式有着较好的覆盖性能。2 × 2MIMO 空间复用（SDM）覆盖距离较小，主要原因双流传输削弱了每个流的功率，需要较高的解调门限。

3．站址高度规划对覆盖的影响

无线通信系统在实际规划过程中，天线布置的高度对无线信号的覆盖距离有着明显的影响，一般而言，天线放置高度越高，覆盖距离越大。

以 64kbit/s 为覆盖速率目标，通过一定传播模型，通过链路预算计算得到不同的站高部署下，TD-LTE 系统的上下行业务覆盖能力，对比如表 11-4、表 11-5 所示。

表 11-4　　不同站址高度下，上行覆盖预算结果

站高选项	25m	35m	45m
室外最大允许路径损耗（dB）	147.3	147.3	147.3
室内最大允许路径损耗（dB）	127.3	127.3	127.3
室外最大覆盖半径（m）	1483.7	1711.0	1914.4

表 11-5　　不同站址高度下，下行覆盖预算结果

站高选项	25m	35m	45m
室外最大允许路径损耗（dB）	154.2	154.2	154.2
室内最大允许路径损耗（dB）	134.2	134.2	134.2
室外最大覆盖半径（m）	2310.2	2694.7	3043.3

在同等的 64kbit/s 覆盖速率覆盖目标下，链路预算的结果由表 11-4、表 11-5 可见：无论是对于上行还是下行，站址布置得越高，覆盖距离越大。

移动通信网络中涉及到的覆盖问题主要表现为四个方面：覆盖空洞、弱覆盖、越区覆盖和导频污染。覆盖优化主要消除网络中存在的四种问题：覆盖空洞、弱覆盖、越区覆盖和导频污染。覆盖空洞可以归入到弱覆盖中，越区覆盖和导频污染都可以归为交叉覆盖，所以，从这个角度和现场可实施角度来讲，优化主要有两个内容：消除弱覆盖和交叉覆盖。覆盖优化目标的制定，就是结合实际网络建设，衡量最大限度的解决上述问题的标准。

解决覆盖的四种问题：覆盖空洞、弱覆盖、越区覆盖、导频污染（或弱覆盖和交叉覆盖），有以下六种手段（按优先级排）。

（1）调整天线下倾角。

（2）调整天线方位角。

（3）调整 RS 的功率。

（4）升高或降低天线挂高。

（5）站点搬迁。

（6）新增站点或 RRU。

在解决这四种问题时，优先考虑通过调整天线下倾角，再考虑调整天线的方位角，依次类推。手段排序主要是依据对覆盖影响的大小，对网络性能影响的大小以及可操作性。

11.4.5 常规覆盖优化的方法及流程

优化流程图如图 11-18 所示。

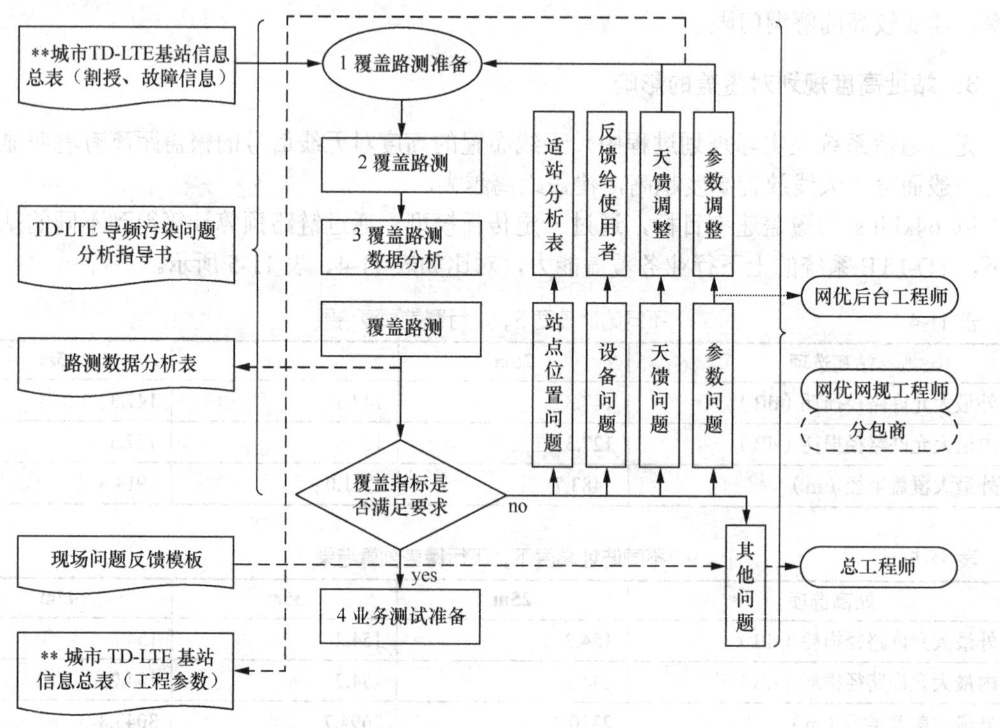

图 11-18 优化流程图

1．覆盖路测准备

在路测之前，首先需要确认测试区域的测试路线，根据《××城市 TD-LTE 基站信息总表》准备好路测工具所需要的站点信息文件，确认覆盖测试设备和软件能够正常工作，准备所需要的电子地图，通过最新的《××城市 TD-LTE 基站信息总表》中的基站故障信息，确认覆盖测试区域内没有故障站点。在后台核查测试区域站点的邻区配置、功率参数、切换参数、重选参数无误。覆盖测试要求采用 SCANNER（移动通信扫频仪）且天线放在车顶（主要考虑天线放置车内时，测量准确度下降）。如果没有 SCANNER，则可以用手机代替，但前提是需要对覆盖测试区域添加所有可能的邻区关系。

2．覆盖路测

在覆盖测试时，尽可能的同时使用 UE（UE 可以处于业务长保状态）和 SCANNER，便于找出遗漏的邻区和分析时定位问题。

覆盖路测，要求尽可能地遍历区域内所有能走车的道路。对于区域内的第一次摸底性质的覆盖测试和大范围内验证调整效果的路测，都可以交给分包商进行。

3．覆盖路测数据分析

覆盖路测数据分析包括性能分析和问题分析两部分。性能分析主要统计 RSRP 和 RS-CINR（Reference Signal -Carrier to Interference plus Noise Ratio，参考信号载波干扰噪声比）是否满足指标要求。若不满足指标要求，按照优先级根据前面覆盖问题的定义以及判断方法找出弱覆盖（即覆盖空洞和弱覆盖）、交叉覆盖（即包含越区覆盖和导频污染）的区域，逐点编号并给出初步解决方案，输出《路测日志与参数调整方案》。

按预定方案解决问题点。若是判断由于天线的工程参数导致的，则调整天线工程参数后，再对问题点进行路测验证，并更新《基站工程参数表》；若是判断由于站点位置不理想或者是缺站导致的，确定后则需要向客户建议迁站或新增加站点。若是判断由设备导致的问题，将问题反馈到用服处理；若是判断由于参数设置原因导致的，通知网优后台人员调整参数后再对问题点进行路测验证，并由后台操作人员输出更新后的《网优参数修改汇总表》（该表每修改一次，当晚必须发送给网优组备份和确认）；若不能确定具体原因，则按照《现场问题反馈模板》填入相关信息后发给后方技术支撑组，支撑组提供相关建议后再进行路测验证。

所有的问题点解决以后，再次使用 SCANNER + UE（业务长保）进行覆盖测试，看 KPI 是否满足要求，若不满足，继续对问题进行分析编号、路测调整，直到覆盖指标满足要求后，才进入业务测试优化。

详细方法如下。

使用 CAN（无线网络优化分析软件）分别统计 UE 和 SCANNER 的 RSRP、RS-CINR 和导频污染比例，并将结果保存在优化报告的优化前指标中。在 CNA 中按照覆盖问题的标准找到问题点并进行标注。弱覆盖基于 SCANNER BESTRSRP 进行判断，导频污染的显示和标注与弱覆盖区域相同，都是基于 SCANNER 的测试数据。

可以将 SCANNER 的 BEST RSRP 和导频污染放在一张图中，按照地理位置就近原则进行问题点的合并，显示各个小区的服务范围。CNT Map 中的“line”图标功能显

示 UE 测试数据的 PCI 来判断每个小区的服务范围，以发现和消除交叉覆盖。或者是用每个点和服务小区的拉线图如图 11-19 所示，不同小区线的颜色不相同，判断每个小区的覆盖范围。

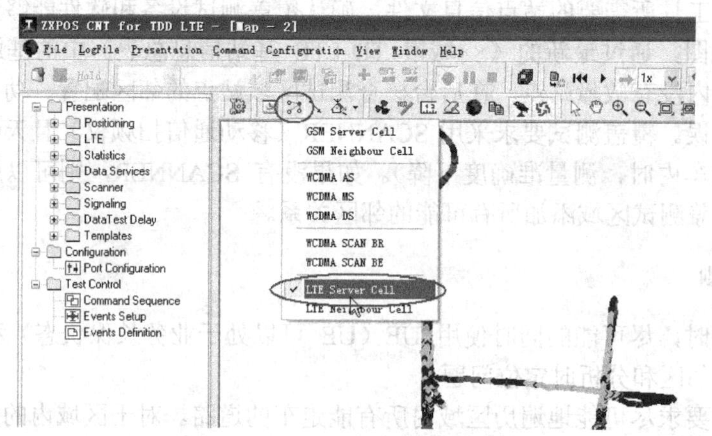

图 11-19　服务小区 RSRP 覆盖的拉线图

4．路测优化

在路测优化时，重点借助小区服务范围图（(PCI，Physical Cell Identity，小区物理标识）显示图和服务小区全网拉线图)），优先解决弱覆盖的问题点；对于导频污染点、越区覆盖和 RS-CINR 差的区域通过规划每个小区的服务范围，控制和消除交叉覆盖区域来完成。弱覆盖点和交叉覆盖区域解决完之后，进行路测对比。

5．覆盖优化工具

覆盖优化的工具分为覆盖测试工具、分析工具以及优化调整工具。覆盖测试工具：在单站、簇覆盖优化时，采用 CNT + UE 在 Idle 或业务状态下进行覆盖测试，在开展片区覆盖优化时，测试的工具优先采用反向覆盖测试系统，其次选择 SCANNER，并且天线放在车内。需要注意的是：路测之前添加可能的邻区关系。UE 是按照邻区配置进行测量、重选和切换的，如果没有相邻关系，信号再强 UE 也不会进行测量、重选和切换。所以在路测之前，把可能的邻区关系配上。但实际上刚刚建成的网络存在很多的越区覆盖，在没有测试的情况下，很难把测试路线上的相邻关系加全，所以，在覆盖优化阶段进行测试时，最好把 SCANNER 和 UE 同时接上进行数据采集，便于发现漏配邻区。UE 要在 Idle 状态下进行覆盖测试。在网络建设初期，覆盖存在很多问题，UE 非常容易出现呼叫不通、掉话、切换失败的情况，而这些情况很可能会使 UE 挂在原小区，恶化覆盖的统计指标。分析工具采用 CNA 或 ACP 分析软件。覆盖优化调整工程参数时，使用坡度仪测量天线下倾角，使用罗盘测量天线的方位角。

11.4.6　D-LTE 开网优化

开网优化工作按单站验证（工程部门实施）、单站优化、簇优化、拉网优化四步开展。

1．单站优化

单站优化包括测试前准备、验证测试、问题分析处理、单站验证报告输出四部分。如果测试过程或结果显示有明显问题，需要把这些问题记录在《单站验证问题记录表》中，并给出问题分析，硬件安装问题并交由工程安装团队解决，功能性问题由 eNode B 工程师配合解决，等问题解决后再次进行验证测试，直到测试过程以及结果分析没有发现明显问题，才能依据测试结果输出《单站验证报告》。

（1）单站验证工作内容。

单站验证是网络优化的基础性工作，其目的是保证站点各个小区的基本功能（接入、PING、FTP 上传下载业务等）和信号覆盖正常，保证安装、参数配置等与规划方案一致，将有可能影响到后期优化的问题在前期解决，另外还可以熟悉优化区域内的站点位置、无线环境等信息，获取实际基础资料，为更高层次的优化打下良好基础。单站验证主要完成下列任务。

① 检查天线方向角、下倾角、挂高、安装位置，使用路测方式检查是否有天馈连接问题。

② 基站经纬度确认。

③ 建站覆盖目标验证（是否达到规划前预期效果）。

④ 空闲模式下参数配置检查（PCI 等），基站信号覆盖检查（RSRP 和 SINR）。

⑤ 基站基本功能检查（切换、PING、FTP 上传下载）。

⑥ 确认站点方位角、倾角、抱杆安装位置等是否与基站设计一致。

单站验证的流程应严格按照本指导书的要求进行，在每个基站验证结束后，按照规定输出相应结果和报告。

（2）单站验证工作流程。

如图 11-20 所示。

（3）单站验证指标要求。

室外站和室内站单验标准如表 11-6、表 11-7 所示。

（4）单站优化工作内容。

单站优化工作在单站验证通过后启动，相关优化必须在 3 天内完成。单站优化工作目标是保证站点开通后用户可正常使用 LTE 网络，主要工作内容包括。

① 上下行速率优化。

② 覆盖优化（重点针对覆盖偏小问题开展优化）。

③ 切换优化（在 LTE 站点已连片开通区域进行）。

④ 互操作优化。

⑤ CSFB（Correct Symbol Feedback，通道状态反馈）优化。

⑥ 上行干扰排查。

对孤立点开通的宏基站及室分站点要重点完成互操作优化工作，避免出现覆盖不完善而互操作未做好引起掉话的情况。

（5）单站优化指标要求。

室外站和室内站单验优化标准如表 11-8、表 11-9 所示。

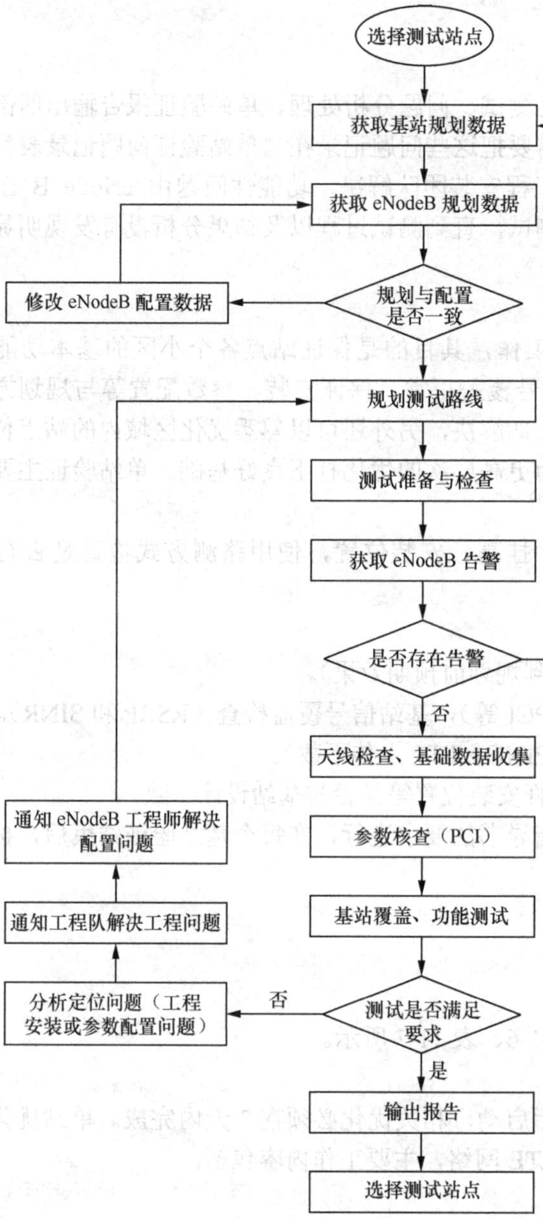

选择测试站点
获取基站规划数据
获取 eNodeB 规划数据
规划与配置是否一致
修改 eNodeB 配置数据
规划测试路线
测试准备与检查
获取 eNodeB 告警
是否存在告警
是
重新选择测试站点
否
天线检查、基础数据收集
参数核查（PCI）
基站覆盖、功能测试
测试是否满足要求
否
分析定位问题（工程安装或参数配置问题）
通知工程队解决工程问题
通知 eNodeB 工程师解决配置问题
是
输出报告
选择测试站点

图 11-20　单站验证流程图

表 11-6　室外站单验标准

<table>
<tr><th>测试项</th><th>验收要求</th></tr>
<tr><td>RSRP（dBm）</td><td rowspan="4">单用户进行测试，上行 SIMO 模式，下行自适应 MIMO 模式。在目标覆盖区域内选取一个无线环境优良的可视点。上下行时隙比为 1:3 的，上下行 L1 速率要求不低于 6/40Mbit/s；时隙配比为 2:2 的，L1 速率要求不低于 10/30Mbit/s。速率取上下载稳定后 30s 左右时间段的平均</td></tr>
<tr><td>RS-SINR（dB）</td></tr>
<tr><td>上载速率（Mbit/s）</td></tr>
<tr><td>下载速率（Mbit/s）</td></tr>
<tr><td>切换成功率（%）</td><td>小区间双向进行切换尝试 3 次，成功率达到 100%</td></tr>
<tr><td>CSFB 成功率（%）</td><td>主被叫各进行 3 拨打，成功率达到 100%</td></tr>
</table>

续表

测试项	验收要求
4G<-->3G 重定向成功率（%）	双向互操作各 3 次，成功率达到 100%
4G<-->3G 重选成功率（%）	双向互操作各 3 次，成功率达到 100%
4G-->2G 重定向成功率（%）	互操作 3 次，成功率达到 100%
4G<-->2G 重选成功率（%）	双向互操作各 3 次，成功率到达到 100%
RSRP 达标率（%）	在基站可视的目标覆盖区域范围内，测试道路 RSRP 达标率。F 频段满足 RSRP ＞-110dBm 且 RS-SINR≥-3dB 的概率大于 98%；D 频段的大于 90%

表 11-7　　室分站单验标准

测试项	验收标准
RSRP（dBm）	单用户进行测试。每个小区，在目标覆盖区域内选取一个可视点。双流分布系统的，上下行 L1 速率要求不低于 6/50Mbit/s；单流的，上下行 L1 速率要求不低于 6/30Mbit/s。速率取上下载稳定后 30 秒左右时间段的平均
RS-SINR（dB）	
上载速率（Mbit/s）	
下载速率（Mbit/s）	
切换成功率（%）	小区间双向进行切换尝试 3 次，成功率达到 100%
CSFB 成功率	主被叫各进行 3 拨打，成功率达到 100%
4G<-->3G 重定向	双向互操作各 3 次，成功率达到 100%
4G<-->3G 重选	双向互操作各 3 次，成功率达到 100%
4G-->2G 重定向	互操作 3 次，成功率达到 100%
4G<-->2G 重选	双向互操作各 3 次，成功率达到 100%
信号外泄测试	室外 10m 处应满足 RSRP≤−110dBm 或室内小区外泄的 RSRP 比室外主小区 RSRP 低 9dB 或以上

表 11-8　　室外站单验优化标准

RSRP（dBm）	单用户进行测试，上行 SIMO 模式，下行自适应 MIMO 模式。对小区目标覆盖区域进行遍历测试，上下行时隙比为 1:3 的，上下行 PDCP 层平均速率要求不低于 5/25Mbit/s；时隙配比为 2:2 的，PDCP 速率要求不低于 10/20Mbit/s
RS-SINR（dB）	
上载速率（Mbit/s）	
下载速率（Mbit/s）	
连接建立成功率（%）	在小区不同区域建立 10 次连接，连接建立成功率达到 90%
切换成功率（%）	对小区覆盖边缘进行 DT 测试，切换次数在 10 次以上，切换成功率达到 90%
CSFB 成功率（%）	主被叫各进行 3 拨打，成功率达到 100%
互操作成功率	在 LTE 覆盖不连续的区域进行 DT 测试，互操作次数在 10 次以上，成功率达到 90%（如无场景可不测试）
RSRP 达标率（%）	对小区进行 DT 测试，测试道路 RSRP 达标率。F 频段满足 RSRP ＞ -110dBm 且 RS-SINR≥ -3dB 的概率大于 98%；D 频段的大于 95%

表 11-9　　室内站单站优化标准

FTP 下载业务时的 RS 功率业务覆盖测试	1. RSRP>＝-105dBm 且 SINR ＞＝6dB 的概率大于 95% 2. 在为满足控制外泄的情况下，允许 RSRP>＝-105dBm 且 SINR ＞＝6dB 的概率大于 90%
RS 功率外泄强度测试	建筑外 10m 处接收到室内信号≤-110dBm 或比室外主小区低 10dB 的比例大于 90%（当建筑物距离道路小于 10 米时，以道路为参考点）

续表

应用层平均下载速率（定点）	单用户下行平均峰值速率，时隙比 D:U 为 3:1 配置（或 2：2 配置）选择 RSRP、SINR、BLER、MCS 均较好的位置（一般天线附近）进行测试，10 次/RRU，30s/次 1. FTP 应用层下载速率 >40Mbit/s（单流，3:1） 2. FTP 应用层下载速率 >30Mbit/s（单流，2:2） 3. FTP 应用层下载速率 > 60Mbit/s（双流，3:1） 4. FTP 应用层下载速率 > 50Mbit/s（双流，2:2） 5. BLER≤10%
应用层平均上传速率（定点）	单用户下行平均峰值速率，时隙比 D:U 为 3:1 配置（或 2：2 配置） 选择 RSRP、SINR、BLER、MCS 均较好的位置（一般天线附近）进行测试，10 次/RRU,30s/次 1. FTP 应用层上传速率 >8Mbit/s（单流、双流，时隙比 D:U 为 3:1 配置） 2. FTP 应用层上传速率 >15Mbit/s（单流、双流，时隙比 D:U 为 2:2 配置） 3. BLER≤10%
接通率	接通率>96% ；BLER≤10%
掉线率	掉线率<4%；BLER≤10%
控制面时延测试	用户最大接入时延应小于 80ms，最大寻呼时延应小于 50ms
Ping 时延	32byte 小包：时延小于 30ms，成功率大于 95% 1400byte 小包：时延小于 50ms，成功率大于 95%
室内外切换	切换成功率 > 96%；切换期间 BLER<10%
室内小区间切换	切换成功率 > 96%；切换期间 BLER<10%
地下停车场室内外切换	切换成功率 > 96%；切换期间 BLER<10%
电梯进出切换	切换成功率 > 96%；切换期间 BLER<10%
系统间重选测试	重选成功率 > 96%
系统间重定向测试	重定向成功率 > 96%
CSFB 成功率测试	CSFB 成功率 > 96%
天线系统驻波比	驻波比小于 1.5
上行底噪	上行底噪小于-110dBm

单站优化完成，各项指标达标后，需按附件完成单站优化报告。室分站不仅需记录测试结果，还需要完成 Word 版的优化报告。

2．簇优化

（1）簇优化工作内容。

簇优化工作在簇内基站完全开通比例达到 80%以后启动，相关优化工作需在 3 周内完成。主要工作内容包括：

① 覆盖优化：对弱覆盖、过覆盖区域进行优化，合理控制覆盖。

② 质差优化：对 SINR 低的区域进行优化，降低系统内干扰。

③ PCI 优化：对 PCI 模 3 冲突、模 3 混淆的小区 PCI 进行重新规划，避免模 3 干扰。

④ 邻区优化：根据测试结果增删不合理的邻区关系，对切换参数不合理的小区进行优化。

⑤ 硬件故障排除：对基站隐性故障进行分析排查。

⑥ 网管性能指标优化：对无线接入性、掉话率、切换成功率等网管指标进行监控，对指标异常小区进行优化。

（2）簇优化指标要求。

簇优化主要对测试指标进行考核。测试要求如下。

① 测试时需测试终端两台、GPS 接收设备及相应的路测软件。

② 两台终端建立连接，一台终端开启下行 TCP 业务，另一台终端开启上行 TCP 业务。

③ 覆盖率、切换成功率、吞吐量 3 项指标测试采用 FTP 大数据量上传、下载业务标准：FTP 下载 500MB 文件，单文件 5 线程，业务间隔 15s；TD-LTE 网络 FTP 上传 200MB 文件，单文件单线程，业务间隔 15s。

④ 连接建立成功率、掉线率 2 项指标测试采用 FTP 小数据量上传、下载业务标准：FTP 下载文件大小为 50MB，单文件 5 线程下载；FTP 上传文件大小为 20MB，单文件单线程上传。

⑤ 测试车应视实际道路交通条件以中等速度（30km/h 左右）匀速行驶，遍历簇内重要道路，具体路线由地市无优中心确定。

测试指标要求见表 11-10, 簇优化完成，各项指标达标后，需按附件完成单站优化报告。

表 11-10　　簇优化主要测试指标

频段	覆盖率	连接建立成功率	掉线率测试	切换成功率	上行吞吐量	下行吞吐量
	应满足 RSRP > -100dBm 且 RS-SINR≥-3dB 的概率	连接建立成功率 = 成功完成连接建立次数/终端发起分组数据连接建立请求总次数	掉线率 = 掉线次数/成功完成连接建立次数	切换成功率 = 切换成功次数/切换尝试次数	PDCP 层平均吞吐量	PDCP 层平均吞吐量
D 频段	95%	98%	2%	98%	6M	24M
F 频段	90%	96%	3%	96%	5M	20M

3. 拉网优化

（1）拉网优化工作内容。

拉网优化工作包括簇优化的相关工作，并重点对簇边界区域和城区主要主干道路、重点区域的的覆盖、邻区、参数等进行优化，优化工作内容参考簇优化工作内容。

（2）拉网优化标准。

拉网优化对测试指标进行考核。测试要求如下。

① 测试时需测试终端两台、GPS 接收设备及相应的路测软件。

② 两台终端建立连接，一台终端开启下行 TCP 业务，另一台终端开启上行 TCP 业务。

③ 覆盖率、切换成功率、吞吐量 3 项指标测试采用 FTP 大数据量上传、下载业务标准：FTP 下载 500MB 文件，单文件 5 线程，业务间隔 15s；TD-LTE 网络 FTP 上传 200MB 文件，单文件单线程，业务间隔 15s。

④ 连接建立成功率、掉线率 2 项指标测试采用 FTP 小数据量上传、下载业务标准：FTP 下载文件大小为 50MB，单文件 5 线程下载；FTP 上传文件大小为 20MB，单文件单线程上传。

⑤ 测试车应视实际道路交通条件以中等速度（30km/h 左右）匀速行驶，遍历规划区内重要道路，因工程原因簇内基站开通不到 80%的簇可不安排测试,具体路线由地市无忧中心确定。

测试指标要求见表 11-11。拉网优化完成，各项指标达标后，需按附件完成单站优化报告。

表 11-11 拉网优化测试指标

频段	覆盖率	连接建立成功率	掉线率测试	切换成功率	上行吞吐量	下行吞吐量
	应满足 RSRP > -100dBm 且 RS-SINR ≥ -3dB 的概率	连接建立成功率 = 成功完成连接建立次数/终端发起分组数据连接建立请求总次数	掉线率 = 掉线次数/成功完成连接建立次数	切换成功率 = 切换成功次数/切换尝试次数	PDCP 层平均吞吐量	PDCP 层平均吞吐量
D 频段	95%	98%	2%	98%	6M	24M
F 频段	90%	96%	3%	96%	5M	20M

11.4.7 LTE 案例分析

1. 覆盖优化

（1）常见的覆盖问题分类。

① 邻区缺失引起的弱覆盖。

② 参数设置不合理引起的弱覆盖。

③ 缺少基站引起的弱覆盖。

④ 越区覆盖。

⑤ 背向覆盖。

⑥ 天馈实际安装与规划不一致引起的覆盖问题。

⑦ 基站 GPS 故障引起的弱覆盖。

（2）解决思路。

对于不同的覆盖问题，有着不同的优化方法，以下是常见覆盖问题的优化方法。

① 对于由于邻区缺失引起的弱覆盖，应添加合理的邻区。

② 对于由于参数设置不合理引起的弱覆盖（包括小区功率参数以及切换、重选参数），根据具体情况调整相关参数。

③ 对于由于缺少基站的弱覆盖，应通过在合适点新增基站以提升覆盖。

④ 对于由于越区覆盖导致的覆盖问题，应通过调整问题小区天馈的方位角/俯仰角或者降低小区发射功率解决，但是降低小区发射功率将影响小区覆盖范围内所有区域的覆盖情况，不建议此种方法解决越区。

⑤ 对于背向覆盖，大部分由于建筑物反射导致，合理调整方位角/下倾角。

⑥ 对于天馈安装与规划不一致（包括同一基站小区间天馈接反或者天馈下倾角/方位角不合适等）引起的覆盖问题，应对天馈进行调整。

⑦ 对于由于基站 GPS 故障引起的弱覆盖，应及时上站更换故障模块。

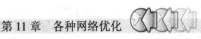

（3）案例

例 11-1　邻区缺失引起的弱覆盖

① 问题描述。

UE 从小区 17 向北行驶过程中，出现很大一段的弱覆盖，最终由于下行失步导致 RRC 重建立。重建立后终端接入到小区 438，如图 11-21 所示。

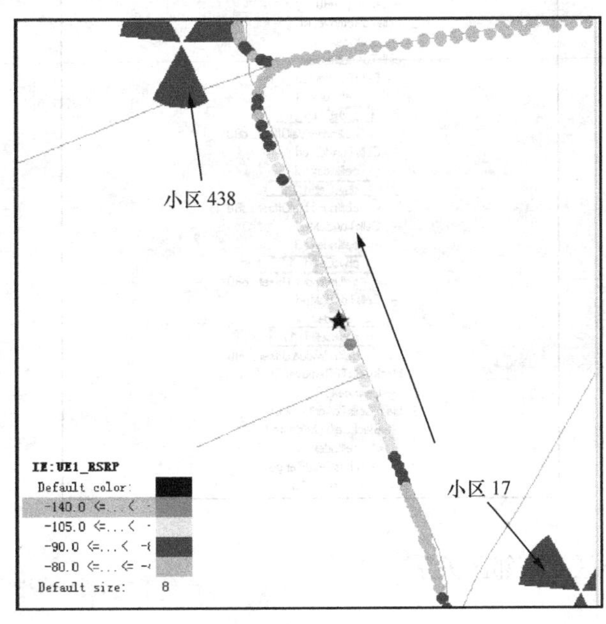

图 11-21

Col	Col
RRC Status	Connec
NAS Status	PS Dor
Roaming Status	Reg Ho
APN	cmnet.i
IPv4 Address	172.16.
Qos Class Ind	9
Transmission Mode	3
RSRP	-106
RSRQ	-32
RSSI	-85
SINR	7
PRACH Power	
PUSCH Power	23
PUCCH Power	23
SRS Power	23

② 问题分析。

根据打点图 11-21 可以看出，终端已经处于小区 438 的覆盖区域下，但是却迟迟没有上发测量报告，首先检查切换参数，切换参数正常，然后检查小区 17 的邻区设置，发现并没有配置小区 438。所以导致 UE 始终没有对小区 438 进行测量，没有发送测量报告，最终导致终端下行失步，重建立后接入到小区 438。

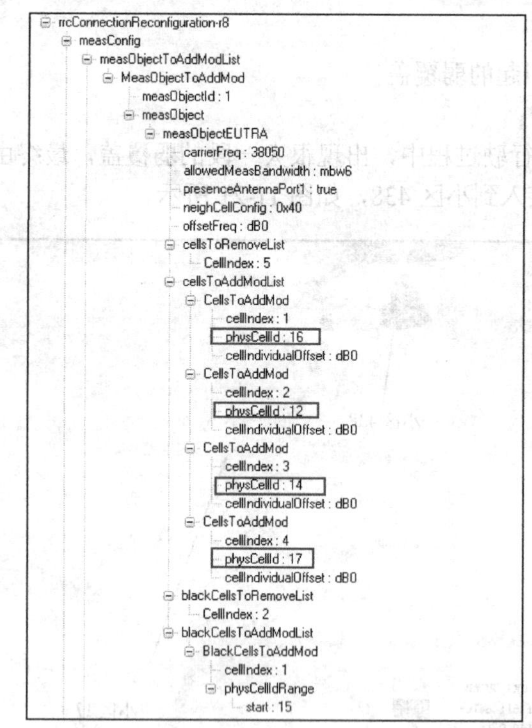

③ 解决措施。

增加小区 17 与小区 438 邻区关系。

④ 处理效果。

复测小区 17 由南向北可以正常切换到小区 438，没有出现无线链路失败的情况，小区覆盖改善后的测试结果如图 11-22 所示。

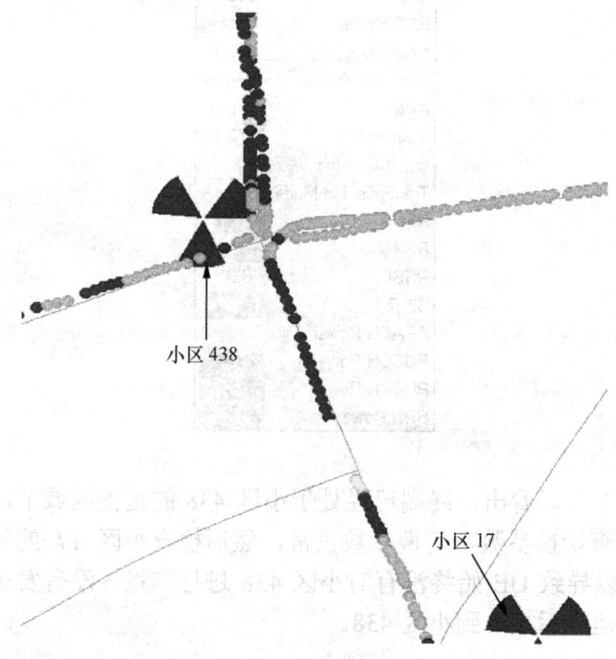

图 11-22 小区覆盖改善后的测试结果

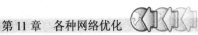

例 11-2　越区覆盖

① 问题描述。

泥塘基站小区 31 覆盖距离过大，在大学城二的基站附近 RSRP 仍然很强，干扰严重，导致大学城二的小区 33 附近经常切换失败。

泥塘越区覆盖调整前如图 11-23 所示。

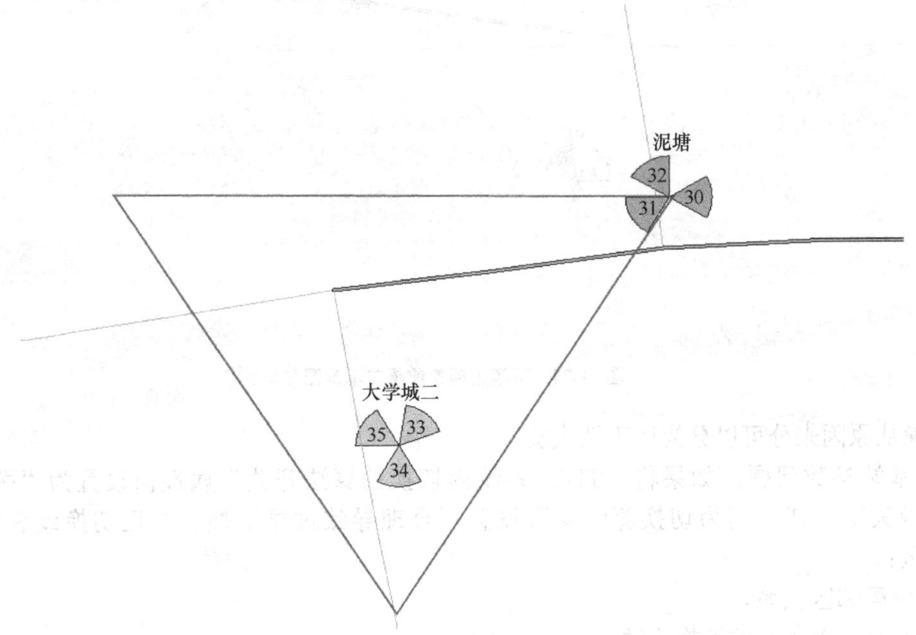

图 11-23　下倾角调整前覆盖示意图

② 问题分析。

查看参数配置没有问题，上站勘察，发现小区 31 的天线下倾角过小，只有 0 度。

③ 解决措施。

将天线机械下倾角下压 6°。

④ 处理效果。

调整天线机械下倾角后复测，问题得到较好解决。泥塘越区覆盖调整后如图 11-24 所示。

2．切换优化

无线网络特有的用户移动性，为了保证用户移动过程中同样享有业务就必须使网络具备正确的切换。同样 TD-LTE 网络是否能够正确切换也是网络关键，网络优化中解决切换问题也是网络问题中必不可少的。对网络中切换问题需要仔细分析，定位问题具体原因。

（1）问题分类。

切换从结果来看可以分为四大类。

① 小区不能切入；周围小区不能够切入问题小区，但是问题小区能够切出至周围小区。

② 小区不能切出；周围小区能够切入问题小区，但是问题小区不能够切出至周围小区。

③ 小区不能切入也不能切出；周围小区不能和问题小区进行切换。

④ 过早切换、过迟切换或者切换到错误小区。

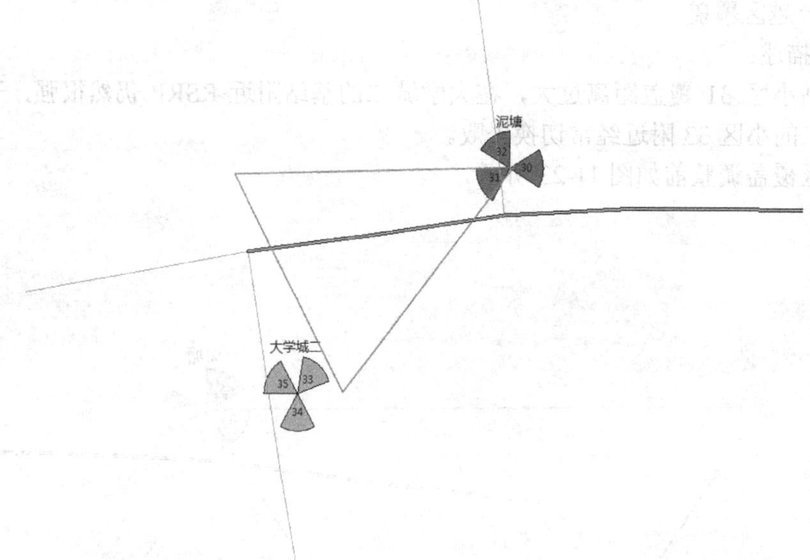

图 11-24　下倾角调整前覆盖示意图

切换从原因来分可以分为以下四大类。

① 基站参数问题；如果将“TDD 系统内切换的算法开关”属性值设置为“关闭”，导致切换失败；或者因为切换算法参数设置不合理导致过早切换、过迟切换或者切换到错误小区；

② 漏配邻区关系。

③ 基站过覆盖导致切换失败。

④ 基站不同步造成孤岛效应。

（2）解决思路。

首先通过路测终端进行测试，收取测试 log 来发现网络中存在的切换问题。对于切换失败，首先需要分析定位失败原因，然后对网络进行有针对性的调整。出现切换失败的原因有乒乓切换频繁，信号衰减过快，参数设置等。

确定问题分类后需要关注几个方面的网络信息。

① 网络侧信令跟踪：通过网络侧信令跟踪配合路测终端测试 log 定位引起切换问题的网元（eNB 或者 UE）及问题方向（上行问题还是下行问题）。

② 网络干扰情况：通过 OMC 提取网络小区干扰 IoT、RSSI 等信息确认是否存在干扰。

③ 话务统计情况：通过 OMC 提取话务统计，配合路测终端测试 log 定位切换问题类型及原因。

④ 基站运行状态：通过提取网络基站状态，查看告警信息。

（3）案例。

例 11-3　切换失败：UE 未启动同频测量

① 问题描述。

UE 从 A 处的 446 小区向 B 处的 449 移动过程中，切换失败：UE 没有上报测量报告，直接失步回到 Idle 态，如图 11-25 所示。

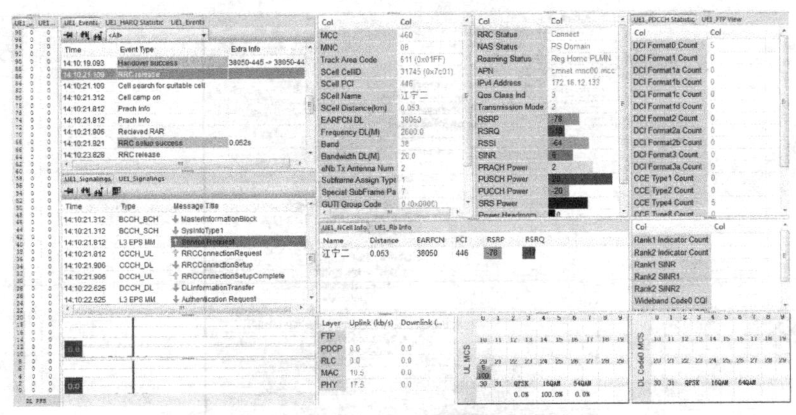

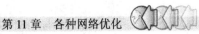

图 11-25　切换失败测量

② 问题分析。

UE 的邻区测量列表中没有任何邻区的测量信息，因此应该是未测量到邻区；结合基站分布和扫频信息，该区域应该可以测量到邻区。查看重配置消息的邻区参数配置，正确；查看重配置消息中的 s-Measure 配置为 20（实际值为协议值-141）,UE 需要在 RSRP 小于-121dBm 以下才会启动测量；参数取值不合理。

③ 解决措施。

将小区 446 的 s-Measure 改为 97（最大值）。

④ 处理效果。

参数修改后重新验证, 问题解决。

例 11-4　漏配邻区导致不切换

① 问题描述。

在某次路测中发现，前三次测量报告目标 PCI 都是 28（前三次 PCI 相同，RSRP 测量值略有差异），第四次测量报告中有 PCI28、19 两个小区，从测量值上看，28 比 19 高 3 个 dB，接着收到了切换命令，切换命令中的目标小区不是最高的 28 而是 19。此时即可初步怀疑 28 为漏配邻区。

18:54:04.357	UL DCCH	Measurement Report
18:54:13.391	UL DCCH	Measurement Report
18:54:14:214	BCCH DL SCH	System Information Block Type1
18:54:14:225	UL CCCH	RRC Connection Reestablishment Request
18:54:14:279	DL CCCH	RRC Connection Reestablishment
18:54:14:282	UL DCCH	RRC Connection Reestablishment Complete

第一个测量报告内容：

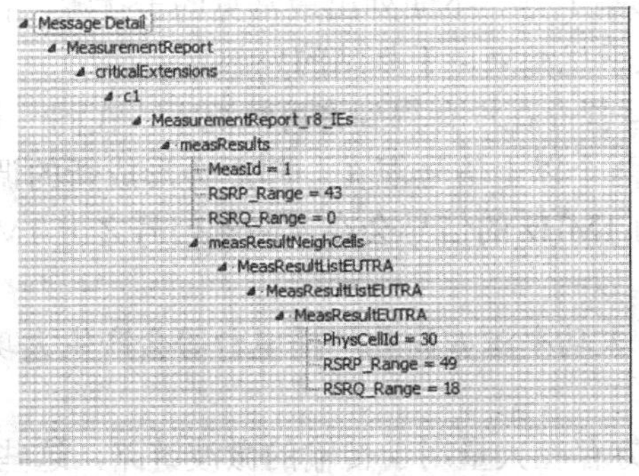

测量控制消息内容：

```
Message Detail
  RRCConnectionReconfiguration
    RRC_TransactionIdentifier = 2
    criticalExtensions
      c1
        RRCConnectionReconfiguration_r8_IEs
          measConfig
            MeasObjectToRemoveList
            MeasObjectToAddModList
              MeasObjectToAddModList
                MeasObjectToAddMod
                  MeasObjectId = 1
                  measObject
                    measObjectEUTRA = false
                      ARFCN_ValueEUTRA = 40340
                      AllowedMeasBandwidth = 0 (mbw6)
                      NeighCellConfig = 0x40
                      Q_OffsetRange = 15 (0 dB)
                      CellsToAddModList
                        CellsToAddModList[0]
                          CellsToAddMod
                            cellIndex = 1
                            PhysCellId = 0
                            Q_OffsetRange = 15 (0 dB)
                        CellsToAddModList[1]
                          CellsToAddMod
                            cellIndex = 2
                            PhysCellId = 38
                            Q_OffsetRange = 15 (0 dB)
                        CellsToAddModList[2]
                          CellsToAddMod
                            cellIndex = 3
                            PhysCellId = 26
                            Q_OffsetRange = 15 (0 dB)
                        CellsToAddModList[3]
                          CellsToAddMod
                            cellIndex = 4
                            PhysCellId = 46
                            Q_OffsetRange = 15 (0 dB)
                        CellsToAddModList[4]
                          CellsToAddMod
                            cellIndex = 5
                            PhysCellId = 17
                            Q_OffsetRange = 15 (0 dB)
                        CellsToAddModList[5]
                          CellsToAddMod
                            cellIndex = 6
                            PhysCellId = 4
                            Q_OffsetRange = 15 (0 dB)
                        CellsToAddModList[6]
                          CellsToAddMod
                            cellIndex = 7
```

② 解决方案。

添加双向邻区关系。

3．干扰优化

在无线蜂窝通信系统中，不同的频段分配给不同的通信系统导致系统间产生干扰，同时由于各系统采用不同的复用方法来提高频谱效率，以增加系统容量，同时带来了同/邻频干扰。另外，系统还存在由于电波传播的多径效应造成的干扰等。无线干扰信号会给基站覆盖区域内的移动通信带来许多问题，如掉话、通话质量差、信道拥塞等。

（1）问题分类。

在 TD-LTE 网络系统里面主要干扰来源有几个方面。

① 系统外干扰。

如今可能造成外部干扰的原因正不断增多，有些显而易见易跟踪，有些则非常细微，很难识别。虽然无线系统设计时可以提供一定的保护，但多数情况下对干扰信号只能在源头处进行控制。一般干扰只是影响上行。下面列出最常见的干扰源，在实际情况下就可确定从何处着手，要注意的是大多数干扰源来自于基站的外部。

a．非法发射器：非法运营商在没有得到许可情况下，在同一频段发射。

b．信号互调：两个或两个以上信号混在一起后会形成新的调制信号。最常见互调是三次信号，例如，两个间隔为 1MHz 的信号会在原高频信号之上 1MHz 和低频信号之下 1MHz 各产生一个新信号。

c．广播发射器谐波 ：大功率源如商业广播电台等会产生大功率信号谐波，影响附近的移动通信发射器。

d．微波传输：很多地方存在大量用于传输的微波链路，这些微波传输处于 2G 左右的频段，对于使用 2GHz 左右频段的系统就会存在干扰。

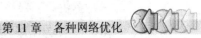

② TD-LTE 系统内干扰。

a．同频同 PCI 基站覆盖区域重叠。

b．基站不同步情况下，下行干扰上行。因 TD-LTE 网络为时分网络，同频组网情况下如果基站不同步可能下行信号落入上行信号时隙，导致上行干扰。

c．交叉时隙干扰。附近相邻的小区上、下行子帧配置不同，导致下行子帧干扰其他小区的上行子帧接收，导致上行 IoT 增加，产生上行干扰。

（2）解决思路。

干扰解决主要体现在如何进行干扰定位，如何快速有效定位干扰源是我们需要讨论的重点。

干扰会给系统带来很大的影响，尤其当干扰严重时，会对手机注册、呼叫和切换产生影响；另外如果在接收频段内存在干扰，对接收机的灵敏度也会造成影响，把系统接收噪声电平抬高。在进行干扰测试前，需要得到运营商和当地无线电管理委员会的帮助，充分了解当地无线频段划分和企业使用无线电设备情况。在测试前要确定测试时间和测试地点，准备测试仪器、测试天线和车辆、GPS、指北针等。

如何发现网络中存在干扰可以从几个方面入手。

① 进行 DT 测试发现。

② 从话务统计分析发现。

③ 提取基站底噪 IoT 和上行 RSSI 值发现。

对于设备原因引起的干扰，可通过设备排障手段解决；对于外部干扰或规划不合理引起的干扰，一旦发现后，应该及时调整网络或通知客户进行协调解决；无法明确外部干扰源的情况下，在网络初期优化的过程中，可先通过逐个关闭受干扰基站附近 1～2 圈的站点，逐个进行排查。

如何查找干扰源，可采用定向天线多点交叉方法进行定位，如图 11-26 所示。

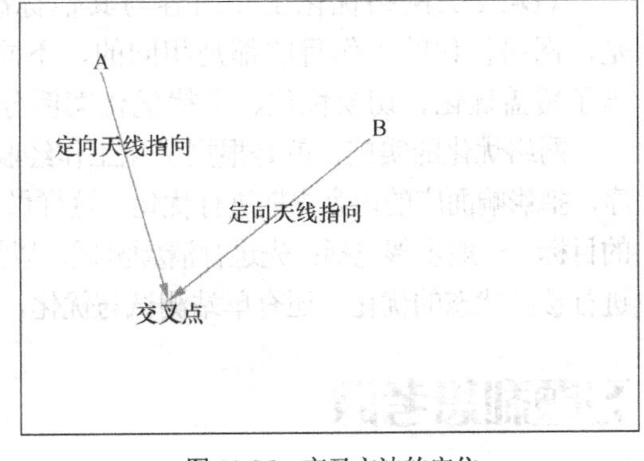

图 11-26　交叉方法的定位

a．利用定向天线多点（>2 点）交叉定位。

b．缩小定位半径，重复上述 A。

（3）案例。

例 11-5　系统内干扰—交叉时隙干扰导致上行速率低。

① 问题描述。

某街小区 4 近点进行上行 FTP 业务，速率只有 3～4M。

② 问题分析。

查询网络侧 BLER 较高，MCS 等级较低；查询网络侧配置参数，未发现异常；查询上行 IoT 干扰较高。

此时进行下行 FTP 业务，基本正常；进行上行 UDP 业务，速率仍只有 3～4M。

综上，怀疑存在干扰，经排查发现分组二的城墟路小区 21 由于刚建站开通，上下行时隙配置成 1:3 且小区已激活，导致交叉时隙干扰。

③ 解决措施。

将城墟路小区 21 的上下行时隙配置改为 2:2。

④ 处理效果。

将城墟路小区 21 的子帧配置改为 2:2 后，重新验证，上行速率正常，问题解决。

本章小结

本章对 GSM、CDMA、WCDMA、TD-SCDMA 网络优化的一些研究成果和经验进行总结，并对典型的案例进行了分析。

从 WCDMA 的关键技术出发，通过对无线网络规划对网络产生影响的分析，讨论了 WCDMA 系统进行无线网络优化的必要性，最后阐述了 WCDMA 系统网络优化的实施流程和常见的调整参数。

TD-SCDMA 在传播条件、用户移动性、业务等方面的变化会对网络中各个小区产生不同的影响，因此 TD-SCDMA 运营商为了确保各参数的最佳值，充分发挥网络的最大能力，需要对网络进行定期的、循环式的、渐进的动态优化。TD-SCDMA 网络优化实施的步骤如下：确定网络优化目标，TD-SCDMA 的网络优化目标主要有覆盖率、导频区域优化、接通率、掉话率、寻呼成功率、切换成功率等。现在网络初建阶段，用户数不是很多的情况，给出一组优化目标参考值。当网络建设已经完成，用户数逐渐增多之后的优化目标还需要根据客观环境进行适当的调整。组织团队，制定优化流程，良好的优化流程可以协调各项目小组之间的分工和合作关系，提高优化工作的效率。网络优化不是一个短期的任务，而是日常网络维护工作的一部分，优化流程、提高工作效率就是一个首要的目标。对 TD-SCDMA 网络优化的案例分析，包括弱覆盖、邻区漏配、强干扰、扰码优化、天线朝向的优化、切换区的优化。

TD-LTE 网络优化工作内容与其他标准体系网络优化既有相同点又有不同点。相同的是，网络优化的工作目的都是相同的，不同的是具体的优化方法，优化对象和优化参数。给出了覆盖优化、切换优化、干扰优化案例分析。

网络优化的实施，就是根据优化工作经验，在实施优化之前，需要对优化内容排列好先后顺序，把影响面广的内容先期进行优化。这样做可以减少循环往复的调整，达到更快更好地完成优化的目标。一般步骤包括：先进行清频测试，以排除设备的硬件问题；再进行 Idle 状态的优化；最后进行拨打状态的优化。还有单站测试与优化，邻区优化，扰码优化，强干扰区域，弱覆盖区域。

习题和思考题

1．一般情况下优化区域是怎样了解本区域的无线性能的？
2．简述网络优化的一般步骤。
3．实际中的弱覆盖指什么？
4．实际中的扰码优化指什么？
5．说明一个实际应用的优化方案。
6．什么是切换区的优化？
7．GSM 的 OMC 话务统计分析要点是什么？
8．CDMA 工程优化的主要方法。
9．TD-SCDMA 的网络优化目标主要有什么？
10．LTE 网络优化的两个阶段内容是什么？
11．LTE 网络优化有哪些重要指标？

第 12 章

移动通信电源

12.1 对通信电源的要求

目前，我国主要通信设备都已达到或接近世界先进水平，通信网的总体规模也已跃居世界各国前列，通信设备对电源的要求越来越高。如果电源系统的工作不可靠，就会造成通信中断。如果电源电压不稳或纹波电压过大，就会降低通信质量，甚至无法正常通信。

12.1.1 通信设备对电源系统的一般要求

通信设备对电源系统的一般要求是：可靠、稳定、小型、高效率。可靠是为了确保通信畅通，除了必须提高通信设备的可靠性外，还必须提高电源系统的可靠性。通常，电源系统要给许多通信设备供电，因此电源系统发生故障后，对通信的影响很大。为确保可靠供电，在直流供电系统中，采用整流器与电池并联浮充供电方式。此外先进的开关整流器都采用多个整流模块并联工作的方式，这样当某一个模块发生故障时不会影响供电。各种通信设备都要求电源电压稳定，不能超过允许的变化范围。电源电压过高，会损坏通信设备中的电子元件，电源电压过低，通信设备不能正常工作。此外，直流电源电压中的脉动杂音也必须低于允许值，否则，也会严重影响通信质量。小型是指随着集成电路的迅速发展正向着小型化、集成化方向发展。为了适应通信设备的发展，电源装置也必须实现小型化、集成化。此外，各种移动通信设备和航空、航天装置中的通信设备更要求电源装置体积小，重量轻。为了减少电源装置的体积和重量，各种集成稳压器和无功频变压器的开关电源得到了越来越广泛的应用。近年来，工作频率高到几百 kHz 且体积非常小的谐振型开关电源，在通信设备中也大量应用。高频率是指随着通信设备的容量日趋增加，电源系统的负荷不断增大，为节约电能，必须设法提高电源装置的效率。节能主要措施是采用高效率通信电源设备。过去，通信设备大多采用相控型整流器，这种电源效率较低（<70%），变压器损耗较大。而高频开关电源效率可达到 90%以上，因此采用高频开关电源可以节约能源。

12.1.2 通信电源对电源的技术要求

通信电源对电源的技术要求如下。

（1）输出直流电压可调节范围：均充工作方式时调节范围为 43.2～56.2V；浮充工作方式时调节范围上限是 57.6V，电压可调。

（2）输入电压变化范围：220V（单相）在187～242V范围内变化应能正常工作；380V（三相）在323～418V范围内变化应能正常工作；频率允许变动范围：±10%（额定值电压波形正弦畸变率小于5%）。

（3）稳压精度：不超过直流输出电压整定值的±0.6%（48V整流器）或者±1%（24V整流器）。

（4）源效应：不超过直流输出电压整定值的±0.1%。

（5）负载效应：不超过直流输出电压整定值的±0.5%。

（6）温度系数：不超过直流输出电压整定值的±0.2%（1/℃）。

（7）动态响应：负载效应恢复时间不大于200μs，超调量不应超过直流输出电压整定值的±5%；开关机过冲幅度、最大峰值不超过直流输出电压整定值的±10%；启动冲击电流不大于最大输入电流有效值的150%。

（8）并机运行均流性能：对于额定输出功率≥1500W的整流器，单机50%—100%额定输出电流范围内，均流不平衡度≤±5%；对于额定输出功率<1500W的整流器，单机50%—100%额定输出电流范围内，均流不平衡度≤±10%。

（9）效率：对于额定输出功率≥1500W和三相输入额定输出功率<1500W的整流器，额定输出时，效率应≥87%；对于额定输出功率<1500W的整流器，额定输出时，效率应≥83%。

（10）功率因数：对于额定输出功率≥1500W和三相输入额定输出功率<1500W的整流器，额定输出时，功率因数应≥0.92；对于额定输出功率<1500W的整流器，额定输出时，功率因数应≥0.85。

（11）杂音电压：电话衡量杂音电压：≤2mV（300～3400Hz）；峰—峰值杂音电压：≤200mV（0～20MHz）；宽频杂音电压：≤50mV（3.4～150kHz）；≤20mV（0.15～30MHz）；离散杂音电压：5mV（3.4～150kHz）；3mV（150～200kHz）；2mV（200～500kHz）；1mV（0.5～30MHz）。

（12）“三遥”功能：具有遥控、遥信、遥测功能。可遥控开、关机和遥控均、浮充转换；有工作状态、均浮充工作状态、各个整流模块和监控模块故障遥信；有各个整流模块输出电流、输出电压遥测。

（13）智能设备接口要求协议：应具有通信接口（RS-232C和RS-485/422），厂家需提供相适应的通信协议，测试通信是否畅通或转换成与其相适应的协议。非智能设备接口要求：遥控和遥信性能应提供与被测设备隔离的动合接点到三遥端子，遥测性能应提供与被测设备隔离（0—5V或0—20V）等标准信号到三遥端子。

（14）保护与告警功能：在发生如下情况下，应该能够提供保护，并发出相应的告警：交流输入过压、欠压、缺相；直流输出过压、欠压、短路、过电流；环境温度过高、湿度过高、整流模块温度过高等。

（15）其他：对绝缘强度与绝缘电阻、传导干扰、辐射干扰、抗雷击能力、音响噪音、设备外观、高温、低温、湿度、振动等试验都有相应的要求。

12.2 组合通讯电源系统结构

组合电源系统的工作原理框图如图12-1所示。图中可见一个完整的组合通讯电源系统

包括五个基本组成部分，分别是交流配电单元、整流部分、直流配电单元、蓄电池组、监控系统，下面分别做一介绍。

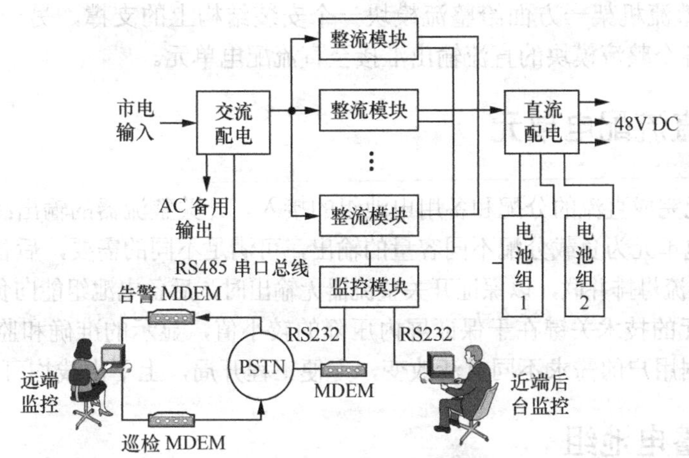

图 12-1　电源系统的原理框图

12.2.1　交流配电单元

交流配电单元将市电接入，经过切换送入系统，交流电经分配单元分配后，一部分提供给开关整流器，一部分作为备用输出，供用户使用。

系统可以由两路市电（或一路市电一路油机）供电，两路市电主备工作方式，平时由市电 1 供电，当市电 1 发生故障时，切换到市电 2（或者油机），在切换过程中，通信设备的供电由蓄电池来供给。两路市电输入要求有机械或者电器互锁，防止两路交流输入短接。两者的切换在小系统中一般用电气自动切换，大系统中一般用手动切换。

另外，在交流断电的情况下，交流配电单元提供一路直流应急照明输出。

系统的第二级防雷电路放在交流配电单元中。在交流配电单元中，交流防雷关系到整个电源系统的安全，因此系统的二级防雷器件选用带有遥信触点 TT 接法的防雷器，防雷器前还应加防雷空开。

交流配电单元内应有监控的取样、检测、显示、告警及通信的功能。

空气开关为交流配电单元的主要器件，应谨慎选用。

12.2.2　整流部分

整流部分的功能是将由交流配电单元提供的交流电变换成 48V 或者 24V 直流电输出到直流配电单元。整流部分包括整流模块和结构部分（机架）。

目前国内还有很多相控整流器在运行。这种整流电路用可控硅（晶闸管）作为开关器件，通过移相（改变导通角）来控制输出电压，故称相控整流器。相控整流器工作在工频（50Hz），体积重量大，效率低、对电网的污染严重，并产生大量的热辐射和工频噪音，现在已经逐步被高频开关整流器所替代。

高频开关整流器采用 MOSFET 和 IGBT 等新一代开关器件，工作频率大多高于

20kHz，体积和重量大幅度下降，消除了噪声，在采用功率因数校正技术后，提高了功率因数，使之接近 1。由于电力电子技术的长足发展，不断有新技术应用在高频开关整流器上。

结构方面，整流机架一方面给整流模块一个安装结构上的支撑，另一方面，整流机架有汇流母排，将各个整流模块的直流输出汇接至直流配电单元。

12.2.3 直流配电单元

直流配电单元完成直流的分配和备用电池组的接入。开关整流器的输出经汇流母排接入直流配电单元，配电单元为负载分配不同容量的输出，可满足不同的需要，后备电池组的输入与开关整流器输出汇流母排并联，以保证开关整流器无输出时，后备电池组能向负载供电。

直流配电单元的技术关键在于保证屏内压降的较小值，显示的准确和监控的可靠实现。内部的布局能根据用户的需求不同灵活改变，方便工程开局，上下出线均可。

12.2.4 蓄电池组

通信电源系统中采用整流器和蓄电池组并联冗余供电方式。蓄电池组既为备用电源，又可以吸收高频纹波电流。影响蓄电池寿命的因素是，放电深度：电池的过放电会严重地缩短电池的使用寿命，因此要严禁电池的过放电。充电电流：充电电流过大会使电池内盈余气体增多，升高电池内压，引起极板氧化腐蚀。环境温度：环境温度越高，电池的寿命越短，应该尽量保证电池本身的温度在 25℃左右。

电池的不均衡性：多节串联的电池（−48V 系统一般为 24 节）在运行过程中有时会发生容量、端压不一致的情况，通常采用均充的方法来解决，一般的周期是 720 个小时。

12.3 监控系统

12.3.1 对监控系统的一般要求

组成监控系统的各个监控级应能实时监视其监控对象的状态，发现故障及时告警。从故障事件发生到反映到有人值守监控级的时间间隔不大于 30s，各监控级有多事件、多点同时告警功能。告警准确度要求为 100%。

监控系统的软、硬件应采用模块化结构，使之具有最大的灵活性和扩展性，以适应不同规模监控系统网络和不同数量监控对象的需要。

监控系统的采用不应影响被控设备的正常工作；不应改变具有内部控制功能的设备的原有功能。监控系统对被监控设备进行控制或者参数设定时，其控制值应始终保持在安全极限内。

监控系统应具有良好的电磁兼容性。被控设备处于任何工作状态下，监控系统都应能正常工作；监控设备本身不应产生影响被控设备正常工作的电磁干扰。

监控系统应能监控具有不同接地要求的多种设备，任何监控点的接入均不应破坏任何设备的接地系统。

监控系统应有自诊断功能，诊断出故障及时告警。监控设备故障时不应影响被控设备的正常工作和手动控制功能。

监控系统硬件应采用交流或者直流不间断电源供电，以防止市电停电而中断工作。

监控系统应具有良好的人机对话界面和汉字支持能力，安装容易，使用方便。故障告警应有明显清晰的可视闻信号。

监控系统的测量精度要求为：电量一般应优于 2%，非电量应优于 5%。

监控系统的硬件可靠性指标：MTBF 应大于十万小时。

12.3.2　监控系统基本组成

ZXM10 集中监控系统是中兴通讯系列产品之一，根据用户的要求，ZXM10 系统可以拆装成不同的系统，既可以组成独立的图像集中监控系统和独立的动力环境集中监控系统（不含图像系统），也可以组成二合一的 ZXM10 集中监控系统。由于在系统设计和开发是采用了模块化设计，ZXM10 的这两个部分成为两个可以方便地安装及拆卸的模块，使得系统功能可以很方便地扩充。

概括地说，ZXM10 系统由本地网监控中心、被控端局和传输系统三部分组成，以下是 ZXM10 系统的功能概述，如图 12-2 所示。

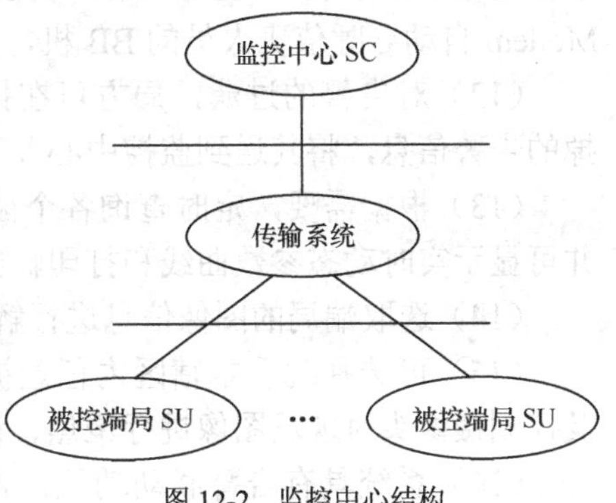

图 12-2　监控中心结构

1．监控中心

监控中心一般包括数据库服务器和告警监控台、收发台、报表台、图像控制台等四个业务台，另外根据用户需要可添加 1～8 个分控台；四种业务台也可以根据需要合并成一个综合业务台。这些业务台组成局域以太网，网上运行 TCP/IP 协议，这符合邮电部有关本地网网管和监控系统总体技术要求，可以与其他控制系统，如集中维护系统、网管系统、九七工程等联接。监控中心主要是完成监控系统的管理功能：性能管理、告警管理、配置管理和安全管理。能够对多个 SU 进行管理，并实时监视各 SU 工作状态，对各 SU 下达各种控制命令。

监控中心主要是完成监控系统的管理功能：性能管理、告警管理、配置管理和安全管理。能够对多个 SU 进行管理，并实时监视各 SU 工作状态，对各 SU 下达各种控制命令，可实现以下功能。

（1）在正常情况下，以图形或树型管理方式显示监控范围内的全部被监控对象工作状态、运行参数的画面。

（2）实时监视各个通信局站动力设备及环境的工作状态及运行参数，接收告警信息；可通过远端局站的前置机等对被控设备下达控制和监测命令。

（3）可设置、修改业务台口令以及调整系统的有关参数。

（4）可增减、修改操作人员的口令、权限。

（5）操作人员需登录工号，权限（级别）及密码后才能进入控制界面；并对所有的操作均进行记录并入库保存。

（6）可设定各个监测量告警门限值。

（7）可设定告警等级。

（8）具有两种运行模式，可进行自动、手动记录监视数据，自动、手动打印功能。

（9）具有告警过滤功能，即某一告警事件引起一连串的相关告警时，仅提示该事件的告警，对其他的相关告警则将其过滤掉。

（10）具有彩色图形显示方式：以图形显示的方式（地图）监视各局当前告警情况并统计当前所发生的重要告警；当某局有告警发生时，可在指定的现场运行流图上通过层层扩展，最后将告警定位在某一个设备上（如整流器等）；画面中的故障设备以有别于正常时的颜色表示，在故障排除后恢复正常颜色。

（11）当告警发生时，将给出可视可闻的声光告警提示，提醒值班人员有告警发生；在自动工作模式下（值班人员如突遇急事需暂时离开监控中心时可设置为自动模式），可通过Modem 自动寻呼值班人员的 BB 机或拨通预设的告警电话，通知有告警发生。值班人员可在任何画面按下确认键盘，关闭可闻告警声响；故障排除后，自动解除声光告警，并可通过Modem 自动寻呼值班人员的 BB 机，发出告警解除信息。

（12）对告警的过滤，局方可在报警监控台上通过菜单的选择进行设置。对那些被过滤掉的告警信息，将其送到监控中心并写库，但在报警监控台上不做任何的提示。

（13）根据需要，定时查询各个被控端局采集的监测数据（全部监测数据或指定数据），并可显示实时动态参数曲线和打印输出。

（14）选取端局的图像信息进行解码处理，图像信息送到监视器显示。

（15）可选择观看本辖区内任意被控端局的任何一路图像，并控制摄像机的运动、转动及控制摄像头对现场图像进行聚焦、调光、拉近及拉远。

（16）系统具有告警联动功能：告警发生时自动启动照明系统，以便更清楚地摄录告警的图像，同时进行图像画面切换，自动启动长延时录像机录像等功能。

（17）具有文件存档功能，存档的文件能在硬盘上保存一年。

（18）所有的业务台都是全中文的操作及显示界面（类似于 Windows 95 界面）。

（19）向被控端局发送时钟校准命令。

（20）系统具有故障自诊断能力，出现故障时能自动进行故障定位。

（21）丰富的查询、统计功能：可查询、打印告警以及操作维护记录；可生成、打印各种报表，生成各种统计曲线、直方图、饼图；用户可自由设计报表内容及格式，并可定时批量打印报表。

2．被控端局

被控端局是一个由 RS485 总线连接的，由摄像机解码箱及各种前置数据采集器（如控制监测单元 CMU、环境监控单元 EMU、智能协议转换单元 PCU、电池监控单元 BMU 等）构成的星型网络，摄像机解码箱及各种前置数据采集器的总数可达 256 个。被控端局周期地采集各个被监控房间的环境参数及被监控设备的监测参数和运行状态，进行处理、存储，实时主动地向监控中心发送状态改变或告警信息及相应数据，并随时接收并快速响应来自监控中心的命令并指示相应设备动作。被控端局功能如下。

（1）周期地采集各个被监控房间的环境参数及被监控设备的监测参数和运行状态，进行处理、存储，实时主动地向监控中心发送状态改变或告警信息及相应数据。

（2）随时接收并快速响应来自监控中心的命令并指示相应设备动作。

（3）可设置、修改本地控制台命令。

（4）告警信息的统计存放本地硬盘，具有保持 7 天数据的能力。

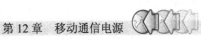

（5）端局前置机具有最多达16个RS232接口用来进行功能扩充（例如，作为便携机操作维护的接口、作为为其他管理系统提供透明传输通道的接口等）。

（6）接收监控中心定时发送时钟校准命令并校准时钟。

3. 远距离传输

监控中心与被控端局是通过远距离传输网络来实现数据传输的。ZXM10的远距离传输手段是多种多样的，可以经过E1专线、时隙分插复用方式、数字公务信道、PSTN、DDN、ISDN、X. 25等建立远端局与监控中心的连接。

12.4　某公司电源介绍

12.4.1　某公司电源产品系列介绍

某公司通讯现已具备多规格品种、高品质的系列化电源产品，其组合电源包括48V系列与24V系列，容量涵盖15～12000A，可以依用户需要、按照功率等级，采用相应整流模块构成高性价比的电源产品。其中48V系列由15A系列（ZXDU90E、ZXDU45、ZXDU75、ZXDU150）、30A系列（ZXDU90C、ZXDU300）、50A系列（ZXDU400、ZXDU600E）、100A系列（ZXDU1500，ZXDU3000）组成；24V系列由75A模块组成的（ZXDU600E-24）。尤其是采用目前电力电子领域最新技术的ZXD2400 50A/48V（V1.1）、ZXD5000 100A/48V（V2.0）和电力操作电源的推出，更加全方位解决局站通信设备供电问题，进一步奠定中兴电源在国内外同行厂家中的绝对优势。

中兴通讯自主开发研制的高频智能通信电源产品由多个系列组成，到目前为止，已有开关整流模块及组合通信电源、独立配电屏、UPS、智能电力操作电源、模块电源、直流变换器、逆变器等产品。

12.4.2　组合电源系统结构

中兴组合通信电源系统包括五个基本组成部分，分别是交流配电单元、整流部分、直流配电单元、蓄电池组、监控系统。

1. 整流器技术

高频开关整流器是整个组合电源的核心部分，其技术的先进性、工作的可靠性将直接影响到组合电源系统的性能。

高频开关整流器是工频整流电路与高频开关直流变换电路的组合应用。整流电路先将交流输入电压（如220V或380V）“直接”整流、滤波或功率因数校正，得到较高的直流电压（300-600V），再利用直流变换电路来降低直流电压为48V或24V。高频开关工作的直流变换器是用高频变压器来升压和绝缘，它具有体积小、重量轻和低损耗的特点，并且其输出电压的动态恢复时间缩短，稳压性能改善，有的方案还设有有源功率因数校正电路，使输入波形大为改善，功率因数大大提高，性能更加完善。新一代中兴整流器的特点：

（1）整流器模块采用先进的 PS-ZVZCS-PWM 高频软开关技术，高可靠性，高效率，当负载电流变化范围为 20%～100%，模块效率仍在 90%以上。

（2）有源功率因数校正电路使整流器模块的功率因数接近 1、交流输入电压、电流均为正弦波，失真度小，对电网无污染并减小对其他通信设备的电磁干扰。

（3）极宽的交流输入电压范围：110V～300V，可以在电网供电质量恶劣的地区正常工作；良好的软、硬件均流，多机并联时可靠性高。

（4）采用新型大容量器件 IGBT，简化电路结构，提高了可靠性。

（5）模块内有微处理器系统，可实现本机监控，显示电压电流、设置限流点。

（6）采用多极风扇控制技术，有效地延长了风扇使用寿命，提高了整机可靠性。

（7）模块采用先进的热插拔技术（HOT-PLUG）设计，极大地方便了开通维护。

下面重点介绍一下中兴电源的 DC—DC 变换技术、APFC 技术和均流技术。

2．DC—DC 功率变换技术

采用软开关技术，能够较大地降低开关损耗、减小功率器件电和热应力、改善器件工作环境、降低电磁干扰、提高功率密度等等，所有这些作用到产品上，最终目的就是为了提高电源可靠性，伴随而来的还有高效率、快速动态响应等优良特性。

（1）30A 整流器。

30A 整流器的 DC—DC 变换电路采用了可靠的双管正激变换电路，这种电路拓扑结构具有如下特点：可靠性高、无上下桥壁的直通现象、无高频变压器的“单向偏磁”及磁饱和、变压器易于绕制、更加容易驱动。

（2）15A 整流器。

新一代 15A 整流器的 DC—DC 变换电路采用的是 PS-ZVS-PWM 相移谐振零电压软开关电路与无损吸收相结合。早期的普通硬开关技术存在如下缺点：开关损耗大，开关管承受较大的开关应力，干扰严重，可靠性低。而 PS-ZVS-PWM 相移谐振零电压软开关技术保证零电压开通和近似零电流关断，高频开关损耗几乎为零，提高了系统的效率和可靠性，并且最小化了开关时产生的尖峰电压，降低了最小化了开关时产生的尖峰电压，降低了高频辐射和传导干扰。

（3）50A\100A 整流器。

50A\100A 整流器的 DC—DC 变换电路采用的是全负载范围内的 PS-ZVZCS-PWM 软开关技术，超前臂采用 ZVS，滞后臂采用 ZCS，当负载电流变化范围为 20%～100%，模块效率仍在 90%以上，满载时效率更可高达 92%，保证全负载范围内都有较高的变换效率和高的功率因数指标。

3．APFC 有源功率因数校正技术

为了减小 AC-DC 变流电路输入端谐波电流造成的噪声和对电网产生的谐波“污染”，以保证电网供电质量，提高电网的可靠性，同时也为了提高输入端功率因数，现多采用有源功率因数校正器，它在整流电路和负载之间接入了一个 DC—DC 闭环开关变换器，其主要优点是可得到较高的功率因数，如 0.97～0.99，甚至接近 1；THD 小；可在较宽的输入电压范围和宽频带下工作；体积、重量小；输出电压也可保持恒定。

由于我国电网运行质量较差，尤其是农村电网，电压波动范围较大，有的地方电网波动

达到 40%，功率因数普遍较低，电能利用率不高。电源采用 APFC 技术，大大增加了对电网的适应能力，即使在电网质量较差、电压波动较大的地区也能较稳定地运行，使电源系统的可靠性增加，这也是“高技术保证高可靠性”的一种体现。中兴 ZXD1500 30A 模块采用了 APFC 技术，经郑州邮电检测中心检测，功率因数达到 0.996，交流电压输入范围不低于±30%。中兴 30A/50A 系列组合电源在全国近 30 个省、幅员辽阔的城市和农村电信网上运行，宽广的电压输入范围、较强的电网适应能力、优良的输出特性、稳定的运行质量，使 30A\50A 具有较强的生命力。

4．均流技术

中兴通讯自行开发研制的各种系列的通信电源整流模块内部都采用了先进的自主均流技术，仅硬件均流，精度可<5%，其中 50A 整流模块采用了先进的基于平均电流法的双向均流方法。

另外由于自主均流受到均流电路硬件精度的影响，因此在硬件自主均流的基础上，又采用了软件微调均流技术，较好地解决了均流效果受电路硬件精度影响的问题，将 5%的均流精度进一步提高，目前中兴全系列组合电源均流精度均<3%。如 ZXDU3000 组合电源，31 个 100A 模块均流精度可达 2%。均流技术的运用，将组合电源的整体可靠性又推进了一步。

例 12-1　30A 开关整流模块工作原理

ZXD1500 30A 开关整流模块的原理框图如图 12-3 所示。

单相交流输入首先进入输入板。输入板的主要功能是输入防雷和 EMI 滤除。功率因数校正部分采用了 BOOST 拓扑，平均电流型控制方法，把单相交流输入变换成稳定的直流 400V 输出，同时把输入电流校正成为正弦波，使输入功率因数接近于 1，输入电流的总谐波失真小于 5%。DC—DC 变换电路采用了可靠的双管正激变换电路，通过高频 PWM 变换，把直流 400V 变换为稳定的直流 48V。DC—DC 部分采用了先进的双环控制，使的系统具有良好的动态特性。当多个整流器模块并联时，均流电路会把本模块的电流和均流总线的电压比较，利用该误差来调节整流器模块的输出电压，从而达到均流的目的。整流器模块利用 15 芯的信号接口实现系统的三遥功能。

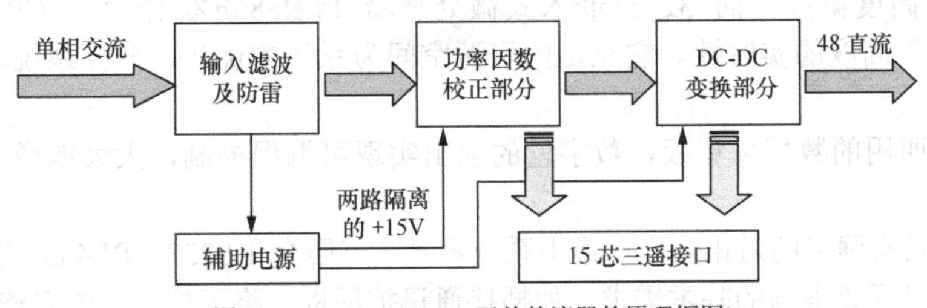

图 12-3　ZXD1500 30A 开关整流器的原理框图

5．防雷网络

如图 12-4 所示。

目前国内外被广泛接受的防雷思路是由 3 道防线构成一个完整的防护体系，这 3 道防线是：第一道是将绝大部分雷电流直接引入地中泄散，第二道防线是阻塞侵入波沿引入线进到

设备上的雷电过电压，第三道是限制被保护物上的雷电过电压幅值。这种防雷方式不仅对防雷击较为有效，对防电网上的电压浪涌也有效。中兴通信电源采用的是“三级防雷网络”，在器件选取、参数匹配和防雷电路形式上都经过精心设计、反复实验，在多次模拟雷击实验中找到一套最优方案，实践证明，这套防雷网络是行之有效的。图 12-4 为通信电源“三级防雷网络”示意图。

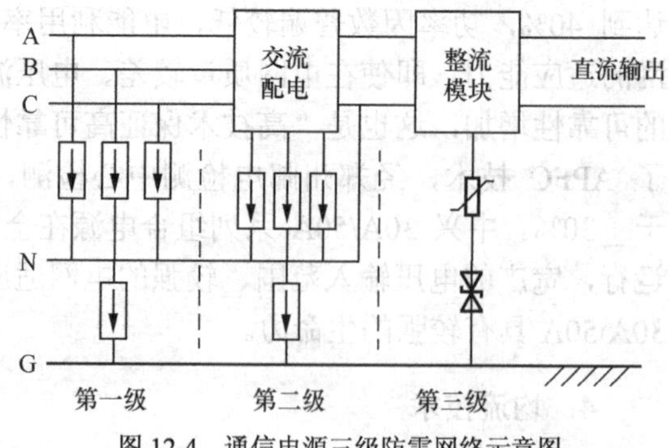

图 12-4　通信电源三级防雷网络示意图

在“三级防雷网络”中，第一级采用的是德国 PHENIX 的火花隙，泄放能力可到 120kA，这一级为外置壁挂式的防雷盒；第二级采用的德国 OBO 防雷器，泄放能力为 40kA，安装在组合电源机架上；第三级安装在每个整流模块内部输入板上，采用进口防雷模块与气隙放电管组合使用，配合优化的防雷电路，泄放能力为 10kA。这三级防雷网络对于防雷击和电网浪涌同样有效。在我国的多雷地区如浙江、福建、江西、川东等地的使用效果证明，防雷效果十分明显。

12.4.3　监控技术

1. 前台监控技术

电源监控分为三个层次：整流器机内监控、前台集中监控、后台远程监控。机内监控和前台监控一般采用单片机系统，后台监控采用 PC 机。

由于单片机系统本身可利用资源有限，使得监控系统功能扩展受到限制，如受到单片机系统内存的限制，一些应用程序无法写进去。中兴公司新开发研制了型号为 ZXLCSU 的通用监控系统，在国内同行中首次采用了 Intel386EX 作为其 CPU，摆脱了单片机对资源的限制，使监控功能更为强大、完美。

ZXLCSU 电源通用监控系统主要具有以下特性。

（1）选用高度集成化的 32 位嵌入式微处理器 Intel386EX 作为其 CPU，速度可达 33MHz，保证了高度的实时性。它充足的资源空间为系统的优化，监控系统功能的完善提供了保障。

（2）采用通用的数据采集板，数字量的输出实现可编程控制，大大地增加了系统的灵活性。

（3）系统具有强大的通讯功能。最小系统本身具有四个 RS232、RS485 或 RS422 通讯端口，可以满足通讯电源的基本需求。如插接通讯扩展板，将可扩展多个完整的 RS232 口或 RS485 口，并且通讯扩展板更具备网卡的功能。

（4）系统采用智能型的液晶显示板来进行数据和信息的显示，该显示板可以通过 RS485 总线从 LCSU 处获得要显示的数据，并由自身的 CPU 控制液晶的显示。既可以单独处理人机交互信息，也可以将人机交互信息传给 LCSU。只用一个智能型的液晶显示板，就能让系统的值班人员在值班室里掌握系统的运行情况和对系统进行控制。

（5）监控软件可以通过自检判断出系统的配置情况，并且监控系统的软件具有远程下载

及配置功能，系统的升级和维护将更为方便。

（6）在 LCSU 上可以查询设备的历史数据，一旦发生事故，操作人员能够准确地定位设备的故障时间及当时的运行状况。

（7）系统具有完善的蓄电池管理功能。

（8）完善的报警管理功能，可以由用户自己根据现场的情况设定各个告警的阀值和配置。

（9）完善的故障定位功能。首先设备本身具有自诊断功能，可以将故障定位在板级。同时具备事件顺序记录及事件追忆功能，系统运行时会定时将一些系统信息保存下来，一旦系统出现故障，便可以根据所存信息判断出故障的具体原因。

2．后台监控技术

中兴公司电源监控分监控前台和集中监控后台。监控前台和监控后台之间以 RS232 串口相连，可提供 RS485 接口。后台监控主要功能为：性能管理，故障管理，配置管理，安全管理。

（1）性能管理。

监控中心可显示全部监控对象的工作状态和告警情况，通过指定菜单可以选择指定监控对象的工作状态、运行参数、历史数据等详细资料。系统提供的画面包括：主题画面，画面显示主题内容；告警画面，显示当前发生的故障；操作命令，对电源进行设置控制命令；画面选择，显示全部画面名称；网络状态，显示当前的通讯状况；日期时间，显示系统日期时间。

（2）故障管理。

监控中心可以监控和报告其监控对象的异常情况，异常事件发生时可显示报警提示，故障点的颜色采用报警色，发出声光报警，打印报警数据。用户可以关闭报警声音，在故障消失后故障点颜色恢复正常。报警分为一般报警和严重报警。

（3）配置管理。

监控中心提供对监控对象和操作人员的建立、增加和删除的管理功能。监控对象的配置参数包括监控对象的名称、通讯方式、局站代号、设备类型、设备号以及电话号码（采用 MODEM 方式监控）。操作人员的配置参数包括姓名、口令、操作权限。

（4）安全管理。

系统只有在正确输入操作员名称和口令后才能进入并进行相应操作权限的操作。系统具有报警记录，自动保存 6 个月。

12.5　电源配置计算方法

一台电源系统配置的原则是：当系统的一台整流器出现故障时，其他整流器应该可以保证负载正常工作和电池充电的同时进行。具体来说，某一个站点的电源容量由三部分构成：

用电设备工作时需要的最大工作电流 I_1，蓄电池充电电流 I_2，N + 1 备份。

1．用电设备需要的最大工作电流 I_1

将所有用电设备需要的最大工作电流全部相加就得到最大工作电流 I_1；如果有逆变器，需要将逆变器的最大工作电流也加上。

2. 蓄电池充电电流 I_2

在确定了用电设备工作时需要的最大工作电流 I_1 之后，并知道要求的蓄电池放电时间 T 之后,蓄电池容量 Q 就可以确定了，如下式：

$$Q = A \times K \times I_1 \times T \tag{12-1}$$

Q 为电池标称容量（10 小时放电容量），最终确定的 Q 应该是上面的数值向上取整，因为蓄电池的容量并不是个连续变化量，A 为时间补偿系数。因为邮标规定蓄电池的容量下降到标称值的 80%时，蓄电池就报废，为了保证在其报废前仍能使用足够长时间，增加一个时间补偿系数为 1.25，但在不是很严格的情况下，这个系数可以不乘。K 为在 1 附近变化的变量，对于不同的蓄电池放电时间 T，K 为不同值，并和各种厂家的产品有不同，大致如表 12-1 所示。

表 12-1 不同蓄电池放电时间 T 对应的 K 值

T（小时）	20	10	8	5	4	3	2	1
K	0.9	1	1.07	1.20	1.28	1.34	1.58	1.96

如果蓄电池容量不太小，尽量采用两组蓄电池并联供电，增强可靠性，每组为原计算值的一半。确定了 Q 以后（或者直接由局方确定），充电电流 I_2 即为

$$I_2 = Q \times C \tag{12-2}$$

电池充电常数 C 一般在 0.1～0.2 之间，即充电时间为 10 到 5 小时，可选 0.15。

3. N + 1 备份

由 I_1、I_2 之和、系统所需的终局容量大小，确定什么电源系统，要保证所选系统的容量大于终局容量；尽量使模块的基本量 N 大于等于 3。

确定了电源系统后，确定模块的基本数量 N，即将 I_1、I_2 之和除以模块容量并向上取整。

将配置的模块数量做冗余备份，对于整流模块数量小于 10 的系统，备份为 N + 1，大于 10 的，取 N + 2。

例：对于一个站点，所有设备的最大用电量之和为 100A（I_1），局方要求蓄电池在其使用过程中始终能够维持设备至少工作 3 小时，则

$$Q = 1.25 \times 1.34 \times 100 \times 3 = 500\text{Ah}$$

则确定选用 2 组 250Ah 的蓄电池并联工作。一般可选充电常数 C 为 0.15，则

$$I_2 = C \times Q = 0.15 \times 500 = 75\text{A}$$

则总电流为 175A。设局方要求终局容量不小于 300A，则可以有两种方案：配置 ZXDU300 系统（整流模块为 30A），N = 6，最终配置 7 个模块；配置 ZXDU400 系统（整流模块为 50A），N = 4，最终配置 5 个模块。

在决定采用哪个系统时，还要考虑其他情况，如甲方要求的机架高度和其他技术要求，竞争对手的情况等。

从上面的计算方法可以看出，蓄电池容量的确定和电源系统容量的确定，因为各种使用情况的不同，具有较大的伸缩空间，因此在进行配置的时候可以灵活配置。与局方关系好且竞争对手较弱的情况下，可以配置较大；而价格因素很重要时，可进行较小的配置。并且建议与局方进行较深入的技术层面的交流，可以让局方选择具体的充放电时间等参数。

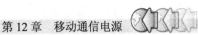

另外当计算出来的数值比系统某一配置稍多一点时，可以去掉零头向下取整，以减少设备投资。例如，给交换机配电源最后计算为 470A（不含 n+1 备份），那么在价格重要的场合可以直接配置 500A 系统（含 n+1 备份），而不是常规方法的 550A。因为一方面以上计算方法的各个环节都是留有相当的裕量的，且对于我们的整流器来说，最大输出是额定输出的 110%即 50A 单体最大可以输出 55A 的电流。电池的选择也是一样。

关于通信负载的动静之分。通信设备作为负载来说的往往有动态负载和静态负载之分（两者之和为最大工作电流）。各种产品的动、静态负载差别很大。例如，交换设备与接入设备的静态负载相对最大工作电流要小很多，但动态负载是静态负载的几倍；而 BTS 基站设备的动态负载很小，也就是说其静态负载几乎等于最大工作电流。

对于动态负载大的设备，其实际工作电流会因为用户多少有很大的变换，因为在系统配置上要有一定的裕量，接近满负载的情况极少，所以电源配置的灵活性就稍大。而动态负载小的设备，实际工作电流变换不大，电源配置的灵活性就稍小。

本章小结

通信设备对电源的要求越来越高。如果电源系统的工作不可靠，就会造成通信中断。如果电源电压不稳或纹波电压过大，就会降低通信质量，甚至无法正常通信。

通信电源对电源技术要求在于输出直流电压可调节范围；输入电压变化范围；稳压精度；源效应；负载效应；温度系数；动态响应；并机运行均流性能；效率；功率因数；杂音电压。简述了组合电源系统的工作原理框图。通讯电源系统包括五个基本组成部分，分别是交流配电单元、整流部分、直流配电单元、蓄电池组、监控系统。具体介绍了中兴组合通信电源系统包括五个基本组成部分，分别是交流配电单元、整流部分、直流配电单元、蓄电池组、监控系统。最后介绍了电源配置计算方法。

习题和思考题

1．通信电源的对电源的技术要求在哪几个方面？
2．组合通讯电源系统由哪几个基本组成部分？
3．监控系统完成什么功能？
4．什么是 DC—DC 功率变换技术？
5．什么是均流技术？
6．电源配置计算方法有几种？

附录 1
各种常用命令

1. 爱立信交换机常用命令（通用命令）

（1）检查状态类。

告警	ALLIP[:ACL=…];
CP 状态	DPWSP;
CP 负荷	PLLDP;
RP 状态	EXRPP:RP=…;
EM 状态	EXEMP:RP=…,EM=…;
选组级状态	GSSTP;
时钟状态	GSCVP;
网同步状态	NSSTP;
信令链状态	C7LTP:LS=…;
信令链数据	C7LDP:LS=…;
信令路由状态	C7RSP:DEST=…;
信令点	C7SPP:SP=…;
半永久连接	EXSCP:NAME=…;
ST 状态	C7TSP:ST=…;
SNT 状态	NTSTP:SNT=…;
SNT 数据	NTCOP:SNT=…;
DIP 状态	DTSTP:DIP=…;
DIP 数据	DTDIP:DIP=…;
设备状态	STDEP:DEV=…;
设备数据	EXDEP:DEV=…;
路由状态	STRSP:R=…;
路由数据	EXROP:R=…;
SIZE 状态	SAAEP:SAE=…[,BLOCK=…];

……

（2）闭塞与解闭设备类。

RP	BLRPI:RP=…;
	BLRPE:RP=…;
EM	BLEMI:RP=…,EM=…;

	BLEME:RP=…,EM=…;
DEV	BLODI:DEV=…;
	BLODE:DEV=…;
选组级	GSBLI:CLM/TSM/SPM=…;
	GSBLE:CLM/TSM/SPM=…;
SNT	NTBLI:SNT=…;
	NTBLE:SNT=…;
DIP	DTBLI:DIP=…;
	DTBLE:DIP=…;
路由	BLORI:R=…,BLT=…;
	BLORE:R=…;
告警接口	ALBLI:ALI=…;
	ALBLE:ALI=…;
AT	IOBLI:IO=…;
	IOBLE:IO=…;
外部告警	BLEAI:DEV=…;
	BLEAE:DEV=…;

（3）激活与去激活类。

DEV	EXDAI:DEV=…;
	EXDAE:DEV=…;
信令链	C7LAI:LS=…,SLC=…;
	C7LAE:LS=…,SLC=…;
信令路由	C7RAI:DEST=…[,LS=…];
	C7RAE:DEST=…[,LS=…];
外部告警	ALEXI:DEV=…;
	ALEXE:DEV=…;

（4）系统功能类。

系统重启动	SYREI:RANK=…;
查阅重启动记录	SYRIP:SURVEY;
人工 DUMP	SYBUP:FILE=…;
激活自动 DUMP	SYBUI:DISC;
取消自动 DUMP	SYBUE;
转换 DUMP 文件	SYTUC;
DUMP 文件备份	SYMTP:DIR=…,SPG=…,NODE=…,IO2=…,FILE1=…,FILE2=…;

（5）IOG 类。

SP 状态	IMCSP; （IMMCT:SPG=0）
SP 重启动	SYRSI:SPG=…,NODE=…,RANK=…;
修复 SP	RESUI:SPG=…,NODE=…;
闭塞 NODE	BLSNI:SPG=…,NODE==…;
解闭 NODE	BLSNE:SPG=…,NODE==…;

LU 状态	ILLUP[:LU=…];
端口状态	ILNPP[:NP=…];
闭塞 LU/NP	ILBLI:LU/NP=…;
解闭 LU/NP	ILBLE:LU/NP=…;
终端状态	MCDVP;
挂磁带	INTSI:SPG=…,NODE=…,IO=MT-1[,REPLACE];
挂卷	INVOL:NODE=…,IO=…;
拆卷	INVOE:NODE=…,IO=…;
格式化	INMEI:NODE=…,IO=…;
加卷名	INVOL:NODE=…,IO=…,VOL=…;
查看卷名	INVOP[:VOL=…];
查看文件属性	INFIP:FILE/VOL/FCLASS=…;
删除文件	INFIR:FILE=…;
复制文件	INFIT:FILE=…;
输出文件内容	IOFAT:FILE=…[,HEX];
文件 DUMP	INFMT:SPG=…,DEST=…,VOL1=…;
文件人工传送	INFTI:FILE=…,DEST=…;
传送文件状态	INFSP:FILE=…,DEST=…;

2. MSC 常用命令

（1）B 表。

查看	ANBSP:B=…;
清零	ANBZI;
复制	ANBCI;
定义	ANBSI:B=…,…;
删除	ANBSE:B=…;
激活	ANBAI;
倒向	ANBAR;
取消保护	ANBLI;

（2）GT 表（GSM）。

查看	C7GSP:TT=…,…;
清零	C7TZI;
复制	C7TCI;
定义	C7GSI:TT=…,…;
删除	C7GSE:TT=…,…;
激活	C7TAI;
倒向	C7TAR;

（3）IMSI 表（GSM）。

查看	MGISP:IMSIS=…;
清零	MGIZI;

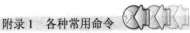

复制　　MGICI;
定义　　MGISI: IMSIS=…,…;
删除　　MGISE: IMSIS=…,…;
激活　　MGIAI;
倒向　　MGIAR;

（4）MSNB 表（TACS）。

查看　　ANMSP:MSNBS=…;
清零　　ANMZI;
复制　　ANMCI;
定义　　ANMSI:MSNBS=…,…;
删除　　ANMSE:MSNBS=…,…;
激活　　ANMAI;
倒向　　ANMAR;

（5）RC。

查看　　ANRSP:RC=…;
初始化　　ANRPI:RC=…;
定义　　ANRSI:…;
结束　　ANRPE;
删除　　ANRSE:RC=…;
激活　　ANRAI:RC=…;

（6）GTRC（GSM）。

查看　　C7GCP:GTRC=…;
定义　　C7GSI:GTRC=…;
删除　　C7GSE:GTRC=…;

（7）计费。

计费跳表状态　　CHODP:FN=ALL;
计费文件状态　　CHOFP:FN=ALL;
打开计费文件　　CHOFI:FN=…,FILEID=…;
关闭计费文件　　CHOFE:FN=…,FILEID=…;
闭塞计费文件　　CHOBI:FN=…,FILEID=…;
解闭计费文件　　CHOBE:FN=…,FILEID=…;

（8）用户管理。

·GSM

查号

用户状态　　MGSSP:IMSI=…;
用户功能　　MGSLP:IMSI=…;
取消登记　　MGSRE:IMSI=…;
MSISDN 对应 IMSI　　MGTRP:MSISDN=…;
来访用户　　MGSVP;
AlartReset　　FAIAR:ACL=…;

·TACS

用户状态　　MTMNP:MSNB=…;

取消登记　　MTVSE:MSNB=…;

10．其他

监听　　MONTI:DEV=…;

追踪　　CTRAI::MSISDN/IMSI=…;

3．HLR 常用命令（GSM）

（1）用户数据。

查看　　HGSDP:MSISDN=…,ALL;

设功能　　HGSDC:MSISDN=…,SUD=…;

激活功能　　HGSSI:MSISDN=…,SS=…;

关闭功能　　HGSSE:MSISDN=…,SS=…;

清除登记位置　　HGSLR:MSISDN=…;

开户　　HGSUI:MSISDN=…,IMSI=…,PROFILE=…;

销户　　HGSUE: MSISDN=…;

换卡　　HGICI:MSISDN=…,NIMSI=…;

设附加号码　　HGAMI:MSISDN=…,BC=…;

删附加号码　　HGAME:MSISDN=…;

（2）呼叫转移表。

查看　　HGFSP:FW=…;

清零　　HGFZI;

复制　　HGFCI;

定义　　HGFSI:FW=…;

删除　　HGFSE:FW=…;

激活　　HGFAI;

倒向　　HGFAR;

（3）鉴权数据。

查看　　AGSUP:IMSI=…;

增加　　AGSUI:IMSI=…EKI=…;

删除　　AGSUE:IMSI=…;

4．BSC 常用命令

（1）小区状态。

查看　　RLSTP:CELL=…;

激活/关闭　　RLSTC:CELL=…,STATE=…;

（2）小区基本参数（CGI、BSIC、BCCHNO）。

查看　　RLDEP:CELL=…[,EXT];

定义　　RLDEI:CELL=…,CGI=…,BSIC=…,BCCHNO=…;

改变　　RLDEC:CELL=…,CGI=…,BSIC=…,BCCHNO=…;

删除 RLDEE:CELL=…;

（3）小区频率。

查看 RLCFP:CELL=…;

增加 RLCFI:CELL=…,DCHNO=…;

删除 RLCFE:CELL=…,DCHNO=…;

跳频 RLCHC:CELL=…,HOP=…;

小区的测量频率 RLMFP:CELL=…;

（4）其他常用指令。

LAI 相关 CELL	RLLAP:LAI=…;
小区 LCH 概况	RLCRP:CELL=ALL;
小区信道状态	RLCRP:CELL=…;
TG、TX、RX、TS 设置情况	RXCDP:MO=…;
TS 或 TRX 相关 TRAU、TRH	RXMDP:MO=…;
设备参数（RXC、TRD、RHDEV 等）	RADEP:DEV/DETY=…;
设备相连 RP、EM	RADRP:DETY=…;
MO 数据	RXMOP:MO=…;
MO 相关 CELL	RXTCP:MO=…;
CELL 相关 MO	RXTCP:MOTY=…,CELL=…;
MO 状态	RXMSP:MO=…;
闭塞 MO（从下至上）	RXBLI:MO=…;
解闭 MO（从上至下）	RXBLE:MO=…;
激活 MO	RXESI:MO=…;
使 MO 退出服务	RXESE:MO=…;
MO 测试	RXTEI:MO=…;
MO 环路测试	RXLTI:MO=…;
追踪呼叫占用设备	RAPTI:LCH/DEV=…;
设备占用监视	RASAP;
设备占用监视告警消除	RASAR:DETY=…;
小区（信道）占用监视	RLVAP;
小区（信道）占用监视告警消除	RLVAR:CHTYPE=…;
小区可用信道数量监视（数据）	RLSLP:CELL=…;
小区可用信道数量监视（激活）	RLSLI:CELL=…;
小区可用信道数量监视（结束）	RLSLE:CELL=…;
MO 告警状态	RXASP:MO/MOTY=…;
MO Error-Log	RXELP:MO=…;
Faulty UnitLog	RXMFP:MOTY=…;
消除 Error-Log	RXELR:MO=…;
同步	RICSP:EMG=…,EMRS=…;
RILT 状态	RILSP:EMG=…,EMRS=…;
RILT 状态	RILSP:DEV=…;

TSLOT 状态	RILSP:TSLOT=…;
某种状态下（MO/BLOC）的 RILT	RILSP:EMG=ALL,STATE=…;
RILT 数据	RILTP:EMG=…,EMRS=…;
RILT 数据	RILTP:DEV=…;
EMRS 状态	RISTP:EMG=…,EMRS=…;
TG 的 Abis Path	RXAPP:MO=…;
某种状态下（MO/BLOC）的半永久连接	RISPP:EMG=ALL,STATE=…;
半永久连接数据和状态	RISPP:EMG=…,EMRS=…;
半永久连接数据和状态	RISPP:TSLOG=…;
闭塞 EMRS	RIBLI:EMG=…,EMRS=…;
解闭 EMRS	RIBLE:EMG=…,EMRS=…;
测试 EMRS	RIRTI:EMG=…,EMRS=…;
测试 RILT	RITTI:DEV=…;
CELL 相关 CHGR	RLDGP:CELL=…;
相邻小区	RLNCP:CELL=…;
相邻小区数据	RLNRP:CELL=…,CELLR=ALL;
闭塞 TRAU 设备	RXTBI:DEV=…,FORCE;
解闭 TRAU 设备	RXTBE:DEV=…,FORCE;

（5）开启功能。

开启“BSC LOAD SHARING STATUS”功能：

看该功能是否已激活，用指令 RLLSP；

如“LSSTATE”为 ACTIVE，则激活。如未激活，用 RLLSI；

优点是有助于平均 BSC 内各 CELL 的负荷，降低 RPG 吊死及 SDCCH 全忙的机会。

附录 2

Erission 小区数据参数表

参数类型		参数归属	参数名	注
位置数据	公共位置数据	位置数据	RSITE	3
小区数据	公共数据	BSC 数据	DL	3
			UL	3
		小区数据	BSPWRB	1
			CELL	3
			CGI	1
			BSIC	1
			BCCHNO	1
			BCCHTYPE	1
			AGBLK	1
			MFRMS	1
			FNOFFSET	1
		资源类型识别符	SCTYPE	2
			CHTYPE	3
			CHRATE	3
		小区/子小区数据	TSC	3
			MSTXPWR	1
			BSPWRT	2
		信道组数据	CHGR	2
			HOP	1
			HSN	1
			NUMREQBPC	3
			DCHNO	3
			SDCCH	1
			TN	3
			CBCH	1
	邻小区有关数据	邻小区有关数据	CELLR	3
			CTYPE	3
			RELATION	3
			CS	3
		邻小区的附加参数		
		外部邻小区数据		

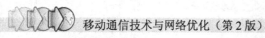

续表

参数类型		参数归属	参数名	注
小区数据	空闲模式	寻呼-MSC 数据	PAGREP1LA	3
			PAGREPGLOB	3
			PAGNUMBERLA	3
			PAGTIMEFRST1LA	3
			PAGTIMEFRSTGLOB	3
			PAGTIMEREP1LA	3
			PAGTIMEREPGLOB	3
		隐含 IMSI 分离-MSC 数据	BTDM	3
			GTDM	3
		自动除名 MSC 数据	TDD	3
		空闲模式-小区数据	ACCMIN	1
			CCHPWR	1
		空闲模式-小区数据	CRH	1
			NCCPERM	1
			SIMSG	1
			MSGDIST	1
			CB	1
			CBQ	1
			ACC	1
			MAXRET	1
			TX	1
			ATT	1
			T3212	1
			CRO	1
			TO	1
			PT	1
	位置	MSC 内部切换-MSC 数据	HNDRELCHINTRA	3
			HNDSDCCH	3
			HNDSDCCHTCH	3
			HNDTCMDINTRA	3
			HNDTGSOPINTRA	3
		MSC 间切换-原 MSC 数据	HNDSDCCHINTO	3
			HNDBEFOREBANSW	3
		MSC 间切换-非原 MSC 数据	HNDSDCCHINTI	3
		系统类型 BSC 数据	SYSTYPE	3
		算法选择 BSC 数据	EVALTYPE	1
		流量控制-BSC 数据	TINIT	2
			TALLOC	2
			TURGEN	2
		滤波器控制 BSC 数据	TAAVELEN	2

续表

参数类型		参数归属	参数名	注
小区数据	位置	滤波器控制-小区数据	SSEVALSD	2
			QEVALSD	2
			SSEVALSI	2
			QEVALSI	2
			SSLENSD	2
			QLENSD	2
			SSLENSI	2
			QLENSI	2
			SSRAMPSD	2
			SSRAMPSI	2
			MISSNM	2
		基本排队-小区数据	BSPWR	2
			MSRXMIN	2
			BSRXMIN	2
			MSRXSUFF	2
			BSRXSUFF	2
		基本排队小区/子小区数据	BSTXPWR	2
		基本排队-邻小区数据	KHYST	2
			LHYST	2
		基本排队-邻小区数据	TRHYST	2
			KOFFSET	2
			LOFFSET	2
			TROFFSET	2
		紧急条件-小区数据	TALIM	2
			PSSBQ	2
			PSSTA	2
			PTIMBQ	2
			PTIMTA	2
		紧急条件-邻小区数据	BQOFFSET	2
		紧急条件-外部邻小区数据	EXTPEN	2
		紧急条件小区/子小区数据	QLIMDL	2
			QLIMUL	2
		切换失败小区数据	PSSHF	2
			PTIMHF	2
		信令信道切换 BSC 数据	IBHOSICH	2
			IHOSICH	2
		信令信道切换小区数据	SCHO	2
		RPD 负载-小区数据	CELLQ	2
		断链算法-小区数据	MAXTA	2
			RLINKUP	1
			RLINKT	1

续表

参数类型		参数归属	参数名	注
小区数据	信道管理/TCH 指配	BSC 交换性能数据	CHALLOC	2
		小区数据	CHAP	2
			NECI	1
	动态 MS 功率控制	小区数据	DMPSTATE	1
		小区/子小区数据	SSDES	2
			INIDES	2
			SSLEN	2
			INILEN	2
			LCOMPUL	2
			PMARG	2
			QDESUL	2
			QLEN	2
			QCOMPUL	2
			REGINT	2
			DTXFUL	2
	动态 BTS 功率控制	小区数据	DBPSTATE	1
		小区/子小区数据	SDCCHREG	2
			SSDESDL	2
			REGINTDL	2
			SSLENDL	2
			LCOMPDL	2
			QDESDL	2
			QCOMPDL	2
			QLENDL	2
			BSPWRMIN	2
	DTX	小区数据	DTXD	1
			DTXU	1
	跳频	信道组数据	HOP	1
			HSN	1
		硬件特性数据	FHOP	3
			COMB	3
	小区内切换	小区/子小区数据	IHO	1
			TMAXIHO	2
			TIHO	2
			MAXIHO	2
			QOFFSETUL	2
			QOFFSETDL	2
			SSOFFSETUL	2
			SSOFFSETDL	2

续表

参数类型		参数归属	参数名	注
小区数据	指配到其他小区	BSC 数据	ASSOC	1
			IBHOASS	2
			TINITAW	2
			TALLOCAW	2
		小区数据	AW	2
		邻小区数据	CAND	2
			AWOFFSET	2
	Overlaid /underlaid 子小区	Overlaid 子小区数据	LOL	2
			LOLHYST	2
			TAOL	2
			TAOLHYST	2
	多层小区结构	小区数据	LEVEL	2
			LEVTHR	2
			LEVHYST	2
			PSSTEMP	2
			PTIMTEMP	2
	扩展范围	小区数据	XRANGE	3
	双 BA 表	小区数据	MBCCHNO	1
			LISTTYPE	1
			MRNIC	3
	空闲信道测量	小区数据	ICMSTATE	1
			NOALLOC	1
			INTAVE	1
			LIMITn	1
	小区负载分担	BSC 数据	LSSTATE	3
		BSC 交换特性数据	CLSTIME-INTERVAL	3
		小区数据	CLSSTATE	3
			CLSACC	3
			CLSLEVEL	3
			CLSRAMP	3
			HOCLSACC	3
			RHYST	3
	多频段操作	BSC 交换特性数据	CLMRKMSG	3
		BSC 数据	MODE	3
			GSYSTYPE	3
		小区数据	CSYSTYPE	3
			MBCR	1
			ECSC	1
		硬件特性数据	BAND	3

续表

参数类型		参数归属	参数名	注
小区数据	不同的信道分配	MSC 交换特性数据	CAPLTCHSCH	3
			CAPLTCHEMER	3
			CAPLTCHMOVAL	3
			CAPLSCHMOVAL	3
			CAPLTCHMTVAL	3
			CAPLSCHMTVAL	3
			CAPLTCHMTOVERR	3
			CAPLSCHMTOVERR	3
			CAPLTCHMTPREF	3
			CAPLSCHMTPREF	3
			SMOASSIGN	3
			SMTASSIGN	3
		BSC 交换特性数据	DCAHANDOVER	3
		BSC 数据	DCASTATE	3
			EMERGPRL	3
			STATSINT	3
		资源类型数据	PP	3
		优先级描述数据	PRL	3
			INAC	3
			PROBF	3
硬件特性	发信组的分配数据		CHGR	3
			TG	3
			TFMODE	3
			ANT	3
			ANTA	3
			ANTB	3
			TRXC	3
			TEI	3
			CTEI	3
			TXID	3
			MPWR	3

参 考 文 献

[1] 李小文．TD-SCDMA 第三代移动通信系统信令及实现［M］．北京：北京邮电大学出版社，2003．

[2] 彭林．第三代移动通信技术［M］．北京：电子工业出版社，2003．

[3] 章坚武．移动通信［M］．西安：西安电子科技大学出版社，2005．

[4] 吴伟陵．移动通信中的关键技术［M］．北京：北京邮电大学出版社，2000．

[5] 李世鹤．TD-SCDMA 第三代移动通信系统标准［M］．北京：北京邮电大学出版社，2003．

[6] 蔡湖滨．GSM 网络优化中内部干扰的处理[J]．当代通信，2006（12）：58-60．

[7] 薛洋，冯涛．GSM 网络优化四要素[J]．电信工程技术与标准化，2005（3）：20-22．

[8] 黄伦周．随州 GSM 网络优化方案浅析[J]．电信快报，2004（3）：19-21．

[9] 王丽英．无线网络优化概述[J]．当代通信，2004（21）：63-64．

[10] 李燕梅．GSM 移动网络综述[J]．大理学院学报，2005，4（z1）：107-111．

[11] 宋拯．GSM 网络掉话率分析与优化思路[J]．当代通信，2006（8）：60-61．

[12] 李佳霖．基于 GIS 的 GSM 网络优化支撑系统的设计[D]．北京交通大学学报，2007．

[13] 赵宇．GSM 系统网络优化的研究[D]．哈尔滨工程大学学报，2007．

[14] 史彬哲．GSM 无线网络优化技术浅析——甘肃联通网络优化实例分析[J]．甘肃科技，2005，21（3）：86-89．

[15] 郭兴旺，王炜磊．无线网络优化系统中路测数据回放模块的开发［J］．中国数据通信，2004，6（4）：111-114．